离散数学

王　岚　主编

孙　杰　金玉苹　季丹丹　张型岱　副主编

清华大学出版社

北　京

内 容 简 介

本书包括离散数学课程的标准内容：数理逻辑中的命题逻辑、一阶谓词逻辑、集合论、代数系统、图论等.特别是丰富了集合论的内容，将数学归纳法、计数以及组合论中的一些广泛应用的方法纳入集合论中.另外，书末附录中还讲述了离散数学在关系数据库中的应用.

本书力求做到简洁明了、易懂易学，注重理论与实际的结合，注意与后续课程的衔接.适合作为普通高等院校数学、计算机科学与技术等专业的本科生教材，也可供高职高专院校的师生参考使用.

图书在版编目(CIP)数据

离散数学 / 王岚主编；孙杰等副主编. 一北京：清华大学出版社，2012.4(2025.8 重印)
ISBN 978-7-302-28181-8

Ⅰ.①离… Ⅱ.①王… ②孙… Ⅲ.①离散数学一高等学校一教材 Ⅳ.①O158

中国版本图书馆 CIP 数据核字(2012)第 029940 号

责任编辑：刘 颖 赵从棉
封面设计：常雪影
责任校对：王淑云
责任印制：杨 艳

出版发行：清华大学出版社
网 址：https://www.tup.com.cn, https://www.wqxuetang.com
地 址：北京清华大学学研大厦 A 座 **邮 编**：100084
社 总 机：010-83470000 **邮 购**：010-62786544
投稿与读者服务：010-62776969，c-service@tup.tsinghua.edu.cn
质 量 反 馈：010-62772015，zhiliang@tup.tsinghua.edu.cn
印 装 者：三河市君旺印务有限公司
经 销：全国新华书店
开 本：185mm×230mm **印 张**：16.25 **字 数**：354 千字
版 次：2012 年 4 月第 1 版 **印 次**：2025 年 8 月第 7 次印刷
定 价：49.00元

产品编号：039631-04

前言

离散数学是现代数学的一个重要分支，是数学与应用数学、信息与计算科学及计算机科学与技术等专业的一门核心基础课程．旨在培养学生的抽象思维能力和逻辑推理能力，为后续课程打好扎实的基础，在数学和计算机等专业领域中占有极其重要的地位．

本书的编写是以最新的人才培养方案及课程大纲为依据，以培养学生综合能力为出发点，力求突出课程的实验与实践，更新课程的教学理念和方法，实现开拓学生创新能力的目的．本书包括7章及1个附录，所涉及的内容主要是数理逻辑、集合论、代数结构和布尔代数、图论等四方面的内容．对于有些超出教学要求的内容，均以“*”标志．限于篇幅和教学的要求，有些定理不予证明，但书后注明参考文献以便查阅．同时，本书通过配备难度适中的典型例题，对重要概念、性质、理论给予了比较详细的说明，力图把离散数学的经典理论和思想介绍给学生．本书还配备了适量的练习题，以培养学生解决问题的能力．

本书区别于其他同类书籍的鲜明特点是：将组合论、可计数理论的部分基础知识放进本书中，从而在内容上具有新颖性和实用性．它既注重基础与能力的结合、理论与实践的结合，又关注当前与未来的结合、专业与普及的结合．全书具有结构合理、内容系统、阐释新颖的特点．本书是在所有编者两年多的共同努力下，在多年教学讲义的基础上精心编写而成，力求做到取材详略得当，叙述清楚流畅，论证科学严谨，释例、练习精选独到．因此，全书具有较好的科学性、应用性和可读性．

本书第1～3章由孙杰编写，第4、5、7章及附录由金玉苹编写，第6章由季丹丹编写，王岚和张型岱教授提供了全书基础材料及最后的校对整理工作．本书的出版得到了牡丹江师范学院教学建设经费的资助，同时还得到了牡丹江师范学院教学改革项目（11-XJ12018）经费的资助．本书已经被评为牡丹江师范学院“十二五”规划教材的重点建设教材．在此，编者向那些给予我们帮助的各级领导、老师、同事表示衷心的感谢！由于编者水平有限，疏漏之处在所难免，还请各位读者不吝批评指正．

王　岚

2012年1月于牡丹江

目录

第1章 集合论

集合论是由德国数学家康托(Cantor)在19世纪70～80年代创立的.康托提出了基数、序数、超穷数和良序集等理论,奠定了集合论的深厚基础,因此,康托被誉为集合论的创始人. 集合论发展至今早已成为现代数学的独立分支,同时它也是各个数学分支的共同语言和基础.

由于集合论的语言适合于描述和研究离散对象及其关系,所以也是计算机科学与工程的理论基础,在程序设计、关系数据库、排队论、开关理论、形式语言和自动机理论等学科领域中都有重要的应用.

1.1 集合的概念与运算

1.1.1 集合的概念

在研究问题时,通常把具有某种性质的事物作为一个整体来研究,这个整体称为**集合**(set),其中的每个事物称为集合的**元素**(element). 常用英文大写字母 A,B,C 等表示集合,以英文小写字母 a,b,c 等表示集合的元素. $a\in A$ 表示 a 是 A 的元素,$a\notin A$ 表示 a 不是 A 的元素.

定义 1.1.1 一个集合若由有限个元素组成,则称为**有限集**(finite set),否则称为**无限集**(infinite set). 特别地,元素个数为零的集合称为**空集**(empty set),记作"$\varnothing$". 用符号"$|A|$"表示有限集 A 的元素个数.

常见的集合表示法分为枚举法和特性描述法. 枚举法是将集合的元素一一列出,如集合 A 由元素 a,b,c,d 组成,可记为 $A=\{a,b,c,d\}$. 特性描述法是用集合的元素所具有的共同性质来刻画集合,如 $A=\{x|x$ 是正偶数$\}$. 一般集合可用 $A=\{x|P(x)\}$表示,其中 $P(x)$表示事物 x 满足性质 P,集合 A 由满足性质 P 的所有元素组成.

注 (1) 集合的元素具有确定性,即元素 $a\in A$ 或 $a\notin A$ 二者必居且仅居其一.

(2) 集合的确定不应引起悖论,如 $A=\{x|x\notin A\}$不能定义成为一个集合.

(3) 集合中的元素具有无序性,如集合$\{a,b\}=\{b,a\}$.

1.1.2 集合之间的关系

定义 1.1.2 集合间的关系有如下定义：

(1) 设 A,B 为集合，$A\subseteq B$ 表示 A 是 B 的**子集**(subset)，即如果 $a\in A$，则 $a\in B$.

(2) 设 A,B 为集合，$A\subset B$ 表示 A 是 B 的**真子集**(proper subset)，即 $A\subseteq B$ 且存在 $b\in B$ 使 $b\notin A$.

(3) 设 A,B 为集合，$A=B$ 表示 $A\subseteq B$ 且 $B\subseteq A$，即 A 和 B 元素相同，称作 A 与 B 相等.

(4) 称 $P(X)=\{A|A\subseteq X\}$ 为 X 的**幂集**(power set)，即 X 的所有子集组成的集合，有时也记为 2^X.

根据讨论问题的需要，常设一个充分大的集合为**全集**(universal set)，也称为基本集，所讨论的集合均为这个集合的子集.

注 (1) 设 X 含有 n 个元素，则 X 有 2^n 个子集，即 $P(X)$ 含有 2^n 个元素.

(2) 空集是任一集合的子集.

(3) 包含关系满足以下性质：

① $A\subseteq A$； (自反性)

② 若 $A\subseteq B,B\subseteq A$，则 $A=B$； (反对称性)

③ 若 $A\subseteq B,B\subseteq C$，则 $A\subseteq C$. (传递性)

例 1.1.1 设 $A=\{a,b\}$，求 $P(A)$.

解 $P(A)=\{\varnothing,\{a\},\{b\},\{a,b\}\}$.

注 $2^{\varnothing}=\{\varnothing\}$，要区分 $\varnothing$ 与 $\{\varnothing\}$，其中 $\varnothing$ 表示空集，其中没有任何元素，而 $\{\varnothing\}$ 则表示以空集 $\varnothing$ 为元素的一个集族，即 $\varnothing\in\{\varnothing\}$.

一般用 $\mathbb{N}$，$\mathbb{Z}$，$\mathbb{Q}$，$\mathbb{R}$，$\mathbb{C}$ 分别表示**自然数集**(natural set)，**整数集**(integer set)，**有理数集**(quotient set)，**实数集**(real set)，**复数集**(complex set)，它们满足 $\mathbb{N}\subset\mathbb{Z}\subset\mathbb{Q}\subset\mathbb{R}\subset\mathbb{C}$.

1.1.3 集合的运算

集合有并、交、差、补、对称差等运算.

定义 1.1.3 设 A,B 为集合，A 与 B 的**并集**(union set)记作 $A\cup B$，其定义式为 $A\cup B=\{x|x\in A$ 或 $x\in B\}$.

定义 1.1.4 设 A,B 为集合，A 与 B 的**交集**(intersection set)记作 $A\cap B$，其定义式为 $A\cap B=\{x|x\in A$ 且 $x\in B\}$.

定义 1.1.5 设 A,B 为集合，A 与 B 的**差集**(relative complement set)记作 $A-B$ 或 $A\backslash B$，其定义式为 $A-B=\{x|x\in A$ 且 $x\notin B\}$.

定义 1.1.6 设 X 为基本集，集合 A 的**补集**(supplementary set)记作 A^c 或 $\overline{A}$，其定义式为 $A^c=X-A=\{x|x\notin A$ 且 $x\in X\}$.

定义 1.1.7 设 A,B 为集合，A 与 B 的**对称差**(symmetry difference)记作 $A\oplus B$，其定

义式为 $A\oplus B=(A-B)\cup(B-A)$. 对称差也称为**布尔和**.

集合的运算可以用**文氏图**表示. 文氏图的构造方法如下：

E 是全集，圆 A,B 的内部为集合 A,B，如果没有关于集合不交的说明，任何两圆应彼此相交. 图 1.1.1 中的阴影区域表示集合 A,B 在相应运算下组成的集合.

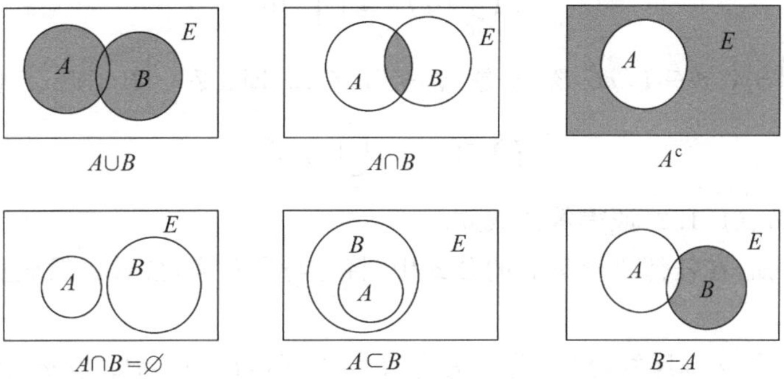

图 1.1.1

1.1.4 集合的运算性质

设 X 为基本集，A,B,C 为 X 的子集，$\cup,\cap,{}^{c}$ 分别为集合的并、交、补运算，则有性质：

(1) $A\cup B=B\cup A, A\cap B=B\cap A$; (交换律)

(2) $(A\cup B)\cup C=A\cup(B\cup C)$,

$(A\cap B)\cap C=A\cap(B\cap C)$; (结合律)

(3) $A\cup\varnothing=A, A\cap X=A$; (同一律)

(4) $A\cup A^{c}=X, A\cap A^{c}=\varnothing$; (互补律)

(5) $A\cup(A\cap B)=A, A\cap(A\cup B)=A$; (吸收律)

(6) $A\cup(B\cap C)=(A\cup B)\cap(A\cup C), A\cap(B\cup C)=(A\cap B)\cup(A\cap C)$; (分配律)

(7) $A\cup A=A, A\cap A=A$; (幂等律)

(8) $A\cup X=X, A\cap\varnothing=\varnothing$; (零律)

(9) $(A^{c})^{c}=A$; (对合律)

(10) $(A\cup B)^{c}=A^{c}\cap B^{c}, (A\cap B)^{c}=A^{c}\cup B^{c}$; (德·摩根律)

如果 $B_t\in P(X)(t\in T)$，其中 T 为指标集，(6)和(10)有下面更一般的形式：

(6′) $A\cup\left(\bigcap_{t\in T}B_t\right)=\bigcap_{t\in T}(A\cup B_t), A\cap\left(\bigcup_{t\in T}B_t\right)=\bigcup_{t\in T}(A\cap B_t)$;

(10′) $\left(\bigcup_{t\in T}B_t\right)^{c}=\bigcap_{t\in T}B_t^{c}, \left(\bigcap_{t\in T}B_t\right)^{c}=\bigcup_{t\in T}B_t^{c}$.

其中 $\bigcup_{t\in T}B_t=\{x\mid \exists t\in T, x\in B_t\}$, $\bigcap_{t\in T}B_t=\{x\mid \forall t\in T, x\in B_t\}$.

我们仅证明(10′)的前式,其他由读者完成.

证明 任取 $x\in(\bigcup_{t\in T}B_t)^c$,$x\notin\bigcup_{t\in T}B_t$,即 $\forall t\in T,x\notin B_t$,有 $\forall t\in T,x\in B_t^c$,即 $x\in\bigcap_{t\in T}B_t^c$,因此

$$(\bigcup_{t\in T}B_t)^c\subseteq\bigcap_{t\in T}B_t^c. \tag{1.1.1}$$

任取 $x\in\bigcap_{t\in T}B_t^c$,$\forall t\in T,x\in B_t^c$,于是 $\forall t\in T,x\notin B_t$,即 $x\notin\bigcup_{t\in T}B_t$,有 $x\in(\bigcup_{t\in T}B_t)^c$,因此

$$\bigcap_{t\in T}B_t^c\subseteq(\bigcup_{t\in T}B_t)^c. \tag{1.1.2}$$

由式(1.1.1)、(1.1.2)证得等式成立.

由以上性质知,在任何集合运算的公式中,将∪与∩互换,公式仍然成立.这就是集合论的对偶原则.

定理 1.1.1(包含排斥原理) 设 S 为有穷集合,$P_1,P_2,\cdots,P_m$ 是 m 个性质.S 中的任何元素 x 或者具有性质 P_i 或者不具有性质 $P_i(i=1,2,\cdots,m)$,两种情况必居其一.令 A_i 表示具有性质 P_i 的元素构成的子集,则 S 中不具有性质 $P_1,P_2,\cdots,P_m$ 的元素个数为

$$\begin{aligned}&|\overline{A_1}\cap\overline{A_2}\cap\cdots\cap\overline{A_m}|\\=&|S|-\sum_{i=1}^{m}|A_i|+\sum_{1\leqslant i<j\leqslant m}|A_i\cap A_j|-\sum_{1\leqslant i<j<k\leqslant m}|A_i\cap A_j\cap A_k|+\\&\cdots+(-1)^m|A_1\cap A_2\cap\cdots\cap A_m|.\end{aligned}$$

推论 S 中至少具有一条性质的元素数为

$$\begin{aligned}&|A_1\cup A_2\cup\cdots\cup A_m|\\=&\sum_{i=1}^{m}|A_i|-\sum_{1\leqslant i<j\leqslant m}|A_i\cap A_j|+\sum_{1\leqslant i<j<k\leqslant m}|A_i\cap A_j\cap A_k|-\\&\cdots+(-1)^{m-1}|A_1\cap A_2\cap\cdots\cap A_m|.\end{aligned}$$

当 $m=2$ 时,

$$|A_1\cup A_2|=|A_1|+|A_2|-|A_1\cap A_2|;$$

当 $m=3$ 时,

$$\begin{aligned}|A_1\cup A_2\cup A_3|=&|A_1|+|A_2|+|A_3|-|A_1\cap A_2|-|A_1\cap A_3|-\\&|A_2\cap A_3|+|A_1\cap A_2\cap A_3|.\end{aligned}$$

一般包含排斥原理又称为容斥原理.

例 1.1.2 有120个学生参加考试,试卷中有3道题A,B,C,考试结果如下:12个学生3道题都做对了,20个学生做对A,B两道题,16个学生做对A,C两道题,28个学生做对B,C两道题,做对A题的有48个学生,做对B题的有56个学生,还有16个学生一道题也没做对.求做对了C题的学生有多少个?

解 设做对A题的学生为 P_1,做对B题的学生为 P_2,做对C题的学生为 P_3,由题意,

根据容斥原理可知,

$|P_1 \cap P_2 \cap P_3| = 12,\ |P_1 \cap P_2| = 20,\ |P_1 \cap P_3| = 16,\ |P_2 \cap P_3| = 28,$

$|P_1| = 48,\ |P_2| = 56,\ |\overline{P_1 \cup P_2 \cup P_3}| = 16,$

所以

$$|P_1 \cup P_2 \cup P_3| = 120 - 16 = 104,$$

而

$$|P_1 \cup P_2 \cup P_3| = |P_1| + |P_2| + |P_3| - |P_1 \cap P_2| - |P_1 \cap P_3| - |P_2 \cap P_3| + |P_1 \cap P_2 \cap P_3|,$$

因此$|P_3|=52$,所以做对了 C 题的学生有 52 人.

1.1.5 序偶与笛卡儿积

现实生活中许多事物的出现具有顺序性,所以有序性是普遍存在的现象.下面引入序偶概念及其性质.

定义 1.1.8 设 A,B 是两集合,$a\in A,b\in B$,称二元序组(a,b)为**序偶**(ordered pair),其中 a 为序偶的第一元素,b 为第二元素.

定义 1.1.9 n 个有序元素 $a_1,a_2,\cdots,a_n$ 组成一 n 元序组,记为$(a_1,a_2,\cdots,a_n)$.两个 n 元序组$(a_1,a_2,\cdots,a_n)$与$(b_1,b_2,\cdots,b_n)$相等,当且仅当对应元素相等.

定义 1.1.10 集合 A,B 的**笛卡儿积**(cartesian product)为 $A\times B=\{(a,b)\mid a\in A, b\in B\}$.

例 1.1.3 $A=\{1,2\}$,$B=\{a,b\}$,求 $A\times B$,$B\times A$.

解 $A\times B=\{(1,a),(1,b),(2,a),(2,b)\}$,$B\times A=\{(a,1),(a,2),(b,1),(b,2)\}$.

一般 $A\times B\neq B\times A$.

注 (1) 设 $A,B\in 2^X$,但 $A\times B\notin 2^X$.

(2) 对于任意集合 A,有 $A\times\varnothing=\varnothing\times A=\varnothing$.

(3) 笛卡儿积运算形式上不满足结合律,即对于任意非空集合 A,B,C,

$$(A\times B)\times C\neq A\times(B\times C).$$

(4) $|A|=m$,$|B|=n$,则$|A\times B|=mn$.

(5) 笛卡儿积运算对交、并运算满足分配律:

$$A\times(B\cap C)=(A\times B)\cap(A\times C),\quad (B\cap C)\times A=(B\times A)\cap(C\times A),$$

$$A\times(B\cup C)=(A\times B)\cup(A\times C),\quad (B\cup C)\times A=(B\times A)\cup(C\times A).$$

进一步可以将两个集合上的笛卡儿积概念推广到 n 个集合上.

定义 1.1.11 集合 $A_1,A_2,\cdots,A_n$ 的笛卡儿积为

$$A_1\times A_2\times\cdots\times A_n=\{(x_1,x_2,\cdots,x_n)\mid x_1\in A_1,x_2\in A_2,\cdots,x_n\in A_n\}.$$

显然$|A_1\times A_2\times\cdots\times A_n|=|A_1|\times|A_2|\times\cdots\times|A_n|$.

当 $A_1=A_2=\cdots=A_n=A$ 时,记 $A^n=\underbrace{A\times A\times\cdots\times A}_{n个}$.

例 1.1.4 n 维实空间$\mathbb{R}^n$上的任意一点的坐标是有序笛卡儿积,它的全体可以表示成 n 元序组$\mathbb{R}^n=\{(a_1,a_2,\cdots,a_n)\mid a_i\in\mathbb{R},i=1,2,\cdots,n\}$.

1.2 二元关系

现实世界中存在着各种各样的关系,如父子关系、同事关系、数之间的大小关系等. 一些关系可以用表格的形式清晰地表示出来,例如,表 1.2.1 说明了哪些学生选哪些课程. 例如,Bill 选了计算机课程和艺术课,Mary 选了数学课. 用关系的术语说就是:Bill 与计算机课程和艺术课相关,Mary 和数学课相关.

表 1.2.1 学生与课程的关系

学生	课　程	学生	课　程
Bill	计算机科学	Beth	历史
Mary	数学	Beth	计算机科学
Bill	艺术	Dave	数学

下面介绍二元关系及其相关概念.

1.2.1 二元关系及其表示

定义 1.2.1 设 $R\subseteq A\times B$,称 R 为集合 A 到集合 B 的一个二元**关系**(relation),若 A 和 B 相等,称 R 为 A 上的二元关系.

若 $(x,y)\in R$,记作 xRy,读作"x 对 y 有关系 R". 若 $(x,y)\notin R$,记作 $x\not R y$,读作"x 对 y 没有关系 R".

令 $\mathrm{dom}(R)=\{x\mid(x,y)\in R$,对某个 $y\in Y\}$,称为 R 的**定义域**(domain).

令 $\mathrm{ran}(R)=\{y\mid(x,y)\in R$,对某个 $x\in X\}$,称为 R 的**值域**(range).

令 $\mathrm{fld}(R)=\mathrm{dom}(R)\cup\mathrm{ran}(R)$,称为 R 的**域**(field).

由定义知二元关系 R 是 $A\times B$ 的子集,R 中的元素是有序对.

定义 1.2.2 对任何集合 A,空集$\varnothing$是 $A\times A$ 的子集,称为空关系,$E_A=A\times A$ 称为**全**(total)关系,$I_A=\{(x,x)\mid x\in A\}$称为**恒等关系**.

例 1.2.1 实数$\mathbb{R}$上的"$\leqslant$"关系可如下定义:

$$\leqslant=\{(x,y)\mid x\in\mathbb{R},y\in\mathbb{R}\text{ 且 }x\leqslant y\}.$$

在平面$\mathbb{R}^2$上可找到满足关系的点集,它是以 $x=y$ 为界的左半平面.

例 1.2.2 令 $X=\{$Bill, Mary, Beth, Dave$\}$,$Y=\{$计算机科学,数学,艺术,历史$\}$,则表 1.2.1 表示的二元关系可写为

$$R=\{(\text{Bill},\text{计算机科学}),(\text{Mary},\text{数学}),(\text{Bill},\text{艺术}),(\text{Beth},\text{历史}),$$
$$(\text{Beth},\text{计算机科学}),(\text{Dave},\text{数学})\}.$$

二元关系的表示法：

1. 集合表示法

二元关系是特殊的集合，用集合表示二元关系，如例 1.2.1.

2. 关系图表示法

当 A,B 为有限集时，用有向图表示 A 到 B 之间的二元关系 R，将 A,B 中的元素作为顶点，若 $(a,b)\in R$，用从 a 到 b 的有向边表示. 当 R 是 A 上的二元关系时，A 中每个元素分别用一个顶点表示，若 $(a,a)\in R$，用从 a 到 a 带箭头的圆圈表示. 这种图称为**关系图**(graph of relation).

例 1.2.3 设 $A=\{P_1,P_2,\cdots,P_6\}$ 是六个程序，它们之间有一种调用关系 R，若 P_i 可调用 P_j，用 $(P_i,P_j)\in R$ 表示. 设 $R=\{(P_1,P_2),(P_2,P_6),(P_5,P_2),(P_3,P_1),(P_3,P_4),(P_4,P_5)\}$，$R$ 的关系图如图 1.2.1 所示.

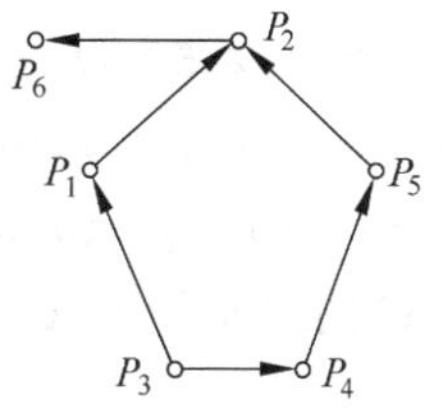

图 1.2.1

3. 二元关系的矩阵表示法

定义 1.2.3 设 $A=\{a_1,a_2,\cdots,a_n\}$，$B=\{b_1,b_2,\cdots,b_m\}$ 是两个有限集，R 是从 A 到 B 的一个二元关系，则对应于 R 的**关系矩阵**(matrix of relation) $\boldsymbol{M}_R=(r_{ij})_{n\times m}$，其中，

$$r_{ij}=\begin{cases}1, & \text{当}(a_i,b_j)\in R,\\ 0, & \text{当}(a_i,b_j)\notin R,\end{cases}\quad i=1,2,\cdots,n,j=1,2,\cdots,m.$$

例 1.2.4 在例 1.2.3 中二元关系 R 的关系矩阵 $\boldsymbol{M}_R=\begin{pmatrix}0&1&0&0&0&0\\0&0&0&0&0&1\\1&0&0&1&0&0\\0&0&0&0&1&0\\0&1&0&0&0&0\\0&0&0&0&0&0\end{pmatrix}$.

用有向图表示二元关系比较直观，但复杂的图不便于表示，用矩阵表示二元关系便于计算机处理分析.

1.2.2 二元关系的运算

1. 关系的并、交、差、补运算

由于关系是特殊的集合，有关集合的并、交、差、补运算也适用于二元关系. 设 R,S 都是集合 A 到 B 的二元关系，则

$$R\cup S=\{(x,y)\mid xRy \text{ 或 } xSy\},\quad R\cap S=\{(x,y)\mid xRy \text{ 且 } xSy\},$$

$$R-S=\{(x,y)\mid xRy \text{ 且 } x\$y\},\quad R^{c}=\{(x,y)\mid x\not R y\}.$$

由于 $A\times B$ 是相对于 R 的全集，因此，

$$R^{c}=A\times B-R,\quad R^{c}\cup R=A\times B,\quad R^{c}\cap R=\varnothing.$$

2. 复合运算

定义 1.2.4 设 R 是 A 到 B 的二元关系，S 是 B 到 C 的二元关系，$R\circ S$ 表示 R 和 S 的**复合**(composition)，即 $R\circ S=\{(x,z)\mid x\in A,z\in C,且\ \exists y\in B,使(x,y)\in R,(y,z)\in S\}$. 这个复合关系是 A 到 C 的关系.

一般地，$F\circ G\neq G\circ F$. 例如，$F=\{(3,3),(6,2)\}$，$G=\{(2,6)\}$，则 $F\circ G=\{(6,6)\}$，$G\circ F=\{(2,2)\}$，$F\circ G\neq G\circ F$.

例 1.2.5 设 $A=\{a_1,a_2,a_3\}$，$B=\{b_1,b_2,b_3\}$，$C=\{c_1,c_2,c_3\}$，从 A 到 B 的二元关系 $R=\{(a_1,b_1),(a_1,b_2),(a_2,b_2)\}$；从 B 到 C 的二元关系 $S=\{(b_1,c_2),(b_2,c_3),(b_3,c_3)\}$，由此得到从 A 到 C 的二元关系 $R\circ S=\{(a_1,c_2),(a_1,c_3),(a_2,c_3)\}$.

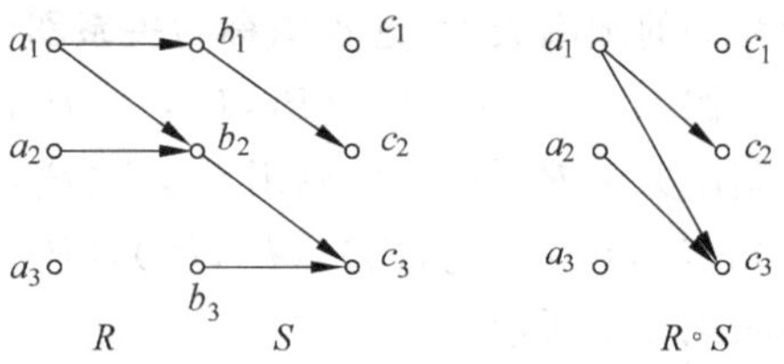

图 1.2.2

这个复合关系的关系图容易作出. 将 a_i 与 c_j 通过 b_r 有边相连者组成 $R\circ S$，如图 1.2.2 所示.

两个二元关系的复合可以用矩阵的运算来表示，这里举例说明. 设 $A=\{a_1,a_2,\cdots,a_n\}$，$B=\{b_1,b_2,\cdots,b_m\}$，$C=\{c_1,c_2,\cdots,c_k\}$，R 是从 A 到 B 的二元关系，S 是从 B 到 C 的二元关系，二元关系 R 的关系矩阵 $\boldsymbol{M}_R$ 为 n 行 m 列矩阵，二元关系 S 的关系矩阵 $\boldsymbol{M}_S$ 为 m 行 k 列矩阵，复合关系 $R\circ S$ 的关系矩阵 $\boldsymbol{M}_{R\circ S}$ 为 n 行 k 列矩阵.

例 1.2.6 在例 1.2.5 中关系 R 和关系 S 的关系矩阵分别为 $\boldsymbol{M}_R=\begin{pmatrix}1&1&0\\0&1&0\\0&0&0\end{pmatrix}$，$\boldsymbol{M}_S=\begin{pmatrix}0&1&0\\0&0&1\\0&0&1\end{pmatrix}$，$R\circ S$ 的关系矩阵为 $\boldsymbol{M}_{R\circ S}=\boldsymbol{M}_R\times\boldsymbol{M}_S=\begin{pmatrix}1&1&0\\0&1&0\\0&0&0\end{pmatrix}\begin{pmatrix}0&1&0\\0&0&1\\0&0&1\end{pmatrix}=\begin{pmatrix}0&1&1\\0&0&1\\0&0&0\end{pmatrix}$.

复合关系是由复合运算所得，它满足结合律.

注 复合关系 $R\circ S$ 的矩阵可以通过 R 和 S 的关系矩阵作矩阵乘法得到. 但运算过程中的加法是逻辑加法，即 $1+1=1+0=0+1=1$，$0+0=0$.

定理 1.2.1 设 R,S,T 分别为集合 A 到 B，B 到 C，C 到 D 的二元关系，则有

$$(R\circ S)\circ T=R\circ(S\circ T).$$

证明 任取 $(a,d)\in(R\circ S)\circ T$，由定义 $\exists c\in C$，有 $(a,c)\in R\circ S$，$(c,d)\in T$，进而 $\exists b\in B$，有 $(a,b)\in R$，$(b,c)\in S$，因为 $(b,c)\in S$，$(c,d)\in T$，故必有 $(b,d)\in S\circ T$；又因 $(a,b)\in R$，$(b,d)\in S\circ T$，故有 $(a,d)\in R\circ(S\circ T)$，因此，$(R\circ S)\circ T\subseteq R\circ(S\circ T)$. 类似可证 $R\circ(S\circ T)\subseteq(R\circ S)\circ T$.

由于复合运算满足结合律，因此可以将复合运算中的括号省略，运算仍有意义. 即

$$(R\circ S)\circ T=R\circ(S\circ T)=R\circ S\circ T.$$

定义 1.2.5 设 R 为 A 上的二元关系，$n\in\mathbb{N}$，则 R 的 n 次幂定义为

$$R^0=\{(x,x)\mid x\in A\}=I_A, R^{n+1}=R^n\circ R.$$

3. 关系的逆运算

定义 1.2.6 设 R 是从 A 到 B 的二元关系，则有 B 到 A 的二元关系 $R^{-1}=\{(b,a)\mid(a,b)\in R\}$，称 R^{-1} 为 R 的**逆关系**(inverse relation).

逆关系也可以用关系图与关系矩阵表示，R^{-1} 的关系图是改变 R 的关系图中所有有向边的方向而得到的. R^{-1} 的关系矩阵 $\boldsymbol{M}_{R^{-1}}$ 是 $\boldsymbol{M}_R$ 的转置.

注 $R\circ R^{-1}\subseteq I_A$($R$ 是 A 上的二元关系).

容易得到下面定理：

定理 1.2.2 设 R,S 分别是从 A 到 B，B 到 C 的二元关系，则

(1) $(R^{-1})^{-1}=R$；　　(2) $(R\circ S)^{-1}=S^{-1}\circ R^{-1}$.

证明留作练习，读者自证.

定理 1.2.3 设 A 为 n 元集合，R 是 A 上的二元关系，则存在自然数 s 和 t，使得 $R^s=R^t$.

证明 由于 R 为 A 上的二元关系，$\forall k\in\mathbb{N}$，$R^k\subseteq A\times A$. 又 $A\times A$ 中元素个数为 n^2，于是 $A\times A$ 的不同子集仅有 2^{n^2} 个. R 的各次幂为 $R^0,R^1,R^2,\cdots,R^{2^{n^2}}$ 时，必存在 $s,t\in\mathbb{N}$，使 $R^s=R^t$.

定理 1.2.4 设 R 为 A 上的关系，$m,n\in\mathbb{N}$，则

(1) $R^m\circ R^n=R^{m+n}$；　　(2) $(R^m)^n=R^{mn}$.

用归纳法不难证明.

定理 1.2.5 设 R,S,T,U 分别是从集合 A 到 B，B 到 C，B 到 C 和 C 到 D 的二元关系，则有

(1) $R\circ(S\cup T)=(R\circ S)\cup(R\circ T)$；　　(2) $R\circ(S\cap T)\subseteq(R\circ S)\cap(R\circ T)$；

(3) $(S\cup T)\circ U=(S\circ U)\cup(T\circ U)$；　　(4) $(S\cap T)\circ U\subseteq(S\circ U)\cap(T\circ U)$.

证明 (1)任取 $(x,y)\in R\circ(S\cup T)$，则存在 $t\in B$，使 $(x,t)\in R$，$(t,y)\in S\cup T$，则 $(t,y)\in S$ 或 $(t,y)\in T$，从而 $(x,y)\in R\circ S$ 或 $(x,y)\in R\circ U$，所以 $(x,y)\in(R\circ S)\cup(R\circ T)$，所以 $R\circ(S\cup T)\subseteq(R\circ S)\cup(R\circ T)$.

反之，任取 $(x,y)\in(R\circ S)\cup(R\circ T)$，则 $(x,y)\in R\circ S$ 或 $(x,y)\in R\circ U$，于是存在 $t\in B$，使 $(x,t)\in R$，$(t,y)\in S$ 或 $(x,t)\in R$，$(t,y)\in U$，故 $(x,t)\in R$，$(t,y)\in S\cup T$，从而 $(x,y)\in R\circ(S\cup T)$，即 $R\circ(S\cup T)\supseteq(R\circ S)\cup(R\circ T)$.

因此，$R\circ(S\cup T)=(R\circ S)\cup(R\circ T)$.

(2)、(3)、(4)的证明与(1)类似，证明由读者完成.

注 在定理 1.2.5 的条件下，一般

$$R\circ(S\backslash T)\neq(R\circ S)\backslash(R\circ T), (S\backslash T)\circ U\neq(S\circ U)\backslash(T\circ U).$$

例如，设 $X=\{a,b,c\}$，$R_1=\{(a,a),(a,b)\}$，$R_2=\{(a,a),(b,c)\}$，$R_3=\{(a,c),(b,b)\}$，则

$$R_2\backslash R_3=\{(a,a),(b,c)\}=R_2, R_1\circ(R_2\backslash R_3)=\{(a,a),(a,c)\},$$

$R_1 \circ R_2 = \{(a,a),(a,c)\}, R_1 \circ R_3 = \{(a,b),(a,c)\},$

$(R_1 \circ R_2)\backslash(R_1 \circ R_3) = \{(a,a)\} \neq R_1 \circ (R_2 \backslash R_3) = \{(a,a),(a,c)\}.$

定理 1.2.6 设 R 为 A 上的二元关系，若存在自然数 $s,t(s<t)$ 使得 $R^s=R^t$，则

(1) $\forall k \in \mathbb{N}$，有 $R^{s+k}=R^{t+k}$；

(2) $R^{s+kp+i}=R^{s+i}$，其中 $p=t-s, i\in\mathbb{N}, 0\leqslant i\leqslant p-1, k\in\mathbb{N}$；

(3) 令 $S=\{R^0,R^1,\cdots,R^{t-1}\}$，则 $\forall q\in\mathbb{N}$，有 $R^q\in S$.

证明 (1) $R^{s+k}=R^s\circ R^k=R^t\circ R^k=R^{t+k}$.

(2) 对 k 用数学归纳法. 若 $k=0$，有 $R^{s+kp+i}=R^{s+i}$；假设 $R^{s+kp+i}=R^{s+i}$，其中 $p=t-s$，则 $R^{s+(k+1)p+i} = R^{s+kp+i+p} = R^{s+kp+i}\circ R^p = R^{s+i}\circ R^p = R^{s+p+i} = R^{s+t-s+i} = R^{t+i} = R^{s+i}$，由归纳假设命题得证.

(3) 任取 $q(q\in\mathbb{N})$，若 $q<t$，显然有 $R^q\in S$；若 $q\geqslant t$，则存在自然数 k 和 i，有 $q=s+kp+i(p=t-s)$，其中 $0\leqslant i\leqslant p-1$. 于是

$$R^q = R^{s+kp+i} = R^{s+i}.$$

而

$$s+i\leqslant s+p-1 = s+(t-s)-1 = t-1,$$

因此 $R^q\in S$.

应用定理 1.2.6 可以将关系的幂化简.

例 1.2.7 设 R 是 A 上的二元关系，化简 R^{2002} 的指数.

(1) 已知 $R^3=R^7$； (2) 已知 $R^3=R^6$.

解 (1) $s=3,t=7,q=2002$，则

$$\frac{q-s}{t-s} = \frac{1999}{4} = \frac{499\times 4+3}{4},$$

因此 $k=499, i=3$，故

$$R^{2002} = R^{3+4\times 499+3} = R^{3+3} = R^6.$$

(2) $s=3,t=6,q=2002$，则

$$\frac{q-s}{t-s} = \frac{1999}{3} = \frac{666\times 3+1}{3},$$

因此 $k=666, i=1$，故

$$R^{2002} = R^{3+3\times 666+1} = R^{3+1} = R^4.$$

1.3 关系的性质

二元关系的性质主要有5种：自反性、反自反性、对称性、反对称性和传递性.

定义 1.3.1 设 R 为 A 上的二元关系.

(1) $\forall a\in A$，若 $(a,a)\in R$，则称 R 为**自反的**(reflexive)；

(2) $\forall a\in A$，若 $(a,a)\notin R$，则称 R 为**反自反的**(anreflexive)；

(3) $\forall a,b\in A$,若$(a,b)\in R$,有$(b,a)\in R$,则称 R 是**对称的**(symmetric);

(4) $\forall a,b\in A$,若$(a,b)\in R$ 且 $a\neq b$,有$(b,a)\notin R$,则称 R 是**反对称的**(antisymmetric);

(5) $\forall a,b,c\in A$,若$(a,b)\in R$ 且$(b,c)\in R$,有$(a,c)\in R$,则称 R 是**传递的**(transitive).

例 1.3.1 (1) 整数集$\mathbb{Z}$上的"$\leqslant$"关系是自反的,不是反自反的,是反对称的、传递的.

(2) 整数集上的"相等"关系是自反的、对称的、传递的.

(3) "父子"关系是反自反、反对称、反传递的.

(4) 整数集$\mathbb{Z}$上的"$<$"关系是反自反的、反对称的,然而是传递的.

(5) 三角形的"全等"关系是自反的、对称的、传递的.

将二元关系用关系图与矩阵表示,则上述性质容易判断.

(1) 二元关系 R 是自反的,当且仅当 $\boldsymbol{M}_R$ 的主对角线上的元素全为 1,或关系图中每个顶点都有一自闭合的有向圈,或 $I_A\subseteq R$.

(2) 二元关系 R 是反自反的,当且仅当 $\boldsymbol{M}_R$ 的主对角线上元素全为 0,或关系图中每个顶点均无自闭的有向圈,或 $R\cap I_A=\varnothing$.

(3) 二元关系 R 是对称的,当且仅当 $\boldsymbol{M}_R$ 是对称矩阵,或关系图中不同两点若有有向边,必有两条方向相反的有向边,或 $R=R^{-1}$.

(4) 二元关系 R 是反对称的,当且仅当 $\boldsymbol{M}_R$ 中关于主对角线对称的两元素不会同时都为 1,或关系图中不同两点间不存在成对的方向相反的有向边,或 $R\cap R^{-1}\subseteq I_A$.

(5) 二元关系 R 是传递的,当且仅当 R 的关系图中如果顶点 a_i 到 a_j 有边,a_j 到 a_k 有边,则 a_i 到 a_k 有边,或 $R\circ R\subseteq R$.

证明留作练习,读者自证.

例 1.3.2 设集合 $A=\{1,2,3\}$,R_1,R_2,R_3 和 R_4 是集合 A 上的二元关系,其中

$$R_1=\{(1,1),(2,2)\},\quad R_2=\{(1,1),(2,2),(3,3),(2,1)\},$$

$$R_3=\{(1,2),(2,1),(1,1)\},\quad R_4=\{(1,3)\}.$$

上述 4 个关系分别具有 5 种性质的哪几个?

解 R_1 具有对称性和传递性;R_2 具有自反性、传递性和反对称性;R_3 具有对称性;R_4 具有传递性、反自反性和反对称性.

注 设 R_1 和 R_2 是集合 A 上的关系,它们具有某些共同的性质,在进行逆、交、并、补和复合运算后,所得到的新的关系不一定保持原来关系的性质. 相关结论见表 1.3.1.

表 1.3.1

	自反性	反自反性	对称性	反对称性	传递性
R_1^{-1}	√	√	√	√	√
$R_1\cap R_2$	√	√	√	√	√
$R_1\cup R_2$	√	√	√	×	×
R_1-R_2	×	√	√	√	×
$R_1\circ R_2$	√	×	×	×	×

注:表中√表示一定保持,×表示不一定保持.

1.4 关系的闭包运算

关系的闭包运算是对关系扩充一些二元序组，使它具有某种特殊性质的运算.

定义 1.4.1 设 R 是集合 A 上的二元关系，则 R 的自反(对称、传递)**闭包**(closure)是满足下列条件的二元关系 R'：

(1) R'是自反的(对称的、传递的)；

(2) $R'\supseteq R$；

(3) 设 R''是自反的(对称的、传递的)且 $R''\supseteq R$，则 $R''\supseteq R'$.

用 $r(R)$表示 R 的自反闭包；用 $s(R)$表示 R 的对称闭包；用 $t(R)$表示 R 的传递闭包. 由定义知，自反(对称、传递)闭包是具有相应性质的包含 R 的最小二元关系.

例 1.4.1 整数集$\mathbb{Z}$上的“$<$”关系的自反闭包是“$\leqslant$”关系；它的对称闭包是“$\neq$”关系；它的传递闭包是它本身.

例 1.4.2 设集合 $A=\{a,b,c\}$上的二元关系 $R=\{(a,a),(b,b),(a,b),(a,c)\}$，求 R 的自反闭包 $r(R)$.

解 $r(R)=\{(a,a),(b,b),(c,c),(a,b),(a,c)\}$. 如果在 $r(R)$中再加上(b,c)，得到 R''，虽然它仍是自反的，但却不是最小的，因而不是它的自反闭包.

给定集合 A 上的一个关系，是否总存在相应的关系闭包？为此有下面的定理.

定理 1.4.1 设 R 是集合 A 上的二元关系，则 $r(R)=R\cup I_A$，其中 $I_A=\{(x,x)\mid x\in A\}$.

证明 令 $R'=R\cup I_A$，显然 R'是自反的，且 $R'\supseteq R$. 设 R''是一个 A 上的具有自反性质的二元关系，且 $R''\supseteq R$，只需证 $R''\supseteq R'$. 任取$(a,b)\in R'$，因为 $R'=R\cup I_A$，当 $a=b$ 时，有$(a,b)\in I_A$，因为 R''是自反的，必有$(a,b)\in R''$；当 $a\neq b$ 时，有$(a,b)\in R$，因为 $R''\supseteq R$，必有$(a,b)\in R''$. 因此得 $R''\supseteq R'$. 由自反闭包的定义可知，$r(R)=R\cup I_A$.

定理 1.4.2 设 R 是集合 A 上的二元关系，则 $s(R)=R\cup R^{-1}$.

证明 令 $R'=R\cup R^{-1}$，显然，$R'\supseteq R$，且 R'是对称的. 设 R''是 A 上的对称关系，且 $R''\supseteq R$，只需证 $R''\supseteq R'$. 任取$(a,b)\in R'$，当$(a,b)\in R$ 时，必有$(a,b)\in R''$；当$(a,b)\in R^{-1}$时，必有$(b,a)\in R$，由此$(b,a)\in R''$，因为 R''是对称的，所以$(a,b)\in R''$. 故有 $R''\supseteq R'$. 由对称闭包的定义知 $s(R)=R\cup R^{-1}$.

定理 1.4.3 设 R 是集合 A 上的二元关系，则

$$t(R)=\bigcup_{i=1}^{\infty} R^i = R\cup R^2\cup R^3\cup\cdots.$$

证明 (1) 先证 $\bigcup_{i=1}^{\infty} R^i\subseteq t(R)$. 用数学归纳法可证对任意的 $n>0$，有 $R^n\subseteq t(R)$.

由传递闭包的定义知 $R\subseteq t(R)$. 假设 $R^n\subseteq t(R)$，$n\geqslant 1$，令$(a,b)\in R^{n+1}$. 因为 $R^{n+1}=R^n\circ R$，至少存在一个 $c\in A$，有$(a,c)\in R^n$，$(c,b)\in R$，由归纳假设 $R^n\subseteq t(R)$，$R\subseteq t(R)$，故有$(a,$

$c)\in t(R)$，$(c,b)\in t(R)$，由 $t(R)$ 的传递性，$(a,b)\in t(R)$，由此得 $R^{n+1}\subseteq t(R)$.

由于对每个 n 均有 $R^n\subseteq t(R)$，于是有 $\bigcup\limits_{n=1}^{\infty}R^i\subseteq t(R)$.

(2) 再证明 $t(R)\subseteq\bigcup\limits_{i=1}^{\infty}R^i$.

首先可证 $\bigcup\limits_{i=1}^{\infty}R^i$ 是传递的，令 (a,b)，(b,c) 是 $\bigcup\limits_{i=1}^{\infty}R^i$ 中的任意两元素，必存在 $s\geqslant 1$，$t\geqslant 1$，有 $(a,b)\in R^s$，$(b,c)\in R^t$，这样必有 $(a,c)\in R^s\circ R^t$，因为 $R^s\circ R^t=R^{s+t}$，由此 $(a,c)\in\bigcup\limits_{i=1}^{\infty}R^i$，$\bigcup\limits_{i=1}^{\infty}R^i$ 是传递的. 由传递闭包的定义知，$t(R)\subseteq\bigcup\limits_{i=1}^{\infty}R^i$. 由(1)、(2)得结论成立.

当 A 是有限集时，有以下结论.

定理 1.4.4 设集合 A 有 n 个元素，R 是 A 上的二元关系，则 $t(R)=\bigcup\limits_{i=1}^{n}R^i$.

证明 首先证当 $k>0$ 时，有 $R^k\subseteq\bigcup\limits_{i=1}^{n}R^i$. 事实上，当 $k\leqslant n$ 时，显然有 $R^k\subseteq\bigcup\limits_{i=1}^{n}R^i$. 当 $k>n$ 时，设 $(a,b)\in R^k$，此时 A 中存在序列 $c_0,c_1,c_2,\cdots,c_k$，其中 $c_0=a,c_k=b$，且对 $0\leqslant i\leqslant k$，$(c_i,c_{i+1})\in R$. 由于 $k>n$，A 有 n 个元素，故 c_0 至 c_k 中必存在一些元素相等，不妨设为 $c_0=c_2$，则此时必有 $(a,b)\in R^{k-2}$，故可在序列中除去 c_0 和 c_1，按此办法，最后所得序列元素的个数为 $h+1$ 且 $h\leqslant n$，故有 $(a,b)\in R^h(h\leqslant n)$. 亦即有 $(a,b)\in\bigcup\limits_{i=1}^{n}R^i$. 于是 $R^k\subseteq\bigcup\limits_{i=1}^{n}R^i$，又 $t(R)=\bigcup\limits_{n=1}^{\infty}R^i\subseteq\bigcup\limits_{i=1}^{n}R^i$，所以 $t(R)=\bigcup\limits_{i=1}^{n}R^i$.

定理 1.4.5 设 R 是非空集合 A 上的二元关系，则

(1) R 是自反的当且仅当 $r(R)=R$； (2) R 是对称的当且仅当 $s(R)=R$；

(3) R 是传递的当且仅当 $t(R)=R$.

证明留作练习，读者自证.

定理 1.4.6 设 R 是非空集合 A 上的二元关系，有

(1) R 是自反的，则 $s(R)$ 与 $t(R)$ 也是自反的；

(2) R 是对称的，则 $r(R)$ 与 $t(R)$ 也是对称的；

(3) R 是传递的，则 $r(R)$ 也是传递的.

证明留作练习，读者自证.

例 1.4.3 四个程序组成的集合 $P=\{P_1,P_2,P_3,P_4\}$，R 为 P 上的"调用"关系，$R=\{(P_1,P_2),(P_1,P_3),(P_3,P_4)\}$，求 $r(R)$，$s(R)$，$t(R)$.

解 $r(R)=R\cup I_P$，$s(R)=R\cup R^{-1}$，容易求出. 以下求 $t(R)$. 由于 $R^2=\{(P_1,P_4)\}$，$R^3=R^4=\varnothing$，故

$$t(R)=R\cup R^2\cup R^3\cup R^4=R\cup R^2=\{(P_1,P_3),(P_1,P_3),(P_3,P_4),(P_1,P_4)\}.$$

其中,自反性表示程序的递归调用功能,对称性表示程序的双向调用功能,传递性表示若 P_1 能调用 P_3,P_3 能调用 P_4,则 P_1 能调用 P_4.

利用计算机求关系的传递闭包可以采用矩阵的表示方法. 设 $A=\{x_1,x_2,\cdots,x_n\}$,R 为 A 上的二元关系,R 的关系矩阵为 $\boldsymbol{M}_R$,简写为 $\boldsymbol{M}$,那么

$$\boldsymbol{M}_t=\boldsymbol{M}+\boldsymbol{M}^2+\cdots+\boldsymbol{M}^n.$$

这是因为在 R 的关系图中,从顶点 x_i 到 x_j 且不含回路的路径最多 n 步长. 只要找到所有这样的路径,就可以找到那些在传递闭包的关系图中的边. 但是一个更有效的方法是**沃舍尔**(warshall)算法.

考虑 $n+1$ 个矩阵的序列 $\boldsymbol{M}_0,\boldsymbol{M}_1,\cdots,\boldsymbol{M}_n$,将矩阵 $\boldsymbol{M}_k$ 的 i 行 j 列的元素记作 $M_k[i,j]$,对于 $k=0,1,\cdots,n$,$M_k[i,j]=1$ 当且仅当在 R 的关系图中存在一条从 x_i 到 x_j 的路径,并且这条路径除端点外中间只经过$\{x_1,x_2,\cdots,x_k\}$中的顶点. 不难证明,$\boldsymbol{M}_0$ 就是 R 的关系矩阵,而 $\boldsymbol{M}_n$ 就对应了 R 的关系闭包. 沃舍尔算法从 $\boldsymbol{M}_0$ 开始,顺序计算 $\boldsymbol{M}_1,\boldsymbol{M}_2,\cdots$,直到 $\boldsymbol{M}_n$ 为止.

假设 $\boldsymbol{M}_k$ 已经计算完毕,如何计算 $\boldsymbol{M}_{k+1}$呢? 这需要对于每组 i,j 确定 $M_{k+1}[i,j]$是否为1. $M_{k+1}[i,j]=1$ 当且仅当在 R 的关系图中存在一条从 x_i 到 x_j 并且中间只经过$\{x_1,x_2,\cdots,x_k,x_{k+1}\}$的路径. 可以将这种路径分为两类: 第一类是经过$\{x_1,x_2,\cdots,x_k\}$的路径,这时 $M_k[i,j]=1$;第二类是经过 x_{k+1}的路径. 因为回路可以从路径中删除,因此只需考虑经过 x_{k+1}一次的路径,这条路径可以分成两段,从 x_i 到 x_{k+1},再从 x_{k+1} 到 x_j,因此有 $M_k[i,k+1]=1$ 和 $M_k[k+1,j]=1$. 对于第二类路径的判别,可以利用下面的条件:

$$M_{k+1}[i,j]=1\Leftrightarrow M_k[i,k+1]=1\wedge M_k[k+1,j]=1.$$

沃舍尔算法

输入: $\boldsymbol{M}$(R 的关系矩阵)

输出: $\boldsymbol{M}_r$($t(R)$的关系矩阵)

```
M_r ← M
for k←1 to n do
    for i←1 to n do
        for j←1 to n do
            M_r[i,j]←M_r[i,j]+M_r[i,k]·M_r[k,j]
```

注意上述算法中矩阵加法和乘法中的元素相加都使用逻辑加. 对于例 1.4.3 中的关系 R,利用沃舍尔算法计算的矩阵序列如下:

$$\boldsymbol{M}_0=\begin{pmatrix}0&1&1&0\\0&0&0&0\\0&0&0&1\\0&0&0&0\end{pmatrix},\quad \boldsymbol{M}_1=\begin{pmatrix}0&1&1&1\\0&0&0&0\\0&0&0&1\\0&0&0&0\end{pmatrix},\quad \boldsymbol{M}_2=\begin{pmatrix}0&1&1&1\\0&0&0&0\\0&0&0&1\\0&0&0&0\end{pmatrix},$$

$$\boldsymbol{M}_3=\begin{pmatrix}0&1&1&1\\0&0&0&0\\0&0&0&1\\0&0&0&0\end{pmatrix},\quad \boldsymbol{M}_4=\begin{pmatrix}0&1&1&1\\0&0&0&0\\0&0&0&1\\0&0&0&0\end{pmatrix}.$$

1.5 序关系

定义 1.5.1 集合 A 上的二元关系 R 若是自反的、反对称的和传递的，则称 R 是 A 上的**偏序关系**(partial ordering). 常用"$\leqslant$"表示偏序关系，读作"小于等于"，记为 $\langle A,\leqslant\rangle$.

定义 1.5.2 设 R 为集合 A 上的偏序关系，若对任意的 $a,b\in A$, a,b 必有序关系，则称 R 为 A 上的**全序**(totally ordered)关系(或称**线性序**关系).

例 1.5.1 (1) 集合 A 的幂集 $P(A)$ 上的包含关系"$\subseteq$"是偏序关系，不是全序关系.

(2) 实数集上的大于等于关系是偏序关系，也是全序关系.

(3) 自然数集 $\mathbb{N}$ 上的整除关系是偏序关系，不是全序关系.

定义 1.5.3 设集合 A 上有偏序关系"$\leqslant$"，且 $B\subseteq A$.

(1) 若 $\exists y\in B$, $\forall y'\in B$, 有 $y'\leqslant y$, 则称 y 为 B 的**最大元**(greatest element)；若 $\exists y\in B$, $\forall y'\in B$, 有 $y'\geqslant y$, 则称 y 为 B 的**最小元**(smallest element)；

(2) 若 $\exists y\in B$, 且 B 中不存在异于 y 的 y', 使 $y\leqslant y'$, 则称 y 是 B 的**极大元**(maximal element)；若 B 中不存在异于 y 的 y', 使 $y'\leqslant y$, 称 y 是 B 的**极小元**(minimal element)；

(3) 若 $\exists x\in A$, 对任意 $y'\in B$, 有 $y'\leqslant x$, 称 x 为 B 的**上界**(upper bound)；若均有 $x\leqslant y'$, 称 x 是 B 的**下界**(lower bound)；

(4) 若 $x\in A$ 是 B 的上界，且若 x' 是 B 的任一个上界，必有 $x\leqslant x'$, 则称 x 是 B 的**上确界**(least upper bound)，记为 $\sup B$；若 x 是 B 的下界，且若 x' 是 B 的任意一个下界，必有 $x'\leqslant x$, 则称 x 是 B 的**下确界**(greatest lower bound)，记为 $\inf B$.

易见，最大、最小元及上、下确界若存在是唯一的.

例 1.5.2 集合 $A=\{a,b,c\}$ 的幂集 $P(A)$ 及其上的"$\subseteq$"关系构成一个偏序集.

(1) 设 $B=\{\{a,b\},\{b,c\},\{b\},\{c\},\varnothing\}\subseteq P(A)$, 则它没有最大元素，但它有极大元素：$\{a,b\},\{b,c\}$；$B$ 的上界与上确界相同，均为 $\{a,b,c\}$, 它的最小元素、极小元素、下界及下确界相同，均为 $\varnothing$.

(2) 设 $B=\{\{a\},\{c\}\}\subseteq P(A)$, 则它无最大元素，极大元素是 $\{a\}$ 及 $\{c\}$, 上界是 $\{a,c\}$, $\{a,b,c\}$, 上确界是 $\{a,c\}$, 它无最小元素，极小元是 $\{a\}$ 及 $\{c\}$, 下界与下确界均为 $\varnothing$.

以上概念互相有很大区别，但也有联系，请注意辨析.

定理 1.5.1 设"$\leqslant$"是集合 A 上的偏序关系，$B\subseteq A$, 有以下性质：

(1) 若 b 是 B 的最大(小)元，则它必是 B 的极大(小)元；

(2) 若 b 是 B 的最大(小)元，则它必是 B 的上(下)确界；

(3) 若 b 是 B 的上(下)确界,且 $b\in B$,则 b 也是 B 的最大(小)元.

证明 (1) 反证法. 设 b 是 B 的最大元,而不是 B 的极大元,则必存在 $c\in B$,有 $b\neq c$,且 $b\leqslant c$,这表示 b 不是 B 的最大元. 与假设矛盾. 由此得证.

(2) 因 $B\subseteq A$,由最大元的定义知 b 是 B 的上界. 设 c 也是 B 的上界,且 $b\neq c$,则必有 $c\notin B$,$b\leqslant c$,因为 $b\in B$,$c\in A-B$,故 b 是 B 的上确界.

(3) 若 $b\in B$ 是 B 的上确界,则对 $c\in B$,必有 $c\leqslant b$,由此 b 是 B 的最大元素.

类似可证最小元、极小元及下确界的相关结果.

用哈斯(Hasse)图研究偏序关系是一种好方法. 对 A 中的每个元素用顶点表示,若 a,$b\in A$,$a\leqslant b$,则在图中将顶点 a 画于顶点 b 下方. 若 a 与 b 之间不存在另一个 c,使 $a\leqslant c$,$c\leqslant b$,则在 a,b 之间用线段连接,由此得到的图为哈斯图.

例 1.5.3 设 $A=\{2,3,6,8,12,16,24,32\}$,$R$ 是 A 上的整除关系. $R=\{(x,y)\mid x,y\in A,x$ 整除 $y\}$是偏序关系,哈斯图为图 1.5.1.

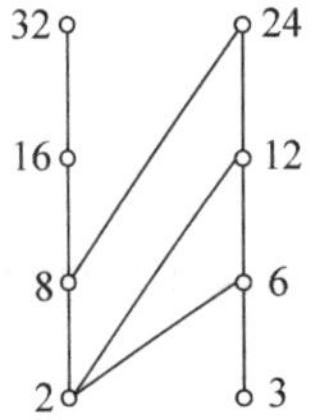

图 1.5.1

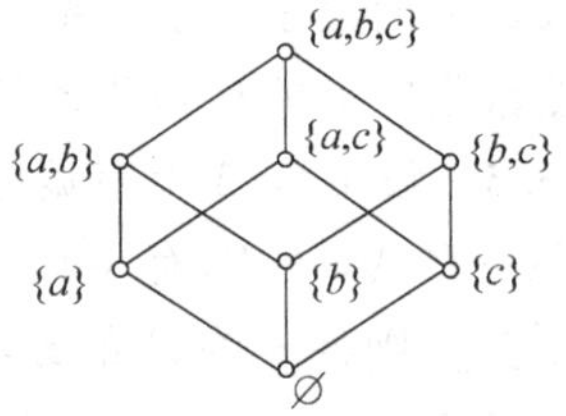

图 1.5.2

例 1.5.4 设 $A=\{a,b,c\}$,则 $P(A)$上的$\subseteq$关系为偏序关系. 它的哈斯图为图 1.5.2.

如图 1.5.1 所示,A 无最大元,其极大元为 32,24,同样也无上界、上确界,有极小元,极小元是 2,3.

偏序关系广泛存在于实际问题,调度问题就是一个典型的实例. 我们看一个建筑的例子.

表 1.5.1 列出了建造房子所需要的步骤,完成每个步骤所需要的天数以及其直接的前继任务.

表 1.5.1

任 务	天数	前继任务	任 务	天数	前继任务
A 场地准备	4	无	H 电气设施	3	E
B 地基	6	A	I 绝缘	2	G,H
C 排水设施	3	A	J 幕墙	6	F
D 骨架	10	B	K 墙纸	5	I,J
E 屋顶	5	D	L 清洁和油漆	3	K
F 窗	2	E	M 地板和装修	4	L
G 管道	4	C,E	N 检验	10	I

如果所有的工作都由一组人来完成，而这组人每次只能进行一项工作，那么应该按照怎样的顺序来完成所有的工作呢？由于工作必须依次地完成，所以要在工作集合上寻找一个包含原偏序关系 R(图 1.5.3 中的哈斯图描述了 R)的全序 T. 即希望得到一个全序 T,使得 xRy 蕴涵了 xTy.

构造一个包含某个给定偏序的全序的过程称为**拓扑排序**(topological sorting). 下面的算法可以为有限集上的任何偏序构造出这样的全序，它基于这样的事实：R 在 S 的每一个子集上都可以诱导出一个偏序.

拓扑排序算法

对有限集拓扑排序 S 上给定的偏序 R，本算法产生一个全序 T,使得 xRy 蕴涵 xTy.

步骤 1(初始化)

令 $k=1, S'=S$;

步骤 2(取下一个元素)

while S'不是空集

(a) 关于 R 在 S'上诱导出来的偏序，选取任意一个极小元，记为 s_k

(b) 从 S'中删去 s_k

(c) 令 $k=k+1$

endwhile

步骤 3(定义 T)

定义 S 上的全序 T: $s_i T s_j$ 当且仅当 $i\leqslant j$.

为了说明拓扑排序算法的使用，我们为建筑例子中的工作集合 S 构造一个全序，在这个建筑例子中包含一个给定的偏序. 从图 1.5.3 中的哈斯图可以看到，A 是 S 唯一的极小元. 因此，取 $s_1=A$，并从 S 中删除 A. 与这个新集合相对应的哈斯图如图 1.5.4 所示. 在这个集合中，B 和 C 都是极小元，可以任意地选择其中的一个，假设取 $s_2=C$. 对应于新集合的哈斯图如图 1.5.5 所示. 因为 B 是这个新集合中唯一的极小元，所以取 $s_3=B$.

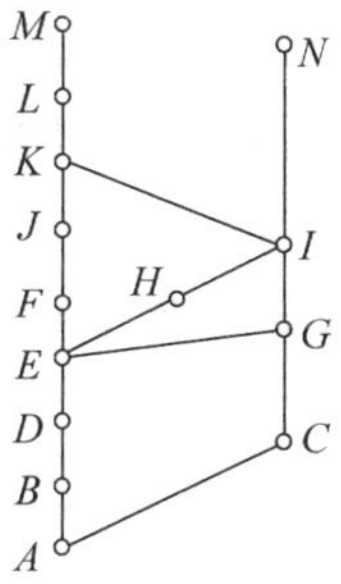

图 1.5.3

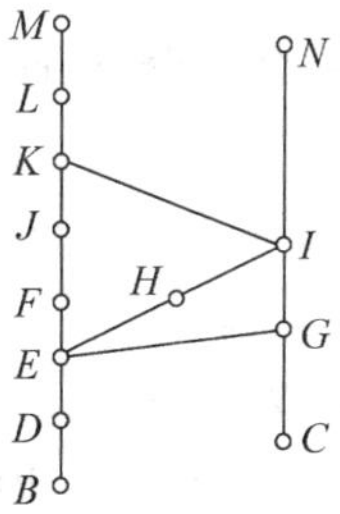

图 1.5.4

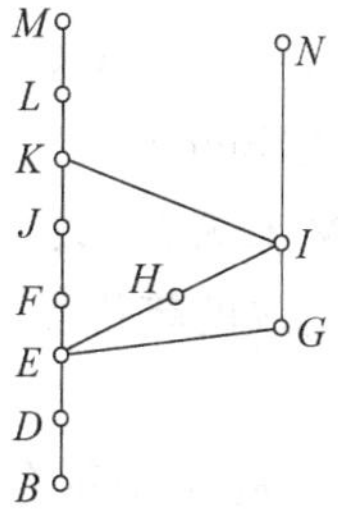

图 1.5.5

按照这种方式继续，选取 $s_4=D, s_5=E, s_6=G, s_7=H, s_8=I, s_9=F, s_{10}=J$, $s_{11}=N$, $s_{12}=K$, $s_{13}=L, s_{14}=M$,于是,

$$A,C,B,D,E,G,H,I,F,J,N,K,L,M$$

就是一个具有这种性质的序列：它包含了关于任务的给定的偏序，且任务可以按照这个序列来进行. 当然，可能还会有其他的同类序列，因为在算法的执行过程中，步骤2中可能存在多个可供选择的极小元. 另一个可能的序列是

$$A,B,D,E,F,J,C,H,G,I,K,L,M,N.$$

每一个这样的序列都与S中的一个任务的全序相对应，这个全序包含了给定的偏序，并且可以这样来构造：定义X和Y是相关联的，当且仅当$X=Y$或X在序列中出现在Y之前.

1.6 等价关系

定义 1.6.1 设R为A上的二元关系，若R是自反的、对称的、传递的，则称R为**等价关系**(equivalent relation).

恒等关系是等价关系，复数域$\mathbb{C}$上的n阶方阵的相似关系是等价关系，三角形的全等关系是等价关系.

例 1.6.1 整数集$\mathbb{Z}$上的二元关系R：

$$R=\{(x,y)\mid x-y\text{ 可被 }m\text{ 整除}\}.\quad(m>0\text{ 为整数})$$

这个关系是等价关系. 事实上，

(1) 对每个$a\in A$，$a-a$可被m整除，所以是自反的.

(2) 对$a,b\in A$，若$a-b$能被m整除，则$b-a$亦能被m整除，对称性成立.

(3) 若$a-b$，$b-c$均能被m整除，则$a-c=(a-b)+(b-c)$能被m整除，传递性成立.

这个关系也称为以m为模的**同余**关系，记作$x\equiv y(\bmod m)$.

定义 1.6.2 设S是一个非空集合，$A_1,A_2,\cdots,A_m$是它的非空子集，若满足：

(1) $A_i\cap A_j=\varnothing,i\neq j(i,j=1,2,\cdots,m)$；　　(2) $\bigcup_{i=1}^{m}A_i=S$；

则集合$A=\{A_1,A_2,\cdots,A_m\}$称为S的一个**划分**(partition)，而$A_1,A_2,\cdots,A_m$称作这个划分的**划分块**(block).

定义 1.6.3 设R是集合A上的等价关系，对任意$a\in A$，可以构造A的子集，$[a]_R$称为由a生成的**等价类**(equivalence class)，且

$$[a]_R=\{b\mid b\in A\text{ 且 }aRb\}.$$

$[a]_R$是A中所有与a具有等价关系R的元素构成的集合.

定义 1.6.4 设R是集合A上的等价关系，由R诱导产生的所有等价类的集合，称为集合A关于R的**商集**(quotient set)，记为A/R，即

$$A/R=\{[a]_R\mid a\in A\}.$$

等价类具有以下性质.

定理 1.6.1 设 R 为非空集 A 上的等价关系，则

(1) $\forall a\in A,[a]_R$ 是 A 的非空子集；

(2) $\forall a,b\in A$，若 aRb，则 $[a]_R=[b]_R$；

(3) $\forall a,b\in A$，若 $a\not R b$，则 $[a]_R$ 与 $[b]_R$ 不相交；

(4) $\bigcup\limits_{a\in A}[a]_R=A$.

证明 (1) 因为 $a\in[a]_R$，所以 $[a]_R$ 是 A 的非空子集.

(2) 任取 $c\in[a]_R$，有 cRa，又 aRb，故 cRb，有 $c\in[b]_R$，$[a]_R\subseteq[b]_R$，同理有 $[b]_R\subseteq[a]_R$，因此 $[a]_R=[b]_R$.

(3) 因为 $a\not R b$，若 $[a]_R$ 与 $[b]_R$ 相交，则存在 $c\in[a]_R$，$c\in[b]_R$，有 cRa，cRb，由等价关系的传递性，有 aRb，与已知矛盾.

(4) $\forall a\in A,[a]_R\subseteq A$，于是 $\bigcup\limits_{a\in A}[a]_R\subseteq A$，又 $\forall a\in A,a\in[a]_R,a\in\bigcup\limits_{a\in A}[a]_R,A\subseteq\bigcup\limits_{a\in A}[a]_R$，综上有 $\bigcup\limits_{a\in A}[a]_R=A$.

定理 1.6.2 非空集合 A 上的等价关系 R 所构成的等价类产生 A 的一个划分，即商集就是一个划分.

证明留作练习，读者自证.

定理 1.6.3 任一非空集合 A 上的一个划分可产生一个等价关系.

证明 设 $A=\{A_1,A_2,\cdots,A_m\}$，A_i 为 A 中的划分块，由 A 可建立一个二元关系 R，即 $R=(A_1\times A_1)\cup(A_2\times A_2)\cup\cdots\cup(A_m\times A_m)$.

显然这个关系是等价关系.

例 1.6.2 设 $\mathbb{Z}$ 是整数集，$R=\{(x,y)\mid x,y\in\mathbb{Z},x-y$ 被 m 整除$(m\in\mathbb{Z},m>0)\}$，R 是等价关系，求 R 的等价类.

解 $\mathbb{Z}/R=\{[0]_R,[1]_R,\cdots,[m-1]_R\}$. 它们分别是：

$$[0]_R=\{\cdots,-2m,-m,0,m,2m,\cdots\},$$
$$[1]_R=\{\cdots,-2m+1,-m+1,1,m+1,2m+1,\cdots\},$$
$$[2]_R=\{\cdots,-2m+2,-m+2,2,m+2,2m+2,\cdots\},$$
$$\cdots$$
$$[m-1]_R=\{\cdots,-m-1,-1,m-1,2m-1,3m-1,\cdots\},$$

这些类称为模 m 的剩余类.

定理 1.6.4 设 R,S 是集合 X 上的等价关系，则 $R\circ S$ 是等价关系的充分必要条件是 $R\circ S=S\circ R$.

证明 若 $R\circ S$ 是等价关系，则由 R,S 是等价关系，有 $R\circ S=(R\circ S)^{-1}=S^{-1}\circ R^{-1}=S\circ R$，所以有 $R\circ S=S\circ R$.

若 $R\circ S=S\circ R$，则由 R,S 是等价关系，有 $R\circ S$ 是自反的. 又由于 $(R\circ S)^{-1}=S^{-1}\circ R^{-1}=$

$S\circ R=R\circ S$，有 $R\circ S$ 是对称的.

另外，$(R\circ S)^2=(R\circ S)\circ(R\circ S)=R^2\circ S^2\subseteq R\circ S$，有 $R\circ S$ 是传递的. 因此，$R\circ S$ 是等价关系.

定理 1.6.5 设 R,S 是集合 X 上的等价关系，则 $R\circ S$ 是等价关系的充分必要条件是 $R\circ S\subseteq S\circ R$.

证明 若 $R\circ S$ 是等价关系，则由 R,S 是等价关系，有 $R\circ S=(R\circ S)^{-1}=S^{-1}\circ R^{-1}=S\circ R$，所以有 $R\circ S=S\circ R$. 故 $R\circ S\subseteq S\circ R$.

若 $R\circ S\subseteq S\circ R$，由 R,S 的对称性，有 $S\circ R=S^{-1}\circ R^{-1}=(R\circ S)^{-1}\subseteq(S\circ R)^{-1}=R^{-1}\circ S^{-1}=R\circ S$，因此 $R\circ S=S\circ R$，由定理 1.6.4，有 $R\circ S$ 是等价关系.

1.7 映　　射

映射有时又称函数，是特殊的关系，有如下定义.

定义 1.7.1 设 f 为一个集合 X 到集合 Y 的二元关系，若 $\forall x\in \mathrm{dom}\,(f)$ 都存在唯一的 $y\in \mathrm{ran}\,(f)$，使 xfy 成立，则称 f 为一个 $X\to Y$ 的**映射**(mapping)或**函数**. 对于 f，使 xfy，则记作 $y=f(x)$，并称 y 为 x 在 f 下的像，x 为 y 在 f 下的一个**原像**.

设 $f:X\to Y, A\subseteq X, B\subseteq Y, c\in Y$，记 $f(A)=\{f(a)\mid a\in A\}$，称为 A 的**像集**；$f^{-1}(c)=\{a\in X\mid f(a)=c\}$，称为 c 的**原像集**；$f^{-1}(B)=\bigcup\limits_{b\in B}f^{-1}(b)=\{a\in X\mid f(a)\in B\}$，称为集合 B 的**原像集**.

映射分满射和单射，有以下定义.

定义 1.7.2 映射 $f:X\to Y$，若 $\forall x_1,x_2\in X, x_1\neq x_2$，有 $f(x_1)\neq f(x_2)$，则称 f 是**单射**(injection)；若对任意 $y\in Y$，有 $x\in X$，使 $f(x)=y$，称 f 为**满射**(surjection). 若 f 既是单射又是满射，称为**双射**(bijection)(或一一对应).

定义 1.7.3 设 $f:X\to Y, g:Y\to Z$，它们组成的复合映射 $g\circ f$ 是一个映射 $h:X\to Z$，即 $h=g\circ f=\{(x,z)\mid x\in X, z\in Z$，且存在 $y\in Y$，有 $y=f(x), z=g(y)\}$. 容易验证复合映射满足结合律，即，$h\circ(g\circ f)=(h\circ g)\circ f=h\circ g\circ f$.

任一关系均存在逆关系，但映射不同，只有当 f 是双射时才有逆映射.

定义 1.7.4 $f:X\to Y$ 是一一对应的映射，则 f 所构成的逆关系称作 f 的**逆映射**(inverse mapping)或称 f 的反函数，记为 $f^{-1}: Y\to X$. $f:X\to Y$，f^{-1}存在，有 $f^{-1}\circ f=I_X$，I_X 为 X 上的恒等映射. $f\circ f^{-1}=I_Y$，I_Y 为 Y 上的恒等映射.

例 1.7.1 设 $f:\mathbb{R}\to\mathbb{R}$，$\mathbb{R}$ 为实数集，$f=\{(x,\sqrt[3]{x})\mid x\in\mathbb{R}\}$，由于 f 是一一对应，故存在逆映射 $f^{-1}:Y\to X$，$f^{-1}=\{(x,x^3)\mid x\in\mathbb{R}\}$.

上面介绍的是一元映射，下面介绍多元映射，也称多元函数.

定义 1.7.5 设有集合 $X_1,X_2,\cdots,X_n$ 及 Y，则 $f:X_1\times X_2\times\cdots\times X_n\to Y$，表示 n 重序组 $X_1\times X_2\times\cdots\times X_n$ 到 Y 的一个函数，我们称其为 n 元函数，可表示为

$$f(x_1,x_2,\cdots,x_n)=y,\quad 其中\quad x_i\in X_i(i=1,2,\cdots,n),\quad y\in Y.$$

特别地，$X=X_1=X_2=\cdots=X_n=Y$ 时，n 元函数 $f:X^n\to X$ 称为 n **元运算**.

例 1.7.2 设 $f:\mathbb{R}\times\mathbb{R}\to\mathbb{R}$，$\mathbb{R}$ 为实数集，$f=\{((x,y),xy)\mid x\in\mathbb{R},y\in\mathbb{R}\}$，即 $f(x,y)=xy$ 是一个二元运算.

一元映射由一个二元关系确定，二元映射由一个三元关系确定，n 元映射由一个 $n+1$ 元关系确定.

设 X,Y 是两个有限集合，集合 X,Y 中元素个数分别为 n,m，有：

(1) 如果 $f:X\to Y$ 是一个满射，则 $m\leqslant n$；

(2) 如果 $f:X\to Y$ 是一个单射，则 $m\geqslant n$；

(3) 如果在 X,Y 之间存在一个一一映射，则 $m=n$，并称 X 与 Y 对等.

定义 1.7.6 设 A,B 为两个集合，若存在 A,B 之间的一一对应，则称 A 与 B **等势**(equipotent)，记为 $A\sim B$. 此时称 A 与 B 有相同的**基数**(power).

定理 1.7.1 设 X,Y 是两个有限集合，集合 X,Y 中元素个数分别为 n,m，则

(1) 集合 X 到 Y 的全体映射的数目为 m^n；

(2) 集合 X 到 Y 的单映射的个数为 $m(m-1)\cdots(m-n+1)$；

(3) 集合 X 到 Y 的满射的个数为

$$m^n-C_m^1(m-1)^n+C_m^2(m-2)^n+\cdots+(-1)^{m-1}C_m^{m-1}.$$

定理 1.7.2 设 $f:X\to Y$，$A,B\in 2^Y$，则

(1) $f^{-1}(A\cup B)=f^{-1}(A)\cup f^{-1}(B)$； (2) $f^{-1}(A\cap B)=f^{-1}(A)\cap f^{-1}(B)$.

证明 (1) 设任意的 $x\in f^{-1}(A\cup B)$，则 $f(x)\in A\cup B$，即 $f(x)\in A$ 或 $f(x)\in B$，于是 $x\in f^{-1}(A)$ 或 $x\in f^{-1}(B)$，从而 $x\in f^{-1}(A)\cup f^{-1}(B)$，故 $f^{-1}(A\cup B)\subseteq f^{-1}(A)\cup f^{-1}(B)$.

另一方面，设任意的 $x\in f^{-1}(A)\cup f^{-1}(B)$，则 $x\in f^{-1}(A)$ 或 $x\in f^{-1}(B)$，于是 $f(x)\in A$ 或 $f(x)\in B$，故 $f(x)\in A\cup B$，从而 $x\in f^{-1}(A\cup B)$，所以 $f^{-1}(A)\cup f^{-1}(B)\subseteq f^{-1}(A\cup B)$.

因此 $f^{-1}(A\cup B)=f^{-1}(A)\cup f^{-1}(B)$.

(2)的证明同(1).

定理 1.7.3 设 $f:X\to Y$，$A,B\in 2^X$，则 $f(A\cup B)=f(A)\cup f(B)$.

证明 任取 $y\in f(A\cup B)$，则在 $A\cup B$ 中至少存在一个 x 使 $y=f(x)$，则 $y\in f(A)$ 或 $y\in f(B)$，故 $y\in f(A)\cup f(B)$，即 $f(A\cup B)\subseteq f(A)\cup f(B)$.

另一方面，任取 $y\in f(A)\cup f(B)$，则 $y\in f(A)$ 或 $y\in f(B)$，于是在集合 A,B 中至少有一个集合里存在一个 x 使 $y=f(x)$. 从而 $y=f(x)\in f(A\cup B)$，即 $f(A\cup B)\supseteq f(A)\cup f(B)$.

因此 $f(A\cup B)=f(A)\cup f(B)$.

定理 1.7.4 设 $f:X\to Y$，$A,B\in 2^X$，则 $f(A\cap B)\subseteq f(A)\cap f(B)$.

证明留作练习，读者自证.

一般 $f(A\cap B)\neq f(A)\cap f(B)$. 例如 $X=\{a,b,c\}$，$Y=\{1,2,3\}$，$f:X\to Y$，$f(a)=1$，

$f(b)=2, f(c)=2, A=\{a,b\}, B=\{c\}$，于是 $A\cap B=\varnothing$，$f(A\cap B)=\varnothing$，而 $f(A)\cap f(B)=\{1,2\}\cap\{2\}=\{2\}\neq\varnothing$.

定理 1.7.5 设 $f:X\to Y, B\subseteq Y$，则 $f^{-1}(B^c)=(f^{-1}(B))^c$.

证明 任取 $x\in f^{-1}(B^c)$，则 $f(x)\in B^c$. 于是 $f(x)\in Y$ 且 $f(x)\notin B$，从而 $x\in X$ 且 $x\notin f^{-1}(B)$，故 $x\in(f^{-1}(B))^c$，即 $(f^{-1}(B))^c\supseteq f^{-1}(B^c)$.

另一方面，任取 $x\in(f^{-1}(B))^c$，则 $x\in X$ 且 $x\notin f^{-1}(B)$. 于是 $f(x)\in Y$ 且 $f(x)\notin B$，从而 $f(x)\in Y\setminus B=B^c$，即 $x\in f^{-1}(B^c)$，故 $(f^{-1}(B))^c\subseteq f^{-1}(B^c)$.

因此 $f^{-1}(B^c)=(f^{-1}(B))^c$.

*1.8 数学归纳法

数学归纳法原理(principle of mathematical induction) 设 $S(n)$ 是涉及整数 n 的命题，假设对某个固定的整数 n_0，有

(1) $S(n_0)$ 为真(即如果 $n=n_0$，则命题成立)；

(2) 只要 k 是一个整数，使得 $k\geqslant n_0$ 且 $S(k)$ 为真，那么 $S(k+1)$ 就为真，则 $S(n)$ 就对所有的整数 $n\geqslant n_0$ 都为真.

这个归纳原理是整数的一个基本性质，所以我们不对其进行证明. 但是，这个原理看来是很合理的，因为，如果原理中的条件(1)成立，那么命题 $S(n_0)$ 为真. 如果原理中的条件(2)也成立，那么就可以令 $k=n_0$，应用条件(2)推出 $S(n_0+1)$ 也为真. 再令 $k=n_0+1$，应用条件(2)即说明 $S(n_0+2)$ 也为真. 以此类推. 这个论证过程的持续进行表明：$S(n)$ 对每个整数 $n\geqslant n_0$ 都为真的结论是可信的.

应用数学归纳法的证明包括两个部分. 第一部分通过证明某个命题 $S(n_0)$ 为真建立归纳基础. 第二部分称为归纳步骤(inductive step)，证明如果任何命题 $S(k)$ 为真，那么下一个命题 $S(k+1)$ 也同样为真. 一般数学归纳法的例子中作为归纳基础的 n_0 为一般 n 的取值范围的初始值.

例 1.8.1 应用数学归纳法原理 (取 $n_0=4$)证明：如果 $n\geqslant 4$，则 $n!>2^n$.

证明 (1) 如果 $n=4$，则 $n!=24$ 且 $2^n=16$，所以命题成立.

(2) 假设对某个正整数 $k\geqslant 4, k!>2^k$ 成立，那么

$$(k+1)!=(k+1)k!\geqslant(4+1)k!>2k!>2(2^k)=2^{k+1}.$$

这便是所需证明的关于 $k+1$ 的不等式. 所以，根据归纳法原理，命题对于所有的整数 $n\geqslant 4$ 都成立.

一个著名的递归定义的例子是**斐波那契数**(Fibonacci number)$F_1, F_2, \cdots$，其定义如下：

$$F_1=1, F_2=1, \text{如果 } n>2, \text{则 } F_n=F_{n-1}+F_{n-2}.$$

例如，$F_3=F_2+F_1=1+1=2$，$F_4=F_3+F_2=2+1=3$，$F_5=F_4+F_3=3+2=5$. 注意，因为 F_n 依赖它前面的两个斐波那契数，所以，要获得有意义的定义，初始时给出 F_1, F_2 的

定义.

在某些情况下,需要使用一种形式稍有不同的数学归纳法原理.

强数学归纳法原理(strong principle of mathematical induction) 设 $S(n)$ 是涉及整数 n 的命题. 假设对某个固定的整数 n_0,有

(1) $S(n_0)$ 为真;

(2) 只要 k 是一个整数,使得 $k \geqslant n_0$ 且 $S(n_0), S(n_0+1), \cdots, S(k)$ 均为真,那么 $S(k+1)$ 就为真,则对所有的整数 $n \geqslant n_0$,$S(n)$ 都为真.

强数学归纳法原理与数学归纳法原理的唯一区别在于条件(2):前者不仅可以假设 $S(k)$ 为真,还可以假设 $S(n_0), S(n_0+1), \cdots, S(k-1)$ 均为真,所以,从逻辑推理的观点来看,强数学归纳法原理应该更容易使用,因为可以假设的条件更多. 但是,它比前一种形式复杂,往往并不需要使用它,本书将主要运用强数学归纳法原理证明关于某些类型的递推关系的结论. 为了说明它的使用,下面将证明一个关于斐波那契数的结论.

例 1.8.2 证明:对于正整数 n,$F_n \leqslant 2^n$.

证明 因为 $F_1 = 1 \leqslant 2 = 2^1$,且 $F_2 = 1 \leqslant 4 = 2^2$,所以,对于 $n=1$ 和 $n=2$,命题都为真.(因为需要在归纳步骤中假设 $k \geqslant 2$,以应用斐波那契数的递归定义,所以必须验证:$n=1$ 和 $n=2$,命题均为真)

现在假设,对于某个正整数 $k \geqslant 2$,命题关于 $n=1, n=2, \cdots, n=k$ 均为真,那么

$$F_{k+1} = F_k + F_{k-1} \leqslant 2^k + 2^{k-1} \leqslant 2^k + 2^k = 2 \cdot 2^k = 2^{k+1}.$$

所以,如果命题对于 $n=1, n=2, \cdots, n=k$ 均为真,那么它对于 $n=k+1$ 也成立.

于是,根据强数学归纳法原理,对于所有的正整数 n,命题均为真.

例 1.8.3 使用归纳法证明 $5^n - 1$ 能被 4 整除,$n = 1, 2, \cdots$.

证明 如果 $n=1$,$5^n - 1 = 5^1 - 1 = 4$,可以被 4 整除.

假设 $5^n - 1$ 可以被 4 整除. 要说明 $5^{n+1} - 1$ 能被 4 整除,需要建立第 $n+1$ 种情况与第 n 种情况的联系,有

$$5^{n+1} - 1 = 5 \times 5^n - 1 = (5^n - 1) + 4 \times 5^n.$$

通过假定 $5^n - 1$ 可以被 4 整除,并且因为 4×5^n 可以被 4 整除,则 $(5^n - 1) + 4 \times 5^n = 5^{n+1} - 1$ 可以被 4 整除. 由数学归纳法原理知 $n = 1, 2, \cdots$ 时,$5^n - 1$ 可以被 4 整除.

例 1.8.4 几何级数求和. 使用归纳法证明如果 $r \neq 1$,有

$$a + ar^1 + ar^2 + \cdots + ar^n = \frac{a(r^{n+1} - 1)}{r - 1}, \quad n = 0, 1, 2, \cdots. \tag{1.8.1}$$

左式的和称为几何级数的和. 在几何级数求和中,相邻项的比例 $\left(\frac{ar^{i+1}}{ar^i} = r\right)$ 是一个常数.

证明 当 $n=0$ 时,基本步 $a = \frac{a(r^1 - 1)}{r - 1}$,为真.

设对于 $n=k$ 时,式(1.8.1)为真,有

$$a + ar^1 + ar^2 + \cdots + ar^k + ar^{k+1}$$

$$=\frac{a(r^{k+1}-1)}{r-1}+ar^{k+1}=\frac{a(r^{k+1}-1)}{r-1}+\frac{ar^{k+1}(r-1)}{r-1}=\frac{a(r^{k+2}-1)}{r-1},$$

从而证明了等式对 $n=k+1$ 也成立. 所以,根据数学归纳法原理知式(1.8.1)成立.

定理 1.8.1 设 S 是有 n 个元素的集合,其中 n 是非负整数. 如果 r 是一个整数,$0\leqslant r\leqslant n$,那么恰好含有 r 个元素的 S 的子集的数目是 $\frac{n!}{r!(n-r)!}$.

证明 利用归纳法,对 n 进行归纳,并从 $n=0$ 开始.

如果 $n=0$,那么 S 是空集,且 r 必定为 0. 而 $\varnothing$ 有且仅有一个含 0 个元素的子集,即它本身,由定义 $0!=1$,所以 $\frac{n!}{r!(n-r)!}=1$. 因此,对于 $n=0$,定理中的公式是正确的.

现假设定理中的公式对某个整数 $k\geqslant 0$ 是正确的. 设 S 是含有 $k+1$ 个元素的集合,$S=\{a_1,a_2,\cdots,a_k,a_{k+1}\}$. 我们要统计出恰好含有 r 个元素的 S 的子集的数目,这里 $0\leqslant r\leqslant k+1$. 显然,$r=0$ 时 S 的子集只有空集. 类似地,含有 $k+1$ 个元素的 S 的子集也只有一个,即 S 本身. 对这两种情况,定理中的公式都给出了正确的值,因为

$$\frac{(k+1)!}{0!(k+1-0)!}=1,\quad \frac{(k+1)!}{(k+1)![(k+1)-(k+1)]!}=1.$$

设 R 是 S 的恰好包含 r 个元素的任意子集,这里 $1\leqslant r\leqslant k$. 有两种情况需要考虑.

第一种情况:$a_{k+1}\notin R$. 这时 R 是 $\{a_1,a_2,\cdots,a_k\}$ 的有 r 个元素的任意子集. 根据归纳假设,这样的子集共有 $\frac{k!}{r!(k-r)!}$ 个.

第二种情况:$a_{k+1}\in R$. 在这种情况下,如果从 R 中拿掉 a_{k+1},就得到 $\{a_1,a_2,\cdots,a_k\}$ 的含有 $r-1$ 个元素的子集. 根据归纳假设,这样的子集共有 $\frac{k!}{(r-1)![k-(r-1)]!}$ 个.

把两种情况结合起来,可知 S 共有 $\frac{k!}{(r-1)![k-(r-1)]!}+\frac{k!}{r!(k-r)!}$ 个含有 r 个元素的子集. 这个值等于

$$\frac{k!r}{r(r-1)!(k-r+1)!}+\frac{k!(k-r+1)}{r!(k-r)!(k-r+1)}$$
$$=\frac{k!(k-r+1+r)}{r!(k-r+1)!}=\frac{(k+1)!}{r!(k-r+1)!}.$$

在定理的公式中,用 $k+1$ 替换 n 就得到这个式子,因此定理中的公式对于 $n=k+1$ 是正确的.

所以,根据数学归纳法原理,定理中的公式对于所有非负整数 n 都是正确的.

*1.9 计　　数

本节将讨论几种基本的计数技术,这些计数常用于解决组合问题.

1.9.1 帕斯卡三角形和二项式定理

组合分析中一个基本的问题是：计算 n 元集合的含 r 个元素子集的数目，这个数记为 $C(n,r)$ 或 C_n^r，且 $C(n,r)=\dfrac{n!}{r!(n-r)!}$.

例 1.9.1 从元音字母的集合{a,e,i,o,u}中任选两个组成子集，这个子集的个数是

$$C(5,2)=\frac{5!}{2!3!}=10.$$

这个问题中的十个子集分别为{a,e}，{a,i}，{a,o}，{a,u}，{e,i}，{e,o}，{e,u}，{i,o}，{i,u}和{o,u}.

由定理 1.8.1，集合 $\{a_1,a_2,\cdots,a_n\}$ 的任何一个包含 $r(1\leqslant r\leqslant n)$ 个元素的子集 R 必定是下列(1)或(2)：

(1) $\{a_1,a_2,\cdots,a_{n-1}\}$ 的包含 r 个元素的子集(如果 $a_n\notin R$)；

(2) $\{a_1,a_2,\cdots,a_{n-1}\}$ 的包含 $r-1$ 个元素的子集与 $\{a_n\}$ 的并集(如果 $a_n\in R$).

于是，$\{a_1,a_2,\cdots,a_n\}$ 中包含 r 个元素的子集的个数 $C(n,r)$ 是类型(1)的子集个数 $C(n-1,r)$ 与类型(2)的子集个数 $C(n-1,r-1)$ 的和，从而得到下面的定理.

定理 1.9.1 如果 r 和 n 是满足 $1\leqslant r<n$ 的整数，那么

$$C(n,r)=C(n-1,r-1)+C(n-1,r).$$

例 1.9.2 验证 $C(7,3)=C(6,2)+C(6,3)$.

解 $C(6,2)=\dfrac{6!}{2!\ 4!}=\dfrac{6\times5\times4!}{2\times1\times4!}=\dfrac{6\times5}{2\times1}=15$,

$C(6,3)=\dfrac{6!}{3!\ 3!}=\dfrac{6\times5\times4\times3!}{3\times2\times1\times3!}=\dfrac{6\times5\times4}{3\times2\times1}=20$,

$C(7,3)=\dfrac{7!}{3!\ 4!}=\dfrac{7\times6\times5\times4!}{3\times2\times1\times4!}=\dfrac{7\times6\times5}{3\times2\times1}=35$,

于是

$$C(6,2)+C(6,3)=15+20=35=C(7,3).$$

三角形阵列

$$\begin{array}{ll}
n=0 & \qquad\qquad\qquad C(0,0) \\
n=1 & \qquad\qquad C(1,0)\quad C(1,1) \\
n=2 & \qquad C(2,0)\quad C(2,1)\quad C(2,2) \\
n=3 & \quad C(3,0)\quad C(3,1)\quad C(3,2)\quad C(3,3) \\
n=4 & C(4,0)\quad C(4,1)\quad C(4,2)\quad C(4,3)\quad C(4,4)
\end{array}$$

称为**帕斯卡三角形**(pascal's tringle).

因为每个集合都有一个包含零个元素的子集，所以 $C(n,0)=1$. 包含 n 个元素的集合中只有一个子集包含 n 个元素，因此 $C(n,n)=1$，所以帕斯卡三角形中每一行的第一个数和

最后一个数是1. 另外,除了每行第一个元素和最后一个元素之外,帕斯卡三角形中的任何一个非两端的元素都是上一行中最接近它的两个元素之和. 重复运用这些性质,可以简单计算出帕斯卡三角形中的元素,所得到的那些数有如下形式:

$$\begin{array}{c} 1 \\ 1 \quad 1 \\ 1 \quad 2 \quad 1 \\ 1 \quad 3 \quad 3 \quad 1 \\ 1 \quad 4 \quad 6 \quad 4 \quad 1 \\ \cdots \end{array}$$

定理 1.9.2 如果 r 和 n 为满足 $0 \leqslant r \leqslant n$ 的整数,那么 $C(n,r)=C(n,n-r)$.

证明留做练习,读者自证.

$C(n,r)$被称为二项式系数(binomial coefficient),因为它出现在$(x+y)^n$ 的代数展开式中. 更具体地说,在这个展开式中,$C(n,r)$是二项式展开式中项 $x^{n-r}y^r$ 的系数,所以在$(x+y)^n$ 的展开式中出现的系数是帕斯卡三角形中第 n 行中的数. 例如,

$$(x+y)^3 = x^3 + 3x^2y + 3xy^2 + y^3.$$

定理 1.9.3(二项式定理) 对每个正整数 n,有

$$(x+y)^n = C(n,0)x^n + C(n,1)x^{n-1}y + \cdots + C(n,n-1)xy^{n-1} + C(n,n)y^n.$$

例 1.9.3 应用二项式定理和帕斯卡三角形中 $n=4$ 这一行的系数,可以得到

$$\begin{aligned}(x+y)^4 &= C(4,0)x^4 + C(4,1)x^3y + C(4,2)x^2y^2 + C(4,3)xy^3 + C(4,4)y^4 \\ &= x^4 + 4x^3y + 6x^2y^2 + 4xy^3 + y^4.\end{aligned}$$

1.9.2 鸽巢原理

定理 1.9.4(鸽巢原理) 假设要把一些鸽子放到鸽子巢中,如果鸽子的总数多于鸽子巢总数,那么一定有某个鸽子巢里至少有两只鸽子. 更一般地,如果鸽子总数超过鸽子巢总数 k 倍,那么某个鸽子巢必定至少包含 $k+1$ 只鸽子.

鸽巢原理也叫做抽屉原理.

证明 当 $k=1$ 时结论显然成立. 下面证明更一般的情况.

设有 p 个鸽子巢,q 只鸽子. 倘若没有鸽子巢至少包含 $k+1$ 只鸽子,那么 p 个鸽子巢中的每一个都最多只有 k 只鸽子,所以 p 个鸽子巢中的总鸽子数就不会超过 kp. 于是,如果鸽子的总数超过鸽子巢总数的 k 倍,即 $q>kp$,那么某个鸽子巢一定至少包含 $k+1$ 只鸽子.

例 1.9.4 从15对已婚夫妻的集合中必须选出多少人,才能至少保证有两个被选中的人是一对夫妻?

解 16人.

例 1.9.5 从 $1\sim2n$ 的正整数中任取 $n+1$ 个,则这 $n+1$ 个数中至少有一对数,其中一个数是另一个数的倍数.

证明 设所取 $n+1$ 个数是

$$a_1, a_2, \cdots, a_n, a_{n+1}.$$

对 $a_1, a_2, \cdots, a_n, a_{n+1}$ 序列中的每一个数去掉一切 2 的因子，直至剩下一个奇数为止. 例如 $34=2\times17$，去掉因子 2，留下奇数 17，结果是由奇数组成的序列

$$r_1, r_2, \cdots, r_{n+1}.$$

1 到 $2n$ 中只有 n 个奇数，故由鸽巢原理，序列 $r_1, r_2, \cdots, r_{n+1}$ 中至少有两个是相同的. 设为 $r_i=r_j=r$. 对应有

$$a_i = 2^{a_i} r, \quad a_j = 2^{a_j} r.$$

若 $a_i>a_j$，则 a_i 是 a_j 的倍数.

定理 1.9.5(鸽巢原理推广) 设 $m_1, m_2, \cdots, m_n$ 都是正整数，并有 $m_1+m_2+\cdots+m_n-n+1$ 只鸽子住进 n 个鸽子巢，则第一个鸽子巢至少有 m_1 只鸽子，或第二个鸽子巢至少有 m_2 只鸽子，……，或第 n 个鸽子巢至少有 m_n 只鸽子，至少其中之一必然成立.

推论 1 m 只鸽子，n 个鸽子巢，则至少有一个鸽子巢里有不少于 $\left[\frac{m-1}{n}\right]+1$ 只鸽子. 其中符号 $\left[\frac{m-1}{n}\right]$ 表示小于等于 $\frac{m-1}{n}$ 的最大整数.

如若不然，鸽巢里最多有 $\left[\frac{m-1}{n}\right]$ 只鸽子，n 个鸽子巢的鸽子数最多为 $n\left[\frac{m-1}{n}\right]\leqslant m-1$，与假设矛盾.

推论 2 若取 $n(m-1)+1$ 个球放进 n 个盒子，则至少有 1 个盒子有 m 个球.

推论 3 若 $m_1, m_2, \cdots, m_n$ 是 n 个正整数，而且

$$\frac{m_1+m_2+\cdots+m_n}{n} > r-1,$$

则 $m_1, m_2, \cdots, m_n$ 中至少有 1 个数不小于 r.

例 1.9.6 从 1～67 的正整数任意分成 4 部分，其中必有一部分至少有一个元素是某两个元素之差.

解 设从 1～67 的整数任意分成 4 部分，分别为 p_1, p_2, p_3, p_4. 若这 4 部分中无一具有问题所指的性质，即其中没有一个元素是其中两个元素之差，结果导出矛盾，从而可以证明问题的结论是正确的.

(1) 设从 1～67 的整数中至少有 $\left[\frac{67-1}{4}\right]+1=17$ 个元素属于 p_1，并设这 17 个元素为

$$a_1 < a_2 < \cdots < a_{17}.$$

令 $A=\{a_1, a_2, \cdots, a_{17}\}$，若 A 中存在一个元素是某两个元素之差，则满足问题的要求. 否则，令

$$b_1 = a_2 - a_1, b_2 = a_3 - a_1, \cdots, b_{16} = a_{17} - a_1,$$

令 $B=\{b_1, b_2, \cdots, b_{16}\}$. 显然 $1\leqslant b_i\leqslant 67$，即 B 的元素仍然是从 1～67 间的数. 根据假定，b_1，

$b_2,\cdots,b_{16}$ 中无一元素属于 p_1，否则与假定 A 中不存在一个元素等于某两个元素之差相矛盾，所以 B 的元素属于 p_2,p_3 或 p_4.

(2)与(1)的讨论相类似，设 B 中至少存在属于 p_2 的 $\left[\frac{16-1}{3}\right]+1=6$ 个元素，设为 $c_1<c_2<c_3<c_4<c_5<c_6$. 令 $C=\{c_1,c_2,c_3,c_4,c_5,c_6\}$，根据假定，$C$ 中没有一个元素为某两个元素之差. 令 $d_1=c_2-c_1,d_2=c_3-c_1,d_3=c_4-c_1,d_4=c_5-c_1,d_5=c_6-c_1,D=\{d_1,d_2,d_3,d_4,d_5\}$，所有的 $d_i<67,i=1,2,3,4,5$. 存在整数 l,m 使得 $d_k=c_{k+1}-c_1=(a_l-a_1)-(a_m-a_1)=a_l-a_m$. 故 D 的元素不属于 p_1，同时也不属于 p_2，只能属于 p_3,p_4.

(3) 综上所述，D 中 5 个元素只能属于 p_3,p_4，故根据鸽子巢原理，设至少存在 $\left[\frac{5-1}{2}\right]+1=3$ 个元素属于 p_3，设为 $f_1<f_2<f_3<67$. 令 $F=\{f_1,f_2,f_3\}$，根据假定，F 中不存在一个元素为某两个元素之差，令

$$g_1=f_2-f_1,\quad g_2=f_3-f_1,\quad G=\{g_1,g_2\}.$$

显然 G 的元素不属于 p_3，而且 $1\leqslant g_1<g_2<67$. 仍可证明 G 的元素

$$g_i=(c_p-c_1)-(c_q-c_1)=c_p-c_q=(a_l-a_1)-(a_m-a_1)=a_l-a_m,\quad i=1,2.$$

这就证明 g_1 和 g_2 既不属于 p_1，也不属于 p_2，G 的元素不属于 p_1,p_2 和 p_3，故 G 的元素属于 p_4.

根据假定，$g\neq g_2-g_1$，令 $h=g_2-g_1$，则 h 不属于 p_4，$1\leqslant h<67$，还可以证明 h 也不属于 p_1,p_2,p_3. 即存在一整数 $1\leqslant h<67$，不属于 p_1,p_2,p_3,p_4 中任何一个，这与 1～67 间的整数任意分成四部分的假设相矛盾，故命题得证.

1.9.3 乘法法则和加法法则

定理 1.9.6(乘法法则) 设一个事件 P 可以划分为 A,B 前后两个阶段事件，事件 A 有 m 种生产方式，事件 B 有 n 种生产方式，则"事件 P"有 mn 种生产方式. 如果一个事件可以划分成 n 个阶段事件，第 i 个事件有 m_i 种生产方式，则完成这个事件就有 $m_1\times m_2\times\cdots\times m_n$ 种生产方式.

例 1.9.7 设从 3 个女生 4 个男生中抽签一男一女两位学生代表学校去参加表演，第一个任务是 3 个女生抽出一位，共有 3 种可能，第二个任务是 4 个男生抽出一位，共有 4 种可能. 因此一共有 $3\times4=12$ 中可能来抽取一男一女两位学生代表学校去参加表演.

例 1.9.8 设一个符号由 3 个字符组成，第一个字符是从 26 个字母中任意选取一个，第二个字符是从 1,2,3 中选取一个，第三个字符是从 a,b,c 中选取一个，则这个符号有几种写法?

解 该问题分为三个阶段，每个阶段分别有 26,3,3 种不同选法，根据乘法法则，该符号有 $26\times3\times3=234$ 种不同的写法.

定理 1.9.7(加法法则) 设事件 A 有 m 种生产方式，事件 B 有 n 种生产方式，则"事件

A 或事件 B"有 $m+n$ 种生产方式. 如果有 n 个事件,第 i 个事件有 m_i 种生产方式,则完成这 n 个事件中的任意一个就有 $m_1+m_2+\cdots+m_n$ 种生产方式.

加法法则和乘法法则是在计数研究中最常用也是最基本的两个法则.

例如,从 3 个女生 4 个男生中抽签一男或一女代表学校去参加表演,第一个任务是 3 个女生抽出一位,共有 3 种可能,第二个任务是 4 个男生抽出一位,共有 4 种可能,因此一共有 $3+4=7$ 种可能来抽取一男生或一女生代表学校去参加表演.

例如,集合 A 中有 n 个元素,A 的幂集中的元素个数为:

A 的零元子集 $C_n^0=1$ 个;

A 的一元子集 $C_n^1=n$ 个;

A 的二元子集 $C_n^2=n(n-1)/2$ 个;

……

A 的 n 元子集 $C_n^n=1$ 个;

A 的幂集中的元素个数$=C_n^0+C_n^1+\cdots+C_n^n=2^n$.

1.9.4 排列和组合

定义 1.9.1 从 n 个不同的元素中,取 r 个按次序排列,称为从 n 中取 r 个**排列**(permutation),其排列数记为 $P(n,r)$. 这样的排列也称为 r 排列.

从 n 个中取 r 个排列的模型是把 n 个有标志的球,取 r 个放到 r 个不同的盒子里,每盒一个.

观察表 1.9.1,可知,第一个盒子有 n 个球可供选取,第二个盒子仅有 $n-1$ 个球可供选取,……,最后一个盒子只有 $n-r+1$ 个球可供选择. 根据乘法法则,有

$$P(n,r)=n(n-1)(n-2)\cdots(n-r+1)=\frac{n!}{(n-r)!}.$$

表 1.9.1

	盒子 1	盒子 2	……	盒子 r
供选取的球数	n	$n-1$	……	$n-r+1$

定义 1.9.2 若循环次序相同的排列看作是同一个排列,称为一个**圆周排列**(cyclic permutation). 从 n 个不同的元素中取 r 个元素的圆周排列数为 $P(n,r)/r$.

例 1.9.9 不重复地用数字 5,6,7,8 和 9 可以组成多少个不同的三位数?

解 由 5 个数字集合形成的 3 排列总数

$$P(5,3)=\frac{5!}{2!}=\frac{5\cdot 4\cdot 3\cdot 2!}{2!}=60.$$

定义 1.9.3 从 n 个不同的元素中,取出 r 个而不考虑其次序时,称为从 n 中取 r 个组

合(combination),其组合记为 C(n,r)或$\binom{n}{r}$.

从 n 个中取 r 个组合的模型是把 n 个有标志的球,取 r 个放到 r 个无区别的盒子里,每盒一个.即有:$P(n,r)=r!\ C(n,r)$,因此 $C(n,r)=\frac{P(n,r)}{r!}$.

例如,从 25 个学生中选出 10 人为一组,不考虑先后顺序,所以是一个组合问题,共有 C(25,10)种方案,如从 25 个学生中选出 10 人排成一列,则需要考虑先后次序,故是一个排列问题,共有 P(25,10)种方案.

例 1.9.10 假设有 36 个学生,想要分为 4 个 9 人的排球队,共有多少种方式?

解 方法 1 先从 36 人中选出 9 人,再从 27 人中选出 9 人,再从 18 人中选出 9 人,最后的 9 个人为一个队伍,再应用乘法法则,有

$$C(36,9)C(27,9)C(18,9)C(9,9)=21\,452\,752\,266\,265\,320\,000.$$

方法 2 将 4 支队伍编号为 1,2,3,4,要将 36 人排成对,然后给每个学生发一个队伍编号,有$\frac{36!}{9!9!9!9!}$种排列数,结果和方法相同.

例 1.9.11 从 1～300 的整数中任取 3 个不同的数,使得这三个数的和刚好被 3 除尽,一共有几种方案?

解 从 1～300 之间的整数被 3 除的余数有且只有三种,形成了模 3 的剩余类:

$$A=[0]=\{3,6,9,\cdots,300\},\quad B=[1]=\{1,4,7,\cdots,299\},$$
$$C=[2]=\{2,5,8,\cdots,298\},\quad |A|=|B|=|C|=100.$$

任取三个数的和刚好被 3 除尽,有以下 4 种情况:

(1) 三个数同属于集合 A,有 C(100,3)种方案;

(2) 三个数同属于集合 B,有 C(100,3)种方案;

(3) 三个数同属于集合 C,有 C(100,3)种方案;

(4) 三个数分别属于集合 A,B,C,根据乘法法则有 100^3 种方案.

根据加法法则,任取三个不同的数,它们的和刚好被 3 除尽的方案数为

$$C(100,3)+C(100,3)+C(100,3)+100^3=1\,485\,100.$$

例 1.9.12 一位投资者打算投资 16 000 美元购买股票,他打算从经纪人提供的 12 种股票中选择 4 种股票.问在下列两种情况下,分别有多少种不同的投资方式.

(1) 每种股票投资 4000 美元;

(2) 第一种股票投资 6000 美元,第二种股票投资 5000 美元,第三种股票投资 3000 美元,第四种股票投资 2000 美元.

解 (1) 既然对每种股票的处理方式都相同.因此投资方式的总数是

$$C(12,4)=\frac{12!}{4!8!}=\frac{12\times11\times10\times9}{4\times3\times2\times1}=495.$$

(2) 因为每种股票以不同的方式处理,所以需要 4 种股票的有序排列. 因此投资的总

数是

$$P(12,4)=\frac{12!}{8!}=12\times11\times10\times9=11\,880.$$

例 1.9.13 要将 6 把椅子排成一行，由 3 位男士和 3 位女士坐，要求两端的座位由男士坐，共有多少种不同的安排方式？

解 可以把指定座位的过程分为两个步骤：首先安排两端的座位，然后安排中间的 4 个座位. 因为两端的座位必须由 3 位男士中的两位来坐，所以有 P(3,2)种方法安排两端的座位. 余下的 4 人可以按任意顺序安排在中间的座位上，所以有 P(4,4)种不同的方法安排中间的座位. 于是，根据乘法原理，把两端和中间的座位都安排好的方法数是

$$P(3,2)\cdot P(4,4)=6\times24=144.$$

例 1.9.14 对于 6 位男士和 9 位女士组成的小组，组成仅包含男士或者女士的 3 人委员会有多少种方式？

解 仅包含男士的 3 人委员会的数目是 C(6,3)，仅包含女士的 3 人委员会的数目是 C(9,3). 由于仅包含男士的委员会集合和仅包含女士的委员会集合是不相交的，所以，由加法原则，仅包含男士或者女士的 3 人委员会的数目是

$$C(6,3)+C(9,3)=20+84=104.$$

*1.10 排列组合生成算法

摇滚乐队"unhigned universe"录制了 n 段视频节目，运行时间分别为 $t_1,t_2,\cdots,t_n$ 秒. 一盘磁带可以容纳 C 秒的视频. 这是 unhigned universe 发行的第一盘磁带，乐队希望这盘磁带尽可能多地收录他们的视频节目. 问题转化为从$\{1,2,\cdots,n\}$中选出一个子集，使 $\sum_{j=1}^{k} t_{i_j}$ 在不超过 C 的情况下尽可能大. 最直接的算法是穷举$\{1,2,\cdots,n\}$的所有子集，选出使 $\sum_{j=1}^{k} t_{i_j}$ 在不超过 C 的情况下最大的子集. 该算法需要生成 n 个元素集合的所有组合.

列举排列的最自然的顺序称为**字典序**(dictionary order). 下面介绍排列组合生成算法将按字典序遍历排列和组合. 字典序是字典中单词顺序的推广.

按下面的规则确定两个不同的单词在字典中的位置. 比较两个单词，有两种情况：

(1) 两个单词长度不同，较短单词的每个字母都与较长单词对应位置的字母相同；

(2) 两个单词在某个位置上的字母不同.

若满足(1)，则短单词在长单词之前，如 dog 在 doghouse 之前. 若满足(2)，则从左向右找到第一个两个单词对应字母不同的位置，两个单词的顺序取决于该位置上两个字母的顺序，如 gladiator 中的 a 与 gladiolus 中的 o 不同，而字母表中，a 在 o 之前.

定义 1.10.1 设 $\alpha=s_1s_2\cdots s_p$，$\beta=t_1t_2\cdots t_q$ 为由$\{1,2,\cdots,n\}$组成的字符串. 称在字典序

中 α 在 β 之前，当且仅当(1)或(2)成立，记作 $\alpha<\beta$.

(1) $p<q$ 且 $s_i=t_i, i=1,2,\cdots,p$；　(2) i 为使 $s_i\neq t_i$ 成立的最小的 i，且 $s_i<t_i$.

例 1.10.1　$\alpha=132$ 和 $\beta=1324$ 为由 $\{1,2,3,4\}$ 组成的字符串，依定义，$p=3, q=4, s_1=1, s_2=3, s_3=2, t_1=1, t_2=3, t_3=2, t_4=4$. 因为 $p<q$，且当 $i=1,2,3$ 时，$s_i=t_i$，故 $\alpha<\beta$.

例 1.10.2　已知 $\alpha=13246$ 和 $\beta=1324$ 为由 $\{1,2,3,4,5,6\}$ 组成的字符串. 依定义，$p=5, q=4, s_1=1, s_2=3, s_3=2, s_4=4, s_5=6, t_1=1, t_2=3, t_3=2, t_4=4$. 因为 $p>q$，且当 $i=1,2,3,4$ 时，$s_i=t_i$. 故 $\beta<\alpha$.

例 1.10.3　已知 $\alpha=1324$ 和 $\beta=1342$ 为由 $\{1,2,3,4\}$ 组成的字符串，依定义，$p=q=4$，$s_1=1, s_2=3, s_3=2, s_4=4, t_1=1, t_2=3, t_3=4, t_4=2$. 使 $s_i\neq t_i$ 成立的最小的 i 为 3，且 $s_3<t_3$，故 $\alpha<\beta$.

将 r 组合 $\{x_1, x_2, \cdots, x_r\}$ 记为字符串 $s_1s_2\cdots s_r$，其中 $s_1<s_2<\cdots<s_r$，$\{x_1,x_2,\cdots,x_r\}=\{s_1,s_2,\cdots,s_r\}$. 例如将 3 组合 $\{6,2,4\}$ 记为 246.

依字典序列，$\{1,2,\cdots,n\}$ 上的 r 组合，第一个字符串为 $12\cdots r$，最后一个字符串为 $(n-r+1)\cdots n$.

例 1.10.4　若按字典序列列出 $\{1,2,\cdots,7\}$ 上所有 5 组合，第一个为 12345，接下来两个为 12346 和 12347，然后是 12356 和 12357，最后一个为 34567.

例 1.10.5　若按字典序列列出 $\{1,2,\cdots,7\}$ 上所有 5 组合，13467 的下一个字符串是什么？

解　13567.

例 1.10.6　若按字典序列列出 $\{1,2,\cdots,7\}$ 上所有 4 组合，2367 的下一个字符串是什么？

解　2456.

给定一个与 $\{s_1,s_2,\cdots,s_r\}$ 上 r 组合对应的字符串 $\alpha=s_1s_2\cdots s_r$，求 α 的下一个字符串 $\beta=t_1t_2\cdots t_r$. 从右向左找到第一个非最大值的元素 s_m（s_r 的最大值为 n，s_{r-1} 的最大值为 $n-1$，以此类推)，则

$$t_i = s_i, \quad i = 1,2,\cdots,m-1,$$
$$t_m = s_m + 1,$$
$$t_{m+1}\cdots t_r = (s_m+2)(s_m+3)\cdots(s_m+r-m+1).$$

由此可得组合生成算法.

组合生成算法

算法按字典序列举 $\{1,2,\cdots,n\}$ 的所有 r 组合.

输入：r, n.

输出：按字典序排列的 $\{1,2,\cdots,n\}$ 的所有 r 组合.

```
1. procedure combination(r,n)
2.    for i:=1 to r do
```

```
        s_i :=i
    print s_1…s_r//打印第一个 r 组合
  for i :=2 to C(n,r) do
    begin
    m :=r
    max_val :=n
    while s_m =max_val do
          // 从右向左找到第一个非最大值的元素
          begin
          m :=m-1
          max_val= max_val-1
          end
          //将这个元素+1
          s_m :=s_m +1
          // s_m 之后的元素依次递增
          for j :=m+1 to r do
          s_j :=s_{j-1} +1
          print s_1…s_r//打印第 i 个 r 组合
          end
end combination
```

例 1.10.7 由组合生成算法可列出{1,2,3,4,5,6}上的所有 4 组合.

1234，1235，1236，1245，1246，1256，1345，1346，1356，1456，2345，2346，2356，2456,3456.

与 r 组合生成算法类似,排列生成算法可按字典序列出$\{1,2,\cdots,n\}$上的所有排列.

例 1.10.8 找到{1,2,3,4,5,6}上排列 163542 的后继,应使左边尽可能多的数字保持不变.

解 164235.

例 1.10.9 按字典序列出{1,2,3,4}上的所有排列.

1234,1243,1324,1342,1423,1432,2134,2143,2314,2341,2413,2431,3124,3142,3214,3241,3412,3421,4123,4132,4213,4231,4312,4321.

排列生成算法

算法按字典序列举$\{1,2,\cdots,n\}$上的所有排列.

输入：n.

输出：以字典序列举的$\{1,2,\cdots,n\}$上的所有排列.

```
procedure permutation(n)
     for i :=1 to n do
        s_i :=i
     print s_1…s_n                         //打印第一个排列
```

```
5.      for i := 2 to n! do
6.        begin
7.        m := n-1
8.        while s_m > s_{m+1} do
9.       //从右向左找到第一个减小的元素
10.      m := m-1
11.      k := n
12.        while s_m > s_k do
13.      //从左向右找到第一个满足 s_m > s_k 的元素 s_k
14.        k := k-1
15.        swap(s_m, s_k)
16.        p := m+1
17.        q := n
18.        while p < q do
19.      //交换 s_{m+1} 和 s_n,交换 s_{m+2} 和 s_{n-1},以此类推
20.          begin
21.            swap(s_p, s_q)
22.          p := p+1
23.          q := q-1
24.          end
25.    print s_1 … s_n                    //打印第 i 个排列
26.    end
27. end permutation
```

例 1.10.10 说明排列生成算法如何生成 163542 的后继.

解 设 $s_1=1, s_2=6, s_3=3, s_4=5, s_5=4, s_6=2$. 从排列生成算法的第 7 步开始，满足 $s_m<s_{m+1}$ 最大的 m 为 3；11～14 步求得满足 $s_k>s_m$ 最大的 k 为 5；在 15 步将 s_m 和 s_k 交换，此时，$s=164532$；16～24 步，将字符串 $s_4s_5s_6=532$ 翻转；最后得到给定排列的后继为 164235.

*1.11 离散概率简介

掷出一个骰子，六面分别标记为 1,2,3,4,5,6，各面出现的机会均等. 若计算掷出偶数的概率，则首先计算有多少种可能掷出偶数，再计算总共有多少种可能，最后得出概率为 3/6=1/2.

任何一个产生可观察结果的过程称为**实验**(experiment). 包含实验所有可能的集合称为**样本空间**(sample space). 样本空间的任何一个子集称为一个**事件**(event).

例 1.11.1 实验举例：

(1) 掷出一个六面的骰子. (2) 在人民医院选取一个婴儿.

进行上述实验时可能发生的事件：

(1) 掷出一个六面骰子，得到的点数为 4. (2) 在人民医院选取一个女婴.

上述实验的样本空间：

(1) 掷出骰子后的所有可能，即 1,2,3,4,5,6. (2) 人民医院的所有婴儿.

定义 1.11.1 有限样本空间 S 中事件 E 的概率 $P(E)$ 定义为

$$P(E)=\frac{|E|}{|S|}.$$

例 1.11.2 掷出两个骰子，求点数之和为 10 的概率.

解 第一个骰子有 6 种结果，第二个骰子也有 6 种结果. 根据乘法原理，共有 $6\times6=36$ 种可能的结果. 有三个结果点数之和为 10，分别是(4,6)，(5,5)，(6,4). 即事件点数之和为 10 的有 3 种结果. 故概率为 3/36=1/12.

例 1.11.3 假设人民医院有 1000 个婴儿，其中有 490 个女婴，从中随机抽取一个，求抽到女婴的概率.

解 从 1000 个婴儿中选取 1 个，共有 C(1000,1)种选法. 因为共有 490 个女婴，故选取女婴的概率为

$$\frac{C(490,1)}{C(1000,1)}=\frac{490}{1000}=0.49.$$

例 1.11.4 一个袋子中有标有号码 1,2,…,10 的 10 个球，从其中任取 3 个球，大小在中间的号码恰好为 5 的概率是多少?

解 10 个球任取 3 个共有 C(10,3)种取法，为满足题意，取出的 3 个球必须一个号码小于 5，一个号码等于 5，一个号码大于 5，利用乘法法则这样的取法有 C(4,1)C(1,1)C(5,1)种，因此所求概率为

$$p=\frac{C(4,1)C(1,1)C(5,1)}{C(10,3)}=\frac{1}{6}.$$

例 1.11.5 假设有 5 张红桃和 6 张梅花，现在要从中随机选取 5 张，问选取的 5 张中正好有 2 张红桃和 3 张梅花的概率是多少?

解 11 张牌任取 5 张共有 C(11,5)种取法，为满足题意，取出 2 张红桃和 3 张梅花的取法有 C(5,2)C(6,3)种，因此所求概率为

$$p=\frac{C(5,2)C(6,3)}{C(11,5)}=\frac{200}{462}=0.4329.$$

例 1.11.6 假设在一个有 12 支钢笔的盒子中，有两支钢笔是次品. 如果随机地抽出 3 支钢笔，那么没有抽到次品的概率是多少?

解 在这个问题中，把从 12 支钢笔中选出 3 支钢笔的所有取法的集合作为样本空间 S，把从 10 支正品钢笔中选出 3 支钢笔的所有取法作为感兴趣的事件 E，于是有

$$P(E)=\frac{|E|}{|S|}=\frac{C(10,3)}{C(12,3)}=\frac{6}{11}.$$

定理 1.11.1 如果允许重复，那么从含有 t 个不同元素的集合中选取 s 个元素的方案数是 $C(s+t-1,s)$.

例 1.11.7 一家面包店做 4 种不同的油炸面圈.

(1) 购买一打油炸面圈，问有多少种不同的品种组合？

(2) 购买一打油炸面圈，并且每种至少买一个，问有多少种不同的品种组合？

解 (1) 因为要从 4 种油炸面圈中选择 12 个，品种允许重复，所以，应用定理 1.11.1，其中，$s=12$，$t=4$. 可以选择方案数.

$$C(s+t-1,s)=C(12+4-1,12)=C(15,12)=455.$$

(2) 因为每种油炸面圈至少包含 1 个，所以先每个品种挑选一个. 于是，可能的品种组合的数目就是选择其余 8 个油炸面圈的不同的方案数. 类似于(1)，这个数目是

$$C(s+t-1,s)=C(8+4-1,8)=C(11,8)=165.$$

例 1.11.8 一副 52 张(不含大小王)的普通纸牌中发 5 张牌，计算被发到以下一手牌的概率.

(1) 同花(5 张牌的花色相同)；

(2) 吠哈(其中 3 张牌的大小相同，另外两张牌的大小也相同).

解 在两种情况下，样本空间 S 都是所有可能的由 5 张牌组成的一手牌的集合，其数目是

$$C(52,5)=2\,598\,960.$$

(1) 计算不同的同花的总数. 为了得到一副同花，首先必须选出一种花色，然后从这个花色中选出 5 张牌. 因此，由乘法原理，不同的同花的总数是

$$C(4,1)C(13,5)=4\times 1287=5148.$$

于是，被发到同花的概率是

$$\frac{5148}{2\,598\,960}\approx 0.001\,98.$$

(2)与(1)一样，计算所有可能的吠哈的总数. 为了得一副吠哈，首先必须选择一个点数，并从 4 张点数相同的牌中选出 3 张，然后再选一个不同的点数，并从 4 张点数相同的牌中选出两张. 所以，所有可能的吠哈的总数是

$$C(13,1)C(4,3)C(12,1)C(4,2)=13\times 4\times 12\times 6=3744.$$

于是，被发到吠哈的概率是

$$\frac{3744}{2\,598\,960}\approx 0.001\,44.$$

因为得到吠哈的概率比得到同花的概率小，所以在扑克中吠哈的等级比同花高.

例 1.11.9 一批产品共有 N 个，其中有 M 个次品，从这批产品中任取 $n(n\leqslant m)$个产品，求其中恰有 m 个次品的概率.

解 基本事件的总数为 $C(N,n)$. 设事件 A 表示取出的 n 个产品中恰有 m 个次品，则

它所包含的基本事件数为 $C(M,m)C(N-M,n-m)$. 因此,所求的概率为

$$P(A)=\frac{C(M,m)C(N-M,n-m)}{C(N,n)}.$$

习 题 1

1. 用枚举法表示下列集合:
   (1) 大于 2 小于 25 的素数的集合;
   (2) $S=\{x|x$ 是十进制的数字$\}$;
   (3) $S=\{(x,y)|x,y$ 属于整数集合,$0\leqslant x\leqslant 2$ 且 $-1\leqslant y\leqslant 0\}$;
   (4) 求由字母 a,b 组成的长为 2 的符号集合.
2. 用特性描述法表示下列集合:
   (1) $\{1,3,5,7,9,\cdots\}$;　(2) $\{$能被 5 整除的数$\}$;
   (3) $\{$方程 $x^2-2x+3=0$ 的根$\}$;　(4) $\{a_1,a_2,\cdots,a_{100}\}$;
   (5) $\{0,2,4,\cdots,100\}$.
3. 设 $S=\{2,a,\{3\},4\}$,$R=\{\{a\},3,4,1\}$,指出下面的写法哪些是对的,哪些是错的.
   (1) $\{a\}\in S$;　(2) $\{a\}\in R$;　(3) $\{a,4,\{3\}\}\subseteq S$;
   (4) $\{\{a\},1,3,4\}\subset R$;　(5) $S=R$;　(6) $\{a\}\subseteq S$;
   (7) $\{a\}\subseteq R$;　(8) $\varnothing\subset R$;　(9) $\varnothing\subseteq\{\{a\}\}\subseteq R$;
   (10) $\{\varnothing\}\subseteq S$;　(11) $\varnothing\in R$;　(12) $\varnothing\subseteq\{\{3\},4\}$.
4. 确定下列集合哪些是相等的:
   $$A=\{x\mid x^2-1=3,\text{且 } x^3-1=0\};B=\{0\};$$
   $$C=\{x\mid x=2k,k\in\mathbb{Z}\};D=\{x\mid x^2-5x+6=0\};$$
   $$E=\{x\mid -1<x<1,x\in\mathbb{Z}\};F=\{2k\mid k\in\mathbb{Z}\};$$
   $$G=\{2,3,2,3\};H=\{x\mid x^2+1=0,x\in\mathbb{R}\};$$
   $$K=\{0,2,-2,4,-4,6,-6,\cdots\}.$$
5. 设 $A=\{1,2,3,4,5\}$,$B=\{2,3,6,7,8\}$,基本集 $X=\{1,2,3,\cdots,100\}$. 求 $A\cup B$,$A\cap B$,$A\cup B^c$,$A-B$,$A\oplus B$,$A^c\cup B^c$,$(A\cap B)^c$.
6. 一个村子的理发师,专门给本村不能自己理发的人理发,设理发师理发的对象为集合 A,问理发师是否属于集合 A? 这就是著名的罗素悖论.
7. 对 24 名科技人员进行掌握外语情况的调查,其统计资料如下:会英、日、德、法语的人数分别是 13、5、10 和 9. 其中同时会英语、日语的人数为 2. 同时会英语、德语或同时会英语、法语或同时会德语、法语两种语言的人数均为 4. 会说日语的人既不会说法语也不会说德语. 试求只会说一种语言的人数各为多少? 同时会说英、德、法语的人数为多少?
8. 使用容斥原理求不超过 120 的素数的个数.

9. 请证明公式 $P(A)\cap P(B)=P(A\cap B)$ 成立；并举例说明 $P(A)\cup P(B)\neq P(A\cup B)$ 可能成立.

10. 设 $A=\{1,2,3\}$，$B=\{a,b,c\}$，求 $A\times B$，A^2.

11. 设 $A=\{0,1\}$，$B=\{1,2\}$，求 $A\times\{2\}\times B$.

12. 设 A,B,C 为任意集合，证明：

(1) $A\times(B\cup C)=(A\times B)\cup(A\times C)$；　　(2) $A\times(B\cap C)=(A\times B)\cap(A\times C)$.

13. 列出从集合 $A=\{1,2\}$ 到 $B=\{1\}$ 的所有二元关系.

14. 列出集合 $A=\{1,2,4\}$ 上的恒等关系 I_A，全关系 E_A，小于或等于关系 L_A，整除关系 D_A.

15. 设 $A=\{(1,2),(2,4),(3,3)\}$，$B=\{(1,3),(2,4),(4,2)\}$. 求 $A\cup B$，$A\cap B$，$\mathrm{dom}(A)$，$\mathrm{dom}(B)$，$\mathrm{dom}(A\cup B)$，$\mathrm{ran}(A)$，$\mathrm{ran}(B)$，$\mathrm{ran}(A\cap B)$，$\mathrm{fld}(A-B)$.

16. 设 F,G 是 N 上的关系，其定义为 $F=\{(x,y)\mid x,y\in\mathbb{N}$，并且 $y=x^2\}$；$G=\{(x,y)\mid x,y\in\mathbb{N}$，并且 $y=x+1\}$. 求 G^{-1}，$F\circ G$，$G\circ F$.

17. 设 $F=\{(4,4),(6,2)\}$，$G=\{(2,4)\}$，求 F^{-1}，$F\circ G$，$G\circ F$.（注意左复合与右复合之分）

18. 设 R_1 和 R_2 为集合 A 上的关系，试证下列等式成立：

(1) $(R_1\cup R_2)^{-1}=R_1^{-1}\cup R_2^{-1}$；　　(2) $(R_1\cap R_2)^{-1}=R_1^{-1}\cap R_2^{-1}$.

19. 设 $A=\{1,2,\cdots,10\}$，定义 A 上的关系 $R=\{(x,y)\mid x,y\in A$，且 $x+y=10\}$，说明 R 具有哪些性质并说明理由.

20. 设 $A=\{1,2,3,4\}$，R 是 A 上的关系且 $R=\{(1,3),(1,4),(2,3),(2,4),(3,4)\}$.

(1) 给出 R 的关系图及关系矩阵；

(2) 说明 R 的性质.

21. 设 $A=\{1,2,3,4,5,6\}$，R 为 A 上的关系，R 的关系图如图1所示.

(1) 求 R^2，R^3 的集合表达式；

(2) 求 $r(R)$，$s(R)$，$t(R)$ 的集合表达式.

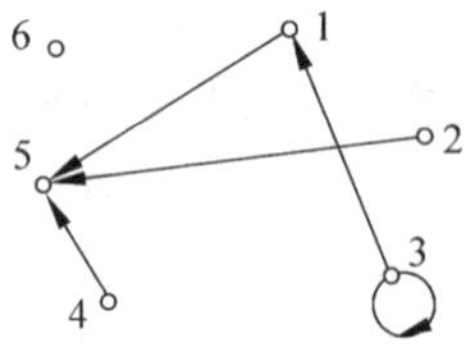

图 1

22. 设 R 为 A 上的关系，I_A 为 A 上的恒等关系，则：

(1) R 在 A 上自反当且仅当 $I_A\subseteq R$；　　(2) R 在 A 上对称当且仅当 $R=R^{-1}$；

(3) R 在 A 上反对称当且仅当 $R\cap R^{-1}\subseteq I_A$；　　(4) R 在 A 上传递当且仅当 $R\circ R\subseteq R$；

(5) R 在 A 上反自反当且仅当 $R\cap I_A=\varnothing$.

23. 设 A 是集合，R_1 和 R_2 是 A 上的关系，证明：

(1) 若 R_1，R_2 是自反的和对称的，则 $R_1\cup R_2$ 也是自反的和对称的；

(2) 若 R_1 和 R_2 是传递的，则 $R_1\cap R_2$ 也是传递的.

24. 若关系 R 是反自反的、是对称的，试证：R 不是传递的.

25. 设 $X=\{a,b,c\}$ 上的关系 R_1，R_2，R_3，R_4 分别为

(1) $R_1=\{(a,b),(a,c),(c,b)\}$；　　(2) $R_2=\{(a,b),(b,c),(c,c)\}$；

(3) $R_3=\{(a,b),(b,a),(c,c)\}$；　　　　(4) $R_4=\{(a,b),(b,c),(c,a)\}$；

求它们的传递闭包 $t(R_1),t(R_2),t(R_3),t(R_4)$.

26. 设集合 $A=\{a,b,c,d\}$，A 上的关系为 $R=\{(a,b),(b,a),(b,c),(c,d)\}$.

(1) 用矩阵运算求出 R 的自反闭包、对称闭包和传递闭包；

(2) 用沃舍尔算法求出 R 的传递闭包.

27. 针对图 2 中的每个哈斯图，写出集合以及偏序关系的表达式.

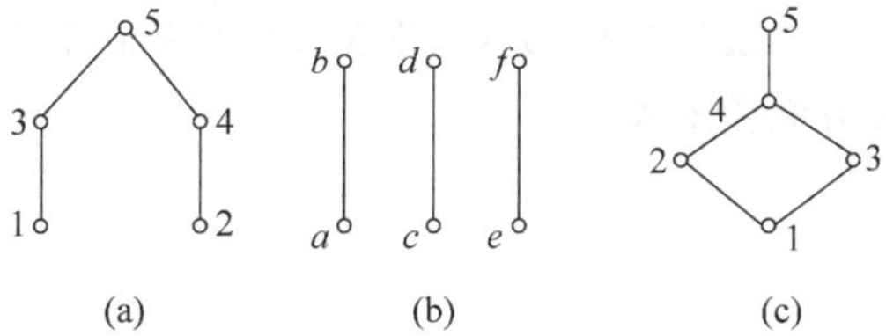

图 2

28. 设 $A=\{1,2,3,\cdots,12\}$，A 上的偏序关系为整除关系，$B=\{x\mid x\in A$ 且 $2\leqslant x\leqslant 4\}$，求 B 的上界、下界、上确界和下确界.

29. 设集合 $A=\{a,b,c\}$.

(1) 写出 A 的幂集 $P(A)$；

(2) 画出偏序关系 $\langle P(A)-\varnothing,\subseteq\rangle$ 的哈斯图，指出该偏序关系的极大元和极小元.

30. 设 $N=\{1,2,3,\cdots\}$，并设"～"为 $N\times N$ 上的关系，其定义为，若 $ad-bc$，则有 $(a,b)\sim(c,d)$，试证："～"是 $N\times N$ 上的一个等价关系.

31. 设 $\{A_1,A_2,\cdots,A_n\}$ 是集合 A 的划分，若 $A_i\cap B\neq\varnothing$，$i=1,2,\cdots,n$，证明：$\{A_1\cap B,A_2\cap B,\cdots,A_n\cap B\}$ 是集合 $A\cap B$ 的划分.

32. 回答下列问题，并阐述理由. 设集合 $A=\{1,2,3,4,5\}$，则 A 上共有多少个二元关系？上述二元关系中，有多少个是等价关系？

33. 设 X 和 Y 是两个集合，$f:X\to Y$，若 $A,B\subset Y$，则：

(1) $f^{-1}(A\cap B)=f^{-1}(A)\cap f^{-1}(B)$；

(2) $f^{-1}(A-B)=f^{-1}(A)-f^{-1}(B)$（即映射的原像保持交补运算）.

34. 设有映射 $f:A\to B,g:B\to C$，证明：

(1) $g\circ f$ 是单射，则 f 是单射；（注意：单射一对一与一一对应区别）

(2) $g\circ f$ 是满射，则 g 是满射.

35. 设 $f(n)$ 和 $g(n)$ 分别是定义在自然数集上的函数，并满足以下条件：

(1) $f(1)\leqslant g(1)$；　(2) 对任意自然数 n，有 $f(n)-f(n-1)\leqslant g(n)-g(n-1)$.

试证：$f(n)\leqslant g(n)$，并证明下列不等式：

$$1+\frac{1}{2^2}+\cdots+\frac{1}{n^2}\leqslant 2-\frac{1}{n},\quad n\geqslant 2.$$

36. 有多少个8位串至少包含6个1?
37. 在一个实验中将一枚均匀的硬币抛3次,恰好有两次是正面朝上的概率是多少?
38. 设 a_1,a_2,a_3 为三个任意的整数,b_1,b_2,b_3 为 a_1,a_2,a_3 的任一排列,则 a_1-b_1,a_2-b_2,a_3-b_3 中至少有一个是偶数.
39. 一位投资者想要购买四种股票,这4种股票选自他的经纪人提供的12种股票. 如果他要在其中两种股票上分别投资5000美元,并在另外两种股票上分别投资3000美元,那么可以有多少种不同的投资方式?

第2章 命题逻辑

数理逻辑起源于17世纪70年代,创始人是德国数学家莱布尼茨(Leibniz),他用数学的方法来研究形式逻辑. 1847年布尔(Boole)实现了命题演算,1879年弗雷格(Frege)在其著作《概念演算——一种按算术语言构成的思维符号语言》中建立了第一个经典命题逻辑的演算系统及谓词演算系统. 到20世纪40年代,数理逻辑进入了一个新的时期,数理逻辑与计算机科学、控制论、人工智能的相互渗透推动了数理逻辑的发展. 逻辑学不仅与数学相互渗透与结合,而且与其他科学技术相互渗透与结合,从而显示了逻辑学的实用意义.

数理逻辑是形式逻辑与数学相结合的产物,是研究推理逻辑规律的一个数学分支,它采用数学符号化的方法,给出推理规则来建立推理体系,进而讨论推理体系的一致性、可靠性和完备性等. 本书中数理逻辑的研究内容主要包括命题逻辑、一阶谓词逻辑,另外,还简单介绍了一些非经典逻辑的内容.

2.1 命题与联结词

2.1.1 命题与真值

定义 2.1.1 能够客观判别真假的陈述句,称作**命题**(proposition). 陈述句的判断为真或假,称为命题的**真值**(truth). 符合客观事实的命题,称为真命题,其真值为真,记为1(或T);否则,称为假命题,其真值为假,记为0(或F).

注 (1) 命题必须首先是陈述句. 疑问句、祈使句和感叹句等均不是命题.

(2) 有些陈述句的判断由于目前条件的限制暂时不能判别真假,但这种陈述句的真假是客观存在的,所以仍是命题.

例 2.1.1 判别下列语句是否为命题,若是命题,请判断是真命题还是假命题.

(1) $\sqrt{3}$是无理数.

(2) $x>y$.

(3) $2+1=11$.

(4) 实践是检验真理的唯一标准.

(5) 几点了?

(6) 仔细读这个.

(7) 这朵花真美丽啊！ (8) 这个人是好人.

(9) 这个命题是假的. (10) 火星上有生物.

解 (1)是真命题.(2)不是命题.(3)是假命题.(4)是命题，但辩证唯物主义者认为是真命题，形而上学者认为是假命题.(5)，(6)，(7)，(8)都不是命题，(5)是疑问句，(6)是祈使句，(7)是感叹句，(8)"好人"是模糊概念.(9)是悖论，若(9)为真，即"这个命题是假的"是真的，则这个命题是真的，因而(9)的真值应为假，矛盾；反之，若(9)为假，即"这个命题是假的"是假的，则这个命题是假的，因而(9)的真值应为真，同样也矛盾，因而像(9)这样既不能为真、也不能为假的陈述句称为悖论，悖论不是命题.(10)是命题，真值暂时不能确定.

自然语言往往有歧义性，给问题研究带来困难，为了克服这点，人们采用数学方法将命题符号化. 命题一般用大写英文字母 $P,Q,R,\cdots$(或带下标)表示. 一个恒真命题可以用1表示，恒假命题可用0表示.

例 2.1.2 将下列命题符号化，并指出它们的真值.

(1) 2是素数是不对的. (2) 2是偶素数.

(3) 2或3是素数. (4) 如果2是素数，则3也是素数.

(5) 2是素数当且仅当3也是素数.

解 共有3个命题，将它们分别符号化.

P：2是素数. Q：2是偶数. R：3是素数.

P,Q,R 的真值均为1，将命题的符号代入，上述命题可表示为：

(1) 非 P； (2) P 并且 Q； (3) P 或 R；

(4) 如果 P，则 R； (5) P 当且仅当 R.

定义 2.1.2 当 P 表示确定的命题时，称 P 为**命题常元**(constant)；当 P 表示任意的没有赋予具体内容的抽象命题时，称为**命题变元**(proposition variable).

命题变元不是命题，当一个命题变元 P 表示一个特定的命题时，它才是命题并且有确定的真值.

2.1.2 命题联结词

定义 2.1.3 由简单陈述句表达的命题，称为**简单命题**或**原子**(atomic)命题；由若干简单命题通过**命题联结词**(connectives)联结而构成的命题，称为**复合**(compound)命题.

命题逻辑研究方法的主要特征是将论述或推理中的各种要素都符号化，即构造各种符号语言来代替自然语言，称完全由符号所构成的语言为形式语言. 为了达到这个目的，就要求进一步抽象化，即将联结词也符号化. 自然语言中的联结词，如"或"、"并"，"与"，"且"、"然而"、"但是"等一般没有严格的定义，常常具有歧义性，为了避免自然语言中的不确定性，下面将自然语言中的联结词符号化并给出严格定义.

下面介绍5种基本联结词及其对应的**真值表**(truth table).

1. 否定(negation)“¬”

定义 2.1.4 设 P 为命题,复合命题“非 P”(或“P 的否定”)称为 P 的否定式,记作 $\neg P$,符号“¬”称为否定联结词. 逻辑关系规定为,$\neg P$ 为真当且仅当 P 为假. 真值表如表 2.1.1 所示.

在例 2.1.2 中,“非 P”可符号化为 $\neg P$. 由于 P 的真值为 1,所以 $\neg P$ 的真值为 0.

否定联结词否定命题的全部.

例如 P:北京是中国的首都. $\neg P$:北京不是中国的首都.

2. 合取(conjunction)“∧”

定义 2.1.5 设 P 和 Q 是两个命题,复合命题“P 并且 Q”(或“P 与 Q”),称为 P 与 Q 的合取式,记作 $P\wedge Q$,∧称作合取联结词. 逻辑关系规定为 $P\wedge Q$ 为真当且仅当 P 与 Q 同时为真. 真值表如表 2.1.2 所示.

表 2.1.1 ¬P 的真值表

P	$\neg P$
0	1
1	0

表 2.1.2 $P\wedge Q$ 的真值表

P	Q	$P\wedge Q$
0	0	0
0	1	0
1	0	0
1	1	1

注 (1) 自然语言中的“既……,又……”,“不但……,而且……”,“虽然……,但是……”,“一面……,一面……”等都表示两件事情同时成立,因而可以符号化为∧.

(2) 不要见到文字“与”、“和”就使用联结词∧.

例 2.1.3 将下列命题符号化.

(1) 王丽既是体育特长生又是三好学生; (2) 王丽虽然是体育特长生但不是三好学生;

(3) 这是一张桌子并且 3+2=6; (4) 李革与张红都是保送生;

(5) 李革与张红是同学.

解 先给出(1)到(4)中的原子命题,并将其符号化.

P:王丽是体育特长生; Q:王丽是三好学生;

R:这是一张桌子; S:3+2=6;

T:李革是保送生; U:张红是保送生.

(1)到(4)可分别符号化为 $P\wedge Q$,$P\wedge\neg Q$,$R\wedge S$,$T\wedge U$.

但在(5)中,虽然也使用了“与”,但这个“与”是联结该句主语中的两个人的,而整个句子仍是简单陈述句,所以(5)是原子命题,符号化为 V:李革与张红是同学.

例 2.1.3 中的(3)在自然语言中是没有意义的,但命题逻辑中 $R\wedge S$ 仍成为一个新命题,按照定义,R,S 取值后,$R\wedge S$ 的值也确定了,这是与自然语言不同之处.

3. 析取(disjunction)"∨"

定义 2.1.6 设 P、Q 为两命题,复合命题"P 或 Q"称作 P 与 Q 的**析取式**,记作 $P\vee Q$,∨称作**析取联结词**,逻辑关系规定为 $P\vee Q$ 为假当且仅当 P 与 Q 同时为假.真值表如表 2.1.3 所示.

表 2.1.3 $P\vee Q$ 的真值表

P	Q	$P\vee Q$	P	Q	$P\vee Q$
0	0	0	1	0	1
0	1	1	1	1	1

析取联结词"∨"与自然语言中的"或"不完全一样.自然语言中的"或"具有二义性,它有时具有相容性(即它联结的两个命题可以同时为真),有时具有排斥性(即当一个为真,另一个就为假),对应的分别称为相容或和排斥或,注意区别.

例 2.1.4 (1) 开关坏了或灯泡坏了.

P:开关坏了;　　　　Q:灯泡坏了.

(2) 张三或者李四考了 90 分.

P:张三考了 90 分;　　　　Q:李四考了 90 分.

显然(1)和(2)中的两个"或"为相容或,符号化为 $P\vee Q$.

(3) 王丽在教室上课或在图书馆读书.

P:王丽在教室上课;　　　　Q:王丽在图书馆读书.

(4) 2010 年 5 月 1 日第一节课上数学课或者上英语课.

P:2010 年 5 月 1 日第一节课上数学课;　Q:2010 年 5 月 1 日第一节课上英语课.

由题意知,(3)和(4)中的两个或是排斥或,可形式化为$(P\wedge\neg Q)\vee(\neg P\wedge Q)$.

注 以后在自然语言符号化的过程中,不能见了"或"就表示为 $P\vee Q$.

4. 蕴含(implication)"→"(条件联结词)

定义 2.1.7 设 P,Q 为两命题,复合命题"如果 P,则 Q"称作 P 与 Q 的**蕴含式**,记作 $P\to Q$,并称 P 是蕴含前件,Q 为蕴含后件,→为蕴含联结词.逻辑关系规定为,$P\to Q$ 为假当且仅当 P 为真、Q 为假.真值表如表 2.1.4 所示.$P\to Q$ 的逻辑关系表示 P 是 Q 的充分条件.

表 2.1.4 $P\to Q$ 的真值表

P	Q	$P\to Q$	P	Q	$P\to Q$
0	0	1	1	0	0
0	1	1	1	1	1

注 (1) 在自然语言中,P 是 Q 的充分条件有许多不同的叙述方式,例如,"只要 P,就

Q”,“因为 P,所以 Q”,“只有 Q 才 P”,“除非 Q 才 P”,“除非 Q,否则非 P”,等等,以上都应使用→,符号化为 $P\to Q$.

(2) $P\to Q$ 真值的确定与自然语言表达的意义是有区别的. 在自然语言中,前件为假,不管结论真假,整个语句的意义,往往无法判定. 但在这里当 P 为 0 时,$P\to Q$ 为 1,成为“善意推断”.

(3) 自然语言中前件、后件往往有因果关系,但这里允许无任何联系.

例 2.1.5 把下列语句写成“如果 P,那么 Q”的形式.

(1) 吹东北风的时候就下雪.

(2) 暖天持续一周苹果树就开花.

(3) 马刺队赢得冠军就意味着他们打败了湖人队.

(4) 必须走 8 英里才能到朗斯峰的顶峰.

(5) 如果你驾车超过 400 英里,就需要买汽油了.

解 (1) 如果吹东北风就下雪.

(2) 如果温暖能持续一周,苹果树就会开花.

(3) 如果马刺队赢得冠军,他们就打败了湖人队.

(4) 如果你登上了朗斯峰顶,那你就已经走了 8 英里.

(5) 如果你驾车超过 400 英里,就得买汽油了.

例 2.1.6 将下列命题符号化,并指出复合命题的真值.

(1) 如果 $3>4$,则冰是固体. (2) 如果 $3\leqslant 4$,则冰不是固体.

(3) 只有 $3\leqslant 4$,冰才不是固体.

解 令 P: $3>4$,Q: 冰是固体. (1)(2)(3)符号化为:

$P\to Q$, $\neg P\to \neg Q$, $\neg Q\to \neg P$. 它们的真值分别为 1,0,1.

例 2.1.7 以下命题中出现的 a 是一个给定的正整数,试将下列命题符号化并判断真值.

(1) 只要 a 能被 4 整除,则 a 一定能被 2 整除.

(2) a 能被 4 整除,仅当 a 能被 2 整除.

(3) 除非 a 能被 2 整除,a 才能被 4 整除.

(4) 除非 a 能被 2 整除,否则 a 不能被 4 整除.

(5) 只有 a 能被 2 整除,a 才能被 4 整除.

(6) 只有 a 能被 4 整除,a 才能被 2 整除.

解 令 P: a 能被 4 整除 Q: a 能被 2 整除 .

(1)~(5)五个命题均叙述的是 a 能被 4 整除是 a 能被 2 整除的充分条件,因而都符号化为 $P\to Q$. 其真值为 1.

在(6)中,将 a 能被 2 整除看成了 a 能被 4 整除的充分条件,因而应符号化为 $Q\to P$. a 值不定时,真值未知.

5. 等价(two-way-implication)"↔"(双条件)

定义 2.1.8 设 P,Q 为两命题,复合命题"P 当且仅当 Q",称为 P 与 Q 的**等价式**,记作 $P\leftrightarrow Q$. ↔称作**等价联结词**,逻辑关系规定为,$P\leftrightarrow Q$ 为真当且仅当 P 与 Q 同时为真或同时为假,即 P 与 Q 互为充要条件. 真值表如表 2.1.5 所示.

表 2.1.5 $P\leftrightarrow Q$ 的真值表

P	Q	$P\leftrightarrow Q$	P	Q	$P\leftrightarrow Q$
0	0	1	1	0	0
0	1	0	1	1	1

由定义知,$(P\rightarrow Q)\wedge(Q\rightarrow P)$与$(P\leftrightarrow Q)$的逻辑关系一致.

例 2.1.8 将下列命题符号化,并讨论真值.

(1) $\sqrt{3}$是无理数,当且仅当澳大利亚是北美洲国家.

(2) 若两圆 O_1,O_2 面积相等,当且仅当它们的半径相等.

解 (1) 令 P:$\sqrt{3}$是无理数. 真值为 1. Q:澳大利亚是北美国家. 真值为 0.
则(1) 符号化为 $P\leftrightarrow Q$,其真值为 0.

(2) 令 R:圆 O_1,O_2 面积相等. S:圆 O_1,O_2 半径相等.
则(2)符号化为 $R\leftrightarrow S$. 虽不知道 R,S 的真值,但由 R,S 的内在联系知 $R\leftrightarrow S$ 的真值为 1.

以上介绍了 5 种基本联结词{¬,∧,∨,→,↔},由一个或两个原子命题使用 5 种联结词中的一个组成的复合命题称为**基本复合命题**. 多次使用这几种联结词并加括号可以构成更为复杂的复合命题. 求复杂的复合命题的真值依据真值表 2.1.1~表 2.1.5,还要规定括号与联结词运算的优先顺序,这里规定为:( ),¬,∧,∨,→,↔,对同一级联结词,从左至右运算.

2.2 命题公式、指派及真值表

2.2.1 命题公式

将命题变元用联结词和圆括号按一定的逻辑关系联结起来的符号串称为命题公式(或合式公式).

定义 2.2.1 **命题公式**(propositional formula)的递归定义:

(Ⅰ) 0,1 和命题变元是合式公式;

(Ⅱ) 如果 A 和 B 是合式公式,则 $\neg A$,$(A\wedge B)$,$(A\vee B)$,$(A\rightarrow B)$与$(A\leftrightarrow B)$也是合式公式;

(Ⅲ) 有限次地应用(Ⅰ),(Ⅱ)形成的符号串是命题公式(简称公式).

上述递归形式的定义以后还会多次出现.

例 2.2.1 $(P\vee Q)\to(\neg P\leftrightarrow Q\wedge R)$是命题公式，它通过以下步骤生成：

(1) P 是公式； (2) Q 是公式；

(3) $(P\vee Q)$是公式； (4) $(\neg P)$是公式；

(5) R 是公式； (6) $(Q\wedge R)$是公式；

(7) $((\neg P)\leftrightarrow(Q\wedge R))$是公式； (8) $((P\vee Q)\to((\neg P)\leftrightarrow(Q\wedge R)))$是公式.

例 2.2.2 判断下列命题是否为命题公式.

(1) $(P\wedge Q)\to\neg(Q\vee S)$； (2) $((R\vee Q)\wedge P)\leftrightarrow(Q\wedge P)$；

(3) $(R\to P)\wedge$； (4) $P\wedge(R\to)$.

解 (1)，(2)是命题公式；(3)，(4)不是.

对于定义 2.2.1，要做以下说明：

(1) 命题公式是没有真假的，只有公式中的全部命题变元都用确定的命题代换时，才成为命题，这时才有真值，真值的确定依赖于代换变元的那些命题的真值.

(2) 定义中引进了 A 和 B 等符号，用它们代表任意的合式公式，而不是具体公式，A 和 B 称作**元语言**符号，具体公式中的符号称作**对象语言**符号. 所谓对象语言指用来描述研究对象的语言，而元语言指描述对象语言的语言，这是两种不同层次的语言. 如中国人学习英语时，英语为对象语言，而用来学习英语的汉语就是元语言.

2.2.2 命题的符号化

通常情况下，对一些命题及推理是用自然语言表达的，所以首先需要把自然语言形式化为逻辑语言，即以符号表示命题公式.

命题符号化时要注意：

(1) 善于确定简单命题，不要把一个概念硬拆成几个概念，如，“我和小王是同学”是一个简单命题.

(2) 要善于识别、辨析自然语言中的联结词，甚至被省略了的联结词，如，狗急跳墙，应理解为 P：狗急了，Q：狗才跳墙，命题符号化为 $Q\to P$.

(3) 自然语言常常带有歧义性，人们可能对同一语句有不同的理解，导致对同一语句的不等价描述.

例 2.2.3 如果你吃饭时喝凉水，你就会得胃病.

解 令 P：你吃饭；Q：你喝凉水；R：你得胃病. 符号化为$(P\wedge Q)\to R$.

例 2.2.4 如果周日天气好，我们就去镜泊湖旅游，否则就不去了.

解 设 P：周日天气好；Q：我们去镜泊湖旅游. 符号化为

$$(P\to Q)\wedge(\neg P\to\neg Q)\quad 或者\quad P\leftrightarrow Q.$$

例 2.2.5 张静只能选择上海或北京一个地方签约.

解 设 P：张静选择上海签约；Q：张静选择北京签约. 命题符号化为

$$(P\wedge\neg Q)\vee(\neg P\wedge Q).$$

例 2.2.6 如果你和他都不违反纪律，那么你们都不会受到处罚.

解 设 P：你违反纪律；Q：他违反纪律；R：你会受到处罚；S：他会受到处罚. 上述问题符号化为

$$(\neg P\wedge \neg Q)\rightarrow(\neg R\wedge \neg S).$$

2.2.3 公式的指派(赋值)及真值表

定义 2.2.2 设 $P_1,P_2,\cdots,P_n$ 是出现在公式 A 中的全部命题变元，给 $P_1,P_2,\cdots,P_n$ 各指定一个值(0 或 1)，称为对 A 的一个**指派或赋值**(assignment). 若指定的一组值使 A 的真值为 1，则称这组值为 A 的**成真指派**；若使 A 的真值为 0，则称这组值为**成假指派**.

不难看出，含 $n(n\geqslant 1)$ 个命题变项的公式共有 2^n 个不同的指派. 公式的真值常用真值表表示.

定义 2.2.3 将公式 A 的所有可能的真值指派所取的真值列成表，称为**真值表**.

真值表构造步骤如下：

(1) 找出公式中所有命题变元 $P_1,P_2,\cdots,P_n$(无角标时按字典顺序排列)，列出 2^n 组指派，这里规定从 0 0…0 开始，按二进制依次加 1 写出每个指派，直到 1 1…1 为止.

(2) 对应各指派计算出各层次的真值，最后计算出公式的真值，公式的真值在最后一列.

公式 A 与 B 具有相同或不同的真值表，是指真值表最后一列是否相同，而不考虑中间过程.

真值表的构造请看例题.

例 2.2.7 构造下列公式的真值表，并求它们的成真指派和成假指派.

(1) $(P\rightarrow Q)\leftrightarrow(\neg P\vee Q)$； (2) $(\neg P\wedge Q)\rightarrow \neg R$； (3) $\neg(P\rightarrow Q)\wedge Q\wedge R$.

解 公式(1)的真值表如表 2.2.1 所示.

表 2.2.1

P	Q	$(\neg P\vee Q)$	$(P\rightarrow Q)$	$(P\rightarrow Q)\leftrightarrow(\neg P\vee Q)$
0	0	1	1	1
0	1	1	1	1
1	0	0	0	1
1	1	1	1	1

由表 2.2.1 可知，4 个指派都是成真指派，无成假指派.

公式(2)的真值表如表 2.2.2 所示.

由表 2.2.2 可知，成假指派为 011，其余 7 个指派全是成真指派.

公式(3)的真值表如表 2.2.3 所示.

表 2.2.2

P	Q	R	$(\neg P\wedge Q)$	$\neg R$	$(\neg P\wedge Q)\rightarrow\neg R$
0	0	0	0	1	1
0	0	1	0	0	1
0	1	0	1	1	1
0	1	1	1	0	0
1	0	0	0	1	1
1	0	1	0	0	1
1	1	0	0	1	1
1	1	1	0	0	1

表 2.2.3

P	Q	R	$\neg(P\rightarrow Q)$	$\neg(P\rightarrow Q)\wedge Q$	$\neg(P\rightarrow Q)\wedge Q\wedge R$
0	0	0	0	0	0
0	0	1	0	0	0
0	1	0	0	0	0
0	1	1	0	0	0
1	0	0	1	0	0
1	0	1	1	0	0
1	1	0	0	0	0
1	1	1	0	0	0

由表 2.2.3 可知,8 个指派全是成假指派,没有成真指派.

真值表的信息是丰富的,从真值表上可以看出,哪些是成真指派,哪些是成假指派.

定义 2.2.4 对于命题公式 A,若对它的任意一组指派,取值恒为 1,则称公式 A 为**重言式**(tautology),或**永真式**,常用 1 表示;若对它的任意一组指派,取值均为 0,则称 A 为**矛盾式**(contradiction)或**永假式**,常用 0 表示;如果至少有一组指派使 A 的值为 1,则称公式 A 为**可满足式**(satisfiable).

由表 2.2.1～表 2.2.3 可知,例 2.2.7 中,公式(1)为重言式,公式(2)为非重言式的可满足式,公式(3)为矛盾式.

由定义知,重言式的否定是矛盾式,矛盾式的否定是重言式;重言式是可满足式,可满足式不一定是重言式;存在非重言式的可满足式. 由真值表可判定公式的类型. 如真值表最后一列全为 1,公式为重言式;如真值表最后一列全为 0,公式为矛盾式;如真值表最后一列至少有一个 1,公式为可满足式.

按照公式的形成规则,n 个命题变元有无穷多个形式各异的公式,那么所有公式的真值表有多少种? 真值表的不同情况只有 2^{2^n} 种. 事实上,n 个命题变元共有 2^n 个不同的指派,而任何公式在每个指派下只可能取两个真值 0 或 1,于是含有 n 个命题变元的真值表只有

2^{2^n} 种不同的情况,因此必有无穷多个公式具有相同的真值表.

2.3 命题公式的等值式,蕴含关系式

2.3.1 命题公式的等值式

命题演算是命题逻辑的基本运算,等值式是演算的基础.

定义 2.3.1 设 A,B 为命题公式,若 $A\leftrightarrow B$ 为重言式,则称 A 与 B **等值**(logical equivalence),记作 $A\Leftrightarrow B$,此时称 $A\leftrightarrow B$ 为**等价重言式**.

A 与 B 等值,当且仅当 A 与 B 有相同的真值表. 真值表是判断两个公式是否等值的一种重要方法.

由定义知,符号⇔不是联结词符号,而是公式间的关系符号. $A\Leftrightarrow B$ 不表示公式,而表示 A 与 B 具有逻辑等价关系. $A\leftrightarrow B$ 是一个公式.

公式间的关系"⇔"是一个等价关系,它满足(1)自反性;(2)对称性;(3)传递性. 利用这个关系可以将全部公式进行分类.

例 2.3.1 判断 $\neg(P\wedge Q)$ 与 $\neg P\vee\neg Q$ 是否等值.

解 由真值表 2.3.1,$\neg(P\wedge Q)\leftrightarrow\neg P\vee\neg Q$ 是重言式,所以是等值的.

表 2.3.1

P	Q	$\neg(P\wedge Q)$	$\neg P\vee\neg Q$
0	0	1	1
0	1	1	1
1	0	1	1
1	1	0	0

下面给出一组基本等值式,利用它们判断公式是否等值更简洁.

1. 双重否定 E_1 $A\Leftrightarrow\neg\neg A$.
2. 幂等律 E_2 $A\Leftrightarrow A\vee A$; E_3 $A\Leftrightarrow A\wedge A$.
3. 交换律 E_4 $A\vee B\Leftrightarrow B\vee A$; E_5 $A\wedge B\Leftrightarrow B\wedge A$.
4. 结合律 E_6 $(A\vee B)\vee C\Leftrightarrow A\vee(B\vee C)$; E_7 $(A\wedge B)\wedge C\Leftrightarrow A\wedge(B\wedge C)$.
5. 分配律 E_8 $A\vee(B\wedge C)\Leftrightarrow(A\vee B)\wedge(A\vee C)$;
   E_9 $A\wedge(B\vee C)\Leftrightarrow(A\wedge B)\vee(A\wedge C)$.
6. 吸收律 E_{10} $A\vee(A\wedge B)\Leftrightarrow A$; E_{11} $A\wedge(A\vee B)\Leftrightarrow A$.
7. 零律 E_{12} $A\vee 1\Leftrightarrow 1$; E_{13} $A\wedge 0\Leftrightarrow 0$.
8. 同一律 E_{14} $A\vee 0\Leftrightarrow A$; E_{15} $A\wedge 1\Leftrightarrow A$.
9. 德·摩根律 E_{16} $\neg(A\vee B)\Leftrightarrow\neg A\wedge\neg B$; E_{17} $\neg(A\wedge B)\Leftrightarrow\neg A\vee\neg B$.
10. 互补律 E_{18} $A\vee\neg A\Leftrightarrow 1$; E_{19} $A\wedge\neg A\Leftrightarrow 0$.

11. 蕴含等值式 E_{20} $A \to B \Leftrightarrow \neg A \vee B$； E_{21} $A \to B \Leftrightarrow \neg B \to \neg A$.

12. 等值等价式 E_{22} $A \leftrightarrow B \Leftrightarrow (A \to B) \wedge (B \to A)$； E_{23} $A \leftrightarrow B \Leftrightarrow \neg A \leftrightarrow \neg B$.

13. 归谬论 E_{24} $(A \to B) \wedge (A \to \neg B) \Leftrightarrow \neg A$.

以上 13 组 24 个等值式是经常使用的等值式，是逻辑代数的重要组成部分，可由其真值表验证.

2.3.2 代入规则与替换规则

定义 2.3.2 由已知的等值式推演出另外一些等值式的过程称为**等值演算**(equivalent calculus).

等值演算是逻辑代数的重要内容，并有重要应用. 等值演算不断使用代入规则与替换规则.

1. 代入规则(substitution)

定理 2.3.1 在重言式 A 中，任何命题变元 p_i 出现的每一处，用另一公式代入，所得公式 B 仍是重言式. 这就是代入规则.

证明 因重言式对任何指派其值均为 1，与所给的某个命题变元指派的真值是 0 还是 1 无关，因此用一个命题公式代入命题变元 p_i 出现的每一处，所得公式的真值仍为 1.

例 2.3.2 求证 $(A \to B) \vee \neg (A \to B)$ 为重言式.

证明 由互补律 $P \vee \neg P \Leftrightarrow 1$，即 $P \vee \neg P$ 为重言式. 用公式 $A \to B$ 代入公式中的 P，则得 $(A \to B) \vee \neg (A \to B)$，由代入规则知，给定的公式是重言式.

注 若仅把 $A \to B$ 代入到一个析取项 P，而得到 $(A \to B) \vee \neg P$，显然它不是重言式，因为这不符合代入规则的处处代入.

定义 2.3.3 若 C 是公式 A 中的一个连续部分，而 C 本身也是公式，称 C 为 A 的**子公式**(subformula).

例如公式 A 为 $(P \wedge Q) \to (Q \vee (R \wedge \neg S))$，则 $P \wedge Q$，$R \wedge \neg S$，$Q \vee (R \wedge \neg S)$ 都是 A 的子公式，而 $P \wedge Q \to$，$R \wedge$ 不是 A 的子公式.

2. 替换规则(replacement)

定理 2.3.2 设 C 是 A 的一个子公式，$C \Leftrightarrow D$，将 A 中的子公式 C 置换成 D 后，得到公式 B，则 $A \Leftrightarrow B$，这就是替换规则.

证明 因为 $C \Leftrightarrow D$，即对它们的命题变元做任何真值指派，C 与 D 的真值相同，因此 D 代替 C 后，公式 B 与 A 对其命题变元做相应的任何真值指派，它们的真值仍相同，所以 $A \Leftrightarrow B$.

由定理 2.3.2，可以对公式 A 中几个子公式同时进行等值替换，所得公式与原公式等值.

例 2.3.3 证明 $A \to (B \vee (B \wedge A)) \Leftrightarrow A \to B$.

证明 由吸收律知，$B \vee (B \wedge A) \Leftrightarrow B$，由替换规则得 $A \to (B \vee (B \wedge A)) \Leftrightarrow A \to B$.

例 2.3.4 证明$(A\wedge B)\to C\Leftrightarrow A\to(B\to C)$.

证明 $(A\wedge B)\to C\Leftrightarrow\neg(A\wedge B)\vee C$ (蕴含等值式)

$\Leftrightarrow\neg A\vee\neg B\vee C$ (德·摩根律)

$\Leftrightarrow\neg A\vee(B\to C)$ (蕴含等值式)

$\Leftrightarrow A\to(B\to C)$. (蕴含等值式)

由上述定理及例题可知,代入与替换是有区别的. 首先,代入针对重言式中的命题变元而言,替换针对一般的命题公式实行;其次,代入必须是处处代入,替换可部分替换,亦可全部替换;最后,替换是等值替换,代入无此要求.

在实际生产生活中,许多问题都与逻辑有着密切的联系. 下面先介绍两个逻辑问题. 首先介绍的是由逻辑学家和难题制作大师斯穆里安(Smullyan)提出的问题.

例 2.3.5 一个岛上居住着两类人——骑士和流氓. 骑士说的都是实话,而流氓只会说谎. 你碰到两个人 A 和 B,如果 A 说"B 是骑士",B 说"我们两个不是一类人",请判断 A 和 B 两人到底是流氓还是骑士.

解 首先符号化命题. 设 P: A 是骑士;Q: B 是骑士,则有 $\neg P$ 和 $\neg Q$ 表示 A 是流氓和 B 是流氓.

首先考虑 A 是骑士的情形,这就是说 P 是真的. 如果 A 是骑士,那他说"B 是骑士"就是真话,因此 Q 为真,A 和 B 就是一类人. 然而,如果 B 是骑士,那么 B 说的话应该为真,然而却并非如此,因为 A 和 B 都是骑士. 因此,我们可以得出 A 不是骑士,也就是,P 为假.

如果 A 是流氓,则根据题目可知 A 所说的"B 是骑士"就不是真话,这意味着 Q 为假且 B 也是流氓. 而且,如果 B 是流氓,那么 B 说的话也是假的,这与 A 和 B 都是流氓是一致的.

所以,我们得出结论 A 和 B 都是流氓.

例 2.3.6 父亲让两个孩子(一个男孩,一个女孩)在后院玩耍,并让他们不要把身上搞脏. 然而,在玩的过程中,两个孩子都在额头上沾了泥. 当孩子们回来后,父亲说"你们当中至少有一个人额头上有泥",然后他问每一个孩子"你知道你额头上有没有泥吗?"同样的问题对每个孩子都问了两遍. 假设每个孩子都可以看到对方的额头上是否有泥,但不能看见自己的额头,孩子们将会怎样回答呢? 假设两个孩子都很诚实并且都同时回答每一次提问.

解 令 P 和 Q 分别表示命题"儿子的额头上有泥"和"女儿的额头上也有泥". 当父亲说"你们当中至少有一个人额头上有泥"时,表示的是 $P\vee Q$ 为真. 当父亲第一次问那个问题时两个孩子都将回答"不知道",因为他们都看到对方的额头上有泥. 也就是说,儿子知道 Q 为真,但不知道 P 是否为真,而女儿知道 P 为真,但不知道 Q 是否为真.

在儿子对第一次询问回答"不知道"后,女儿可以判断出 Q 必为真. 这是因为问第一次问题时,儿子知道 $P\vee Q$ 为真,但不能判断 P 是否为真. 利用这个信息,女儿能够得出结论 Q 必定为真,因为如果 Q 为假,儿子有理由推出,由于 $P\vee Q$ 为真,那么 P 必定为真,因此女儿对第二个问题的回答应为"知道". 儿子也可以类似推断出 P 必为真. 因此,第二次两个孩子都将回答"知道".

但随着问题难度的加深,对于较复杂的问题单纯依据上述符号加自然语言推理的方法来解决逻辑问题是不可行的. 所以,我们要在逻辑系统内借助等值演算来解决一些逻辑问题.

例 2.3.7 在某次研讨会的休息时间,3 名与会者根据王教授的口音分别作出下述判断:

甲说:王教授不是苏州人,是上海人.

乙说:王教授不是上海人,是苏州人.

丙说:王教授既不是上海人,也不是杭州人.

王教授听后,笑曰:你们三个人中有一个全说对了,有一人全说错了,还有一个人对错各一半. 试用等值演算判断王教授是哪里人?

解 首先符号化命题. 设 P:王教授是苏州人;Q:王教授是上海人;R:王教授是杭州人. 则有

$$甲:\neg P\wedge Q \qquad 乙:\neg Q\wedge P \qquad 丙:\neg Q\wedge\neg R$$

王教授只可能是其中一个城市的人或者三城市都不是,所以,丙至少说对了一半. 因此,可得甲或乙必有一个人全错了. 又因为,若甲全错了,则有 $\neg Q\wedge P$,因此,乙全对. 同理,乙全错则甲全对. 所以丙是一对一错. 故王教授的话可符号化为

$$((\neg P\wedge Q)\wedge((Q\wedge\neg R)\vee(\neg Q\wedge R)))\vee((\neg Q\wedge P)\wedge(\neg Q\wedge R))$$

$$\Leftrightarrow(\neg P\wedge Q\wedge\neg R)\vee(\neg P\wedge Q\wedge\neg Q\wedge R)\vee(\neg Q\wedge P\wedge Q\wedge\neg R)\vee(\neg Q\wedge P\wedge R)$$

$$\Leftrightarrow(\neg P\wedge Q\wedge\neg R)\vee(\neg Q\wedge P\wedge R)$$

$$\Leftrightarrow 1.$$

因为王教授不可能既是苏州人又是杭州人,故 $\neg Q\wedge P\wedge R\Leftrightarrow 0$,$\neg P\wedge Q\wedge\neg R\Leftrightarrow 1$.

因此,王教授是上海人.

2.3.3 对偶式

基本命题公式中,很多公式成对出现,这是命题公式对偶性质的反映,利用这种性质可以扩大等价式的个数,减少证明的次数.

定义 2.3.4 命题公式 A 中仅使用联结词 $\neg$,$\wedge$ 和 $\vee$,若把 $\wedge$ 和 $\vee$ 互换,0 和 1 互换,得到公式 A^*,则称 A^* 为 A 的**对偶式**(dual formula).

例如,公式 $(A\vee\neg B)\wedge C$ 与 $(A\wedge\neg B)\vee C$ 互为对偶式.

定理 2.3.3 设 A 和 A^* 互为对偶式,$P_1,P_2,\cdots,P_n$ 是其命题变元,则 $\neg A(P_1,P_2,\cdots,P_n)\Leftrightarrow A^*(\neg P_1,\neg P_2,\cdots,\neg P_n)$.

证明 对联结词的个数进行强归纳法证明.

(1) 对只使用一个联结词的公式:$\neg P$,$P\wedge Q$,$P\vee Q$,定理显然成立;

(2) 强归纳假设,联结词的个数少于 n 个时定理成立.

则当任意公式 A 包含 n 个联结词时，由公式的递归构造方法知，A 可由两个公式 C,D 构成：$C\wedge D$ 或 $C\vee D$，其中 C,D 的联结词的个数少于 A 的联结词的个数.

由德·摩根律：$\neg A\Leftrightarrow\neg(C\wedge D)\Leftrightarrow\neg C\vee\neg D$ 或 $\neg A\Leftrightarrow\neg(C\vee D)\Leftrightarrow\neg C\wedge\neg D$.

根据归纳假设，$\neg C$ 和 $\neg D$ 分别可用其对偶式及其命题变元的否定来等价表示，所以 A 的否定式可用其对偶式及其命题变元的否定来等价表示，因此定理成立.

定理 2.3.4（对偶原理） 设 $A(P_1,P_2,\cdots,P_n)$ 和 $B(P_1,P_2,\cdots,P_n)$ 是两个公式，若 $A\Leftrightarrow B$，则 $A^*\Leftrightarrow B^*$.

证明 因 $A(P_1,P_2,\cdots,P_n)\Leftrightarrow B(P_1,P_2,\cdots,P_n)$，有 $\neg A(P_1,P_2,\cdots,P_n)\Leftrightarrow\neg B(P_1,P_2,\cdots,P_n)$. 由定理 2.3.3，有

$$\neg A(P_1,P_2,\cdots,P_n)\Leftrightarrow A^*(\neg P_1,\neg P_2,\cdots,\neg P_n),$$
$$\neg B(P_1,P_2,\cdots,P_n)\Leftrightarrow B^*(\neg P_1,\neg P_2,\cdots,\neg P_n),$$

故

$$A^*(\neg P_1,\neg P_2,\cdots,\neg P_n)\Leftrightarrow B^*(\neg P_1,\neg P_2,\cdots,\neg P_n),$$

从而

$$A^*(P_1,P_2,\cdots,P_n)\Leftrightarrow B^*(P_1,P_2,\cdots,P_n).$$

利用对偶定理可以从已知的重言式、等价式、蕴含式推导出新的重言式、等价式和蕴含式.

例 2.3.8 证明：

(1) $\neg(A\wedge B)\to(\neg A\vee B)\Leftrightarrow\neg A\vee B$； (2) $(A\vee B)\wedge(\neg A\wedge B)\Leftrightarrow\neg A\wedge B$.

证明 (1) 因

$$\begin{aligned}\neg(A\wedge B)\to(\neg A\vee B)&\Leftrightarrow(A\wedge B)\vee(\neg A\vee B)\\&\Leftrightarrow(A\vee\neg A\vee B)\wedge(B\vee\neg A\vee B)\\&\Leftrightarrow 1\wedge(\neg A\vee B)\\&\Leftrightarrow\neg A\vee B,\end{aligned}$$

故(1)得证.

在(1)的证明中知，$(A\vee B)\wedge(\neg A\wedge B)$ 是 $\neg(A\wedge B)\to(\neg A\vee B)$ 的对偶式，$\neg A\wedge B$ 是 $\neg A\vee B$ 的对偶式，由定理 2.3.4，(2)得证.

2.3.4 蕴含关系式

除等值（也称等价）关系外，公式间存在另一种重要关系——蕴含关系.

定义 2.3.5 设 A,B 为命题公式，若 $A\to B$ 是重言式，记作 $A\Rightarrow B$，称 $A\Rightarrow B$ 为重言蕴含式或蕴含关系式.

符号 $\to$ 与 $\Rightarrow$ 的联系与区别类似于 $\leftrightarrow$ 与 $\Leftrightarrow$ 的关系.

蕴含关系式有下列性质：

(1) 自反性，$A\Rightarrow A$； (2) 传递式 $A\Rightarrow B$，$B\Rightarrow C$，则 $A\Rightarrow C$；

(3) $A\Rightarrow B, A\Rightarrow C$，则 $A\Rightarrow(B\wedge C)$；　　(4) $A\Rightarrow C, B\Rightarrow C$，则 $A\vee B\Rightarrow C$.
其中 A,B,C 为任意公式.

公式的正确性，读者验证.

下面的定理反映等值式与蕴含关系式之间的关系.

定理 2.3.5 A,B 为两公式，$A\Leftrightarrow B$ 的充要条件是 $A\Rightarrow B$ 且 $B\Rightarrow A$.

证明 必要性. 若 $A\Leftrightarrow B$，即 $A\leftrightarrow B$ 式为重言式，而 $A\leftrightarrow B\Leftrightarrow(A\to B)\wedge(B\to A)$，故 $A\to B$ 与 $B\to A$ 皆恒为真，即 $A\Rightarrow B$ 且 $B\Rightarrow A$.

充分性. 若 $A\Rightarrow B$ 且 $B\Rightarrow A$，即 $A\to B$ 和 $B\to A$ 均为永真式，由 $A\leftrightarrow B\Leftrightarrow(A\to B)\wedge(B\to A)$，因此 $A\leftrightarrow B$ 为永真式，即 $A\Leftrightarrow B$.

定理 2.3.6 设 A,B 为命题公式，

(1) 若 A 为真时，必有 B 为真，则 $A\to B$ 为永真式，即 $A\Rightarrow B$；

(2) 若 B 为假时，必有 A 为假，则 $A\to B$ 为永真式，即 $A\Rightarrow B$.

证明 (1) 对于 $A\to B$，除在 A 为真和 B 为假时，$A\to B$ 为假外，余下的情况 $A\to B$ 均为真，所以若 A 为真时必有 B 为真，则 $A\to B$ 是永真式，即 $A\Rightarrow B$.

(2) 因为若 $A\to B$ 的后件 B 为假，必有 A 为假，即推证了 $\neg B\Rightarrow\neg A$，又因 $A\to B\Leftrightarrow\neg B\to\neg A$，故 $A\Rightarrow B$ 成立.

例 2.3.9 求证 $\neg Q\wedge(P\to Q)\Rightarrow\neg P$.

证明 (1) 前件真推导后件真的方法：设 $\neg Q\wedge(P\to Q)$ 为 1，则 $\neg Q$ 与 $P\to Q$ 都为 1，于是 Q 为 0，而 $P\to Q$ 为 1，则 P 必为 0. 故 $\neg P$ 为 1.

(2) 后件假推导前件假的方法：假定 $\neg P$ 为 0. 若 Q 为 0，则 $P\to Q$ 为 0，$\neg Q\wedge(P\to Q)$ 为 0；若 Q 为 1，则 $\neg Q$ 为 0，$\neg Q\wedge(P\to Q)$ 为 0. 故 $\neg Q\wedge(P\to Q)\Rightarrow\neg P$.

下面给出常用的蕴含关系式，称为基本蕴含关系式，它们可用等值演算法、真值表法、前件真推导后件真或后件假推导前件假的方法证明.

I_1 化简式　$A\wedge B\Rightarrow A$；$A\wedge B\Rightarrow B$；

I_2 化简式变形　$\neg(A\to B)\Rightarrow A$；$\neg(A\to B)\Rightarrow\neg B$；

I_3 附加式　$A\Rightarrow A\vee B$；

I_4 附加式变形　$\neg A\Rightarrow A\to B$；$B\Rightarrow A\to B$；

I_5 假言推论　$A\wedge(A\to B)\Rightarrow B$；

I_6 拒取式　$\neg B\wedge(A\to B)\Rightarrow\neg A$；

I_7 析取三段论　$\neg A\wedge(A\vee B)\Rightarrow B$；

I_8 条件三段论　$(A\to B)\wedge(B\to C)\Rightarrow A\to C$；

I_9 双条件三段论　$(A\leftrightarrow B)\wedge(B\leftrightarrow C)\Rightarrow A\leftrightarrow C$；

I_{10} 合取构造两难　$(A\to B)\wedge(C\to D)\wedge(A\wedge C)\Rightarrow B\wedge D$；

I_{11} 构造结构两难　$(A\to B)\wedge(C\to D)\wedge(A\vee C)\Rightarrow B\vee D$；

I_{12} 前后件附加(1)　$(A\to B)\Rightarrow(A\vee C)\to(B\vee C)$；

I_{13} 前后件附加(2) $(A\to B)\Rightarrow(A\land C)\to(B\land C)$.

思考题1 边远村庄的每个人要么总是说真话，要么总是说谎. 对旅游者的问题，村民要么回答“是”，要么回答“不”. 假定你在这一地区旅游，走到了一个岔路口，一条岔路通向你想去的遗址，另一岔路通向丛林深处. 此时恰有一村民站在岔路口，问村民什么样的一个问题就能决定走哪条路？

答案 “如果我问你右边的路是否通向废墟，你会说是吗？”

思考题2 斯蒂夫想用两个事实来判断三位工作伙伴的相对薪水. 首先，他知道如果傅雷德的薪水不是三个人中最高的，那么杰尼斯的最高；其次，他知道如果杰尼斯的薪水不是最低的，那么罗杰斯的最高. 从以上斯蒂夫知道的事实，有可能决定傅雷德、罗杰斯和杰尼斯的相对薪水吗？如果能，谁的最高，谁的最低？

答案 按薪水减少的顺序：傅雷德、罗杰斯、杰尼斯.

思考题3 侦探调查了罪案的四位证人. 从证人的话侦探得出的结论是：如果男管家说的是真话，那么厨师说的也是真话；厨师和园丁说的不可能都是真话；园丁和杂役不可能都在说谎；如果杂役说真话，那么厨师在说谎. 侦探能判定这四位证人分别是在说谎还是在说真话吗？

答案 侦探可以断定男管家和厨师说谎，但不能判断究竟是园丁还是杂役说真话.

思考题4 试求解下面这个由爱因斯坦提出的著名的逻辑难题(也称为斑马难题). 5个不同国家且工作各不相同的人分别住在一条街上的5所房子里，每所房子的颜色不同，每个人都有自己养的不同的宠物，喜欢喝不同的饮料. 根据以下提示，你能告诉我哪个房子里的人养斑马，哪个房子里的人喝矿泉水吗？

英国人住在红色的房子里. 西班牙人养了一条狗. 日本人是一个油漆工. 意大利人喜欢喝茶. 挪威人住在左边的第一个房子里. 绿房子在白房子的右边. 摄影师养了一只蜗牛. 外交官住在黄房子里. 中间那个房子里的人喜欢喝牛奶. 喜欢喝咖啡的人住在绿房子里. 挪威人住在蓝色的房子旁边. 小提琴家喜欢喝橘子汁. 养狐狸的人所住的房子与医师的房子相邻. 养马的人所住的房子与外交官的房子相邻.

(提示：绘一张表，其中行表示每个人，列表示他们所住的房子的颜色、他们的工作、他们养的宠物以及他们喜欢喝的饮料，用逻辑推理来判断表中正确的项.)

答案 日本人养斑马，挪威人喝矿泉水.

2.4 主析取范式和主合取范式

本节给出命题公式的两种规范表示方法，这种规范的表达式能表达真值表所能提供的一切信息.

2.4.1 合取范式与析取范式

定义 2.4.1 命题变项及其否定统称作**文字**(literal),仅由有限个文字构成的析取式称作**简单析取式**,仅由有限个文字构成的合取式称作**简单合取式**.

$P, P\wedge Q, \neg P\wedge Q\wedge \neg Q$,为分别由1个文字,2个文字,3个文字构成的简单合取式.

注 单个文字既是简单析取式,又是简单合取式.

定理 2.4.1 (1) 简单析取式为重言式的充要条件是:它同时包含某个命题变元及其否定;

(2) 简单合取式为矛盾式的充要条件是:它同时包含某个命题变元及其否定.

证明 下面只证(1)成立,结论(2)读者自证.

充分性. 对任意命题变元 P,$P\vee \neg P$ 为重言式,因此若有 P 和 $\neg P$ 在简单析取式中出现,经过交换律,必有 $P\vee \neg P$ 在简单析取式中出现,则简单析取式为重言式.

必要性. 假设一个简单析取式为重言式,但式中不同时含任一命题变元及其否定,此时,我们对该析取式中出现在 $\neg$ 后的变元指派1,而对不出现在 $\neg$ 后的变元指派0,则整个析取式取值为0,这与假设矛盾.

定义 2.4.2 (1) 由有限个简单合取式构成的析取式,称为**析取范式**(disjunctive normal form),形式为 $A_1\vee A_2\vee\cdots\vee A_m(m\geqslant 1)$,其中 A_i 为简单合取式;

(2) 由有限个简单析取式构成的合取式,称为**合取范式**(conjunctive normal form),形式为 $B_1\wedge B_2\wedge\cdots\wedge B_m(m\geqslant 1)$,其中 B_i 为简单析取式;

(3) 析取范式与合取范式统称**范式**(normal form).

注 (1) 析取范式与合取范式仅含联结词 $\neg,\wedge,\vee$.

(2) 单个文字、简单析取式和简单合取式既是析取范式又是合取范式.

例 2.4.1 (1) $\neg P, Q$ 是析取范式又是合取范式.

(2) $\neg P\wedge Q\wedge R$ 既是一个简单合取式构成的析取范式,又是由三个简单析取式构成的合取范式.

(3) $(P\wedge Q)\vee(\neg P\wedge \neg Q)$,$(P\wedge R)\vee(Q\wedge \neg R\wedge P)\vee(\neg R\wedge \neg P)$是析取范式.

(4) $(P\vee Q)\wedge(\neg P\vee \neg Q)$,$(P\vee R)\wedge(Q\vee \neg R\vee P)\wedge(\neg R\vee \neg P)$是合取范式.

定理 2.4.2(范式存在定理) 任一命题公式都存在与之等值的析取范式与合取范式.

证明 给出求范式的构造性算法.

(1) 消除公式中的运算符→和↔.

可用等值式将 $P\to Q$ 置换为 $\neg P\vee Q$;$P\leftrightarrow Q$ 置换为 $(P\to Q)\wedge(Q\to P)$,或 $(P\wedge Q)\vee(\neg P\wedge \neg Q)$(析取范式),或 $(\neg P\vee Q)\wedge(P\vee Q)$(合取范式).

(2) 将 $\neg$ 向内深入到变元前面,用 P 换 $\neg\neg P$;$\neg(P\wedge Q)$ 置换为 $\neg P\vee \neg Q$;$\neg(P\vee Q)$ 置换为 $\neg P\wedge \neg Q$.

(3) 使用分配律将公式变为所需的范式.

$$P\wedge(Q\vee R)=(P\wedge Q)\vee(P\wedge R); \quad (\text{析取范式})$$

$$P\vee(Q\wedge R)=(P\vee Q)\wedge(P\vee R). \quad (\text{合取范式})$$

例 2.4.2 求$((P\vee Q)\rightarrow R)\rightarrow P$的析取范式和合取范式.

解 $((P\vee Q)\rightarrow R)\rightarrow P\Leftrightarrow\neg(\neg(P\vee Q)\vee R)\vee P$

$$\Leftrightarrow((P\vee Q)\wedge\neg R)\vee P$$

$$\Leftrightarrow(P\vee Q\vee P)\wedge(\neg R\vee P) \quad (\text{合取范式})$$

$$\Leftrightarrow(P\vee Q)\wedge(P\vee\neg R) \quad (\text{合取范式})$$

$$\Leftrightarrow(P\wedge\neg R)\vee(Q\wedge\neg R)\vee P \quad (\text{析取范式})$$

$$\Leftrightarrow P\vee(Q\wedge\neg R). \quad (\text{析取范式})$$

由上例看出,一个公式的析取范式或合取范式不是唯一的,但它们是等值的. 利用合取范式和析取范式可以判别命题公式中的重言式和矛盾式.

定理 2.4.3 (1) 一个析取范式是矛盾式当且仅当它的每个简单合取式都是矛盾式;

(2) 一个合取范式是重言式当且仅当它的每个简单析取式都是重言式.

证明留作练习,读者自行证明.

例 2.4.3 判断$\neg(P\vee R)\vee\neg(Q\wedge\neg R)\vee P$是否为重言式或矛盾式.

解 $\neg(P\vee R)\vee\neg(Q\wedge\neg R)\vee P$

$$\Leftrightarrow(\neg P\wedge\neg R)\vee\neg Q\vee R\vee P \quad (\text{析取范式})$$

$$\Leftrightarrow(\neg P\vee\neg Q\vee R\vee P)\wedge(\neg R\vee\neg Q\vee R\vee P). \quad (\text{合取范式})$$

由于上例中的析取范式共有 4 个合取式,但每个简单合取式都不是矛盾式,故公式不是矛盾式,但无法判定是否是重言式,所以继续求出合取范式. 合取范式的两个简单析取式都各有一个变元及其否定同时出现,所以每个简单析取式都是重言式,故公式是重言式.

2.4.2 主范式

虽然可以利用范式来判断公式的类型,但是由于范式的形式并不唯一,此种方法有时不是很有效. 为了进一步研究命题公式,下面引入**主范式**(major normal form)的概念.

定义 2.4.3 在含有 n 个命题变元的简单合取式(简单析取式)中,若每个命题变元和它的否定不同时出现,而二者之一必出现且仅出现一次,且第 i 个命题变元或它的否定式出现在从左算起的第 i 位上(若命题变元无角标,按字典顺序排列),称这样的简单合取式(简单析取式)为**极小项**(**极大项**).

由定义知极小项、极大项有以下性质.

(1) n 个命题变元可构成 2^n 个极小项(极大项).

(2) 每个极小项仅有一个成真指派,其余 2^n-1 个指派均为成假指派;每个极大项仅有一个成假指派,其余 2^n-1 个指派均为成真指派.

(3) 若极小项的成真指派对应的 n 位二进制数转化为十进制数为 i,记对应的极小项为

$m_i, i \neq j$ 时，$m_i \wedge m_j \Leftrightarrow 0$.

(4) 若极大项的成假指派对应的 n 位二进制数转化为十进制数为 i，记对应的极大项为 $M_i, i \neq j$ 时，$M_i \vee M_j \Leftrightarrow 1$.

(5) 全体极小项的析取恒为 1，全体极大项的合取恒为 0. 即 $\bigvee_{i=0}^{2^n-1} m_i \Leftrightarrow 1$, $\bigwedge_{i=0}^{2^n-1} M_i \Leftrightarrow 0$.

以上性质在表 2.4.1 上看得很清楚.

表 2.4.1 两个变元 P, Q 形成的极小项、极大项

极小项				极大项			
公式	成真赋值		名称	公式	成假赋值		名称
	P	Q			P	Q	
$\neg P \wedge \neg Q$	0	0	m_0	$P \vee Q$	0	0	M_0
$\neg P \wedge Q$	0	1	m_1	$P \vee \neg Q$	0	1	M_1
$P \wedge \neg Q$	1	0	m_2	$\neg P \vee Q$	1	0	M_2
$P \wedge Q$	1	1	m_3	$\neg P \vee \neg Q$	1	1	M_3

读者也可以根据定义绘制出含 3 个或 n 个命题变元的极小项、极大项的表.

定义 2.4.4 (1) 若命题公式是由若干不同的极小项构成的析取范式，称为**主析取范式**(principal disjunctive normal form)；

(2) 若命题公式是由若干不同的极大项构成的合取范式，称为**主合取范式**(principal conjunctive normal form)；

(3) 主析取范式与主合取范式统称为**主范式**.

规定主范式均按极小项或极大项的下标从小到大的顺序排列. 规定矛盾式的主析取范式为 0，重言式的主合取范式为 1.

定理 2.4.4(主范式存在与唯一性定理) 任何含有 n 个命题变元的命题公式 A 都存在与之等值的主析取范式和主合取范式，并且是唯一的.

证明 这里只证主析取范式的存在性和唯一性.

若命题公式 A 是矛盾式，则它的主析取范式为 0. 以下设 A 不是矛盾式.

由定理 2.4.2，A 存在与之等值的析取范式 A'，先求出 A'，然后继续下面的构造算法.

(1) 展开：若 A' 的某个简单合取式 A_i 中不含命题变元 p_j，也不含 $\neg p_j$，将 A_i 展开如下：

$$A_i \Leftrightarrow A_i \wedge 1 \Leftrightarrow A_i \wedge (p_j \vee \neg p_j) \Leftrightarrow (A_i \wedge p_j) \vee (A_i \wedge \neg p_j),$$

继续这个过程直到所有的简单合取式都含 n 个命题变元或它的否定.

(2) 消去：将重复出现的命题变元以及极小项和矛盾式都消去，如用 p_i 代替 $p_i \wedge p_i$，m_i 代替 $m_i \vee m_i$，0 代替矛盾式等.

(3) 排序：将极小项按下标从小到大的顺序排列.

唯一性. 假若 A 存在两个与之等值的主析取范式 B 与 C，则 $B \Leftrightarrow C$. 由于 B 与 C 是不同的主析取范式，不妨设极小项 m_i 只出现在 B 中而不出现在 C 中，于是角标 i 的二进制表示为 B 的成真指派，而为 C 的成假指派，这与 $B \Leftrightarrow C$ 矛盾，因而 B 与 C 必相同.

定理 2.4.5 设 m_i 与 M_i 是命题变元 $p_1, p_2, \cdots, p_n$ 形成的极小项和极大项，则 $\neg m_i \Leftrightarrow M_i$，$\neg M_i \Leftrightarrow m_i$.

证明 由极小项与极大项的定义，极小项的成真指派，恰为同下标的极大项的成假指派，反之亦然，于是有定理的结论.

定理 2.4.6 设公式 A 的主析取范式为 $A \Leftrightarrow m_{i_1} \vee m_{i_2} \vee \cdots \vee m_{i_s}$ 的充要条件是：A 的主合取范式为 $A \Leftrightarrow M_{j_1} \wedge M_{j_2} \wedge \cdots \wedge M_{j_{2^n-s}}$，其中，令 $\overline{A}_x = \{i_1, i_2, \cdots, i_s\}$，$\overline{A}_H = \{j_1, j_2, \cdots, j_{2^n-s}\}$，下标集之间有关系 $\overline{A}_x \cup \overline{A}_H = \{0, 1, 2, \cdots, 2^n - 1\}$，且 $\overline{A}_x \cap \overline{A}_H = \varnothing$.

证明 由极小项与极大项的定义，公式 A 的主析取范式中每个极小项对应 A 的一个成真指派，设公式 A 有 s 个成真指派，则 A 的主析取范式有 s 个极小项，在 2^n 个指派中 A 的成假指派有 $2^n - s$ 个，成真指派与成假指派对应的十进位数分别是极小项与极大项的下标，因此有公式成立.

例 2.4.4 求命题公式 $P \rightarrow Q$ 的主析取范式与主合取范式，指出它的成真成假指派.

解 本公式是含二个变元的公式.

(1) $P \rightarrow Q \Leftrightarrow \neg P \vee Q$ （成假指派 10 对应 2）

$\Leftrightarrow M_2$. （主合取范式）

(2) 由主析取与主合取的关系得 A 的主析取范式

$$A \Leftrightarrow m_0 \vee m_1 \vee m_3 \quad \text{（主析取范式）}$$

$$\Leftrightarrow (\neg P \wedge \neg Q) \vee (\neg P \wedge Q) \vee (P \wedge Q).$$

公式 $P \rightarrow Q$ 的成真指派为 00,01,11，成假指派为 10.

在求主析取范式与主合取范式时，哪个易求先求哪个，然后再利用定理 2.4.6 求另一种主范式.

例 2.4.5 求命题公式 $(P \rightarrow Q) \leftrightarrow R$ 的主析取范式与主合取范式.

解 (1) 求主析取范式

$$(P \rightarrow Q) \leftrightarrow R \Leftrightarrow (P \wedge \neg Q \wedge \neg R) \vee (\neg P \wedge R) \vee (Q \wedge R).$$

$$P \wedge \neg Q \wedge \neg R \Leftrightarrow m_4.$$

$$\neg P \wedge R \Leftrightarrow \neg P \wedge (\neg Q \vee Q) \wedge R.$$

$$\Leftrightarrow (\neg P \wedge \neg Q \wedge R) \vee (\neg P \wedge Q \wedge R)$$

$$\Leftrightarrow m_1 \vee m_3.$$

$$Q \wedge R \Leftrightarrow (\neg P \vee P) \wedge Q \wedge R$$

$$\Leftrightarrow (\neg P \wedge Q \wedge R) \vee (P \wedge Q \wedge R)$$

$$\Leftrightarrow m_3 \vee m_7.$$

$$(P \rightarrow Q) \leftrightarrow R \Leftrightarrow m_1 \vee m_3 \vee m_4 \vee m_7.$$

(2) 求主合取范式

$$(P\to Q)\leftrightarrow R\Leftrightarrow(P\vee R)\wedge(\neg Q\vee R)\wedge(\neg P\vee Q\vee\neg R).$$

$$\neg P\vee Q\vee\neg R\Leftrightarrow M_5.$$

$$\begin{aligned}P\vee R&\Leftrightarrow P\vee(Q\wedge\neg Q)\vee R\\&\Leftrightarrow(P\vee Q\vee R)\wedge(P\vee\neg Q\vee R)\\&\Leftrightarrow M_0\wedge M_2.\end{aligned}$$

$$\begin{aligned}\neg Q\vee R&\Leftrightarrow(P\wedge\neg P)\vee\neg Q\vee R\\&\Leftrightarrow(P\vee\neg Q\vee R)\wedge(\neg P\vee\neg Q\vee R)\\&\Leftrightarrow M_2\wedge M_6.\end{aligned}$$

$$(P\to Q)\leftrightarrow R\Leftrightarrow M_0\wedge M_2\wedge M_5\wedge M_6.$$

例 2.4.6 判断$(P\vee Q)\to R$的类型.

解 $$\begin{aligned}(P\vee Q)\to R&\Leftrightarrow\neg(P\vee Q)\vee R\Leftrightarrow(\neg P\wedge\neg Q)\vee R\\&\Leftrightarrow((\neg P\wedge\neg Q)\wedge(\neg R\vee R))\vee((\neg P\vee P)\wedge(\neg Q\vee Q)\wedge R)\\&\Leftrightarrow(\neg P\wedge\neg Q\wedge\neg R)\vee(\neg P\wedge\neg Q\wedge R)\vee(\neg P\wedge Q\wedge R)\vee\\&\quad(P\wedge\neg Q\wedge R)\vee(P\wedge Q\wedge R)\\&\Leftrightarrow m_0\vee m_1\vee m_3\vee m_5\vee m_7.\end{aligned}$$

该公式为可满足式.

判断公式的类型、公式是否等值,可以用真值表、等值演算和主范式三种方法.

真值表与主范式有一对一的对应关系,通过真值表立即可写出公式的主范式,同样通过主范式,立即可给出公式的真值表.

总结以上讨论有:

(1) 重言式的主析取范式包含所有(2^n个)极小项,它的主合取范式为1.

(2) 矛盾式的主合取范式包括所有(2^n个)极大项,它的主析取范式为0.

(3) 命题公式的主析取范式中极小项的个数大于0,或主合取范式中极大项的个数小于2^n,则公式为可满足式.

(4) n个命题变元的命题公式A的主析取范式中极小项的个数与主合取范式中极大项个数之和为2^n,且极小项的下标集与极大项的下标集之并为$\{0,1,2,\cdots,2^n-1\}$,交集为空集.

(5) 等值的命题公式有相同的主析取范式和主合取范式.

(6) n个变元的主析取范式(主合取范式)共有2^{2^n}种,有无穷多个等值公式对应同一个主析取范式(主合取范式).

*2.5 联结词完备集

定义 2.5.1 称$F:\{0,1\}^n\to\{0,1\}$为n元**真值函数**.

定义 2.5.2 (1) 蕴含否定联结词,记号$\nrightarrow$,读作P蕴含Q的否定,记作$P\nrightarrow Q$,$P\nrightarrow Q$

$\Leftrightarrow \neg(P \rightarrow Q)$；

(2) 与非联结词，记号$\uparrow$，读作 P 与 Q 的否定，记作 $P \uparrow Q$，$P \uparrow Q \Leftrightarrow \neg(P \wedge Q)$；

(3) 或非联结词，记号$\downarrow$，读作 P 或 Q 的否定，记作 $P \downarrow Q$，$P \downarrow Q \Leftrightarrow \neg(P \vee Q)$.

n 个命题变元可构成 2^{2^n} 个不同的真值函数，含一个命题变元 P 的一元真值函数共有 4 个，如表 2.5.1 所示，含 2 个命题变元 P，Q 的二元真值函数为 16 个，如表 2.5.2 所示.

表 2.5.1 一元真值函数

P	$F_0^{(1)}$	$F_1^{(1)}$	$F_2^{(1)}$	$F_3^{(1)}$
0	0	0	1	1
1	0	1	0	1

表 2.5.2 二元真值函数表

P	Q	$F_0^{(2)}$	$F_1^{(2)}$	$F_2^{(2)}$	$F_3^{(2)}$	$F_4^{(2)}$	$F_5^{(2)}$	$F_6^{(2)}$	$F_7^{(2)}$	$F_8^{(2)}$	$F_9^{(2)}$	$F_{10}^{(2)}$	$F_{11}^{(2)}$	$F_{12}^{(2)}$	$F_{13}^{(2)}$	$F_{14}^{(2)}$	$F_{15}^{(2)}$
0	0	0	0	0	0	0	0	0	0	1	1	1	1	1	1	1	1
0	1	0	0	0	0	1	1	1	1	0	0	0	0	1	1	1	1
1	0	0	0	1	1	0	0	1	1	0	0	1	1	0	0	1	1
1	1	0	1	0	1	0	1	0	1	0	1	0	1	0	1	0	1

表 2.5.2 给出 16 个二元联结词：

1. $F_0^{(2)}$ 表示矛盾式 0；$F_{15}^{(2)}$ 表示重言式 1.
2. $F_1^{(2)}$ 表示 $P \wedge Q$；$F_7^{(2)}$ 表示 $P \vee Q$.
3. $F_{11}^{(2)}$ 表示 $Q \rightarrow P$；$F_{13}^{(2)}$ 表示 $P \rightarrow Q$.
4. $F_{12}^{(2)}$ 表示 $\neg P$；$F_{10}^{(2)}$ 表示 $\neg Q$，它们是二元否定词.
5. $F_9^{(2)}$ 表示 $P \leftrightarrow Q$.
6. $F_3^{(2)}$ 表示 P；$F_5^{(2)}$ 表示 Q，它们是投影联结词.
7. $F_2^{(2)}$ 表示 $P \nrightarrow Q$，$F_4^{(2)}$ 表示 $Q \nrightarrow P$，它们是蕴含否定联结词，即

$$P \nrightarrow Q \Leftrightarrow \neg(P \rightarrow Q), \quad Q \nrightarrow P \Leftrightarrow \neg(Q \rightarrow P).$$

8. $F_6^{(2)}$ 表示 $P \oplus Q$，是异或(排斥或)联结词，即 $P \oplus Q \Leftrightarrow (P \wedge \neg Q) \vee (\neg P \wedge Q)$.
9. $F_8^{(2)}$ 表示 $P \downarrow Q \Leftrightarrow \neg(P \vee Q)$，或非联结词.
10. $F_{14}^{(2)}$ 表示 $P \uparrow Q \Leftrightarrow \neg(P \wedge Q)$，与非联结词.

通过真值函数可以看出，每个真值函数可以找到许多与之等值的命题公式，如 $F_0^{(2)}$ 是二元矛盾式的代表，所有二元矛盾式均与之等值. 每个真值函数与唯一的主析取范式(主合取范式)等值，即每个真值函数有无穷多个与之等值的命题公式.

关于联结词，前面已学习过 1 个一元(否定)、4 个二元联结词，根据二元真值函数表还可以定义二元联结词，它们都可以用现有的 5 个联结词来表示. 实际上，还可以用 5 个联结词的一部分来表示所有的.

随着命题演算在电子线路及程序设计语言中的大量使用，近来又出现了几个常使用的

二元联结词，当然也包含在16个二元联结词之内.

定义 2.5.3 在联结词集合中，若一个联结词可以由集合中其他联结词来定义，则该联结词称为**冗余**联结词，否则称为**独立**联结词.

定义 2.5.4 S 为联结词集合，

(1) 若满足：任何命题公式都可以仅使用 S 中的联结词表示，称 S 为**联结词完备集**；

(2) 若 S 中不含任何冗余联结词，且满足(1)，称 S 为**最小联结词完备集**.

定理 2.5.1 $S=\{\neg, \wedge, \vee\}$ 是联结词完备集.

证明 因为任何命题公式都与一个主析取范式等值，主析取范式中仅含 $\neg, \wedge, \vee$，所以 S 是联结词完备集.

推论 1 以下联结词集都是联结词完备集.

(1) $\{\neg, \wedge, \vee, \rightarrow\}$； (2) $\{\neg, \wedge, \vee, \rightarrow, \leftrightarrow\}$；

(3) $\{\neg, \wedge\}$； (4) $\{\neg, \vee\}$；

(5) $\{\neg, \rightarrow\}$.

可以证明，恒取0的真值函数，即命题公式的矛盾式，不能用仅含联结词 $\{\wedge, \vee, \rightarrow, \leftrightarrow\}$ 的公式表示，因而该集合不是联结词完备集，由此可知它的任何子集也不是联结词完备集.

设 S_1, S_2 是两个不同的联结词完备集，用 S_1 中的联结词构成的任何公式都可以等值转化为用 S_2 中的联结词构成的公式，反之亦然，于是可以构造只含某个确定联结词完备集中的联结词的公式集族形式. 如将公式转化为主析取范式，则所用联结词完备集为 $\{\neg, \wedge, \vee, \rightarrow, \leftrightarrow\}$. 人们常用 $\{\neg, \rightarrow\}$ 构造形式系统，事实上，$\{\neg, \wedge\}$，$\{\neg, \vee\}$，$\{\neg, \rightarrow\}$ 都是最小联结词完备集.

定理 2.5.2 联结词集 $\{\downarrow\}$，$\{\uparrow\}$ 都是联结词完备集.

证明 由于 $\{\neg, \wedge, \vee\}$ 完备，只需要证其中的每个均可由 $\uparrow$ 表示即可.

$$\neg P \Leftrightarrow \neg(P \wedge P) \Leftrightarrow P \uparrow P;$$

$$(P \wedge Q) \Leftrightarrow \neg\neg(P \wedge Q) \Leftrightarrow \neg(P \uparrow Q) \Leftrightarrow (P \uparrow Q) \uparrow (P \uparrow Q);$$

$$(P \vee Q) \Leftrightarrow \neg\neg(P \vee Q) \Leftrightarrow \neg(\neg P \wedge \neg Q) \Leftrightarrow \neg P \uparrow \neg Q \Leftrightarrow (P \uparrow P) \uparrow (Q \uparrow Q).$$

所以 $\{\uparrow\}$ 是联结词完备集. 类似可证，$\{\downarrow\}$ 也是联结词完备集.

联结词集 $\{\downarrow\}$，$\{\uparrow\}$ 在大规模集成电路中有重要应用.

2.6 可满足性问题与消解法

命题公式的可满足性问题是算法理论的核心问题之一. 我们已经知道这个问题可以用真值表、主析取范式或主合取范式解决，但这两种方法的计算量都很大，本节介绍一个新方法——**消解法**.

由于任一公式都能化成等值的合取范式，因而一般的命题公式的可满足性问题可以归结为合取范式的可满足性问题.

不失一般性,假设一个简单析取式中不同时出现某个命题变项和它的否定,否则它为**永真式**,可以把它从合取范式中消去. 称不含任何文字的简单析取式为**空简单析取式**,记作 λ. 规定空简单析取式是**不可满足的**. 因为对任何赋值,空简单析取式中都没有文字为真,因而,含有空简单析取式的合取范式是不可满足的.

设 l 是一个文字,记

$$l^c = \begin{cases} \neg P, & 若\ l = P, \\ P, & 若\ l = \neg P, \end{cases}$$

l^c 称作文字 l 的**补**.

下面用 S 表示合取范式,用 C 表示简单析取式,用 l 表示文字. 设 α 是关于 S 中命题变项的赋值,用 $\alpha(l)$,$\alpha(C)$ 和 $\alpha(S)$ 分别表示在 α 下 l,C,S 的值. 又设 S 和 S' 是两个合取范式,用 $\boldsymbol{S\approx S'}$ **表示 $\boldsymbol{S}$ 是可满足的当且仅当 $\boldsymbol{S'}$ 是可满足的**.

下面给出消解规则及其性质.

定义 2.6.1 设 C_1,C_2 为两个简单析取式,C_1 含文字 l,C_2 含 l^c. 从 C_1 中删去 l,从 C_2 中删去 l^c,然后再将所得到的结果析取成一个简单析取式,称这样得到的简单析取式为 C_1,C_2 的(以 l 和 l^c 为消解文字的)消解式或消解结果,记为 $\mathrm{Res}(C_1,C_2)$. 即设 $C_1=C_1'\vee l$,$C_2=C_2'\vee l^c$,$\mathrm{Res}(C_1,C_2)=C_1'\vee C_2'$.

根据上述定义,由 C_1,C_2 得到 $\mathrm{Res}(C_1,C_2)$的规则称作**消解规则**.

可以证明,如果 C_1,C_2 可对多对文字消解,其消解结果都是等值的. 例如,$C_1=\neg P\vee Q\vee R$,$C_2=P\vee\neg R\vee\neg S\vee T$ 可消解为 $Q\vee R\vee\neg R\vee\neg S\vee T$(以 P 和 $\neg P$ 为消解文字),或者消解为 $\neg P\vee Q\vee P\vee\neg S\vee T$(以 R 和 $\neg R$ 为消解文字),都是永真式.

定理 2.6.1 $C_1\wedge C_2\approx\mathrm{Res}(C_1,C_2)$.

证明 记 $C=\mathrm{Res}(C_1,C_2)$,设消解文字为 l,l^c. 不妨设 $C_1=C_1'\vee l$,$C_2=C_2'\vee l^c$,于是 $C=C_1'\vee C_2'$.

假设 $C_1\wedge C_2$ 是可满足的,α 是满足它的赋值,不妨设 $\alpha(l)=1$. 由于 α 满足 C_2,C_2 必含有文字 $l'\neq l$,且 $\alpha(l')=1$. 而 C 中含 l',故 α 满足 C.

反之,假设 C 是可满足的,α 是满足它的赋值. C 中必含有文字 l',使得 $\alpha(l')=1$,不妨设 C_1'含有文字 l',于是 α 满足 C_1. 如果 $l'=l^c$,则 α 也满足 C_2,从而 $C_1\wedge C_2$ 是可满足的. 如果 $l'\neq l^c$,注意到 $l'\neq l$,可取赋值 α'如下:

$$\alpha'(P)=\begin{cases} 0, & 若\ P=l, \\ 1, & 若\ P=l^c, \\ \alpha(P), & 其他, \end{cases}$$

则 C_1 含有 l'且 $\alpha'(l')=\alpha(l')=1$,α'满足 C_1;又 C_2 含有 l^c,且 $\alpha'(l^c)=1$,α'满足 C_2. 从而,$C_1\wedge C_2$ 是可满足的.

注意 $C_1\wedge C_2$ 与 $\mathrm{Res}(C_1,C_2)$具有相同的可满足性,但它们不一定等值. 从定理的证明中可以看到,任何满足 $C_1\wedge C_2$ 的赋值都满足 $\mathrm{Res}(C_1,C_2)$,但满足 $\mathrm{Res}(C_1,C_2)$的赋值不一

定满足 $C_1 \wedge C_2$. 例如，$P \vee Q \vee R$，$P \vee \neg R$ 可消解为 $P \vee Q$，$\alpha = 011$ 满足 $P \vee Q$，但不满足 $(P \vee Q \vee R) \wedge (P \vee \neg R)$. $\alpha' = 010$ 是后者的满足赋值.

给定一个合取范式 S，从 S 的简单析取式开始，重复使用消解规则可以得到一个简单析取式序列. 根据定理 2.6.1，如果 S 是可满足的，得到的所有简单析取式都是可满足的. 如果最后得到空简单析取式 λ，S 不是可满足的.

定义 2.6.2 设 S 是一个合取范式，$C_1, C_2, \cdots, C_n$ 是一个简单析取式序列. 如果对每一个 $i(1 \leqslant i \leqslant n)$，$C_i$ 是 S 中的一个简单析取式或者 C_i 是它之前的某两个简单析取式 C_j，$C_k(1 \leqslant j < k < i)$ 的消解结果，则称此序列是由 S 导出 C_n 的**消解序列**. 当 $C_n = \lambda$ 时，称此序列是 S 的一个**否证**.

根据这个定义和定义上面的那一段话，有以下推论.

推论 如果合取范式 S 有否证，则 S 不是可满足的.

现在的问题是，如果合取范式 S 不是可满足的，S 是否一定有否证？回答是肯定的.

引理 设 S 含有简单析取式 l，从 S 中删去所有包含 l 的简单析取式，再从剩下的简单析取式中删去 l^c，把这样得到的合取范式记作 S'，则 $S \approx S'$.

证明 假设 S 是可满足的，α 是满足 S 的赋值. 由于 S 含有简单析取式 l，必有 $\alpha(l) = 1$，从而 $\alpha(l^c) = 0$. 对 S' 中的任一个简单析取式 C'，S 中有一个简单析取式 C 使得 $C = C'$ 或 $C = C' \vee l^c$. 因为 α 使 C 为真，且 $\alpha(l^c) = 0$，C' 必含有 l' 使得 $\alpha(l') = 1$，从而 α 满足 C'. 得证 S' 是可满足的.

反之，假设 S' 是可满足的，α' 是满足 S' 的赋值. 由于 S' 不含 l 和 l^c，可把 α' 扩张到 l 上，得到对 S 的命题变项的赋值：

$$\alpha(P) = \begin{cases} \alpha'(P), & \text{若 } P \text{ 在 } S' \text{ 中出现}, \\ 1, & \text{若 } P = l, \\ 0, & \text{若 } P = l^c, \end{cases}$$

于是，对 S 中的任一简单析取式 C，若 C 含 l，则 α 满足 C；若 C 不含 l，则 S' 中有 C' 使得 $C = C'$ 或 $C = C' \vee l^c$. 而 α' 满足 C'，α 和 α' 在 S' 上相同，故 α 满足 C. 得证 S 是可满足的.

定理 2.6.2（消解的完全性） 如果合取范式 S 是不可满足的，则 S 有否证.

证明 设 S 中含有 k 个命题变项，用数学归纳法证明.

当 $k = 1$ 时，S 中只有一个命题变项，设为 P. 由于 S 是不可满足的，S 中必同时含有简单析取式 P 和 $\neg P$，从而 S 有否证.

假设当 $k < n(n \geqslant 2)$ 时定理成立，要证 $k = n$ 时定理也成立.

任意取定 S 中的一个命题变项 P，令 S_1 表示 S 中所有含 P 的简单析取式，S_2 表示 S 中所有含 $\neg P$ 的简单析取式，S_3 表示 S 中所有既不含 P 也不含 $\neg P$ 的简单析取式. S' 是如下得到的合取范式：先删去 S 中所有含 P 的简单析取式，然后再从剩下的简单析取式中删去文字 $\neg P$. S' 是 2 个子合取范式 S_2' 和 S_3 的合取，其中 S_2' 是删去 S_2 的所有简单析取式中的 $\neg P$ 后得到的合取范式. 令 S'' 是如下得到的子句集：先删去 S 中所有含 $\neg P$ 的简单析取式，然后再从剩下的简单析取式中删去文字 P. S''也是 2 个子合取范式 S_1'和 S_3 的合取，其中 S_1'是删去 S_1 的所有简单析取式中的 P 后得到的合取范式. 由引理，$S\wedge P\approx S'$，$S\wedge\neg P\approx S''$. 由于 S 是不可满足的，$S\wedge P$ 和 $S\wedge\neg P$ 都是不可满足的，故 S' 和 S''也是不可满足的. 而 S' 和 S''中的命题变项个数都小于 n，根据归纳假设，存在从 S' 和 S''导出 λ 的消解序列 C_1，C_2，…，C_i 和 D_1，D_2，…，D_j，其中 $C_i=D_j=\lambda$. 如果 $C_t(1\leqslant t\leqslant i)$是仅由 S_3 中的简单析取式消解得到的，则称 C_t 是与 S_2'无关的；否则称 C_t 是与 S_2'有关的. 可类似地定义 $D_t(1\leqslant t\leqslant j)$是与 S_1'无关的，或 $D_t(1\leqslant t\leqslant j)$是与 S_1'有关的. 分两种情况讨论如下.

(1) C_i 是与 S_2'无关的，或者 D_j 是与 S_1'无关的. 此时可由 S_3 中的简单析取式消解得到 λ，这个消解序列也是 S 的一个否证.

(2) C_i 是与 S_2'有关的，且 D_j 是与 S_1'有关的. 对每一个 $1\leqslant t\leqslant i$，令

$$C_t'=\begin{cases}C_t\vee(\neg P), & \text{若 } C_t \text{ 与 } S_2' \text{ 有关},\\ C_t, & \text{若 } C_t \text{ 与 } S_2' \text{ 无关},\end{cases}$$

对每一个 $1\leqslant t\leqslant j$，令

$$D_t'=\begin{cases}D_t\vee P, & \text{若 } D_t \text{ 与 } S_1' \text{ 有关},\\ D_t, & \text{若 } D_t \text{ 与 } S_1' \text{ 无关}.\end{cases}$$

不难看出，C_1'，C_2'，…，C_i'和 D_1'，D_2'，…，D_j'都是 S 的消解序列，分别得到 $C_i'=\neg P$ 和$D_j'=P$，而 $\mathrm{Res}(C_i',D_j')=\lambda$，因此，$C_1'$，$C_2'$，…，$C_i'$，$D_1'$，$D_2'$，…，$D_j'$，$\lambda$ 是 S 的一个否证.

$k=n$ 时定理成立，得证.

根据定理 2.6.1 的推论与定理 2.6.2，得到下述结论：

推论 合取范式 S 是不可满足的当且仅当它有否证.

下面给出判断合式公式是否是可满足的消解算法.

消解算法

输入：合式公式 A.

输出：当 A 是可满足时，回答"yes"；否则回答"no".

1. 求 A 的合取范式 S.
2. 令 S_0 和 S_2 为不含任何元素的集合，S_1 为 S 的所有简单析取式组成的集合.
3. 对 S_0 中的每一个简单析取式 C_1 与 S_1 中的每一个简单析取式 C_2
4. 如果 C_1，C_2 可以消解，则
5.   计算 $C=\mathrm{Res}(C_1,C_2)$
6.   如果 $C=\lambda$，则
7.   输出"no"，计算结束
8.   如果 S_0 和 S_1 都不包含 C，则
9.   把 C 加入 S_2
10. 对 S_1 中的每一对子句 C_1，C_2
11.   如果 C_1，C_2 可以消解，则

12.   计算 $C=\mathrm{Res}(C_1,C_2)$
13.   如果 $C=\lambda$,则
14.   输出"no",计算结束
15.   如果 S_0 和 S_1 都不包含 C,则
16.   把 C 加入 S_2
17. 如果 S_2 中没有任何元素,则
18.   输出"yes",计算结束
19. 否则把 S_1 加入 S_0,令 S_1 等于 S_2,清空 S_2,返回 3

由于 S 中只有有限个命题变项,有限个命题变项只能构成有限个不同的简单析取式,算法从 3～19 的循环至多进行有限次,从而算法必在有限步内终止. 如果计算结束在步骤 7 或 14,此时已得到一个空简单析取式. 根据定理 2.6.1 的推论,公式是不可满足的,算法回答正确;如果计算结束在步骤 18,此时已计算出 S 能够通过消解产生的所有简单析取式,这些简单析取式中没有空简单析取式,因而 S 没有否证. 根据定理 2.6.2,公式是可满足的,算法回答正确.

例 2.6.1 用消解法判断下述公式是否是可满足的.

(1) $(P\vee\neg Q)\wedge(Q\vee\neg R)\wedge(\neg Q\vee\neg R)$.

(2) $(P\vee\neg Q)\wedge\neg P\wedge Q$.

解 (1) $S=(P\vee\neg Q)\wedge(Q\vee\neg R)\wedge(\neg Q\vee\neg R)$已是合取范式.

第 1 次循环 $S_0=\varnothing, S_1=\{P\vee\neg Q, Q\vee\neg R, \neg Q\vee\neg R\}, S_2=\varnothing$;

$P\vee\neg Q, Q\vee\neg R$ 消解得到 $P\vee\neg R$;

$Q\vee\neg R, \neg Q\vee\neg R$ 消解得到 $\neg R$;

$S_2=\{P\vee\neg R, \neg R\}$.

第 2 次循环 $S_0=\{P\vee\neg Q, Q\vee\neg R, \neg Q\vee\neg R\}, S_1=\{P\vee\neg R, \neg R\}, S_2=\varnothing$;

输出"yes",计算结束.

结论:$(P\vee\neg Q)\wedge(Q\vee\neg R)\wedge(\neg Q\vee\neg R)$是可满足的.

(2) $S=(P\vee\neg Q)\wedge\neg P\wedge Q$ 已是合取范式.

第 1 次循环 $S_0=\varnothing, S_1=\{P\vee\neg Q, \neg P, Q\}, S_2=\varnothing$;

$P\vee\neg Q, \neg P$ 消解得到 $\neg Q$;

$P\vee\neg Q, Q$ 消解得到 P;

$S_2=\{\neg Q, P\}$.

第 2 次循环 $S_0=\{P\vee\neg Q, \neg P, Q\}, S_1=\{\neg Q, P\}, S_2=\varnothing$;

$\neg P, P$ 消解得到 λ;

输出"no",计算结束.

结论:$(P\vee\neg Q)\wedge\neg P\wedge Q$ 是不可满足的,即矛盾式.

2.7 推理的形式结构

推理是从前提出发，依据推理规则，得出结论的思维过程. 推理分为演绎推理和归纳推理两类. 凡前提和结论的联系是必然的推理为演绎推理，否则称为归纳推理. 数理逻辑主要研究演绎推理. 推理对于计算机科学的程序验证、定理的机械化证明和人工智能是十分重要的.

定义 2.7.1 推理的**前提**(premise)是已知命题公式的集合，**结论**(consequence)是推出的一个公式，推理形式表示为$\{A_1,A_2,\cdots,A_n\}\vdash B$. 其中，前提$\{A_1,A_2,\cdots,A_n\}$是命题公式的集合，公式 B 是结论，符号$\vdash$表示推出.

定义 2.7.2 对推理形式$\{A_1,A_2,\cdots,A_n\}\vdash B$，若对 $A_1,A_2,\cdots,A_n,B$ 的任意一个指派，或 $A_1\wedge A_2\wedge\cdots\wedge A_n$ 为假，或当 $A_1\wedge A_2\wedge\cdots\wedge A_n$ 为真时，B 也为真，则称推理是**有效的**或**正确的**，并称 B 是**有效结论**(valid consequence)，此时记为 $\Gamma\vDash B$，否则称推理是无效的，记作 $\Gamma\nvDash B$，其中 $\Gamma=\{A_1,A_2,\cdots,A_n\}$.

说明 (1) 前提是有限公式的集合，前提中的公式无次序关系.

(2) 对任意一组指派，前提和结论的取值情况有四种.

前提 $A_1\wedge A_2\wedge\cdots\wedge A_n$	结论 B	前提 $A_1\wedge A_2\wedge\cdots\wedge A_n$	结论 B
0	0	1	0
0	1	1	1

除前提真、结论假的情况外，其余三种指派都使推理是有效的或正确的.

(3) 由以上叙述可知，推理正确不保证结论是真的.

定理 2.7.1 推理$\{A_1,A_2,\cdots,A_n\}\vdash B$ 是有效的当且仅当 $A_1\wedge A_2\wedge\cdots\wedge A_n\rightarrow B$ 为重言式.

证明 必要性. 设$\{A_1,A_2,\cdots,A_n\}\vdash B$ 是有效的，由定义知，对命题变元的任意一组指派，不会出现 $A_1\wedge A_2\wedge\cdots\wedge A_n$ 为真、B 为假的情况，因而 $A_1\wedge A_2\wedge\cdots\wedge A_n\rightarrow B$ 为重言式.

充分性. 若 $A_1\wedge A_2\wedge\cdots\wedge A_n\rightarrow B$ 为重言式，则对任何指派，此蕴含式为真，因而不会出现前件真、后件假的情况，因此推理也是有效的.

推理正确时我们将$\{A_1,A_2,\cdots,A_n\}\vDash B$ 记为

$$A_1\wedge A_2\wedge\cdots\wedge A_n\Rightarrow B. \tag{2.7.1}$$

对推理的形式结构可以记为

$$(A_1\wedge A_2\wedge\cdots\wedge A_n)\rightarrow B. \tag{2.7.2}$$

也记为

前提：$A_1,A_2,\cdots,A_n$；

结论：B. (2.7.3)

论证推理是否正确就是判断式(2.7.2)是否为重言式. 判断的方法有三种,真值表法、等值演算法和主析(合)取范式法.

例 2.7.1 判断下列各个推理是否正确.

(1) 前提:$(P\wedge\neg P)\to\neg R, P\wedge\neg P$;结论:$\neg R$;

(2) 前提:$P\vee R\vee Q,\neg Q$;结论:$P\vee R$;

(3) 前提:$P, Q\to P$;结论:Q.

证明 (1) $(((P\wedge\neg P)\to\neg R)\wedge(P\wedge\neg P))\to\neg R\Leftrightarrow 0\to\neg R\Leftrightarrow 1$,

推理(1) 正确.

(2)
$$
\begin{aligned}
((P\vee R)\vee Q\wedge\neg Q)\to(P\vee R)&\Leftrightarrow(((P\vee R)\wedge\neg Q)\vee(Q\wedge\neg Q))\to(P\vee R)\\
&\Leftrightarrow((P\vee R)\wedge\neg Q)\to(P\vee R)\\
&\Leftrightarrow 1,
\end{aligned}
$$

推理(2)正确.

(3)
$$
\begin{aligned}
(P\wedge(Q\to P))\to Q&\Leftrightarrow(P\wedge(\neg Q\vee P))\to Q\Leftrightarrow\neg(P\wedge(\neg Q\vee P))\vee Q\\
&\Leftrightarrow\neg P\vee\neg(\neg Q\vee P)\vee Q\\
&\Leftrightarrow\neg P\vee(Q\wedge\neg P)\vee Q\\
&\Leftrightarrow\neg P\vee Q,
\end{aligned}
$$

当 P 为 1,Q 为 0 时,蕴含式为 0,所以推理(3)不正确.

例 2.7.2 判断下列各个推理是否正确.

(1) 下午马芳或去看电影或去游泳,她没去看电影. 所以,她去游泳了.

(2) 若下午气温超过 30℃,则王明必去游泳. 若他去游泳,他就不去看电影了. 所以,若王明没去看电影,下午气温必超过了 30℃.

解 (1) 设 P:马芳下午去看电影. Q:马芳下午去游泳.

前提:$P\vee Q,\neg P$;

结论:Q.

推理的形式结构:$((P\vee Q)\wedge\neg P)\to Q$.

用等值演算法判断上式是否为重言式.

$$
\begin{aligned}
((P\vee Q)\wedge\neg P)\to Q&\Leftrightarrow((P\wedge\neg P)\vee(Q\wedge\neg P))\to Q\\
&\Leftrightarrow(Q\wedge\neg P)\to Q\\
&\Leftrightarrow\neg(Q\wedge\neg P)\vee Q\\
&\Leftrightarrow\neg Q\vee P\vee Q\\
&\Leftrightarrow 1.
\end{aligned}
$$

推理(1)正确.

(2) 设 P:下午气温超过 30℃. Q:王明去游泳. R:王明去看电影.

前提:$P\to Q, Q\to\neg R$;

结论:$\neg R\to P$.

推理的形式结构：$((P\rightarrow Q)\wedge(Q\rightarrow\neg R))\rightarrow(\neg R\rightarrow P)$.

用主合取范式法判断上式是否为重言式.

$$((P\rightarrow Q)\wedge(Q\rightarrow\neg R))\rightarrow(\neg R\rightarrow P)\Leftrightarrow\neg((\neg P\vee Q)\wedge(\neg Q\vee\neg R))\vee(R\vee P)$$
$$\Leftrightarrow((P\wedge\neg Q)\vee(Q\wedge R))\vee(R\vee P)$$
$$\Leftrightarrow P\vee R.$$

不是重言式，所以推理(2)不正确.

2.8 自然推理系统 N 中的形式证明

判断推理是否有效有三种方法：真值表、等值演算法和主析取(合取)范式法. 当推理中包含的命题变元较多时，上述方法演算量过大，因此，对由前提推出结论的正确推理应寻求简洁严谨的证明. 证明必须在形式系统中进行，形式系统有两部分，一部分是表述命题公式的形式语言，一部分是由形式语言表述的公理和推理规则.

定义 2.8.1 一个描述推理过程的命题公式序列，其中每个公式或者是已知命题公式，或者是某些前提推出的结论，序列中最后一个命题公式就是推理的有效结论，称这个**公式序列为形式证明**(formal proof).

定义 2.8.2 一个形式系统 I 可由四部分组成：

(1) 非空字母表集，记作 $A(I)$；

(2) $A(I)$中的符号构造的合式公式集，记作 $E(I)$；

(3) $E(I)$中一些特殊的公式组成的公理集，记作 $A_x(I)$；

(4) 推理规则集，记作 $R(I)$.

可将 I 记为四元组$\langle A(I),E(I),A_x(I),R(I)\rangle$，其中$\langle A(I),E(I)\rangle$是形式语言系统而$\langle A_x(I),R(I)\rangle$为 I 的形式演算系统.

形式系统一般分为两类，一类是**自然推理系统**，它是从任意给定的前提出发，应用系统的推理规则进行推理演算，得到的最后的命题公式是推理结论；另一类是**公理推理系统**，它只能从若干给定的公理出发，应用系统中的推理规则进行推理演算，得到的结论是系统中的重言式，称为系统中的定理.

现在介绍自然推理系统 N，它的定义中无公理集部分.

定义 2.8.3 自然推理系统 N 的定义如下.

1. 字母表

(1) 命题变元符号：$P,Q,R,P_i,Q_i,R_i,\cdots$；

(2) 联结词符号：$\neg,\wedge,\vee,\rightarrow,\leftrightarrow$；

(3) 括号与逗号："("，")"，"，".

2. 合式公式

同定义 2.2.1.

3. 推理规则

(1) 前提引入规则：在证明的任何步骤上，都可以引入前提.

(2) 结论引入规则：在证明的任何步骤上，所得到的结论都可以作为后继证明的前提或最终结论.

(3) 置换规则：在证明的任何步骤上，命题公式的子公式，都可以用与之等值的公式置换，得到公式序列中又一公式.

(4) 代入规则：在证明的任何步骤上，重言式的任何命题变元都可以用命题公式代入，得到的仍是重言式.

由蕴含关系可得**推理定律**.

(5) 假言推理规则(或称**分离规则**)，用图式表示为

$$\begin{array}{l} A\to B \\ \underline{A\qquad} \\ \therefore B \end{array}$$

(6) 附加规则

$$\begin{array}{l} \underline{A\qquad} \\ \therefore A\vee B \end{array}$$

(7) 化简规则

$$\begin{array}{l} \underline{A\wedge B} \\ \therefore A \end{array}$$

(8) 拒取式

$$\begin{array}{l} A\to B \\ \underline{\neg B\qquad} \\ \therefore \neg A \end{array}$$

(9) 假言三段论

$$\begin{array}{l} A\to B \\ \underline{B\to C} \\ \therefore A\to C \end{array}$$

(10) 析取三段论

$$\begin{array}{l} A\vee B \\ \underline{\neg B\qquad} \\ \therefore A \end{array}$$

(11) 构造性二难推理

$$\begin{array}{l} A\to B \\ C\to D \\ \underline{A\vee C} \\ \therefore B\vee D \end{array}$$

(12) 破坏性二难推理

$$\begin{array}{l} A\to B \\ C\to D \\ \underline{\neg B\vee\neg D} \\ \therefore \neg A\vee\neg C \end{array}$$

(13) 合取引入规则

$$\begin{array}{l} A \\ \underline{B\qquad} \\ \therefore A\wedge B \end{array}$$

推理定律是由蕴含重言式得到的，从每个等价关系式可以得出两个推理定律，牢记这些定律，会给构造形式证明带来很多方便. 下面介绍三种基本的证明方法.

1. 直接证法

例 2.8.1 构造下面推理的证明.

(1) 前提：$P\vee Q, Q\to R, P\to S, \neg S$；

结论：$R\wedge(P\vee Q)$.

(2) 前提：$\neg P\vee Q, R\vee\neg Q, R\to S$；

结论：$P\to S$.

证明 (1)

① $P \rightarrow S$　　前提引入
② $\neg S$　　前提引入
③ $\neg P$　　①②拒取式
④ $P \vee Q$　　前提引入
⑤ Q　　③④析取三段论
⑥ $Q \rightarrow R$　　前提引入
⑦ R　　⑤⑥假言推理
⑧ $R \wedge (P \vee Q)$　　⑦④合取

证明长度为8,最后为推理的结论,所以推理(1)正确,$R \wedge (P \vee Q)$为有效结论.

(2)

① $\neg P \vee Q$　　前提引入
② $P \rightarrow Q$　　①置换
③ $R \vee \neg Q$　　前提引入
④ $Q \rightarrow R$　　③置换
⑤ $P \rightarrow R$　　②④假言三段论
⑥ $R \rightarrow S$　　前提引入
⑦ $P \rightarrow S$　　⑤⑥假言三段论

由最后一步知推理(2)正确,$P \rightarrow S$ 是有效结论.

2. 附加前提法

定理 2.8.1(附加前提) 若 $A_1 \wedge A_2 \wedge \cdots \wedge A_n \wedge B \Rightarrow C$,则 $A_1 \wedge A_2 \wedge \cdots \wedge A_n \Rightarrow B \rightarrow C$.

证明 由

$$
\begin{aligned}
(A_1 \wedge A_2 \wedge \cdots \wedge A_n) \rightarrow (B \rightarrow C) &\Leftrightarrow \neg (A_1 \wedge A_2 \wedge \cdots \wedge A_n) \vee (\neg B \vee C) \\
&\Leftrightarrow \neg (A_1 \wedge A_2 \wedge \cdots \wedge A_n \wedge B) \vee C \\
&\Leftrightarrow A_1 \wedge A_2 \wedge \cdots \wedge A_n \wedge B \rightarrow C.
\end{aligned}
$$

因此,若前式为重言式,后式也为重言式,结论正确.

定理2.8.1表示当结论是蕴含式时,可将蕴含前件作为附加前提,蕴含后件作为结论去证明,此法称为附加前提法.

例 2.8.2 前提:$\neg P \vee \neg Q$, $\neg P \rightarrow R$, $R \rightarrow \neg S$;

结论:$S \rightarrow \neg Q$.

证明 ① S　　附加前提
② $R \rightarrow \neg S$　　前提引入
③ $\neg R$　　①②拒取式
④ $\neg P \rightarrow R$　　前提引入

⑤ P ③④拒取式

⑥ $\neg P \vee \neg Q$ 前提引入

⑦ $\neg Q$ ⑤⑥析取三段论

⑧ $S \to \neg Q$ ①⑦附加前提回归

结论是有效的.

3. 归谬法(反证法)

反证法:是把结论的否定作为附加前提,与给定的前提一起推证,若能引出矛盾,说明结论是有效的.

定义 2.8.4 设 $A_1, A_2, \cdots, A_n$ 为命题公式,如果对任意的公式 R,有 $A_1 \wedge A_2 \wedge \cdots \wedge A_n \Rightarrow R \wedge \neg R$,则称公式 $A_1, A_2, \cdots, A_n$ 是**不相容的**;否则称为**相容的**.

定理 2.8.2 设 $A_1, A_2, \cdots, A_n, C$ 是公式,且 $A_1, A_2, \cdots, A_n$ 是相容的,若 $A_1, A_2, \cdots, A_n, \neg C$ 是不相容的,则 C 是 $A_1, A_2, \cdots, A_n$ 的有效结论.

证明 $A_1, A_2, \cdots, A_n, \neg C$ 不相容,说明 $A_1 \wedge A_2 \wedge \cdots \wedge A_n \wedge \neg C$ 为矛盾式. 而

$$(A_1 \wedge A_2 \wedge \cdots \wedge A_n) \to C \Leftrightarrow \neg (A_1 \wedge A_2 \wedge \cdots \wedge A_n) \vee C$$
$$\Leftrightarrow \neg (A_1 \wedge A_2 \wedge \cdots \wedge A_n \wedge \neg C),$$

$A_1 \wedge A_2 \wedge \cdots \wedge A_n \wedge \neg C$ 为矛盾式,因此 $A_1 \wedge A_2 \wedge \cdots \wedge A_n \to C$ 为重言式,即$(A_1 \wedge A_2 \wedge \cdots \wedge A_n) \Rightarrow C$,故推论正确.

例 2.8.3 构造推理的证明.

前提:$\neg P \wedge \neg Q$;

结论:$\neg (P \wedge Q)$.

证明 ① $\neg \neg (P \wedge Q)$ 结论否定引入

② $P \wedge Q$ ①置换

③ P ②化简

④ $\neg P \wedge \neg Q$ 前提引入

⑤ $\neg P$ ④化简

⑥ $\neg P \wedge P$ ③⑤合取引入

⑦ 0 矛盾

故结论是有效的.

例 2.8.4 如果 a 是奇数,则 a 不能被 2 整除,如果 a 是偶数,则 a 能被 2 整除,因此如果 a 是偶数,则 a 不是奇数. 请使用多种方法研究推理正确与否.

解 设 P: a 是奇数;Q: a 是偶数;R: a 能被 2 整除.

前提:$P \to \neg R, Q \to R$;

结论:$Q \to \neg P$.

推理的形式结构:$((P \to \neg R) \wedge (Q \to R)) \to (Q \to \neg P)$.

(1) 真值表法可解(略).

(2) 等值演算法.

$$\begin{aligned}((P\to\neg R)\wedge(Q\to R))\to(Q\to\neg P) &\Leftrightarrow \neg((\neg P\vee\neg R)\wedge(\neg Q\vee R))\vee(\neg Q\vee\neg P)\\ &\Leftrightarrow (P\wedge R)\vee(Q\wedge\neg R)\vee\neg Q\vee\neg P\\ &\Leftrightarrow (P\wedge R)\vee\neg P\vee(Q\wedge\neg R)\vee\neg Q\\ &\Leftrightarrow (\neg P\vee R)\vee(\neg Q\vee\neg R)\\ &\Leftrightarrow 1.\end{aligned}$$

(3) 主析取范式法.

$$((P\to\neg R)\wedge(Q\to R))\to(Q\to\neg P)\Leftrightarrow m_0\vee m_1\vee m_2\vee m_3\vee m_4\vee m_5\vee m_6\vee m_7.$$

所以原公式为重言式.

(4) 构造证明.

① $P\to\neg R$　前提引入

② $R\to\neg P$　①置换

③ $Q\to R$　前提引入

④ $Q\to\neg P$　③②假言三段论

结论是有效的.

(5) 附加前提法.

前提：$P\to\neg R, Q\to R$;

结论：$Q\to\neg P$.

证明　① Q　附加前提

② $Q\to R$　前提引入

③ R　①②分离规则

④ $P\to\neg R$　前提引入

⑤ $\neg P$　④③拒取式

⑥ $Q\to\neg P$　附加前提回归

故结论是有效的.

由例 2.8.4 可知,同一问题可用不同的方法解决,但应注意分析问题的结构,用比较简洁的方法证明.

例 2.8.5　证明前提“今天下午没有出太阳并且今天比昨天冷”,“只有今天下午出太阳,我们才去游泳”,“若我们不去游泳,则我们将乘独木舟浏览”,以及“若我们乘独木舟浏览,则我们将在黄昏时回家”,导致结论“我们将在黄昏时回家”.

解　设 P: 今天下午出太阳;Q: 今天比昨天冷;R: 我们去游泳;S: 我们乘独木舟浏览;T: 我们将在黄昏时回家. 依题意有:

前提：$\neg P\wedge Q, R\to P, \neg R\to S, S\to T$;

结论：T.

证明 ① $\neg P \wedge Q$ 前提引入

② $\neg P$ ①化简

③ $R \to P$ 前提引入

④ $\neg R$ ②③拒取式

⑤ $\neg R \to S$ 前提引入

⑥ S ④⑤假言推理

⑦ $S \to T$ 前提引入

⑧ T ⑥⑦假言推理

例 2.8.6 证明前提"若你发给我电子邮件,则我将完成编写程序","若你不发给我电子邮件,则我将早早地睡觉",以及"若我早早地去睡觉,则我将感觉精力充沛地醒来",导致结论"若我不完成编写程序,则我将感觉精力充沛地醒来".

解 设 P: 你发给我电子邮件;Q: 我将完成编写程序;R: 我将早早地睡觉;S: 我将感觉精力充沛地醒来. 依题意有:

前提: $P \to Q, \neg P \to R, R \to S$;

结论: $\neg Q \to S$.

证明 ① $\neg Q$ 附加前提

② $P \to Q$ 前提引入

③ $\neg P$ ①②拒取

④ $\neg P \to R$ 前提引入

⑤ R ③④假言推理

⑥ $R \to S$ 前提引入

⑦ S ⑤⑥假言推理

⑧ $\neg Q \to S$ 附加前提回归

故结论是有效的.

例 2.8.7 符号化下述论述,并证明其有效性.

如果厂方拒绝增加工资,则罢工不会停止,除非罢工超过一年并且工厂厂长辞职. 厂方拒绝增加工资,并且罢工又不超过一年. 所以,罢工没有停止.

解 设 P: 厂方增加工资;Q: 罢工停止;R: 罢工超过一年;S: 工厂厂长辞职. 依题意有:

前提: $\neg(R \wedge S) \to (\neg P \to \neg Q), \neg P \wedge \neg R$;

结论: $\neg Q$.

证明 ① Q 结论否定引入

② $\neg P \wedge \neg R$ 前提引入

③ $\neg P$ ②化简

④ $\neg R$ ②化简

⑤	$\neg(R\wedge S)\rightarrow(\neg P\rightarrow\neg Q)$	前提引入
⑥	$\neg R\vee\neg S$	④附加
⑦	$\neg(R\wedge S)$	⑥置换
⑧	$\neg P\rightarrow\neg Q$	⑤⑦假言推理
⑨	$\neg Q$	③⑧假言推理
⑩	$Q\wedge\neg Q$	①⑨合取

自然形式推理系统仅是命题逻辑推理系统的一种形式，也是最基本的一种形式推理系统.

习 题 2

1. 指出下列语句中哪些是命题，哪些不是命题. 如果是命题，指出它的真值.
   (1) 离散数学是数学系的一门必修课.
   (2) $9+5\leqslant 12$.
   (3) 我们要努力学习.
   (4) 每个大于 4 的偶数是两个素数的和.
   (5) 不存在最大质数.
   (6) 请勿随地吐痰！
   (7) $\sqrt{2}$是无理数.
   (8) 今天天气多好啊！
   (9) 太阳系以外的星球上有生物.
   (10) 我正在说谎话.
2. 将下列命题符号化：
   (1) 2 是偶数又是素数.
   (2) 我没时间又没上街.
   (3) 除非天气好，否则我是不会去公园的.
   (4) 如果今天是星期一，则明天是星期二.
   (5) 只有天下大雨，他才乘公共汽车上班.
   (6) 不经一事，不长一智.
   (7) 今天是星期一当且仅当明天是星期二.
3. 给 P 和 Q 指派真值 1，给 R 和 S 指派真值 0，求出下列命题的真值：
   (1) $(P\leftrightarrow R)\wedge(\neg Q\rightarrow S)$；
   (2) $P\wedge Q\wedge R\vee\neg((P\vee Q)\wedge(R\vee S))$；
   (3) $(\neg(P\wedge Q)\vee\neg R)\vee(\neg P\wedge Q\vee\neg R)\wedge S$；
   (4) $\neg(P\wedge Q)\vee\neg R\vee((Q\leftrightarrow\neg P)\rightarrow R)\vee\neg S$；
   (5) $(P\wedge(Q\vee R))\rightarrow((P\vee Q)\wedge(R\vee S))$；
   (6) $P\vee(Q\rightarrow R\wedge\neg P)\leftrightarrow(Q\vee\neg S)$；
   (7) $(S\rightarrow(P\wedge\neg R))\wedge((P\rightarrow(R\vee Q))\wedge S)$.
4. 构造下列公式的真值表：
   (1) $Q\wedge(P\rightarrow Q)\rightarrow P$；
   (2) $\neg(P\vee Q\wedge R)\leftrightarrow(P\vee Q)\wedge(P\vee R)$；
   (3) $(P\vee Q\rightarrow Q\wedge R)\rightarrow P\wedge\neg R$；
   (4) $((P\vee R)\leftrightarrow(Q\vee R))\wedge((P\vee\neg R)\leftrightarrow(Q\vee\neg R))$.

5. 对 P 和 Q 的所有值,证明:

(1) $P\to Q$ 与 $\neg P\vee Q$ 有同样真值(证明 $(P\to Q)\leftrightarrow(\neg P\vee Q)$ 总是真的);

(2) $P\leftrightarrow Q$ 与 $(P\to Q)\wedge(Q\to P)$ 有同样真值.

6. 证明下列命题的等值关系.

(1) $(P\to Q)\wedge(R\to Q)\Leftrightarrow(P\vee R)\to Q$;

(2) $(P\wedge Q\wedge A\to C)\wedge(A\to P\vee Q\vee C)\Leftrightarrow(A\wedge(P\leftrightarrow Q))\to C$;

(3) $P\to(Q\to R)\Leftrightarrow Q\to(P\to R)$;

(4) $(P\to Q)\wedge(P\to R)\Leftrightarrow P\to(Q\wedge R)$;

(5) $\neg(P\leftrightarrow Q)\Leftrightarrow(P\vee Q)\wedge\neg(P\wedge Q)$.

7. 判断下列命题公式的类型,方法不限.

(1) $P\to(P\vee Q\vee R)$; (2) $(P\to\neg P)\to\neg P$;

(3) $\neg(P\to Q)\wedge Q$; (4) $(P\to Q)\to(\neg Q\to\neg P)$;

(5) $(\neg P\to Q)\to(Q\to\neg P)$; (6) $(P\leftrightarrow Q)\to\neg(P\vee Q)$.

8. 设 A^*, A^* 是命题公式 A 和 B 的对偶式,判断下列各式是否成立?若不成立,请举例说明.

(1) $A^*\Leftrightarrow A$; (2) $A\Leftrightarrow B$,则 $A^*\Leftrightarrow B^*$;

(3) $A\to B$,则 $A^*\to B^*$; (4) $(A^*)^*\Leftrightarrow A$.

9. 试将下列公式化为析取范式和合取范式.

(1) $P\wedge(P\to Q)$; (2) $\neg(P\vee Q)\leftrightarrow(P\wedge Q)$.

10. 求命题公式 $Q\to P$ 的主合取范式与主析取范式.

11. 求公式 $(P\to\neg Q)\leftrightarrow R$ 的主析取范式和主合取范式.

12. 将公式 $(P\to(Q\vee\neg P))\wedge(\neg P\wedge Q)$ 用只含有 $\{\neg,\vee\}$ 的等值式表示.

13. 将下列各式用只含 $\{\downarrow\}$ 的等值式表示.

(1) $\neg P$; (2) $P\vee Q$; (3) $P\wedge Q$.

14. 把 $P\uparrow Q$ 表示为只含有"$\downarrow$"的等值式,把 $P\downarrow Q$ 表示为只含有"$\uparrow$"的等值式.

15. 证明 $\{\neg,\to\}$ 是最小联结词完备集.

16. 给出下述每一对 C_1, C_2 的消解结果.

(1) $C_1=\neg P\vee\neg Q\vee R$, $C_2=\neg Q\vee\neg R\vee S\vee\neg T$;

(2) $C_1=\neg P\vee Q\vee R$, $C_2=P\vee\neg R\vee\neg S$.

17. 如果 C_1, C_2 可对多对文字消解,其消解结果都是等值的.

18. 设文字 l 在合取范式 S 中出现,而 l^c 不在 S 中出现.把删去 S 中所有含 l 的简单析取式后得到的合取范式记作 S',则 $S\approx S'$.

19. 在自然推理系统 N 中构造下列推理的证明.

(1) 前提:$\neg(P\wedge\neg Q)$, $\neg Q\vee R$, $\neg R$;

结论:$\neg P$.

(2) 前提：$P\to Q$；

结论：$P\to(P\wedge Q)$.

(3) 前提：$P\wedge Q, P\to R, Q\to S$；

结论：$R\wedge S$.

(4) 前提：$Q\to P, Q\leftrightarrow S, S\leftrightarrow T, T\wedge R$；

结论：$P\wedge Q\wedge R\wedge S$.

(5) 前提：$\neg(P\to Q)\to\neg(R\vee S), (Q\to P)\vee\neg R, R$；

结论：$P\leftrightarrow Q$.

(6) 前提：$R\vee W, \neg R\vee S, \neg W, \neg S$；

结论：Q.

20. 某项工作需要派4个人A,B,C,D中的2个人去完成，按下面3个条件，有几种派法？如何派？

(1) 若A去，则C和D中要去1个人； (2) B和C不能都去；

(3) 若C去，则D留下.

21. 在自然推理系统N中用附加前提法证明下面各推理.

(1) 前提：$P\to(Q\to R), S\to P, Q$；

结论：$S\to R$.

(2) 前提：$(P\vee Q)\to(R\wedge S), (S\vee T)\to V$；

结论：$P\to V$.

22. 在自然推理系统N中用归谬法证明下面推理.

(1) 前提：$P\to\neg Q, \neg R\vee Q, R\wedge\neg S$；

结论：$\neg P$.

(2) 前提：$P\vee Q, P\to R, Q\to S$；

结论：$R\vee S$.

23. 在自然推理系统N中构造下面推理的证明.

如果小张和小王去看电影，则小李也去看电影，小赵不去看电影或小张去看电影，小王去看电影，所以，当小赵去看电影时，小李也去.

第3章

谓词逻辑

3.1 基本概念

3.1.1 个体词、谓词

简单命题是能判断真假的陈述句，在谓词演算中，进一步将简单命题分解为个体词(主语)与谓词(谓语)两部分.

定义 3.1.1 可以独立存在的事物称为**个体**(individual). 表示具体的、特指的个体词，称为**个体常元**，常用小写字母 $a,b,c,\cdots$ 表示；泛指的或在一定范围内变化的个体词，称为**个体变元**，常用小写字母 $x,y,z,\cdots$ 表示；个体变元的取值范围为**个体域**(domain)，常用 D 表示.

个体域可以是有限的或无限的，最大的个体域包含宇宙的万事万物，称为**全总个体域**(universe). 若无特别声明，个体域均指全总个体域.

个体指可以独立存在的事物，它可以是具体的也可以是抽象的，如桌子、实数、计算机、小李、中国等都是个体.

定义 3.1.2 用以描述个体的性质或个体之间关系的词语部分，称为**谓词**(predicate). 谓词中包含个体的数目称为谓词的**元数**. 谓词常用 $P,Q,R,\cdots$ 来表示. 表示具体确定意义的性质或关系的谓词，称为**谓词常项**；表示泛指的抽象的性质与关系的谓词，称为**谓词变项**.

例 3.1.1 将下列命题符号化.

(1) 老虎是动物.

(2) 5 大于 3.

(3) 王平与李艳是同学.

(4) 武汉位于北京和广州之间.

(5) 若 x 小于 y 且 y 小于 z，则 x 小于 z.

解 (1) $F(x)$：x 是动物，x 是个体变元；a：老虎. 问题符号化为：$F(a)$.

(2) $G(x,y)$：x 大于 y；a：5；b：3. 问题符号化为：$G(a,b)$.

(3) $H(x,y)$：x 与 y 是同学；c：王平；d：李艳. 符号化为：$H(c,d)$.

(4) $I(x,y,z)$：x 位于 y 和 z 之间；a：武汉；b：北京；c：广州. 符号化为：$I(a,b,c)$.

(5) $P(x,y)$：x 小于 y. 符号化为：$(P(x,y)\wedge P(y,z))\rightarrow P(x,z)$.

从数学角度看，谓词是以论域(个体域)为定义域，以$\{0,1\}$为值域的函数.

一般地，由n个个体和n元谓词组成的命题表示为$P(a_1,a_2,\cdots,a_n)$. 其中P表示n元谓词，$a_i(i=1,2,\cdots,n)$表示n个个体. 个体排列顺序一般不能变更，变更后其意义将发生变化.

定义 3.1.3 由一个谓词和若干个个体变元组成的表达式称为**简单命题函数**. 由n元谓词F和n个个体变元$x_1,x_2,\cdots,x_n$组成的命题函数，表示为$F(x_1,x_2,\cdots,x_n)$. 由有限个简单命题函数及逻辑联结词组成的命题形式，称为**复合命题函数**. 简单命题函数和复合命题函数统称为**命题函数**.

例 3.1.2 $(P(x,y)\land Q(y,z))\to R(x,z)$是命题函数.

在命题函数中，谓词和个体都可以是变元，当用谓词常项取代谓词变项、个体常元取代个体变元时命题函数才是命题.

有时将不带个体变元的谓词称为0元谓词. 如$F(a)$，$G(a,b)$等都是0元谓词. 当F，G为谓词常项时，0元谓词为命题，因此命题逻辑中的命题都可以表示成0元谓词，因而可将命题看成特殊的谓词.

3.1.2 量词

分析出个体词和谓词后，仍不足以表达各种逻辑关系问题，问题是没有引入“所有的”，“全体”，“有的”，“有些”这些全称量词和特称量词.

定义 3.1.4 (1) 表示数量的词为**量词**(quantifier).

(2) 表示“所有”，“任意”，“一切”的词称为**全称**(universal)**量词**，记为“$\forall$”. $\forall x$表示对个体域中的所有个体，x称为**全称性变元**，$\forall xA(x)$表示个体域中的所有个体具有性质A.

(3) 表示“存在”，“有些”，“至少存在一个”的词称为**存在**(existence)**量词**，记为“$\exists$”. $\exists x$表示存在个体域中的个体，x称为**存在性变元**，而$\exists xA(x)$表示存在个体域中的个体具有性质A.

量词是逻辑学家Fray引入的，有了量词以后，用逻辑符号表示命题的能力大大加强.

例 3.1.3 个体域分别为(a)，(b)时，将下列命题符号化.

(1) 凡是人都吃饭；　(2) 有的人用左手写字.

其中，(a)个体域D_1为人类集合；(b)个体域D_2为全总个体域.

解 (a) 令$F(x)$：x吃饭；$G(x)$：x用左手写字.

(1) 在D_1中除人外，无别的东西，因此“凡人都吃饭”符号化为$\forall xF(x)$.

(2) “有的人用左手写字”符号化为$\exists xG(x)$.

(b) 在D_2中除有人外，还有万事万物，因而(1)，(2)符号化时必须先将人分离出来. 令$M(x)$：x是人，在D_2中(1)，(2)可分别重述如下：

(1) 对宇宙中一切事物而言，如果事物是人，则他要吃饭.

(2) 在宇宙中存在着用左手写字的人.

于是(1),(2)分别符号化为

$$\forall x(M(x) \to F(x)), \quad \exists x(M(x) \land G(x)).$$

其中 $F(x)$,$G(x)$与(a)中符号化相同.

注 这里引入了 $M(x)$,将人与其他事物区别开来,谓词 $M(x)$称为**特性谓词**,在命题符号化时要正确使用特性谓词.

在对问题(1),(2)符号化的过程中有人符号化为

(1) $\forall x(M(x) \land F(x))$; (2) $\exists x(M(x) \to G(x))$.

这里要提醒初学者注意这个常见的错误,(1)是不对的,若将它翻译成自然语言,应该是“宇宙间的所有个体都是人并且都吃饭”.(2)也是不对的,应翻译为“在宇宙间存在个体,如果这个个体是人,则他用左手写字”.

注 使用全总个体域时,对个体变化的真正取值范围,用特性谓词加以限制. 全称量词后的特性谓词,应作为蕴含式的前件;存在量词后的特性谓词作为合取的一项.

在使用量词时还应注意以下几点:

(1) 在不同的个体域中,命题符号化的形式可能不一样.

(2) 若没有说明个体域,应以全总个体域为准.

(3) 在引入特性谓词后,使用全称量词与存在量词符号化的形式是不同的.

(4) 个体域和谓词的含义确定后,n 元谓词要转化为命题至少需要 n 个量词.

(5) 多个量词出现时,不能随意改变量词的顺序,这样会改变原命题的含义.

(6) 有些命题的符号化形式可以不仅一种.

例 3.1.4 将下列命题符号化.

(1) 所有狮子都是凶猛的; (2) 有些狮子不喝咖啡; (3) 有些凶猛的动物不喝咖啡.

解 设 $P(x)$: x 是狮子;$Q(x)$: x 是凶猛的;$R(x)$: x 喝咖啡. 符号化为

(1) $\forall x(P(x) \to Q(x))$; (2) $\exists x(P(x) \land \neg R(x))$; (3) $\exists x(Q(x) \land \neg R(x))$.

例 3.1.5 将下列命题符号化.

(1) 所有蜂鸟都五彩斑斓; (2) 没有大鸟以蜜为生;

(3) 不以蜜为生的鸟都色彩单调; (4) 蜂鸟都是小鸟.

解 设 $P(x)$: x 是蜂鸟;$Q(x)$: x 是大鸟;$R(x)$: x 以蜜为生;$S(x)$: x 五彩斑斓. 符号化为

(1) $\forall x(P(x) \to S(x))$; (2) $\neg \exists x(Q(x) \land R(x))$;

(3) $\forall x(\neg R(x) \to \neg S(x))$; (4) $\forall x(P(x) \to \neg Q(x))$.

例 3.1.6 令 $P(x)$: x 是教授;$Q(x)$: x 无知;$R(x)$: x 爱虚荣;用量词、逻辑联结词表示下列语句.

(1) 没有无知的教授; (2) 所有无知者均爱虚荣; (3) 没有爱虚荣的教授;

(4) 能从(1)和(2)推出(3)吗? 若不能,有没有一个正确的结论?

解 (1) $\forall x(P(x) \to \neg Q(x))$; (2) $\forall x(Q(x) \to R(x))$; (3) $\forall x(P(x) \to \neg R(x))$;

(4) 不能推出. 有可能有爱虚荣的教授,因为前提并没有排除无知者以外爱虚荣的人.

例 3.1.7 令 $P(x)$: x 是婴儿;$Q(x)$: x 的行为符合逻辑;$R(x)$: x 能管理鳄鱼;$S(x)$: x 被人轻视. 用量词、逻辑联结词表示下列语句.

(1) 婴儿行为不合逻辑;　　(2) 能管理鳄鱼的人不被人轻视;

(3) 行为不合逻辑的人被人轻视;　　(4) 婴儿不能管理鳄鱼;

(5) 能从(1)、(2)和(3)推出(4)吗? 若不能,有没有一个正确的结论?

解 (1) $\forall x(P(x)\to\neg Q(x))$;　　(2) $\forall x(R(x)\to\neg S(x))$;

(3) $\forall x(\neg Q(x)\to S(x))$;　　(4) $\forall x(P(x)\to\neg R(x))$;

(5) 可以推出. 假设 x 是婴儿,则由第一个前提,x 的行为不符合逻辑,因此由第三个前提,x 被人轻视. 第二个前提说如果 x 能管理鳄鱼,x 就不会被人轻视. 因此,x 不能管理鳄鱼.

例 3.1.8 将下列命题符号化.

(1) 没有人登上过月球;　　(2) 在北京上学的学生未必都是北京人.

解 因没有提出个体域,采用全总个体域. 令 $M(x)$:x 为人.

(1) $H(x)$: x 登过月球. 符号化为 $\neg\exists x(M(x)\land H(x))$.

(2) $F(x)$: x 是在北京上学的学生;$G(x)$: x 是北京人. 符号化为

$$\neg\forall x(F(x)\to G(x)).$$

例 3.1.9 将下列命题符号化.

(1) 有会说话的机器人;

(2) 对于每个实数,都存在比它大的另外的实数;

(3) 尽管有人聪明,但未必一切人都聪明;

(4) 不存在跑得同样快的两只兔子.

解 设全总个体域.

(1) $M(x)$: x 是机器人;$F(x)$: x 会说话. 符号化为 $\exists x(M(x)\land F(x))$.

(2) $R(x)$: x 是实数;$L(x,y)$: x 小于 y. 符号化为

$$\forall x(R(x)\to\exists y(R(y)\land L(x,y))).$$

(3) $M(x)$: x 是人;$G(x)$: x 聪明. 符号化为

$$\exists x(M(x)\land G(x)\land\neg(\forall x(M(x)\to G(x)))).$$

(4) $F(x)$: x 是兔子;$L(x,y)$: x 与 y 跑的同样快. 符号化为

$\neg\exists x\exists y(F(x)\land F(y)\land L(x,y))$ 或 $\forall x\forall y(F(x)\land F(y)\to\neg L(x,y))$.

例 3.1.10 将本章开始的命题符号化.

解 $F(x)$: x 是人;$G(x)$: x 要死;a: 苏格拉底. 符号化为

$$\forall x(F(x)\to G(x))\land F(a)\to G(a).$$

例 3.1.11 将下面命题符号化: 如果某人是女性且为人父母,这个人是某人的母亲.

解 命题"如果某人是女性且为人父母,这个人是某人的母亲."可以表达为"对每个人

x,如果 x 是女性且 x 是父母,那么存在一个人 y 且 x 是 y 的母亲”.

设 $F(x)$: x 是女性;$P(x)$: x 是父母;$M(x,y)$: x 是 y 的母亲. 则命题符号化为

$$\forall x((F(x) \land P(x)) \to \exists y M(x,y)).$$

可以把 $\exists y$ 移到左边,因为 y 不在 $F(x) \land P(x)$ 中出现,这样得到一个等价的表达式:

$$\forall x \exists y(F(x) \land P(x) \to M(x,y)).$$

有了谓词的概念和符号表示,可以更加深刻地刻画周围的事物. 然而,在谓词逻辑中出现了个体变元、谓词和量词等新概念,也给讨论带来了复杂性,尤其是当个体域为无限时,加大了处理难度. 一个命题公式是否为重言式,总是可判定的. 但在谓词逻辑中就没有可行算法来判断一个公式是否普遍有效(或是重言式). 然而并不排除谓词公式有子类(如命题逻辑)是可判定的.

3.2 一阶逻辑公式及解释

一阶谓词逻辑限定量词仅作用于个体变元,不允许量词作用于命题变元、谓词变元,也不讨论谓词的谓词. 一阶语言是用于一阶逻辑的形式语言,本身不具备任何意义,可以根据需要被解释成具体含义. 一阶语言的形式是多种多样的,这里给出便于将自然语言中的命题符号化的一阶语言.

定义 3.2.1 ·阶语言 L 的字母表如下:

(1) 个体常元: $a,b,c,\cdots$;

(2) 个体变元: $x,y,z,\cdots$;

(3) 函数符号: $f,g,h,\cdots$;

(4) 谓词符号: $F,G,H,\cdots$;

(5) 量词符号: $\forall$, $\exists$;

(6) 联结词符号: $\neg$, $\land$, $\lor$, $\to$, $\leftrightarrow$;

(7) 括号和逗号:“(”,“)”,“,”.

为叙述方便,给出项的概念.

定义 3.2.2 L 中项的定义如下:

(1) 个体常元和个体变元是项;

(2) 若 $\varphi(x_1,x_2,\cdots,x_n)$ 是任意 n 元函数,$t_1,t_2,\cdots,t_n$ 是任意的 n 个项,则 $\varphi(t_1,t_2,\cdots,t_n)$ 是项;

(3) 所有项都是有限次使用(1),(2)得到的.

定义 3.2.3 设 $R(x_1,x_2,\cdots,x_n)$ 是 L 的任意 n 元谓词,$t_1,t_2,\cdots,t_n$ 是 L 的任意 n 个项,则称 $R(t_1,t_2,\cdots,t_n)$ 是 L 的原子公式.

定义 3.2.4 L 的合式公式定义如下:

(1) 原子公式是合式公式;

(2) 若 A 是合式公式,则 $\neg A$ 是合式公式;

(3) 若 A,B 是合式公式,则 $(A \land B)$,$(A \lor B)$,$(A \to B)$,$(A \leftrightarrow B)$ 是合式公式;

(4) 若 A 是合式公式,则 $\forall x A(x)$,$\exists x A(x)$ 是合式公式;

(5) 有限次应用(1)～(4)构成的符号串是合式公式.

合式公式又称谓词公式，简称公式.

公式$(\neg A)$，$(A\wedge B)$等最外层的括号可以省去.

定义 3.2.5 在公式$\forall xA$和$\exists xA$中，称x为**指导变元**，A为相应量词的**辖域**(scope)；在$\forall x$和$\exists x$的辖域中，x的所有出现都称为**约束**(bound)**出现**，此时称x为**约束变元**，A中不是约束出现的其他变元称为**自由**(free)**出现**，称这样的变元为**自由变元**.

例 3.2.1 指出下列公式中，各量词的辖域以及变元的自由出现和约束出现.

(1) $\forall x(F(x,y,z)\to\exists yG(x,y))$；

(2) $\exists xF(x,y)\wedge G(x,y)$；

(3) $\forall x\forall y(F(x)\wedge G(y)\to H(x,y))$.

解 (1) 量词$\forall x$的辖域为$F(x,y,z)\to\exists yG(x,y)$，而量词$\exists y$的辖域为$G(x,y)$. 变元的自由出现和约束出现分别为

$\forall x$	$(F($	x	,	y	,	$z)$	$\to$	$\exists y$	$G(x$	,	$y))$
↑		↑		↑		↑		↑	↑		↑
约束		约束		自由		自由		约束	约束		约束

(2) 量词$\exists x$的辖域为$F(x,y)$. 变元的自由出现和约束出现分别为

$\exists x$	$F(x$	,	$y)$	$\wedge$	$G(x$	,	$y)$
↑	↑		↑		↑		↑
约束	约束		自由		自由		自由

(3) 量词$\forall x$的辖域为：$\forall y(F(x)\wedge G(y)\to H(x,y))$，量词$\forall y$的辖域为$(F(x)\wedge G(y)\to H(x,y))$. 变元的自由出现和约束出现分别为

$\forall x$	$\forall y$	$(F(x)$	$\wedge$	$G(y)$	$\to$	$H(x$	,	$y))$
↑	↑	↑		↑		↑		↑
约束	约束	约束		约束		约束		约束

定义 3.2.6 设A为任意公式，若A中无自由出现的个体变元，则称A为封闭的合式公式，简称**闭式**.

由闭式的定义知，闭式中的所有个体变元均是约束出现.

对给定的合式公式，它是一个符号串，没有确定的意义，一旦将其中所有变元(变项)指定为常元(常项)代替后，公式就具有一定意义，有时就变成命题了. 这就是公式的解释.

定义 3.2.7 L的解释I由四部分组成：

(1) 非空个体域D_I；

(2) D_I中一些特定的元素的集合$\{\bar{a}_1,\bar{a}_2,\cdots,\bar{a}_i,\cdots\}$；

(3) D_I上特定函数的集合$\{\bar{f}_i^n\mid i,n\geqslant 1\}$；

(4) D_I上特定谓词的集合$\{\bar{F}_i^n\mid i,n\geqslant 1\}$.

关于 I 的几点说明：

(1) 个体变元 $x,y,\cdots$ 在 D_I 中取值；

(2) 个体常元 a_i 被解释成 $\bar{a}_i$；

(3) 函数符号 f_i^n 被解释成 $\bar{f}_i^n$，f_i^n 为第 i 个 n 元函数；

(4) F_i^n 被解释成 $\bar{F}_i^n$，F_i^n 为第 i 个 n 元谓词.

例 3.2.2　给定解释 I 如下：

(1) 个体域 $D=\mathbb{N}$（$\mathbb{N}$ 为含 0 的自然数集）；　(2) $\bar{a}=0$；

(3) $\bar{f}(x,y)=x+y$，$\bar{g}(x,y)=x\cdot y$；　(4) $\bar{F}(x,y)$：$x=y$.

在 I 下下列哪些公式为真，哪些为假，哪些不能确定？

(1) $F(f(x,y),g(x,y))$；　(2) $F(f(x,a),y)\rightarrow F(g(x,y),z)$；

(3) $\forall xF(g(x,a),x)\rightarrow F(x,y)$；　(4) $\forall xF(g(x,a),x)$；

(5) $\forall x\forall y\forall zF(f(x,y),z)$；　(6) $\exists xF(f(x,x),g(x,x))$.

解　(1) 在 I 下被解释成 $x+y=x\cdot y$，这不是命题.

(2) 公式被解释成 $(x+0=y)\rightarrow(x\cdot y=z)$，这不是命题.

(3) 被解释成 $\forall x(x\cdot 0=x)\rightarrow(x=y)$，由于蕴涵式前件为假，所以被解释的公式为真.

(4) 被解释成 $\forall x(x\cdot 0=x)$，为假命题.

(5) 被解释成 $\forall x\forall y\forall z(x+y=z)$，为真命题.

(6) 在 I 下被解释为 $\exists x(x+x=x\cdot x)$，为真命题.

注　一个公式在不同的解释下具有不同的含义，往往具有不同的真值.

例 3.2.3　给定解释 I：

(1) 论域 $D=\{2,3\}$；

(2) D 中特定元素 $\bar{a}=2$；

(3) 一元函数 $\bar{f}$ ：$D\rightarrow D$ 为 $\bar{f}(2)=3$，$\bar{f}(3)=2$；

(4) 一元谓词 $\bar{F}(x)$：$x=3$；二元谓词 $\bar{G}(x,y)$：$(x,y)\in\{(2,2),(2,3),(3,2)\}$；二元谓词 $L(x,y)$：$(x,y)\in\{(2,2),(3,3)\}$.

在这个解释下，求下列公式的真值：

(1) $\forall x(F(x)\wedge G(x,a))$；　(2) $\exists x(F(f(x))\wedge G(x,f(x)))$；

(3) $\forall x\exists yL(x,y)$；　(4) $\exists y\forall xL(x,y)$.

解　上述公式都是闭公式，所以不涉及任何指派可确定这些公式的真值.

(1) $\forall x(F(x)\wedge G(x,a))$ 为真当且仅当对于每个 $d\in D=\{2,3\}$，有 $F(d)\wedge G(d,a)$ 为真，而 $a=2$，所以 $\forall x(F(x)\wedge G(x,a))$ 为真当且仅当有 $(F(2)\wedge G(2,2))\wedge(F(3)\wedge G(3,2))$ 为真，而 $F(2)$ 为假，所以 $(F(2)\wedge G(2,2))\wedge(F(3)\wedge G(3,2))$ 为假，即 $\forall x(F(x)\wedge G(x,a))$ 为假.

(2) $\exists x(F(f(x))\wedge G(x,f(x)))$ 为真，当且仅当存在某个 $d\in D=\{2,3\}$，使得 $F(f(d))$

$\wedge G(d,f(d))$为真，即如果有 $F(f(2))\wedge G(2,f(2))$为真或者 $F(f(3))\wedge G(3,f(3))$为真，则 $\exists x(F(f(x))\wedge G(x,f(x)))$为真，即 $\exists x(F(f(x))\wedge G(x,f(x)))$的真值与$(F(f(2))\wedge G(2,f(2)))\vee(F(f(3))\wedge G(3,f(3)))$相同，即为真.

(3) $\forall x\exists yL(x,y)$为真当且仅当对于每个 $d\in D=\{2,3\}$，有 $\exists yL(d,y)$为真，即当且仅当对于某个 $e\in D=\{2,3\}$，有 $L(2,e)\wedge L(3,e)$为真，即当且仅当$(L(2,2)\vee L(2,3))\wedge(L(3,2)\vee L(3,3))$为真，即 $\forall x\exists yL(x,y)$为真.

(4) $\exists y\forall xL(x,y)$为真当且仅当对于某个 $d\in D$ 有 $\forall xL(x,d)$为真，即$(\forall xL(x,2))\vee(\forall xL(x,3))$为真，当且仅当$(L(2,2)\wedge L(3,2))\vee(L(2,3)\wedge(3,3))$为真，所以 $\exists y\forall xL(x,y)$的真值为假.

定义 3.2.8 设 A 为公式，若 A 在任何解释下均为真，则称 A 为**永真式**(或**逻辑有效式**)；若 A 在任何解释下均为假，则称 A 为**永假式**(或**矛盾式**). 若至少存在一个解释使 A 为真，则称 A 为**可满足式**.

由于一阶逻辑中公式的复杂性和解释的多样性，至今没有找到一种可行的算法来判断任一公式是否是永真式或矛盾式或可满足式. 事实上，1936 年图灵(Turing)证明了：当个体域是无限时，对于一阶逻辑判定问题(公式的永真性和矛盾性判定)是不可解的，但对特殊的公式还是可以判定的.

定义 3.2.9 设 A_0 是含命题变元 $P_1,P_2,\cdots,P_n$ 的命题公式，$A_1,A_2,\cdots,A_n$ 是 n 个谓词公式，用 $A_i(1\leqslant i\leqslant n)$处处代替 A_0 中的 P_i 得公式 A，称 A 为 A_0 的代换实例.

定理 3.2.1 重言式的代换实例是永真式，矛盾式的代换实例为矛盾式.

证明留作练习，读者自证.

例 3.2.4 判断下列公式中哪些是永真式，哪些是矛盾式.

(1) $\exists x(F(x)\wedge G(x))$；　　(2) $\forall xF(x,y)\to(\exists x\exists yG(x,y)\to\forall xF(x,y))$；

(3) $\forall xF(x)\wedge\neg\forall xF(x)$；　　(4) $\forall x\exists yF(x,y)\to\exists x\forall yF(x,y)$.

解 (1)对公式(1)给解释 I_1：个体域为实数集$\mathbb{R}$；$F(x)$：x 是有理数；$G(x)$：x 是无理数；在 I_1 下公式(1)为假，因而不是永真式. 对公式(1)给解释 I_2：个体域为实数集$\mathbb{R}$；$F(x)$：x 是有理数；$G(x)$：x 是实数；在 I_2 下公式(1)为真，因此公式是可满足式.

(2) 易知公式是 $P\to(Q\to P)$代换实例，而该命题是重言式，所以公式(2)是永真式.

(3) 公式是 $P\wedge\neg P$ 的代换实例，而 $P\wedge\neg P$ 是矛盾式，所以公式(3)是矛盾式.

(4) 对公式(4)给解释 I_2：个体域为自然数集合$\mathbb{N}$；$F(x,y)$：$x\leqslant y$. 在 I_2 下公式(4)的前件与后件均为真，公式(4)为真，所以公式(4)不是矛盾式. 再取 I_3：个体域仍为$\mathbb{N}$；$F(x,y)$：$x=y$. 在 I_3 下，公式(4)的前件真、后件假，公式(4)为假，所以公式(4)不是永真式，故 $\forall x\exists yF(x,y)\to\exists x\forall yF(x,y)$是非永真式的可满足式.

论域(也称个体域)是个体变元的取值范围，它规定了全称量词的意义. 解释规定了常元、函数符号、谓词符号的具体意义，但并没有给个体变元规定具体值，个体变元的取值由赋值规定.

定义 3.2.10 设 I 是一个解释，从所有变元组成的集合到论域 D_I 的函数称为 I 中的**赋值**(value assignment).

例 3.2.5 设 f,g 是二元函数符号，给定解释 I 如下：

D_I 为自然数集合，f^I 为自然数乘法，g^I 为自然数加法，$a^I=2$，I 中的赋值 v，$v(x)=1$.

项 $f(g(a,x),a)$ 在 I 和 v 下的意义：

$$\begin{aligned}I(f(g(a,x),a),(v)) &= f^I(I(g(a,x))(v),I(a)(v))\\ &= f^I(g^I(I(a)(v),I(x)(v)),I(a)(v))\\ &= f^I(g^I(a^I,v(x)),a^I)\\ &= (2+1)\times 2 = 6.\end{aligned}$$

定义 3.2.11 设 I 是一个解释，A 是公式.

(1) 如果对 I 中每个赋值 v，$I(A)(v)=1$，则称 A 在 I 中为真，也称 I 满足 A，I 是 A 的模型，记为 $I\vDash A$.

(2) 如果对 I 中每个赋值 v，$I(A)(v)=0$，则称 A 在 I 中为假.

注意 一个公式可能在一个解释 I 中既不为真也不为假，容易举出例子.

定义 3.2.12 若谓词公式 B 是命题公式永真式 A 的代换实例，称 B 为重言式，记为 $B=A^{P_1,\cdots,P_n}_{B_1,\cdots,B_n}$，，其中用谓词逻辑公式 B_i 代换 A 中的命题变元 $P_i(i=1,2,\cdots,n)$.

容易证明，重言式必是永真式.

定义 3.2.13 设 Γ 是公式集，若解释 I 和 I 中的赋值 v 满足(使公式的值为 1)Γ 中每个公式，则称 I 和 v 满足 Γ；若有解释 I 和 I 中的赋值 v 满足 Γ，则称 Γ 是可满足的；否则称 Γ 是不可满足的.

定义 3.2.14 若满足公式集 Γ 的每个解释 I 和 I 中的赋值 v 都满足公式 A，则称 A 是 Γ 的逻辑推论，也称由 Γ 可语义地推出 A，记作 $\Gamma\vDash A$；若 A 不是 Γ 的逻辑推论，记为 $\Gamma\nvDash A$.

记 $\varnothing\vDash A$ 为 $\vDash A$，

定义 3.2.15 设 A 是公式，$\mathrm{Var}(A)=\{x_1,x_2,\cdots,x_n\}$，称公式 $\forall x_1\forall x_2\cdots\forall x_n A$ 为 A 的闭包.

3.3 一阶逻辑等值式

与命题逻辑一样，一阶逻辑的等值演算是十分重要的运算.

定义 3.3.1 设 A,B 是一阶逻辑公式，若 $A\leftrightarrow B$ 是永真式，则称 A 与 B 等值，记作 $A\Leftrightarrow B$，称 $A\Leftrightarrow B$ 为 A 与 B 的等值式.

1. 一阶逻辑的基本而重要的等值式

2.3 节 13 组 24 个等值式模式的代换实例都是一阶逻辑的等值式模式.

例如：

$\forall x H(x,y) \Leftrightarrow \neg\neg \forall x H(x,y)$,

$\forall x \forall y (F(x,y) \to G(x,y)) \Leftrightarrow \neg\neg \forall x \forall y (F(x,y) \to G(x,y))$,

$F(x,y) \to G(x,y) \Leftrightarrow \neg F(x,y) \vee G(x,y)$,

$F(x) \leftrightarrow G(x,y) \Leftrightarrow (F(x) \to G(x,y)) \wedge (G(x,y) \to F(x))$.

2. 在一阶逻辑中还可以证明下面的等值式

1) 个体域为有限集时,消去量词

设个体域 $D=\{a_1,a_2,\cdots,a_n\}$,则有

(1) $\forall x A(x) \Leftrightarrow A(a_1) \wedge A(a_2) \wedge \cdots \wedge A(a_n)$. (3.3.1)

(2) $\exists x A(x) \Leftrightarrow A(a_1) \vee A(a_2) \vee \cdots \vee A(a_n)$. (3.3.2)

2) 量词否定律(量词转换律)

设个体变元在 $A(x)$ 中自由出现,则

(3) $\neg \forall x A(x) \Leftrightarrow \exists x \neg A(x)$ (否定内移). (3.3.3)

(4) $\neg \exists x A(x) \Leftrightarrow \forall x \neg A(x)$. (3.3.4)

以上两组等值公式可以从语义去解释.

3) 量词收缩与扩张律

设个体变元 x 在 $A(x)$ 中自由出现,在 B 中不出现,则

(5) $\forall x (A(x) \vee B) \Leftrightarrow \forall x A(x) \vee B$. (3.3.5)

(6) $\forall x (A(x) \wedge B) \Leftrightarrow \forall x A(x) \wedge B$. (3.3.6)

(7) $\forall x (A(x) \to B) \Leftrightarrow \exists x A(x) \to B$. (3.3.7)

(8) $\forall x (B \to A(x)) \Leftrightarrow B \to \forall x A(x)$. (3.3.8)

(9) $\exists x (A(x) \vee B) \Leftrightarrow \exists x A(x) \vee B$. (3.3.9)

(10) $\exists x (A(x) \wedge B) \Leftrightarrow \exists x A(x) \wedge B$. (3.3.10)

(11) $\exists x (A(x) \to B) \Leftrightarrow \forall x A(x) \to B$. (3.3.11)

(12) $\exists x (B \to A(x)) \Leftrightarrow B \to \exists x A(x)$. (3.3.12)

4) 量词分配律

设 $A(x)$,$B(x)$ 为 x 自由出现的公式,则

(13) $\forall x (A(x) \wedge B(x)) \Leftrightarrow \forall x A(x) \wedge \forall x B(x)$($\forall$对$\wedge$). (3.3.13)

(14) $\exists x (A(x) \vee B(x)) \Leftrightarrow \exists x A(x) \vee \exists x B(x)$($\exists$对$\vee$). (3.3.14)

3. 几条规则

1) 置换规则

设 $\Phi(A)$ 是含公式 A 的公式,$\Phi(B)$ 是用公式 B 取代 $\Phi(A)$ 中的 A 得到的公式,若 $A \Leftrightarrow B$,则 $\Phi(A) \Leftrightarrow \Phi(B)$.

2) 约束变元换名规则

将某量词辖域中某个约束出现的个体变元及相应的指导变元,改成该量词辖域中未曾

出现过的个体变元,其余不变,所得公式与原公式等值.

3) 自由变元代入规则

对公式 A 中某自由出现的个体变元的所有出现,用 A 中未曾出现过的个体变元符号代替,A 中其余部分不变,所得公式与原公式等值.

注 (1) 换名是对约束变元而言的,更改时量词辖域中所有出现均需更改,改为该辖域中没有出现过的符号,最好是公式中没有出现过的符号.

(2) 代入针对自由变元,对这个自由变元所有出现进行代入,代入的变元符号必须是公式中没有出现过的.

例 3.3.1 对公式 $\forall x(Q(x)\to R(x,y))\vee\exists zP(x,z)$换名.

解 由约束变元的换名规则得

$$\forall u(Q(u)\to R(u,y))\vee\exists zP(x,z),$$

或用自由变元代入规则得

$$\forall x(Q(x)\to R(x,y))\vee\exists zP(u,z).$$

下面的改名是否正确?请读者考虑.

(1) $\forall u(Q(u)\to R(x,y))\vee\exists zP(x,z)$.　　(2) $\forall x(Q(u)\to R(u,y))\vee\exists zP(x,z)$.

(3) $\forall u(Q(u)\to R(x,y))\vee\exists zP(u,z)$.　　(4) $\forall y(Q(y)\to R(y,y))\vee\exists zP(x,z)$.

例 3.3.2 证明:(1) $\forall x(F(x)\vee E(x))\Leftrightarrow\forall xF(x)\vee\forall xE(x)$;

(2) $\exists x(F(x)\wedge E(x))\Leftrightarrow\exists xF(x)\wedge\exists xE(x)$.

证明 给解释 I:设个体域为整数集合;$F(x)$:x 是奇数;$E(x)$:x 是偶数.

(1) $\forall x(F(x)\vee E(x))$的含义是:对任意整数 x,x 或者是奇数,或者是偶数.这是真命题.而 $\forall xF(x)\vee\forall xE(x)$的含义是:或者所有整数是奇数,或者都是偶数.这是假命题.

说明“$\forall$对$\vee$”不具有分配律.

(2) $\exists xF(x)\wedge\exists xE(x)$的含义是:存在是奇数的整数,并且也存在是偶数的整数.这是一个真命题.而 $\exists x(F(x)\wedge E(x))$的含义是:存在整数,它既是奇数,又是偶数.这是假命题.

说明“$\exists$对$\wedge$”不具有分配律.

例 3.3.3 设个体域 $D=\{a,b,c\}$,消去下面各公式中的量词.

(1) $\exists xF(x)\to\forall yG(y)$;　　(2) $\forall x\forall y(F(x)\to G(y))$.

解 (1) $\exists xF(x)\to\forall yG(y)\Leftrightarrow(F(a)\vee F(b)\vee F(c))\to(G(a)\wedge G(b)\wedge G(c))$.

(2) 方法 1 对公式不做变化,直接消去量词.

$$\begin{aligned}\forall x\forall y(F(x)\to G(y))&\Leftrightarrow\forall x((F(x)\to G(a))\wedge(F(x)\to G(b))\wedge(F(x)\to G(c)))\\&\Leftrightarrow((F(a)\to G(a))\wedge(F(a)\to G(b))\wedge(F(a)\to G(c)))\wedge\\&\quad((F(b)\to G(a))\wedge(F(b)\to G(b))\wedge(F(b)\to G(c)))\wedge\\&\quad((F(c)\to G(a))\wedge(F(c)\to G(b))\wedge(F(c)\to G(c))).\end{aligned}$$

方法 2 先缩小量词辖域,然后再消量词.

$$\begin{aligned}\forall x\forall y(F(x)\to G(y)) &\Leftrightarrow \forall x(F(x)\to\forall yG(y))\\ &\Leftrightarrow \exists xF(x)\to\forall yG(y)\\ &\Leftrightarrow (F(a)\vee F(b)\vee F(c))\to(G(a)\wedge G(b)\wedge G(c)).\end{aligned}$$

可见，方法 2 要好得多，因此，当能够缩小量词辖域时，应先缩小量词辖域，然后再消量词.

例 3.3.4 证明 $\exists x(A(x)\to B(x))\Leftrightarrow\forall xA(x)\to\exists xB(x)$.

证明

$$\begin{aligned}\exists x(A(x)\to B(x)) &\Leftrightarrow \exists x(\neg A(x)\vee B(x)) &&\text{(置换)}\\ &\Leftrightarrow \exists x(\neg A(x))\vee\exists xB(x) &&\text{(∃对∨分配律)}\\ &\Leftrightarrow \neg\forall xA(x)\vee\exists xB(x) &&\text{(量词替换律)}\\ &\Leftrightarrow \forall xA(x)\to\exists xB(x). &&\text{(置换)}\end{aligned}$$

例 3.3.5 证明 $\neg\forall x\forall y(F(x)\wedge G(y)\to H(x,y))\Leftrightarrow\exists x\exists y(F(x)\wedge G(y)\wedge\neg H(x,y))$.

证明

$$\begin{aligned}\neg\forall x\forall y(F(x)\wedge G(y)\to H(x,y)) &\Leftrightarrow \exists x\exists y\neg(F(x)\wedge G(y)\to H(x,y)) &&\text{(量词转换律)}\\ &\Leftrightarrow \exists x\exists y\neg(\neg(F(x)\wedge G(y))\vee H(x,y)) &&\text{(置换)}\\ &\Leftrightarrow \exists x\exists y(F(x)\wedge G(y)\wedge\neg H(x,y)) &&\text{(置换)}\end{aligned}$$

定义 3.3.2 设 A 是不含联结词 $\to$ 和 $\leftrightarrow$ 的谓词公式，则在其中把联结词 $\wedge$，$\vee$ 分别换为 $\vee$，$\wedge$，把量词 $\forall$，$\exists$ 分别换为 $\exists$，$\forall$，把常量 0，1 分别换为 1，0 后所得公式称为 A 的**对偶公式**，记作 A^*.

例 3.3.6 $A=\forall x\exists y(P(x,y)\wedge Q(x,y))\vee 1$，求 A^*.

解 $A^*=\exists x\forall y(P(x,y)\vee Q(x,y))\wedge 0$.

定理 3.3.1(对偶原理) 设公式 A,B 不含联结词 $\to$，$\leftrightarrow$. 若 $A\Leftrightarrow B$，则 $A^*\Leftrightarrow B^*$.

证明留作练习，读者自证.

3.4 前束范式与斯科林范式

在命题逻辑里，每一公式都有与之等值的析取(合取)范式，对谓词逻辑公式来说，也有范式，其中前束范式与原公式等值，而其他范式与原公式有较弱的关系.

3.4.1 前束范式

定义 3.4.1 一个谓词公式，若它的所有量词均非否定的出现在公式的最前面，且它们的辖域一直延伸到公式的末尾，则称这种形式的公式为**前束范式**(prenex normal form)，记作

$$Q_1x_1Q_2x_2\cdots Q_kx_kB$$

其中，每个 $Q_i(1\leqslant i\leqslant k)$ 为量词 $\forall$ 或 $\exists$，B 为不含量词的谓词公式.

定理 3.4.1 任一谓词公式都可化为与之等值的前束范式.

证明 构造性算法步骤如下:

(1) 消去联结词$\rightarrow$,$\leftrightarrow$;

(2) 将联结词$\neg$向内深入,使之只作用于原子公式;

(3) 利用换名或代入规则使所有约束变元的符号均不相同,并且自由变元与约束变元的符号也不相同;

(4) 利用辖域的扩张与收缩律,将所有量词以在公式中出现的顺序移到公式最前面,扩大量词的辖域至整个公式.

例 3.4.1 公式 A 为$(\forall xP(x,y)\rightarrow\exists yQ(y))\rightarrow\forall xR(x,y)$,求 A 的前束范式.

解 $A\Leftrightarrow(\forall xP(x,t)\rightarrow\exists yQ(y))\rightarrow\forall xR(x,t)$ (代入)

$\Leftrightarrow(\forall xP(x,t)\rightarrow\exists yQ(y))\rightarrow\forall zR(z,t)$ (换名)

$\Leftrightarrow\neg(\neg\forall xP(x,t)\vee\exists yQ(y))\vee\forall zR(z,t)$ (消去$\rightarrow$)

$\Leftrightarrow(\forall xP(x,t)\wedge\neg\exists yQ(y))\vee\forall zR(z,t)$ ($\neg$向内深入)

$\Leftrightarrow(\forall xP(x,t)\wedge\forall y\neg Q(y))\vee\forall zR(z,t)$ (量词转换)

$\Leftrightarrow\forall x(P(x,t)\wedge\forall y\neg Q(y))\vee\forall zR(z,t)$ (量词辖域扩张)

$\Leftrightarrow\forall x\forall y(P(x,t)\wedge\neg Q(y))\vee\forall zR(z,t)$ (量词辖域扩张)

$\Leftrightarrow\forall x\forall y\forall z((P(x,t)\wedge\neg Q(y))\vee R(z,t))$. (辖域扩张)

前束范式是公式的比较规范的形式,它为判定问题带来一些方便. 前束范式前面的量词部分称为公式的首标,其余不含量词的部分称为公式的尾部. 前束范式不是唯一的.

定义 3.4.2 设公式 A 是一前束范式,若 A 的尾部具有形式:

$$(A_{11}\vee A_{12}\vee\cdots\vee A_{1n_1})\wedge\cdots\wedge(A_{m1}\vee A_{m2}\vee\cdots\vee A_{mn_m}),\qquad(3.4.1)$$

其中,A_{ij}是原子谓词公式或其否定,则称 A 是**前束合取范式**;若 A 的尾部具有形式:

$$(A_{11}\wedge A_{12}\wedge\cdots\wedge A_{1n_1})\vee\cdots\vee(A_{m1}\wedge A_{m2}\wedge\cdots\wedge A_{mn_m}),\qquad(3.4.2)$$

则称 A 是**前束析取范式**.

例如,$\forall x\exists y\forall z((P(x,y)\vee\neg R(x,z))\wedge(\neg Q(y,z)\vee\neg P(x,y)))$是前束合取范式.

$\exists x\forall y\forall z(S(x,y)\vee(\neg P(x,y)\wedge Q(y,z)))$是前束析取范式.

定理 3.4.2 每个谓词公式 A 均可以化为与其等值的前束合取范式和前束析取范式.

证明 在定理 3.4.1 的基础上,使用分配律可化为前束析取(合取)范式.

例 3.4.2 求公式 A: $\forall xF(x)\rightarrow\exists yG(y)$的前束析取范式.

解 $A\Leftrightarrow\neg\forall xF(x)\vee\exists yG(y)$ (置换)

$\Leftrightarrow\exists x\neg F(x)\vee\exists yG(y)$ (量词转换)

$\Leftrightarrow\exists x\exists y(\neg F(x)\vee G(y))$. (辖域扩张)

此式为前束析取范式.

例 3.4.3 公式 A 为$\exists x((P(x)\wedge\neg Q(x,y))\vee(Q(x,y)\wedge\neg P(x)))\vee\forall t\exists z(\neg R(t)\wedge S(z))$,求其前束析取范式、前束合取范式.

解 $A \Leftrightarrow \exists x \forall t \exists z((P(x) \wedge \neg Q(x,y)) \vee (Q(x,y) \wedge \neg P(x)) \vee (\neg R(t) \wedge S(z)))$.

至此已得到 A 的前束析取范式,继续利用分配律.

$$A \Leftrightarrow \exists x \forall t \exists z((P(x) \vee Q(x,y)) \wedge (\neg Q(x,y) \vee \neg P(x)) \vee (\neg R(t) \wedge S(z)))$$
$$\Leftrightarrow \exists x \forall t \exists z((P(x) \vee Q(x,y) \vee \neg R(t)) \wedge (P(x) \vee Q(x,y) \vee S(z)) \wedge$$
$$(\neg Q(x,y) \vee \neg P(x) \vee \neg R(t)) \wedge (\neg Q(x,y) \vee \neg P(x) \vee S(z))).$$

此式为前束合取范式. 这里计算已显得较为复杂,可以参照命题公式求范式的方法,将符号化简来求,然后还原,如 $Q(x,y)$记为 Q,$\neg R(x,y)$记为$\neg R$.

3.4.2 斯科林范式

前束范式的优点是全部量词集中在公式前面,缺点是量词排列无一定规则,不便于应用. 1920 年斯科林(Skolem)对前束范式首标中的量词出现的顺序给出规定,每个存在量词均在全称量词之前;另一种形式是消去存在量词,使量词只有全称量词. 这里介绍后一种形式.

定义 3.4.3 首标中不含存在量词的前束范式称为**斯科林范式**.

定理 3.4.3 每个谓词公式 A 均可化为与其等值的斯科林范式.

证明 由定理 3.4.1,任一谓词公式 A 均可化为与它等值的前束范式,因此可以假定公式 A 已是前束范式:

$$A \Leftrightarrow Q_1 x_1 Q_2 x_2 \cdots Q_n x_n G(x_1, x_2, \cdots, x_n),$$

其中,首标 $Q_i x_i$ 为 $\forall x_i$ 或 $\exists x_i (1 \leqslant i \leqslant n)$,公式 G 中不含量词,现在进行如下斯科林变换,消去存在量词.

(1) 若 $\exists x_k$ 左边没有全称量词,则取不在 G 中出现过的个体常元 a 替换 G 中所有的 x_k,同时删除首标中的 $\exists x_k$.

(2) 若 $\exists x_k$ 左边有全称量词 $\forall x_{s_1}, x_{s_2}, \cdots, x_{s_r} (1 \leqslant r)$,则取不在 G 中出现过的 r 元函数 $f^{(r)}(x_{s_1}, x_{s_2}, \cdots, x_{s_r})$,替换 G 中所有的 x_k,并且删除首标中的 $\exists x_k$.

反复进行(1),(2),直到得到不含存在量词的斯科林范式. 其中用来替换 x_k 的个体常元和函数符号称为关于公式 A 的斯科林函数.

例 3.4.4 求 $\exists x \forall y \forall z \exists u \forall v \exists w G(x,y,z,u,v,w)$的斯科林范式.

解 用 a 代替 x,删除 $\exists x$,得 $\forall y \forall z \exists u \forall v \exists w G(a,y,z,u,v,w)$;用 $f(y,z)$代替 u,删除 $\exists u$,得 $\forall y \forall z \forall v \exists w G(a,y,z,f(y,z),v,w)$;用 $h(y,z,v)$替换 w,删除 $\exists w$,得 $\forall y \forall z \forall v G(a,y,z,f(y,z),v,h(y,z,v))$.

定理 3.4.4 设公式 G 是谓词公式 A 的斯科林范式,则公式 A 是永假式当且仅当公式 G 是永假式.

证明留作练习,读者自证.

注 斯科林范式与前束范式不同,任何公式与它的全束范式是等值的,但是一个公式的斯科林范式不一定与其自身等值. 一般地,若公式 A 不是永假式,则 A 与它的斯科林范

式 G 不等值.

一阶逻辑中的斯科林范式在定理的机器证明中有重要应用. 在定理的机器证明中由逻宾逊(Robinson)提出的消解(resolution)原理就建立在斯科林范式的基础上.

3.5 谓词演算的推理理论

利用谓词公式间的各种等值关系和蕴涵关系,通过一些推理规则,从一些谓词公式推出另一个谓词公式,这就是谓词演算的推理.

定义 3.5.1 对于公式 A 和 B,若 $A\to B\Leftrightarrow 1$,则称公式 A 蕴涵公式 B,记作 $A\Rightarrow B$.

定义 3.5.2 一阶逻辑中从前提 $A_1,A_2,\cdots,A_n$ 出发,推出结论 B,推理的形式结构为

$$A_1 \wedge A_2 \wedge \cdots \wedge A_n \to B. \tag{3.5.1}$$

若式(3.5.1)为永真式,则称推理正确,否则称推理不正确.

看推理是否正确,就是要判断式(3.5.1)是否为蕴涵永真式. 这里着重介绍形式系统中的构造证明法.

在一阶逻辑中,称永真的蕴涵式为推理定律,下面介绍推理定律.

(Ⅰ) 命题逻辑推理定律的代换实例

例如: $\forall xF(x)\wedge\forall yG(y)\Rightarrow\forall xF(x)$; $\forall xF(x)\Rightarrow\forall yG(y)\vee\forall xF(x)$.

为化简式、附加式的代换实例.

(Ⅱ) 基本等值式生成的推理定律

例如: $\forall xQ(x)\Rightarrow\neg\neg\forall xQ(x)$; $\neg\neg\forall xQ(x)\Rightarrow\forall xQ(x)$;

$\neg\forall xA(x)\Rightarrow\exists x\neg A(x)$; $\exists x\neg A(x)\Rightarrow\neg\forall xA(x)$;

$\forall x(A(x)\vee B)\Rightarrow\forall xA(x)\vee B$; $\forall xA(x)\vee B\Rightarrow\forall x(A(x)\vee B)$.

以上分别由双重否定律、量词交换律和量词收缩扩张律生成.

(Ⅲ) 另外有下面的重要推理定律

$$\forall xA(x)\vee\forall xB(x)\Rightarrow\forall x(A(x)\vee B(x));$$

$$\exists x(A(x)\wedge B(x))\Rightarrow\exists xA(x)\wedge\exists xB(x);$$

$$\forall x(A(x)\to\forall xB(x))\Rightarrow\forall xA(x)\to\forall xB(x);$$

$$\exists x(A(x)\to\exists xB(x))\Rightarrow\exists xA(x)\to\exists xB(x).$$

(Ⅳ) 推理规则

1. ($\forall$—规则)全称量词消去规则: $\forall xA(x)\Rightarrow A(y)$.

$\forall$—规则成立的条件:

(1) x 是 $A(x)$ 中自由出现的个体变元;

(2) y 为任意不在 $A(x)$ 中约束出现的个体变元;

(3) 自由变元 y 也可替换成任意个体常元 c.

$\forall$—规则表示: 若个体域的所有个体具有性质 A,则个体域中任意一个个体具有性质

A. 因此在使用 $\forall-$规则时，必须保证，当 $\forall x A(x)$为真时，$A(y)$（或 $A(c)$）必为真，条件(1)～(3)即满足这个要求.

例如，个体域为实数集合$\mathbb{R}$，公式 $A(x)=\exists y F(x,y)$，其中 $F(x,y)$：$x>y$，于是对 $\forall x A(x)=\forall x\,\exists y F(x,y)$使用 $\forall-$规则，若用 y(约束变元)代 x 时，就会得到 $A(y)=\exists y F(y,y)$，即 $\exists y(y>y)$，这显然是假命题. 产生问题的原因是违背了条件(2). 正确的用法，如用 z 取代 x 得 $A(z)=\exists y F(z,y)=\exists y(z>y)$，这是真命题.

2. ($\forall+$规则)全称量词引入规则：$A(y)\Rightarrow\forall x A(x)$.

$\forall+$规则成立的条件：

(1) y 在 $A(y)$中自由出现，且 y 取任何值时，A 均为真.

(2) 取代 y 的 x 不能在 $A(y)$中约束出现，否则可能产生 $A(y)$为真而 $\forall x A(x)$为假的情况，出现错误.

例如，个体域为实数集$\mathbb{R}$，$F(x,y)$：$x>y$，$A(y)=\exists x F(x,y)$，显然 $A(y)$满足条件(1)，对 $A(y)$应用 $\forall+$规则时，若取约束出现的 x 取代 y，得到 $\forall x A(x)=\forall x\,\exists x(x>x)$，这是假命题. 产生错误的原因是违背了条件(2).

3. ($\exists+$规则)存在量词引入规则：$A(a)\Rightarrow\exists x A(x)$.

$\exists+$规则成立的条件：

(1) a 是特定的个体常元；

(2) 取代 a 的 x 不能在 $A(a)$中出现过.

例如，设个体域为实数集$\mathbb{R}$，取 $L(x,y)$：$x<y$，取 $A(7)=\exists x L(x,7)$，则 $A(7)$为真命题. 由于 x 已在 $A(7)$中出现，若用 x 替换 7 得到 $\exists x L(x,x)$，即 $\exists x L(x<x)$是假命题. 出错的原因是违背了条件(2).

4. ($\exists-$规则)存在量词消去规则：$\exists x A(x)\Rightarrow A(a)$.

$\exists-$规则成立的条件：

(1) a 是使 A 为真的特定的个体常元；

(2) a 不曾在 $A(x)$中出现过；

(3) 若 $A(x)$中除 x 外还有其他自由出现的个体变元，此规则不能使用.

注 违背条件(3)会出现错误，请读者举出反例.

例 3.5.1 指出下面各证明序列中的错误.

(1)	① $F(x)\to\exists x G(x)$	前提引入
	② $F(c)\to G(c)$	① $\exists-$规则
(2)	① $\forall x(F(x)\vee G(x))$	前提引入
	② $F(a)\vee G(b)$	① $\forall-$规则
(3)	① $F(y)\to G(y)$	前提引入
	② $\exists x(F(x)\to G(x))$	① $\exists+$规则
(4)	① $F(x)\to G(c)$	前提引入

② $\exists x(F(x)\rightarrow G(x))$　　① ∃+规则

(5) ① $F(a)\rightarrow G(b)$　　前提引入

② $\exists x(F(x)\rightarrow G(x))$　　① ∃+规则

解 (1) ②错. 使用∀−，∀+，∃−，∃+规则应针对前束范式，而①中公式不是前束范式，所以，不能使用∃−规则.

(2) ②错. ①中公式为$\forall xA(x)$，这时，$A(x)=F(x)\vee G(x)$，因而使用∀−规则时，应得$A(a)$（或$A(y)$），故应为$F(a)\vee G(a)$，而不能为$F(a)\vee G(b)$.

(3) ②错. 应对$A(c)=F(c)\rightarrow G(c)$使用∃+规则，其中$c$为特定的使$A$为真的个体常项，而不能为个体变项.

(4) ②错. ①中公式含个体变项x，不能使用∃+规则.

(5) ②错. ①中公式含两个个体常项，不能使用∃+规则.

例 3.5.2 指出下列推理的错误.

设个体域$\mathbb{R}$为实数集，取$L(x,y)$：$x<y$，则$\forall x\exists yL(x,y)$为真命题，$\forall xL(x,y)$为假命题，推理如下：

① $\forall x\exists yL(x,y)$　　前提引入

② $\exists yL(u,y)$　　① ∀−规则

③ $L(u,c)$　　② ∃−规则

④ $\forall xL(x,c)$即$\forall x(x<c)$　　③ ∀+规则

结论③是错误的，原因是违背条件③，对②使用∃−规则时，u也为自由出现的个体变元.

注 (1) 在使用以上 4 条规则时，必须严格按条件要求使用，否则会出现错误.

(2) 这 4 条规则的使用是针对前束范式的，只能对前束范式使用.

下面讨论一阶逻辑自然推理系统L_N中的构造性证明.

定义 3.5.3 自然推理系统L_N定义如下.

1. 字母表　同一阶语言的字母表.
2. 合式公式　同L的合式公式的定义.
3. 推理规则.

(1) 前提引入规则；　(2) 结论引入规则；　(3) 置换规则；
(4) 假言推理规则；　(5) 附加规则；　(6) 化简规则；
(7) 拒取式规则；　(8) 假言三段论规则；　(9) 析取三段论规则；
(10) 构造性二难推理规则；　(11) 合取引入规则；　(12) ∀−规则；
(13) ∀+规则；　(14) ∃−规则；　(15) ∃+规则.

推理规则(1)～(11)与命题逻辑的推理规则相同.

例 3.5.3 在自然推理系统L_N中构造下面推理的证明：有理数是实数，存在有理数，所以存在实数.

证明 先符号化.

设 $F(x)$：x 是有理数；$G(x)$：x 是实数，

前提：$\forall x(F(x)\to G(x))$，$\exists x F(x)$；

结论：$\exists x G(x)$.

证明过程 ① $\exists x F(x)$ 前提引入

② $F(c)$ ① $\exists-$规则

③ $\forall x(F(x)\to G(x))$ 前提引入

④ $F(c)\to G(c)$ ③ $\forall-$规则

⑤ $G(c)$ ②④ 假言推理

⑥ $\exists x G(x)$ ⑤ $\exists+$规则

如果把③，④写在前，①，②写在后，即得下面的证明过程.

① $\forall x(F(x)\to G(x))$ 前提引入

② $F(c)\to G(c)$ ① $\forall-$规则

③ $\exists x F(x)$ 前提引入

④ $F(c)$ ③ $\exists-$规则

⑤ $G(c)$ ②④ 假言推理

⑥ $\exists x G(x)$ ⑤ $\exists+$规则

这里的证明在逻辑上是有错误的. 因为②中的 c 可以为个体域中任一个个体，而④中的 c 没有任意性，因此后来书写的个体 c 和②中的 c 就不一定表示同一个体，不能应用假言推理于②，④得到⑤中的 $G(c)$.

例 3.5.4 构造证明.

前提：$\forall x(P(x)\vee Q(x))$，$\forall x\neg P(x)$；

结论：$\exists x Q(x)$.

证明 方法 1(直接证法)

① $\forall x(P(x)\vee Q(x))$ 前提引入

② $P(c)\vee Q(c)$ ① $\forall-$规则

③ $\forall x\neg P(x)$ 前提引入

④ $\neg P(c)$ ③ $\forall-$规则

⑤ $Q(c)$ ②④ 析取三段论

⑥ $\exists x Q(x)$ ⑤ $\exists+$规则

方法 2(归谬法)(将否定结论作为前提得出矛盾)

① $\neg\exists x Q(x)$ 结论否定引入

② $\forall x\neg Q(x)$ ① 置换

③ $\neg Q(c)$ ② $\forall-$规则

④ $\forall x(P(x)\vee Q(x))$ 前提引入

⑤ $P(c) \vee Q(c)$ ④ $\forall$一规则

⑥ $P(c)$ ③,⑤ 析取三段论

⑦ $\forall x \neg P(x)$ 前提引入

⑧ $\neg P(c)$ ⑦ $\forall$一规则

⑨ $P(c) \wedge \neg P(c)$ ⑥⑧ 合取引入

出现矛盾,结论得证.

例 3.5.5 证明：$\forall x(P(x) \rightarrow Q(x)) \Rightarrow \forall x P(x) \rightarrow \forall x Q(x)$.

证明 （附加前提法）

① $\forall x(P(x) \rightarrow Q(x))$ 前提引入

② $P(c) \rightarrow Q(c)$ ① $\forall$一规则

③ $\forall x P(x)$ 附加前提

④ $P(c)$ ③ $\forall$一规则

⑤ $Q(c)$ ②④ 假言推理

⑥ $\forall x Q(x)$ ⑤ $\forall$+规则

⑦ $\forall x P(x) \rightarrow \forall x Q(x)$ 附加前提回归

例 3.5.6 证明：前提"在本离散数学课堂的每一个人学过一门计算机课程"和"玛拉是本课堂的学生"蕴含结论"玛拉学过一门计算机课程".

证明 令 $D(x)$：x 在本离散数学课堂；$C(x)$：x 学过一门计算机课程；a：玛拉.

前提：$\forall x(D(x) \rightarrow C(x))$，$D(a)$；

结论：$C(a)$.

证明过程 ① $\forall x(D(x) \rightarrow C(x))$ 前提引入

② $D(a) \rightarrow C(a)$ ① $\forall$一规则

③ $D(a)$ 前提引入

④ $C(a)$ ②③ 假言推理

例 3.5.7 说明下面推理不能用附加前提证明法证明.

前提：$\forall x(F(x) \rightarrow G(x))$，$\forall x(G(x) \rightarrow H(x))$；

结论：$\forall x(F(x) \rightarrow H(x))$.

证明 本题的结论不是蕴含式，并且 $\forall x F(x) \rightarrow \forall x G(x)$ 不能推出 $\forall x(F(x) \rightarrow G(x))$，因而不能用附加前提证明法证明. 用直接证明法证明如下：

① $\forall x(F(x) \rightarrow G(x))$ 前提引入

② $F(c) \rightarrow G(c)$ ① $\forall$一规则

③ $\forall x(G(x) \rightarrow H(x))$ 前提引入

④ $G(c) \rightarrow H(c)$ ③ $\forall$一规则

⑤ $F(c) \rightarrow H(c)$ ②④ 假言三段论

⑥ $\forall c(F(c) \rightarrow H(c))$ ⑤ $\forall$+规则

⑦ $\forall x(F(x)\to H(x))$　　⑥ 置换

例 3.5.8　证明：$\forall x(P(x)\to Q(x))\land P(a)\Rightarrow Q(a)$.

证明　这是苏格拉底三段论的证明.证明过程如下：

① $P(a)$　　前提引入

② $\forall x(P(x)\to Q(x))$　　前提引入

③ $P(a)\to Q(a)$　　② ∀一规则

④ $Q(a)$　　①③ 假言推理

这里证明了三段论方法的正确性.

例 3.5.9　构造证明.

前提：$\forall x(F(x)\to G(x))$，$\exists x(F(x)\land H(x))$；

结论：$\exists x(G(x)\land H(x))$.

证明　① $\exists x(F(x)\land H(x))$　　前提引入

② $F(c)\land H(c)$　　① ∃一规则

③ $\forall x(F(x)\to G(x))$　　前提引入

④ $F(c)\to G(c)$　　③ ∀一规则

⑤ $F(c)$　　② 化简

⑥ $G(c)$　　④⑤ 假言推理

⑦ $H(c)$　　② 化简

⑧ $G(c)\land H(c)$　　⑥⑦ 合取引入

⑨ $\exists x(G(x)\land H(x))$　　⑧ ∃＋规则

注　(1) 在证明序列中先引进带存在量词的前提.

(2) 实行量词消去(∀一，∃一)规则时，只能对前束范式应用.如 $\neg\exists x(P(x)\land H(x))$，$\neg\forall x(Q(x)\to G(x))$不能应用.

例 3.5.10　证明：前提“在这个班上的某个学生没有读过书”和“班上的每个人都通过了第一门考试”蕴含结论“通过考试的某个人没有读过书”.

证明　令 $C(x)$：x 在这个班中；$B(x)$：x 读过书了；$P(x)$：x 通过了第一门考试.

前提：$\exists x(C(x)\land\neg B(x))$，$\forall x(C(x)\to P(x))$；

结论：$\exists x(P(x)\land\neg B(x))$.

证明过程　① $\exists x(C(x)\land\neg B(x))$　　前提引入

② $C(a)\land\neg B(a)$　　① ∃一规则

③ $C(a)$　　② 化简

④ $\forall x(C(x)\to P(x))$　　前提引入

⑤ $C(a)\to P(a)$　　④ ∀一规则

⑥ $P(a)$　　③⑤ 假言推理

⑦ $\neg B(a)$　　② 化简

⑧ $P(a) \land \neg B(a)$ ⑥⑦ 合取引入

⑨ $\exists x(P(x) \land \neg B(x))$ ⑧ ∃+规则

例 3.5.11 在自然推理系统中,构造用自然语言描述的推理的证明.

人都喜欢吃蔬菜,但不是所有的人都喜欢吃鱼,所以,存在喜欢吃蔬菜而不喜欢吃鱼的人.

证明 因为本题没指明个体域,因而使用全总个体域.

令 $F(x)$: x 为人;$G(x)$: x 喜欢吃蔬菜;$H(x)$: x 喜欢吃鱼.

前提: $\forall x(F(x) \to G(x))$, $\neg \forall x(F(x) \to H(x))$;

结论: $\exists x(F(x) \land G(x) \land \neg H(x))$.

证明过程用归谬法

① $\neg \exists x(F(x) \land G(x) \land \neg H(x))$ 结论否定引入

② $\forall x \neg(F(x) \land G(x) \land \neg H(x))$ ① 置换

③ $\neg(F(c) \land G(c) \land \neg H(c))$ ② ∀−规则

④ $G(c) \to \neg F(c) \lor H(c)$ ③ 置换

⑤ $\forall x(F(x) \to G(x))$ 前提引入

⑥ $F(c) \to G(c)$ ⑤ ∀−规则

⑦ $F(c) \to \neg F(c) \lor H(c)$ ④⑥ 假言三段论

⑧ $F(c) \to H(c)$ ⑦ 置换

⑨ $\forall c(F(c) \to H(c))$ ⑧ ∀+规则

⑩ $\forall x(F(x) \to H(x))$ ⑨ 置换

⑪ $\neg \forall x(F(x) \to H(x))$ 前提引入

⑫ $\forall x(F(x) \to H(x)) \land \neg \forall x(F(x) \to H(x))$ ⑩⑪ 合取引入

注 先将 $\neg \exists x(F(x) \land G(x) \land \neg H(x))$ 开头的 $\neg$ 内移化成前束范式后,才能消量词.

*3.6 数理逻辑在计算机科学中的应用

在数理逻辑中,命题的运算特点如同电路分析中的开和关、高电位和低电位、导电和截止等现象完全一样,都只有两种不同的状态,因此,数理逻辑在逻辑电路分析中得到广泛的应用.

利用电子元件可以组成相当于逻辑加、逻辑乘和逻辑非的门电路,就是逻辑元件. 还能把简单的逻辑元件组成各种逻辑网络,这样任何复杂的逻辑关系都可以由逻辑元件经过适当的组合来实现,从而使电子元件具有逻辑判断的功能. 因此,在计算机科学与技术以及自动控制方面有重要的应用.

为了介绍数理逻辑在逻辑电路分析中的应用,首先引入与命题演算中的"与"、"或"、"非"相应的"门"符号,如图 3.6.1 所示.

有了上述符号，就可以用一个逻辑电路来表示数理逻辑中的命题演算．如$(A\wedge B)\vee\sim C$就可以用图3.6.2所示的逻辑电路图来表示．

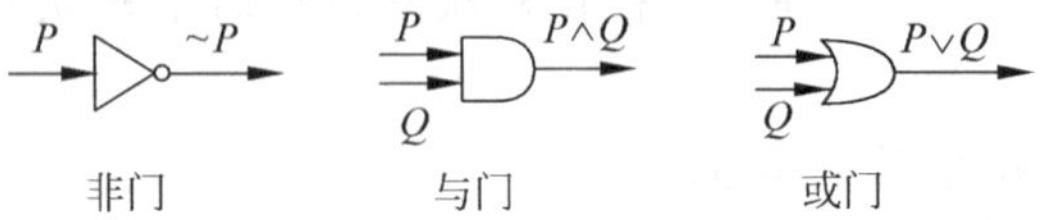

图3.6.1 逻辑门

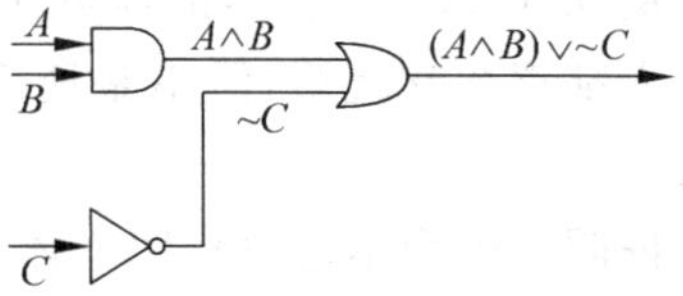

图3.6.2 $(A\wedge B)\vee\sim C$的电路图

下面介绍几种专用装置的逻辑电路图．

3.6.1 “钥匙在点火开关中”报警蜂鸣器

当我们离开汽车而又没有把车钥匙从点火开关中取出来时，非常希望汽车能够提醒“车钥匙还在点火开关上呢!”．现在就来构造“钥匙在点火开关中”这个专用的报警蜂鸣器装置．

对典型报警器的性能作分析之后，我们联想到汽车状态的3个方面指定决定了蜂鸣器的行为，我们给这3个方面指定变量名称为

K＝钥匙在点火开关中；

E＝发动机在运转；

D＝司机的门是关着的．

也可以用其他方式来定义这些变量，例如，给E以相反的含义，即发动机没有运转．重要的是，我们识别出用来决定蜂鸣器是否发出鸣声所需的输入值．现在要确切规定这些输入的哪些组合会导致发出鸣声，因此，需要另外一个变量：

B＝蜂鸣器发出鸣声．

表3.6.1是一个定义表，显示输入的所有可能的真值组合情况，并规定输出变量B应该作出什么样的反应．

表3.6.1 定义“钥匙在点火开关中”报警蜂鸣器

输入变量			输出变量
K	E	D	B
T	T	T	F
T	T	F	F
T	F	T	F
T	F	F	T
F	T	T	F
F	T	F	F
F	F	T	F
F	F	F	F

输入变量下的 T 或 F 值是按照有 3 个变量的一个真值表的标准方式排列的. 第 4 个变量 B 实际上是前 3 个变量的函数,$B=f(K,E,D)$. B 是布尔(Boole)函数,K,E 和 D 是布尔变量(Boole variablc). 一个**布尔变量**是指只有两个值 T=“真”,F=“假”的变量;而**布尔函数**则是指一个其值域只有两个值 T 和 F 的函数,布尔函数可以是一个变量、两个变量或多个变量的函数.

我们要把函数 B 表示为一个布尔表达式,然后就能构造出相应于该表达式的电路.

在得到表达式之前,先要弄清 B 的 T 或 F 值怎样选取? 它们是我们在了解了蜂鸣器实际上如何工作之后指定的. 就经验而言,只有 3 个输入变量的一种组合出现时蜂鸣器才发出鸣声:

(1) 钥匙在点火开关中;

(2) 车是停着的;

(3) 司机的门是关着的.

用输入变量表示这种组合相应于 K 是真的、E 和 D 是假的. 因此,在真值表中相应于这种输入变量的值所对应的 B 为 T,即蜂鸣器发出鸣声. 而对于其他所有情况,蜂鸣器不发出鸣声,因此 $B=\text{F}$.

设计一个专用装置,重要的是构造如表 3.6.1 所示的真值表. 为了构造真值表,需要明确输入变量,明确规定输入变量的哪些组合将导致输出是真的,哪些组合将导致输出是假的. 这种分析是关键的,而且不能由机器来完成.

现在学习如何把布尔函数的定义表翻译为布尔表达式. 为了构造以 B 作为输出的电路,需要找到与 B 相应的布尔函数.

我们知道布尔函数 B 有输入变量 K,E 和 D,这类似于知道 y 是变量 x 的函数,但不知道表达式到底是 $4x^2$,还是 $\sin x$,或者是 $3x+7$,等等. 我们注意到,表 3.6.1 中只有第 4 行输入的组合才使布尔函数 B 的值为 T,而表中列出的其他组合对应的 B 都是 F. 对于表 3.6.1 中 $B=T$ 的那一行,我们将构造一个布尔表达式,使得当输入变量是那一行值时为 T,而其他行都是 F. 表达式将是一个合取,一个将输入变量连起来的与. 如果输入变量的实际值是第 4 行时,这些输入的合取是什么呢? 下列就是一种: $K\wedge\sim E\wedge\sim D$. 如果输入变量在第 4 行的值为 T,在合取中就取它自己;如果输入变量在第 4 行的值为 F,在合取中就取它的否定. 因为在第 4 行 E 和 D 都是假的,它们的否定就是真的,3 个真的变量的与最终导致输出是真的,这正是我们想要的函数 B.

在确定布尔表达式 $K\wedge\sim E\wedge\sim D$ 可以作为 B 的定义之前,需要验证该表达式对表 3.6.1 中其他 7 行都不取值 T. 任取一行,例如第 6 行,这一行 $K=\text{F}$,因此合取表达式也为 F. 同样,因为在第 5,7 和 8 行上 $K=\text{F}$,因此表达式为 F. 对于 K 是真的那些行,例如第 1,2 和 3 行呢? 在这些行中,变量 E 和 D 至少有一个是真的,因此 $\sim E$ 和 $\sim D$ 至少有一个是假的,于是 $K\wedge\sim E\wedge\sim D$ 一定是假的,因此表达式 $K\wedge\sim E\wedge\sim D$ 只有在 B 为 T 的那一行才是 T,所以 $B=K\wedge\sim E\wedge\sim D$.

画出布尔函数 B 作为输出的电路图是较容易的工作，如图 3.6.3 所示.

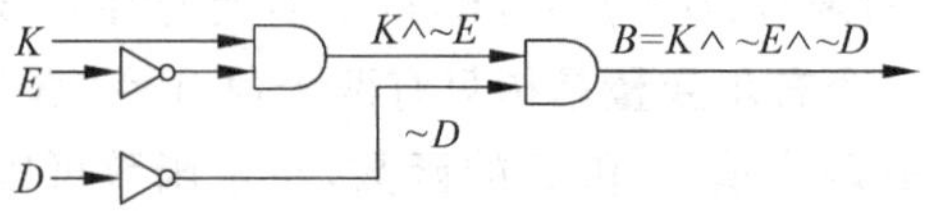

图 3.6.3 钥匙在点火开关中的报警电路

利用“与”“或”运算的交换律和结合律，可以把与门和或门推广到不止两个输入的情形. 一个推广的与门，如图 3.6.4(a)所示，只有在所有输入都是 T 时，输出才是 T. 一个推广的或门如图 3.6.4(b)所示，只有在输入都是 F 时，输出才是 F. 推广的门可以由几个相应类型的基本门实际构造出来.

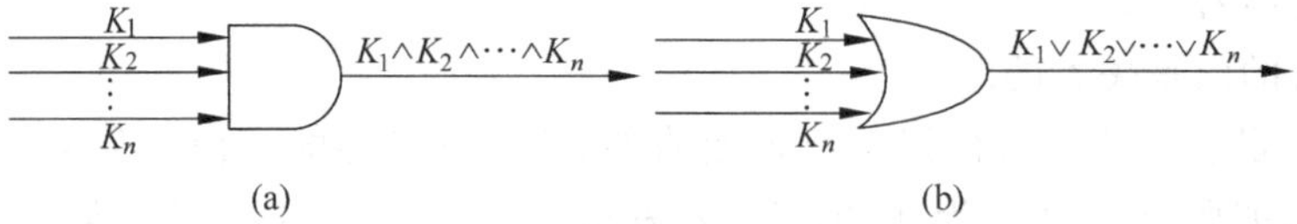

图 3.6.4 多个输入的“与”“或”门

于是图 3.6.3 所示的逻辑电路可以化简为图 3.6.5.

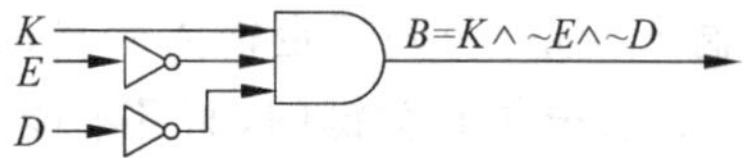

图 3.6.5 钥匙在点火开关中的报警电路

用上面的方法能构造更复杂的电路：使输出变量为 T 的输入变量组合不止一种的电路，以及不止一个输出变量的电路. 在考虑更复杂的例子之前，先将布尔表达式中的记号作微小的改变.

下面是逻辑运算的另一种记号：

原来的记号	现在的记号
$A \wedge B$	AB
$A \vee B$	$A+B$
$\sim A$	A'

使用这种替换记号，表达式 $B=K\wedge\sim E\wedge\sim D$ 变成

$$B=KE'D'$$

在本节余下部分我们将使用这样的记号，更简捷，更便于打印. 注意，现在使用的 AB 表示“A 与 B”，“$A+B$”表示“A 或 B”，不是通常算术中的含义. 记住这一点非常重要，因为有时人们称形如 $KE'D'$ 这样的表达式为“乘积”，称形如 $K+D$ 这样的表达式为“和”.

我们也将用 1 代替 T，0 代替 F，用 1 和 0 作为布尔表达式的值. 1 和 0 是电路设计中具有代表性的值. 在研究后面的拿子游戏装置时，我们会明白这种改变的另一个好处，在那里需要使用二进制记数.

3.6.2 构造自锁控制安全带的电路

本节研究具有自控功能的轿车的自锁控制安全带(汽车关上门时能自动到位的)逻辑电路设计问题.

处理这一问题的比较困难的部分是确定输入. 输出是可以比较清楚地描述出来的——输出的是告诉车门上方的安全带支托是原地不动还是移动到另一位置去的信号. 所以,第一步是容易的,定义一个具有如下含义的输出变量 C(改变变量):

$C=1$,意即改变安全带支托的设定方式,不管它现在的设定是什么,即如果现在系着安全带,则解开;如果现在没系安全带,则系上;

$C=0$,意即不改变安全带支托的设定,保持原状.

为决定什么因素引起安全带支托改变其设定,需要司机坐到汽车里,试着做各种不同的事情,改变汽车各部分的状态,并注意安全带支托如何作出反应. 正如我们前面提到过的,这是构造一个电路的关键部分,也是很有意思的工作. 汽车上的支托对钥匙、门和安全带状态的各种组合作出反应,其中钥匙的状态最微妙,涉及几种可能的设定. 为了简单起见,把钥匙的细微差别简化到两种情况:"在点火开关中"和"不在点火开关中". 下面给出轿车自锁控制安全带的输入变量:

K=钥匙状况:1=在点火开关中,0=不在点火开关中;

D=门的状况:1=关闭,0=打开;

B=安全带状况:1=系着,0=没系.

首先研究司机侧安全带的自锁控制装置. 表 3.6.2 给出了 C 作为变量 K,D 和 B 的布尔函数定义.

表 3.6.2 司机侧自锁控制安全带函数表

输入变量			输出变量
K	D	B	C
1	1	1	0
1	1	0	1
1	0	1	1
1	0	0	0
0	1	1	1
0	1	0	0
0	0	1	1
0	0	0	0

表 3.6.2 第 1 行告诉我们如果钥匙在点火开关中(发动机在运转)、司机的门关着(说明汽车在行驶)、系着安全带,那么不应该改变安全带支托的状况. 相反,第 3 行告诉我们,如果

钥匙在点火开关中(发动机在运转)、司机的门是开着的,并且系着安全带,那么应该改变安全带支托的状况. 给定第3行上 C 值的一个原因是司机可能暂时要离开发动机正在运转的车子,例如,去检查发动机的时速,而发动机熄火是无法检查的,读者可以自己去解释表3.6.2列出的其他所有 C 值情形的理由.

这里 C 是布尔变量 K,D,B 的一个布尔函数,即 $C=f(K,D,B)$. 我们可能注意到的第一件事是,与蜂鸣器问题不同,这种情况下的输出变量 C,在它的定义列中,有好几个1(与T相同). 那么,什么时候安全带的支托要改变位置呢? 回答是:如果状态如第2行、第3行、第5行或第7行所描述的那样时,应改变安全带支托的状况,因此,需要做的是,类似于前面例子,描述 C 为1的每1行,然后"用或将它们连接起来".

回顾蜂鸣器分析中对应于第4行所形成的合取,对于那一行中取值为1或T的输入,合取中就取它自己,而对于那一行中取值为0或F的输入,合取中取它的否定. 用这个方法,本例第2行的合取为 KDB',因为在第2行 K 和 D 为1,B 为0. 类似地,第3行的合取为 $KD'B$,第5行和第7行分别为 $K'DB$ 和 $K'D'B$.

把这四个合取再形成一个析取,用或将它们连接起来,得到 $KDB'+KD'B+K'DB+K'D'B$. 怎样才能知道这就是 C 的布尔表达式呢? 因为表达式是一个析取,任何一项为1,它都将为1,这里每一项为1又恰好是表3.6.2中为1的行. 因此,$C=KDB'+KD'B+K'DB+K'D'B$,当汽车的状况是我们构造的四个合取所在行之一时,C 为1. 这正是我们想要的.

图3.6.6是相应于布尔表达式 $C(C=KDB'+KD'B+K'DB+K'D'B)$ 的电路图(为方便起见,用直线代替箭头). 在图3.6.6中,与门和或门已经被推广到接收不止两个输入线的情况. 将三个输入线"分开",以便把每一个输入(或它的否定)传送到每一个"与"门.

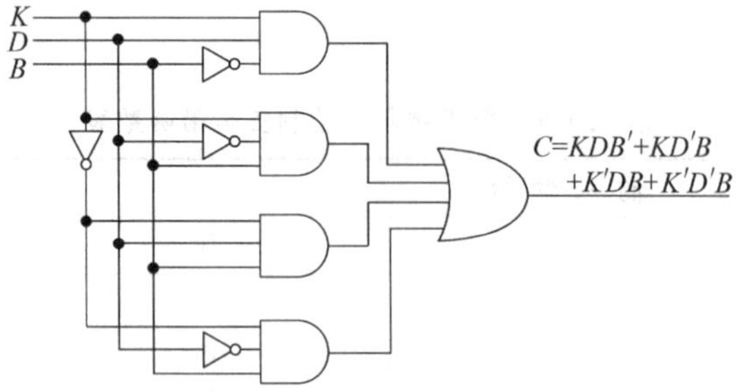

图3.6.6 司机侧安全带电路图

注意司机侧的自锁控制安全带和乘客侧的自锁控制安全带应遵从不同的规律. 因此我们也给出乘客侧的自锁控制安全带的逻辑电路图. 表3.6.3是乘客侧的自锁控制安全带的布尔函数真值表. 为避免混淆,这时的输出变量用 P 表示,它与 C 具有同样的定义. 同时,因为司机侧的门与乘客侧的门的开与关,其含义是截然不同的,故用 R 代替 D. P 的定义中只有3个1,由表3.6.3得到的布尔函数是 $P=KRB'+KR'B+K'R'B$. 图3.6.7给出了对应于布尔表达式 P 的电路图.

表 3.6.3 乘客侧的自锁控制安全带的函数表

输入变量			输出变量
K	R	B	P
1	1	1	0
1	1	0	1
1	0	1	1
1	0	0	0
0	1	1	0
0	1	0	0
0	0	1	1
0	0	0	0

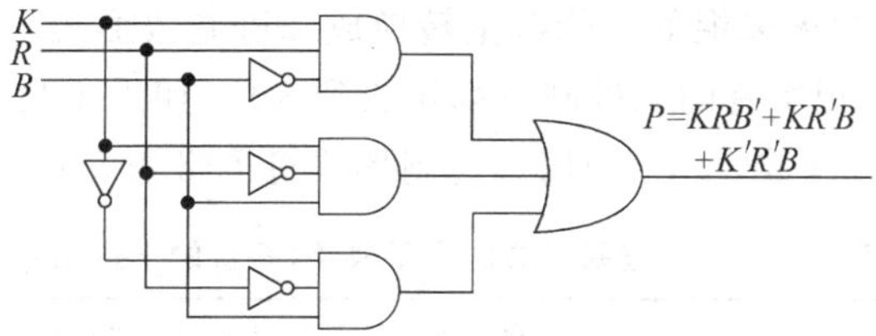

图 3.6.7 乘客安全带电路图

在安全带分析中得到的布尔表达式形式是合取的析取. 有时给这样的形式一个正式的名字——**析取范式**. 即使不涉及算术问题,有时也称析取范式为"**乘积的和**".

3.6.3 构造一个拿子游戏装置

现在研究一个简单的游戏,这个游戏被称为拿子游戏. 它可以用火柴棍、扑克牌或任意一种筹码来玩. 设开始石桌上有 7 根火柴:

| | | | | | |

两位选手轮流拿走 1 根或 2 根,拿到最后一根的选手算输. 按照拿取时的先后顺序,称这两位选手分别为第一局中人和第二局中人.

试构造一个能执行一个算法的专用装置,该算法能保证此装置作为第二局中人赢得拿子游戏. 经过分析,可得到第二局中人的获胜策略如表 3.6.4 所示.

表 3.6.4 7 根火柴的拿子游戏第二局中人的获胜策略

桌子上可能的火柴数	装置应移动的火柴数	桌子上可能的火柴数	装置应移动的火柴数
6	2	3	2
5	1	2	1

表 3.6.4 中对永远不会出现的"可能情况"没有列出. 例如,装置的首次移动是在人已

经拿走了原来7根的1或2根之后才出现的，因此不需要考虑桌子上有7根火柴的情况；又因为装置的策略使得人在第二次移动时面对4根火柴的情形不会出现，所以装置也永远不会面对4根火柴的情形. 类似地，也可以解释为什么没有列出1和0根火柴的“可能情况”.

我们的工作从把桌子上的火柴数和计算机(装置)应拿走的火柴数分别考虑为一个电路的输入和输出开始，要寻找把那些输入和输出联系起来的、能执行获胜的策略或算法的电路.

拿子游戏装置的输入可以是表3.6.4中左边那一列的任意一个数，输出是“1”或“2”. 但是前面构造的电路的输入是“1”(T)或“0”(F). 我们可以想象该电路有4个输入线，而每个输入线对应于这样的命题，例如，“桌上的火柴数是5”、“桌上的火柴数是3”.

但是有另外一种观点，这种观点要求使用尽可能少的输入线，因为这样可以比较容易地推广到其他情形. 可以把火柴棍的可能数量转换成二进制数形式. 因为需要用3位二进制数表示阿拉伯数6，所以把所有的二进制数都拉长到3位，如果不足3位，左边用0来填充. 类似地，输出用2位二进制数表示. 利用二进制形式将策略表3.6.4改写为表3.6.5.

表3.6.5 二进制形式的拿子策略(等价的十进制数)

桌子上可能的火柴数	装置应移动的火柴数	桌子上可能的火柴数	装置应移动的火柴数
110(6)	10(2)	011(3)	10(2)
101(5)	01(1)	010(2)	01(1)

在表3.6.5中，把要构造的电路的输入和输出用二进制数串的形式表示，二进制数串是一排连接在一起的1和0. 我们需要把表示这些输入和输出的数串转换成各自的二进制数位. 表3.6.6表示这种转换，从左到右读，3个输入二进制数位用I_2到I_0表示，2个输出二进制数位用O_1和O_0表示.

表3.6.6 用二进制数位标号的拿子游戏策略

桌子上可能的火柴数				装置应移动的火柴数		
I_2	I_1	I_0	(十进制)	O_1	O_0	(十进制)
1	1	0	(6)	1	0	(2)
1	0	1	(5)	0	1	(1)
0	1	1	(3)	1	0	(2)
0	1	0	(2)	0	1	(1)

回顾一下有3个输入变量的真值表应该有$2^3=8$行，因此，如果把表3.6.6扩充为包括3个输入、8种可能情况的表，得到表3.6.7. 在表3.6.7中，那些不是装置真实面对的可能情况对应行，我们放置0作为装置应移动的火柴数(移动0根).

表 3.6.7 二进制数策略的扩充

桌子上可能的火柴数				装置应移动的火柴数		
I_2	I_1	I_0	(十进制)	O_1	O_0	(十进制)
1	1	1	(7)	0	0	(0)
1	1	0	(6)	1	0	(2)
1	0	1	(5)	0	1	(1)
1	0	0	(4)	0	0	(0)
0	1	1	(3)	1	0	(2)
0	1	0	(2)	0	1	(1)
0	0	1	(1)	0	0	(0)
0	0	0	(0)	0	0	(0)

表 3.6.7 中有 8 行是由于任意一个有 3 个输入的电路都有 $2^3=8$ 种输出，这 8 种输出的可能情况是由输入的可能情况所决定的. 表 3.6.7 中有 2 个输出列，每一个输出列定义了一个有 3 个变量的布尔函数.

我们把这个问题分解为两个子问题，分别加以解决，然后再把两个答案结合在一起. 第一个子问题是构造由输入 I_2，I_1 和 I_0 的值计算数位 O_1 的电路，第二个子问题是构造由输入 I_2，I_1 和 I_0 的值计算另一数位 O_0 的电路.

图 3.6.8 是把两个独立的电路结合在一起的反映全面结果的电路. 3 个传输变量 I_2，I_1，I_0 值的输入线在实心点处分开，以使它的信号能送到我们设计的每一个独立的电路之中. 我们需要的答案出现在两个输出线 O_1 和 O_0 上，它们是两个独立的电路所产生的.

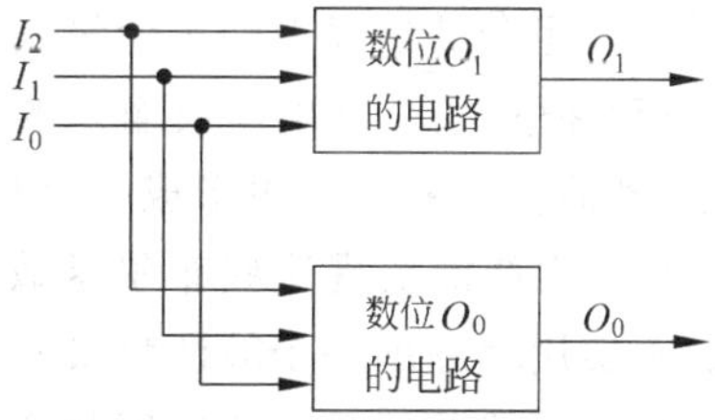

图 3.6.8 把 O_1 和 O_0 结合在一起的电路

为了将 O_1 和 O_0 表示成变量 I_2，I_1 和 I_0 的布尔函数，利用与安全带一例相同的方法，对于表 3.6.7 中每一 $O_1=1$ 的行，构造一个对于那一行的输入值为 1，而对于任何其他行，取值都为 0 的布尔表达式. 表中对应于 O_1 为 1 的两行，其输入的组合作为布尔函数 O_1 的值. 对于每一行形成的合取，如果变量值为 0，则取输入变量的否定；如果变量值为 1，则输入变量不取否定. 例如，对应于行 110(桌上 6 根火柴)的合取是 $I_2I_1I'_0$. 类似地，行 011(桌上三根火柴)对应于合取 $I'_2I_1I_0$. 因此，O_1 的析取范式是 $O_1= I_2I_1I'_0+ I'_2I_1I_0$，图 3.6.9 是 O_1 的电路图.

对个位布尔函数 O_0 进行类似的分析. O_0 是 1 的两行是 101(桌上 5 根火柴)和 010(桌上两根火柴)，它们对应的合取分别是 $I_2I'_1I_0$ 和 $I_2I'_1I'_0$. 因此，$O_0= I_2I'_1I_0+ I_2I'_1I'_0$. 图 3.6.10 是 O_0 的电路图.

当把图 3.6.9 和图 3.6.10 两个电路放进图 3.6.8 的主电路时，我们就已经完成了拿子游戏装置的构造. 现在回顾一下构造专用装置的过程，看看这个过程与程序化计算机的结构有什么关系.

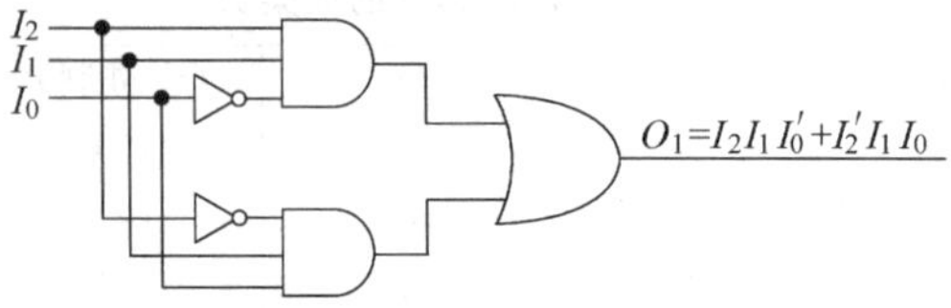

图 3.6.9 O_1 的电路图

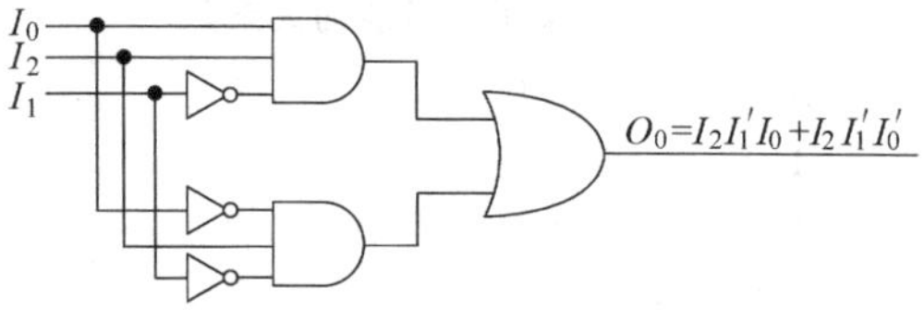

图 3.6.10 O_0 的电路图

3.6.4 构造电路：专用装置和程序化计算机

构造一个专用装置的过程有以下几个步骤.可以依照这个过程构造能执行任何种算法的装置.

(1) 对于真实世界中的各种可能情况(钥匙(或者发动机)、门、支托的状况,桌上的火柴数),陈述想要的真实世界的结果(安全带支托改变位置,要拿走火柴数);

(2) 描述为了得到想要结果的算法(在安全带的例子中,前两步做的就是要分析轿车如何工作);

(3) 明确作为输出变量的结果和作为输入变量的情况,确定输入和输出变量的 1 和 0 的含义;

(4) 建立包含输入变量所有组合的一个表,用表中每一行的输入表示每个输出,确定在这种输入组合的情况下输出变量是 1 还是 0;

(5) 把每一个输出写成输入的析取范式的布尔函数:写出相应于输出是 1 的每一行的合取,然后把这些合取再形成一个析取;

(6) 构造能实现这些布尔函数的逻辑电路(在实际操作中,构造电路之前,经常利用数理逻辑实用程序的一个算法将最初得到的析取范式形式的布尔函数进行简化).

拿子游戏装置是一个专用装置的例子,有时称这样的装置为专用计算机.

现代化社会里这样的装置是普遍存在的,应用也是多种多样的,如汽车中的报警装置以及保护我们住宅的安全系统.但是这些装置是专用的,显示信息"门廊的灯是开的"电路不能移置到汽车里显示信息"你的前灯是开的".

尽管人们将专用仪器称为"计算机",但它们却不是程序化的.在程序化计算机中,硬件——专用的电路执行很一般的函数.一些电路做计算,一些电路负责记忆,等等.记忆电路容纳一些二进制数串,这些数串能够在各种方式下进行解释:一些数串是要使用的数据;一些数串是要找的合适数据所在的地址;另外一些数串,称为命令,告诉计算机它的许多专用电路中的每一个将在哪种数据上运算.一个程序是一系列这样的命令.程序化计算机有一个内部时钟,它的一部分作用是:内部时钟能确保命令和数据被正确地用在程序序列的每一步上.程序化计算机的灵活性和强大的功能来源于它执行存储在它的记忆中程序的能力,以及接受不同的程序完成不同任务的能力.程序化计算机的设计是很复杂的,要有一些电子学和计算机技术课程的知识.

习 题 3

1. 在谓词逻辑中将下面各命题符号化:

   (1) 小李是北京人;
   (2) 3 与 6 的和是 9;
   (3) 张明比李强长得高;
   (4) 所有中国人都热爱祖国;
   (5) 有些自然数是素数;
   (6) 金子是闪光的,但闪光的不一定都是金子;
   (7) 所有运动员都钦佩某些教练员;
   (8) 有些大学生不钦佩运动员.

2. 设 $R(x)$:x 是无理数,那么 $\exists xR(x)$ 在(1)全总个体域,(2)有理数域,(3)实数域上各表示真命题还是假命题,抑或是一种不恰当的表述?

3. 求下列各式的真值:

   (1) $\forall x(P(x)\vee Q(x))$,其中 $P(x)$:$x=1$; $Q(x)$:$x=2$;个体域是$\{1,2\}$.

   (2) $\forall x(P\rightarrow Q(x))\vee R(a)$,其中 P:$3>-2$; $Q(x)$:$x\leqslant 3$; $R(x)$:$x>5$,$a=3$;个体域是$\{-2,3,5,6\}$.

   (3) $\exists x(P(x)\rightarrow Q(x))\wedge 1$,其中 $P(x)$:$x>1$; $Q(x)$:$x=1$;个体域是$\{1\}$.

4. 将下列各式翻译成自然语言,然后在不同个体域中确定它们的真值.

   (1) $\forall x\exists y(xy=0)$;
   (2) $\exists x\forall y(xy=0)$;
   (3) $\forall x\exists y(xy=1)$;
   (4) $\exists x\forall y(xy=1)$;
   (5) $\forall x\exists y(xy=x)$;
   (6) $\exists x\forall y(xy=x)$;
   (7) $\forall x\forall y\exists z(x-y=z)$.

   个体域分别为(a)实数集$\mathbb{R}$;(b)整数集合$\mathbb{Z}$;(c)正整数集合$\mathbb{Z}^+$;(d)$\mathbb{R}-\{0\}$(非零实数集合).

5. 试寻找一个闭式 A,使 A 在某些解释下为真,而在另外一些解释下为假.

6. 试给出一个非封闭的公式 A,使 A 存在解释 I,在 I 下 A 的真值是不确定的,即 A 仍不是命题.

7. 指出下列公式中的约束变元和自由变元及量词的辖域.

   (1) $\forall xP(x)\rightarrow F(y)$;
   (2) $\forall x(P(x)\wedge G(x))\wedge\exists xR(x)$;
   (3) $\exists x\forall y(P(x)\wedge Q(y))\rightarrow\forall xR(x)$;
   (4) $\exists x\exists y(P(x,y)\wedge Q(z))$.

8. 将下列谓词公式中的约束变项进行换名.

   (1) $\forall x\exists y(P(x,z)\rightarrow Q(y))\leftrightarrow H(x,y)$;

   (2) $\forall x(P(x)\rightarrow(R(x)\vee Q(x)))\wedge\exists xR(x)\rightarrow\exists zS(x,z)$.

9. 将下列谓词公式中的自由变项进行代替.

   (1) $(\exists yA(x,y)\rightarrow\forall xB(x,z))\wedge\exists x\forall zC(x,y,z)$;

   (2) $(\forall yP(x,y)\wedge\exists zQ(x,z))\vee\forall xR(x,y)$.

10. 设论域是$\{a,b,c\}$,消去以下公式的量词:

(1) $\forall xR(x) \land \forall xS(x)$；　　(2) $\forall x(P(x) \to Q(x))$；

(3) $\forall xP(x) \lor \forall x \neg P(x)$；　　(4) $\forall xR(x) \land \exists xS(x)$.

11. 构造解释 I 使得 $\forall x(P(x) \to Q(x)) \leftrightarrow (\exists xP(x) \to \forall xQ(x))$ 在其解释 I 下的真值为假(假设 I 的个体域 $D=\{a,b\}$).

12. 设解释 I 如下：

(1) 个体域 $D=\{1,2\}$；　　(2) D 中特定元素 $a=1,b=2$；

(3) 函数 $f(x)$ 为 $f(1)=2, f(2)=1$；

(4) 谓词 $P(x,y)$ 为 $P(1,1)=P(1,2)=1, P(2,1)=P(2,2)=0$.

在解释 I 下，求下列各式的真值.

① $P(f(a),a) \land P(f(b),b)$；② $\exists y \forall xP(y,x)$；③ $\forall x \exists y(P(f(x),f(y)) \to P(x,y))$.

13. 证明：$\forall x(F(x) \to G(x)) \land \exists y(H(y) \land \neg R(y))$ 为非永真式的可满足式.

14. 将下列各式化为前束范式.

(1) $\forall x(F(x) \to \exists yG(x,y))$；　　(2) $\exists x((\neg \exists yF(x,y)) \to \exists zG(z) \to H(x))$；

(3) $\forall x \forall y(\exists zP(x,y,z) \land (\exists uQ(x,u) \to \exists vQ(y,v)))$.

15. 求 $(\neg \exists xF(x) \lor \forall yG(y)) \land (F(x) \to \forall zH(z))$ 的前束范式.

16. 求下列公式的斯科林范式.

(1) $\neg(\forall xP(x) \to \exists y \forall zQ(y,z))$；

(2) $\forall x(\neg E(x,0) \to (\exists y(E(y,g(x)) \land \forall z(E(z,g(x)) \to E(y,z)))))$.

17. 甲使用量词辖域收缩与扩张等值式进行如下演算：

$\forall x(F(x) \to G(x,y)) \Leftrightarrow \exists xF(x) \to G(x,y)$，

乙说甲错了. 乙说的对吗？为什么？

18. 请指出下面等值演算中的两处错误：

$$\neg \exists x \forall y(F(x) \land (G(y) \to H(x,y))) \Leftrightarrow \neg \forall x \exists y(F(x) \land (G(y) \to H(x,y)))$$
$$\Leftrightarrow \forall x \exists y((F(x) \land G(y)) \to H(x,y))$$

19. 证明下列各式.

(1) $\exists x(A(x) \to B(x)) \Leftrightarrow \forall xA(x) \to \exists xB(x)$；

(2) $\forall x \forall y(A(x) \lor B(y)) \Leftrightarrow \forall xA(x) \lor \forall yB(y)$；

(3) $\exists x \exists y(A(x) \land B(y)) \Leftrightarrow \exists xA(x) \land \exists yB(y)$.

20. 证明 $\exists xA(x) \lor \forall xB(x) \Rightarrow \forall x(A(x) \lor B(x))$.

21. 在一阶逻辑中，给出下列四个推理(要判断推理是否正确).

(1) 前提：$\forall x(F(x) \to G(x))$，$\exists yF(y)$；

　　结论：$\exists yG(y)$.

(2) 前提：$\exists x(F(x) \land G(x))$；

　　结论：$\forall yF(y)$.

(3) 前提：$\forall x(F(x) \to (G(a) \land R(x)))$，$\exists xF(x)$；

结论：$\exists y(F(y) \land G(y))$.

(4) 前提：$\forall x(F(x) \to H(x))$，$\neg H(y)$；

结论：$\forall x(\neg F(x))$.

22. 构造下列推理的证明.

(1) 前提：$\forall x(F(x) \to G(x))$，$\forall x(R(x) \to \neg G(x))$；

结论：$\forall x(R(x) \to \neg F(x))$.

(2) 前提：$\exists xF(x) \to \forall y((F(y) \lor G(y)) \to R(y))$，$\exists xF(x)$；

结论：$\exists xR(x)$.

(3) 前提：$\forall x(F(x) \to (G(a) \land R(x)))$，$\exists xF(x)$；

结论：$\exists x(F(x) \land R(x))$.

(4) 前提：$\forall x(F(x) \to G(x))$；

结论：$\forall xF(x) \to \forall xG(x)$.

23. 使用反证法，构造下列推理的证明.

前提：$\forall x(A(x) \to \neg B(x))$，$\forall x(B(x) \lor C(x))$，$\neg \forall xC(x)$；

结论：$\neg \forall xA(x)$.

24. 使用附加前提证明法，构造下列推理的证明.

前提：$\exists xE(x) \to \forall x(Q(x) \to F(x))$，$\exists xS(x) \to \exists xQ(x)$；

结论：$\exists x(E(x) \land S(x)) \to \exists xF(x)$.

25. 在一阶逻辑自然推理系统 L_N 中构造下面的推理证明：有理数都是实数，有的有理数是整数，因此，有的实数是整数.

26. 在一阶逻辑自然推理系统 L_N 中构造下面推理的证明：

桌上的每本书都是杰作，写出杰作的人都是天才，某个不出名的人写了桌上的某本书，所以某个不出名的人是天才.

*第 4 章 公理系统下的形式证明

4.1 命题逻辑的公理推理系统

4.1.1 公理推理系统 P

自然推理系统 N 是从数学推理中抽象出来的，它的规则较多，现在介绍一个较为简洁的形式系统——公理推理系统. 以下讨论命题逻辑中的公理系统 P.

定义 4.1.1 形式系统 P 由下列 1～4 组成.

1. P 的字母表中含有以下几项

(1) 命题变元：$P_1, P_2, P_3, \cdots$;

(2) 联结词：$\neg, \rightarrow$;

(3) 辅助符号："("；")"；",".

2. 合式公式(简称公式)

(1) $P_1, P_2, P_3, \cdots$是公式；

(2) 若 A 是公式，则 $\neg A$ 是公式；

(3) 若 A, B 是公式，则$(A \rightarrow B)$是公式；

(4) 所有公式都是有限次使用(1)～(3)得到的.

3. 公理模式有如下三类

$(A_1) A \rightarrow (B \rightarrow A)$;

$(A_2) (A \rightarrow (B \rightarrow A)) \rightarrow ((A \rightarrow B) \rightarrow (A \rightarrow C))$;

$(A_3) (\neg A \rightarrow \neg B) \rightarrow (B \rightarrow A)$.

4. 推理规则

只有一条分离规则 MP.

MP：由 $A, (A \rightarrow B)$可得到 B.

关于系统 P 的说明：

(1) 上述定义 P 是语法定义，是纯形式的，没有给实际的背景及意义.

(2) 原来命题公式的联结词{∧,∨,↔}没有出现在字母表中,因此它们不是 P 的成分,但由于{¬,→}是联结词完备集,因而每个真值函数都对应 P 的某个公式.

(3) 我们约定,对 P 中的公式 A,B.

$(A\vee B)$代表$((\neg A)\to B)$;

$(A\wedge B)$代表$(\neg((\neg A)\vee(\neg B)))$;

$(A\leftrightarrow B)$代表$((A\to B)\wedge(B\to A))$.

这里∧,∨,↔不是形式语言中的符号,而是元语言中的符号.$(P_1\vee P_2)$只是 P 中公式$((\neg P_1)\to P_2)$的缩写,它本身不是 P 中的公式.

(4) 公理(A_1),(A_2),(A_3)看作以前的合式公式时,是永真式.

下面定义 P 中的形式推理.

定义 4.1.2 P 中的证明是 P 中的公式组成的一个序列:

$$A_1,A_2,\cdots,A_n,\quad n\geqslant 1, \tag{4.1.1}$$

使得对每个 $i(1\leqslant i\leqslant n)$,以下两条件之一成立:

(1) A_i 是公理;

(2) A_i 由序列式(4.1.1)中 A_i 之前的两个公式 $A_j,A_k(1\leqslant j,k\leqslant i)$应用分离规则得到.此时称 $A_1,A_2,\cdots,A_n$ 为 A_n 的一个证明,A_n 称为 P 的一个定理,记为$\vdash A_n$.

由定义知:

(1) 若 $A_1,A_2,\cdots,A_n$ 是 A_n 的一个证明,则对每个 $A_i(1\leqslant i\leqslant n)$,有$\vdash A_i$,因为 A_1,$A_2,\cdots,A_i$ 是A_i 在 P 中的一个证明.

(2) P 的每个公理都是 P 的一个定理,因为由 A 这一个公式组成的序列,就是 A 在 P 中的一个证明.

一般给出定理的证明时,同时给出证明的依据,注明 A_i 是公理,还是由 A_j,A_k 实施分离规则 MP 而得.

例 4.1.1 证明$(A\to A)$是 P 的定理.

证明 (1) $A\to((A\to A)\to A)$ 公理(A_1)

(2) $(A\to((A\to A)\to A))\to((A\to(A\to A))\to(A\to A))$ 公理(A_2)

(3) $(A\to(A\to A))\to(A\to A)$ (2),(1),MP

(4) $A\to(A\to A)$ 公理(A_1)

(5) $A\to A$ (3),(4),MP

由定义,$A\to A$ 是定理.

定义 4.1.3 设 γ 是 P 中的公式集,$\gamma=\{H_1,H_2,\cdots,H_i\}$,其中 H_i 称为假设,称 P 中的一个公式序列

$$A_1,A_2,\cdots,A_n \tag{4.1.2}$$

为在前提 γ 下 A_n 的一个推演,如果对每个 $A_i(1\leqslant i\leqslant n)$,下列三条件之一成立:

(1) A_i 是 P 中的一个公理;

(2) $A_i\in\gamma$;

(3) A_i 是由序列式(4.1.2)中前面的两个公式应用 MP 得到.

此时记为 $\gamma\vdash A_n$.

当 γ 为空集时,序列 $A_1,A_2,\cdots,A_n$ 是 A_n 的一个证明,A_n 是定理.

定理 4.1.1(演绎定理或推演定理) 在形式系统 P 中,如果 $\gamma\cup\{A\}\vdash B$,则 $\gamma\vdash A\to B$. 其中,A,B 为 P 的公式,γ 为 P 的公式集合,γ 可能为空集.

证明 对从 $\gamma\cup\{A\}$ 推出 B 的公式序列 $A_1,A_2,\cdots,A_n$ 的数目 n 进行归纳.

奠基 $n=1$,$A_n=B$,有下列三种情况:

情形(I) B 是 P 的公理

(1) B	P 的公理
(2) $B\to(A\to B)$	公理(A_1)
(3) $A\to B$	(2),(1),MP

由定义,$\gamma\vdash(A\to B)$.

情形(II) $B\in\gamma$

(1) B

(2) $B\to(A\to B)$

(3) $A\to B$

由定义,$\gamma\vdash(A\to B)$.

情形(III) $B=A$

由本节例 4.1.1 的证明知 $\gamma\vdash A\to A$.

综上所述,奠基步成立.

归纳:归纳假设 $n\leqslant k$ 时结论成立,$A_1,A_2,\cdots,A_n$ 是从 γ 的一个推演,且 A_n 是 $A\to B$.

设 $n=k+1$,这时有四种情形.

情形(1) B 是 P 的公理,同奠基步情形(I).

情形(2) $B\in\gamma$,同奠基步情形(II).

情形(3) B 是 A,同奠基步情形(III).

情形(4) B 是由公式序列中前面的 A_k,A_h 由 MP 规则而得,设 A_h 是 $C\to B$,A_k 是 C. 由归纳假设,由 $\gamma\cup\{A\}\vdash C\to B$,$\gamma\cup\{A\}\vdash C$ 可得 $\gamma\vdash A\to(C\to B)$,$\gamma\vdash A\to C$,因而有

$$\left.\begin{array}{l}(1)\\ \vdots\\ \vdots\\ (h)\,C\to B\\ (h')\,A\to(C\to B)\end{array}\right\}\text{从 }\gamma\text{ 关于 }A\to(C\to B)\text{ 的推演}$$

$$
\left.\begin{array}{l}
\vdots \\
\vdots \\
(k)C \\
(k')A \to C
\end{array}\right\}\text{从 } \gamma \text{ 关于 } A \to C \text{ 的推演}
$$

$(k'+1)(A \to (C \to B)) \to ((A \to C) \to (A \to B))$　　公理(A_2)

$(k'+2)(A \to C) \to (A \to B)$　　MP,$(k'+1)(h')$

$(k'+3)A \to B$　　MP,$(k'+2)(k')$

由定义 $\gamma \vdash A \to B$,归纳步骤成立.

由数学归纳法,命题得证.

定理 4.1.2(演绎定理的逆)　设 A,B 是 P 的公式,γ 是 P 的公式集(可能是空集),如果 $\gamma \vdash A \to B$,则 $\gamma \cup \{A\} \vdash B$.

证明　从推演 $\gamma \vdash A \to B$,构造辅助推演 $\gamma \cup \{A\} \vdash B$.

$$
\left.\begin{array}{l}
(1) \\
\vdots \\
\vdots \\
(k)A \to B
\end{array}\right\}\text{从 } \gamma \text{ 到 } A \to B \text{ 的推演}
$$

$(k+1)$　A　　$\gamma \cup \{A\}$ 的成员

$(k+2)$　B　　$k,(k+1)$,MP

由定义,$\gamma \cup \{A\} \vdash B$.

现在应用演绎定理由辅助推演得到结果推演,可以简化定理的证明.请看下面的例子.

例 4.1.2　证明:(1)$\vdash A \to A$,A 是 P 中的公式;(2)$\{A \to B, B \to C\} \vdash A \to C$,$A,B,C$ 是 P 中任意公式.

证明　(1) ① A　　假设

② $A \to (A \to A)$　　公理(A_1)

③ $A \to A$　　①,②,MP

④ A　　③,①,MP

由推演定义,$A \vdash A$,由推演定理$\vdash A \to A$.

(2) ① $A \to B$　　假设

② $B \to C$　　假设

③ A　　假设

④ B　　③,①,MP

⑤ C　　④,②,MP

由推演定义,$\{A \to B, B \to C, A\} \vdash C$.

由推演定理,$\{A \to B, B \to C\} \vdash A \to C$.

由上看出证明很简单.(2)是一条推理规则(假言三段论),由公式 $A \to B, B \to C$ 可推出

公式 $A\to C$，简记为 HS(规则).

例 4.1.3 P 中有下列定理.

(1) $\neg B\to(B\to A)$；　　　　(2) $(\neg A\to A)\to A$.

其中 A,B 是 P 中的公式.

证明 (1) ① $\neg B\to(\neg A\to\neg B)$　　公理(A_1)

② $(\neg A\to\neg B)\to(B\to A)$　　公理(A_3)

③ $\neg B\to(B\to A)$　　①,②,HS

即 $\vdash\neg B\to(B\to A)$.

(2) ① $\neg A\to A$　　假设

② $\neg A\to(\neg\neg(\neg A\to A)\to\neg A)$　　公理(A_1)

③ $(\neg\neg(\neg A\to A)\to\neg A)\to(A\to\neg(\neg A\to A))$　　公理(A_3)

④ $\neg A\to(A\to\neg(\neg A\to A))$　　HS,②,③

⑤ $\neg A\to(A\to\neg(\neg A\to A))\to((\neg A\to A)\to(\neg A\to\neg(\neg A\to A)))$　　公理(A_2)

⑥ $(\neg A\to A)\to(\neg A\to\neg(\neg A\to A))$　　MP,⑤,④

⑦ $\neg A\to\neg(\neg A\to A)$　　MP,⑥,①

⑧ $(\neg A\to\neg(\neg A\to A))\to((\neg A\to A)\to A)$　　公理(A_3)

⑨ $(\neg A\to A)\to A$　　MP,⑧,⑦

⑩ A　　MP,⑨,①

由推演定义：$\neg A\to A\vdash A$.

由推演定理：$\vdash(\neg A\to A)\to A$.

例 4.1.4 证明(1) $\vdash\neg\neg A\to A$；　　(2) $\vdash A\to\neg\neg A$.

证明 (1) ① $\vdash\neg\neg A\to(\neg A\to\neg\neg\neg A)$　　例 4.1.3(1)

② $\vdash(\neg A\to\neg\neg\neg A)\to(\neg\neg A\to A)$　　公理(A_3)

③ $\vdash\neg\neg A\to(\neg\neg A\to A)$　　①,②,HS

④ $\vdash\neg\neg A\to(\neg\neg A\to A)\to((\neg\neg A\to\neg\neg A)\to(\neg\neg A\to A))$　　公理(A_2)

⑤ $\vdash(\neg\neg A\to\neg\neg A)\to(\neg\neg A\to A)$　　MP,③,④

⑥ $\vdash\neg\neg A\to\neg\neg A$　　例 4.1.2

⑦ $\vdash\neg\neg A\to A$　　MP,⑤,⑥

(2) ① $\vdash\neg\neg\neg A\to\neg A$　　例 4.1.4(1)

② $\vdash(\neg\neg\neg A\to\neg A)\to(A\to\neg\neg A)$　　公理(A_3)

③ $\vdash A\to\neg\neg A$　　MP,①,②

例 4.1.5 证明

(1) $\vdash A\to((A\to B)\to B)$；　　(2) $\{A\to B,\neg\neg A\}\vdash\neg\neg B$；

(3) $\vdash A\to(\neg B\to\neg(A\to B))$.

证明 (1) 只要证 $\{A\to B,A\}\vdash B$.

① A 前提引入

② $A \to B$ 前提引入

③ B MP,①,②

(2) $\vdots$

$\left.\begin{array}{l}\vdots \\ \vdots \\ \neg\neg A \to A\end{array}\right\} \vdash \neg\neg A \to A$

$\neg\neg A$

A

$A \to B$

$\left.\begin{array}{l}B \\ \vdots \\ B \to \neg\neg B\end{array}\right\} \vdash B \to \neg\neg B$

由此也可得$\vdash (A \to B) \to (\neg\neg A \to \neg\neg B)$.

又由于$\vdash (\neg\neg A \to \neg\neg B) \to (\neg B \to \neg A)$,故$\vdash (\neg A \to \neg B) \to (\neg B \to \neg A)$.

(3)

① $\vdash A \to ((A \to B) \to B)$ 由本例(1)

② $((A \to B) \to B) \to (\neg B \to (A \to B))$ 由本例(2)

③ $\vdash A \to (\neg B \to \neg (A \to B))$ ①,②,HS

4.1.2 公理推理系统 P 的可靠性、和谐性和完备性

在形式系统中,符号或公式是纯形式的,运算规则只是符号串的改写规则.但我们可以对形式系统进行解释,使其具有某种含义,以便研究形式系统是否具有预期的性质.这些解释就是形式语言的语义.一个形式系统可以给予各种不同的解释,所以一个形式语言的语义也可以是多种多样的.给 P 一个直观解释,使它成为命题演算系统.问题是:(1)当 P 为命题演算系统时,P 中的定理是永真式吗?(2)命题演算的永真式都是 P 的定理吗?(3)当 A 是 P 的定理时,$\neg A$ 是否是 P 的定理?上述问题分别称为 P 的可靠性、完备性及和谐性问题,这是形式系统十分重要而基本的问题.

定义 4.1.4(赋值 valuation) 设 V 为函数,V 的定义域是 P 的公式集合,值域是集合 $\{0,1\}$,且对 P 的任何公式 A,B,有

(1) $V(A) \neq V(\neg A)$;

(2) $V(A \to B) = 0$ 当且仅当 $V(A) = 1$ 且 $V(B) = 0$,则称 V 是 P 的一个赋值.

定义 4.1.5 设 A 是 P 的合式公式,若对每个赋值 V,$V(A) = 1$,则 A 是 P 的**永真式**,亦称**重言式**.

现在回答 P 中的定理是否是永真式的问题.

定理 4.1.3(可靠性定理) P 中的每一个定理都是永真的.

证明 设 A 是 P 的定理,它的一个证明是 $A_1,A_2,\cdots,A_n$. A 是 A_n,对 n 进行归纳.

奠基 $n=1$ 时,A 一定是公理(A_1),(A_2),(A_3)之一.

情形(I) A 是(A_1) $(B\to(C\to B))$

对公式 B 和 C 的任一赋值 V,$V(B)=1$ 或 $V(B)=0$;$V(C)=1$ 或 $V(C)=0$. 可做真值表如表 4.1.1 所示.

表 4.1.1

$V(B)$	$V(C)$	$V(C\to B)$	$V(B\to(C\to B))$	$V(B)$	$V(C)$	$V(C\to B)$	$V(B\to(C\to B))$
0	0	1	1	1	0	1	1
0	1	0	1	1	1	1	1

情形(II) A 是(A_2),同情形(I),$V(A)=1$.

情形(III) A 是(A_3),同情形(I),$V(A)=1$.

由于 V 是任意赋值,故 A 是永真式.

归纳:$n>1$,归纳假设:P 中证明少于 n 步的所有定理为永真式.

情形(I) n 是定理,同奠基步,n 是永真式.

情形(II) n 是对 A_k,A_h 实施分离规则而得,其中 $h,k<n$,A_h 是 $B\to A$,A_k 是 B. 依归纳假设,$B\to A$ 和 B 是永真式,所以对任意的赋值 V,$V(B\to A)=1$,$V(B)=1$. 依定义,$V(B\to A)=1$ 当且仅当不是 $V(B)=1$ 且 $V(A)=0$. 作出下列关于赋值的真值表如表 4.1.2 所示.

表 4.1.2

$V(B)$	$V(A)$	$V(B\to A)$	$V(B)$	$V(A)$	$V(B\to A)$
0	0	1	1	0	0
0	1	1	1	1	1

由真值表得 $V(B\to A)$ 且 $V(B)$ 均为 1 时只有第四行的情形. 此时 $V(A)=1$,A 为永真式.

归纳步骤得证.

定理 4.1.4(和谐性定理) 对 P 的任何公式 A,$\vdash A$ 与 $\vdash\neg A$ 不能同时成立.

证明 若不然,则 A 与 $\neg A$ 均为重言式,从而对 P 的任何一个指派 V,$V(A)=1$,$V(\neg A)=1$,矛盾. 证明 $\vdash A$ 与 $\vdash\neg A$ 不能同时成立.

推论 在 P 的公式中至少存在一个公式,它不是 P 的定理.

证明 任取 P 的一个公式 A,若 A 不是 P 的定理,则定理已成立;若 A 是 P 的定理,由定理 4.1.4 知 $\neg A$ 不是 P 的定理.

为证明 P 的完备性,先介绍一个引理.

引理 设 $A(P_1,P_2,\cdots,P_n)$ 为 P 中含变元 $P_1,P_2,\cdots,P_n$ 的公式,δ 为 P 的一个指派,

$\delta(P_i)=V_i(1\leqslant i\leqslant n)$，如下取 P 的公式组 $A_1,A_2,\cdots,A_n$：

当 $V_i=1$ 时，取 A_i 为 P_i；

当 $V_i=0$ 时，取 A_i 为 $\neg P_i$；

则(1) 当 $A(V_1,V_2,\cdots,V_n)=1$ 时，$A_1,A_2,\cdots,A_n\vdash A$；

(2) 当 $A(V_1,V_2,\cdots,V_n)=0$ 时，$A_1,A_2,\cdots,A_n\vdash\neg A$.

证明 对 A 中所含的联结词 $\neg,\rightarrow$ 的个数 d 进行归纳证明.

(1) 当 $d=0$ 时，A 为某个命题符号 P_i，$A(V_1,V_2,\cdots,V_n)=V_i$.

(1.1) 当 $A(V_1,V_2,\cdots,V_n)=1$ 时，$V_i=1$，从而 A_i 为 P_i，即 A_i 为 A，故 $A_1,A_2,\cdots,A_n\vdash A$.

(1.2) 当 $A(V_1,V_2,\cdots,V_n)=0$ 时，$V_i=0$，从而 A_i 为 $\neg P_i$，即 A_i 为 $\neg A$，故 $A_1,A_2,\cdots,A_n\vdash\neg A$.

(2) 假设引理对满足 $d\leqslant k$ 的 d 都成立，下面证引理在 $d=k+1$ 时也成立.

(2.1) 若 A 为 $(\neg B_1)$，则 B_1 中的联结词个数 $d_1=k$.

(2.1.1) 当 $A(V_1,V_2,\cdots,V_n)=1$ 时，$B_1(V_1,V_2,\cdots,V_n)=0$，由归纳假设知 $A_1,A_2,\cdots,A_n\vdash\neg B_1$，即 $A_1,A_2,\cdots,A_n\vdash A$.

(2.1.2) 当 $A(V_1,V_2,\cdots,V_n)=0$ 时，$B_1(V_1,V_2,\cdots,V_n)=1$，由归纳假设知 $A_1,A_2,\cdots,A_n\vdash B_1$，但 $\vdash B_1\rightarrow\neg\neg B_1$，由演绎定理的逆定理知 $B_1\vdash\neg\neg B_1$，由传递性知 $A_1,A_2,\cdots,A_n\vdash\neg\neg B_1$，即

$$A_1,A_2,\cdots,A_n\vdash\neg A.$$

(2.2) 若 A 为 $B\rightarrow C$，则 B,C 中所含联结词的个数均小于等于 k.

(2.2.1) 当 $A(V_1,V_2,\cdots,V_n)=0$ 时，$B_1(V_1,V_2,\cdots,V_n)=1$，且 $C(V_1,V_2,\cdots,V_n)=0$，由归纳假设，$A_1,A_2,\cdots,A_n\vdash B$ 且 $A_1,A_2,\cdots,A_n\vdash\neg C$. 由于 $\vdash B\rightarrow(\neg C\rightarrow\neg(B\rightarrow C))$，故 $B,\neg C\vdash\neg(B\rightarrow C)$，从而 $A_1,A_2,\cdots,A_n\vdash\neg(B\rightarrow C)$，即 $A_1,A_2,\cdots,A_n\vdash\neg A$.

(2.2.2) 当 $A(V_1,V_2,\cdots,V_n)=1$ 时，则 $B(V_1,V_2,\cdots,V_n)=0$，或 $C(V_1,V_2,\cdots,V_n)=1$.

(Ⅰ) 当 $C(V_1,V_2,\cdots,V_n)=1$ 时，$A_1,A_2,\cdots,A_n\vdash C$，由于 $C\vdash B\rightarrow C$，故 $A_1,A_2,\cdots,A_n\vdash B\rightarrow C$，即 $A_1,A_2,\cdots,A_n\vdash A$.

(Ⅱ) 当 $B(V_1,V_2,\cdots,V_n)=0$ 时，$A_1,A_2,\cdots,A_n\vdash\neg B$，由于 $\neg B\vdash B\rightarrow C$，故 $A_1,A_2,\cdots,A_n\vdash B\rightarrow C$，即 $A_1,A_2,\cdots,A_n\vdash A$.

归纳证毕，命题成立.

定理 4.1.5(完备性定理) 若 A 是 P 中的重言式，则 $\vdash A$.

证明 设 $P_1,P_2,\cdots,P_n$ 是 A 中的命题变元，对 P 中任一组满足下列条件的公式 $A_1,A_2,\cdots,A_n$：每个 A_i 为 P_i 或 $\neg P_i(1\leqslant i\leqslant n)$，由于 A 永真，由引理知 $A_1,A_2,\cdots,A_n\vdash A$；因为 A_n 可为 P_n 也可为 $\neg P_n$，故有 $A_1,A_2,\cdots,P_n\vdash A$ 或 $A_1,A_2,\cdots,\neg P_n\vdash A$.

由演绎定理知，$A_1, A_2, \cdots, A_{n-1} \vdash P_n \to A$，$A_1, A_2, \cdots, A_{n-1} \vdash \neg P_n \to A$，但$\vdash (P_n \to A) \to ((\neg P_n \to A) \to A)$，故 $A_1, A_2, \cdots, A_{n-1} \vdash A$.

继续以上得$A_1, A_2, \cdots, A_{n-2} \vdash A$；

$$\vdots$$

$$A_1, A_2 \vdash A;$$

$$A_1 \vdash A.$$

即 $P_1 \vdash A$，$\neg P_1 \vdash A$，故$\vdash P_1 \to A$，$\vdash \neg P_1 \to A$，$\vdash A$.

由定理 4.1.5 判断一个公式是否为定理，只要用真值表的方法看 A 是否为重言式即可. 而任意一个公式的真值表都可以做出，因此公式是否为定理是可判定的. 这就是命题演算的可判定性. 另一方面，P 的所有定理恰好是所有重言式，这说明在一定程度上 P 确实反映了命题逻辑的特点，是日常命题推理的一种正确的抽象模型.

4.2　谓词逻辑的公理系统

谓词逻辑的公理系统很多，这里介绍其中一种. 由于谓词逻辑比命题逻辑复杂，谓词逻辑的公理系统也比命题逻辑复杂得多.

定义 4.2.1　谓词逻辑的公理系统(LP)定义如下：

1. 符号和项

(1) 符号

个体变元 $x_1, x_2, \cdots$；个体常元 $a_1, a_2, \cdots$；函数符号 $f_1^{(n)}, f_2^{(n)}, \cdots$($n$ 为正整数)；谓词符号 $P_1^{(n)}, P_2^{(n)}, \cdots$($n$ 为正整数)；联结词 $\neg, \to$；量词符号 $\forall$；括号与逗号“(”；“)”；“，”.

(2) 项的定义

个体变元是项；个体常元是项；若 $t_1, t_2, \cdots, t_n$ 是项，则 $f_i^{(n)}(t_1, t_2, \cdots, t_n)$是项.

2. 公式的定义

若 $t_1, t_2, \cdots, t_n$ 是项，则 $P_i^{(n)}(t_1, t_2, \cdots, t_n)$是公式；若 A 是公式，则 $\neg A$ 是公式；若 A，B 是公式，则 $A \to B$ 是公式；若 A 是公式，则 $\forall x_i A$ 是公式.

3. 公理模式

L_1　$A \to (B \to A)$；

L_2　$(A \to (B \to C)) \to ((A \to B) \to (A \to C))$；

L_3　$(\neg A \to \neg B) \to (B \to A)$；

L_4　$\forall x_i A \to A_t^{x_i}$，其中项 t 对 A 中的 x_i 可以代入；

L_5　$\forall x_i (A \to B) \to (A \to \forall x_i B)$，其中 x_i 不是 A 的自由变元.

4. 推理规则

分离规则(MP)：从 A 和 $A \to B$ 推出 B；

概括规则(UG)：从 A 推出 $\forall x_i A$.

以后用 Γ(或加下标)表示没有自由变元的公式集，称为语句集，用 t(或加下标)表示项，用 A,B,C,D 或加下标表示公式.

为叙述方便引进如下缩写：

$A\vee B=\neg A\to B$; $A\wedge B=\neg(A\to\neg B)$; $A\leftrightarrow B=(A\to B)\wedge(B\to A)$; $\exists x_i A=\forall x_i\neg A$.

定义 4.2.2 设 Γ 为语句(不含自由变元的公式)集，如果公式序列 $A_1,A_2,\cdots,A_n$ 中每个公式 A_i 满足以下条件之一：(1)A_i 是公理；(2)$A_i\in\Gamma$；(3)有 $j,k<i$，使 A_i 由 A_j,A_k 用 MP 规则推出；(4)有 $j<i$，使 A_i 由 A_j 用 UG 规则推出，则称它为 A_n 的从语句集 Γ 的一个推演，其中 Γ 称为推演前提，A_n 称为结论.

如果 $A_1,A_2,\cdots,A_n$ 为 B 的从空集 $\varnothing$ 的推演，则称 $A_1,A_2,\cdots,A_n$ 为 B 的一个证明. 如果存在 B 的一个从 Γ 的推演，则记为 $\Gamma\vdash B$. 将 $\{A_1,A_2,\cdots,A_n\}\vdash B$ 简记为 $A_1,A_2,\cdots,A_n\vdash B$，将 $\varnothing\vdash B$，简记为 $\vdash B$，如果 $\vdash A$，则称 A 为定理.

由定义知，LP 的每个公理都是定理.

定理 4.2.1 LP 的每个公理都是永真式.

证明 (1) 公理 L_1,L_2,L_3 是命题逻辑系统的重言式在 LP 中的代换实例，因此是永真式.

(2) 证 L_4 $\forall x_i A\to A_t^{x_i}$，其中 A 是任意公式，项 t 对 A 中的 x_i 是可以代入的. 若解释 I 和 I 中的赋值 v 使 $I(A_t^{x_i}(v))=0$，因为 $I(A_t^{x_i}(v))=I(A)(v[x_i/I(t)(v)])$，所以有 $d\in D_I$，使 $I(A)(v[x_i/d])=0$，$I(\forall x_i A)(v)=0$，因此 $\forall x_i A\to A_t^{x_i}$ 是永真式.

(3) 证 L_5 $A_t^{x_i}\ \forall x_i\to(B\to C)\to(B\to\forall x_i C)A_t^{x_i}$，由等值式模式知，$\forall x_i(B\to C)\Leftrightarrow(B\to\forall x_i C)$，故 L_5 是永真式.

定理 4.2.2(可靠性定理) (1) 若 $\Gamma\vdash A$，则 $\Gamma\vDash A$； (2) 若 $\vdash A$，则 $\vDash A$.

证明 (1) 设 $A_1,A_2,\cdots,A_n$ 是 A 的从 Γ 的推演，归纳证明，$\Gamma\vDash A(i=1,2,\cdots,n)$.

① 由定理 4.2.1，公理 L_1,L_2,L_3,L_4,L_5 都是永真式，因此若 A_i 是公理，有 $\vDash A_i$，因此 $\Gamma\vDash A_i$.

② 若 $A_i\in\Gamma$，则 $\Gamma\vDash A_i$.

③ 若 A_i 由 A_j,A_k 用 MP 规则推出，其中 $j,k<i$，A_k 为 $A_j\to A_i$，由归纳假设知，$\Gamma\vDash A_j$，且 $\Gamma\vDash A_j\to A_i$，所以 $\Gamma\vDash A_i$.

④ 若 A_i 由 A_j 用 UG 规则推出，其中 $j<i$，A_i 为 $\forall x_k A_j$，由归纳假设，$\Gamma\vDash A_j$. 任取满足 Γ 的解释 I，则 $I\vDash A_i$. 设 v 是 I 中的任意赋值，任取 $d\in D_I$，则 $I(A_j)(v[x_k/d])=1$，因此 $I(\forall x_k A_j)(v)=1$，所以有 $\Gamma\vDash A_i$.

因此 $\Gamma\vDash A_n$，即 $\Gamma\vDash A$.

(2) 是(1)的推论.

定理 4.2.3 若 A 是重言式，则 $\vdash A$.

证明 设 A 是命题逻辑的永真式 B 的代换实例，用 $B_1,B_2,\cdots,B_n$ 分别替换 B 中的命

题变元 $P_1,P_2,\cdots,P_n$ 得到 A，由命题逻辑公理系统的完备性知，$\vdash B$. 设 $C_1,C_2,\cdots,C_m$ 是 B 的一个证明，用 $B_1,B_2,\cdots,B_n$ 分别替换 $C_1,C_2,\cdots,C_m$ 中的 $P_1,P_2,\cdots,P_n$，得到 $D_1,D_2,\cdots,D_m$. 只需证 $D_1,D_2,\cdots,D_m$ 是 A 的证明.

(1) 若 C_i 是公理，则 D_i 是同样公理模式中的公理.

(2) 若 C_i 由 C_j,C_k 用 MP 规则推出，则 D_i 也由 D_j,D_k 用 MP 规则推出. 因为 C_m 是 B，所以 D_m 是 A.

定理 4.2.4(演绎定理) 若 A 是语句，则 $\Gamma\cup\{A\}\vdash B$ 当且仅当 $\Gamma\vdash A\rightarrow B$.

证明留作练习，读者自证.

例 4.2.1 若 $\Gamma\vdash\forall x_iA$，且项 t 对于 A 中的 x_i 可代入，则 $\Gamma\vdash A_t^{x_i}$.

证明 $\forall x_iA\rightarrow A_t^{x_i}$ 是公理 L_4，应用 MP 规则得 $\Gamma\vdash A_t^{x_i}$.

定义 4.2.3 若对每个公式 A，$\Gamma\vdash A$，则称 Γ 是不协调的语句集，否则称 Γ 是协调的语句集.

定理 4.2.5 若 $\Gamma\vdash\neg P_1^1(x_1)\wedge P_1^1(x_1)$，则 Γ 是不协调的.

证明 任取公式 A，$\neg P_1^1(x_1)\wedge P_1^1(x_1)\rightarrow A$ 是重言式，于是 $\Gamma\vdash\neg P_1^1(x_1)\wedge P_1^1(x_1)\rightarrow A$，因此 $\Gamma\vdash A$.

定理 4.2.6 若 Γ 协调，则 Γ 可满足.

证明留作练习，读者自证.

定理 4.2.7(完备性定理) (1) 若 $\Gamma\vDash A$，则 $\Gamma\vdash A$；(2)若$\vDash A$，则$\vdash A$.

证明 设 B 是 A 的闭包，若解释 I 满足 Γ，则必然满足 B，即不满足 $\neg B$，因此 $\Gamma\cup\{\neg B\}$ 不可满足. 由定理 4.2.6 得 $F\cup\{\neg B\}$ 不协调，所以 $\Gamma\cup\{\neg B\}\vdash B$. 由演绎定理知，$\Gamma\vdash\neg B\rightarrow B$. 由于$(\neg B\rightarrow B)\rightarrow B$ 是重言式，故 $\Gamma\vdash(\neg B\rightarrow B)\rightarrow B$，于是$\vdash B$. 再若干次利用例 4.2.1 得 $\Gamma\vdash A$.

(2) 是(1)的推论.

4.3 定理的机器证明

计算机不仅具有计算能力、信息处理能力，还具有一定程度的“思维”能力，它能够代替人类的部分脑力劳动，定理的机器证明就是计算机思维能力的一个重要证明. 从 20 世纪 50 年代开始，人们探索使用计算机来证明数学定理，于是定理的机器证明成为计算机科学领域的一个重要课题.

前面介绍了命题逻辑和谓词逻辑的推理理论，由于引入了假设推理，使得由公理系统中的公理和推理规则出发而求得定理的过程变得简单而机械化. 于是人们猜想，是否有一种固定算法，按照这种算法，可以证明谓词逻辑中的任何公理系统的任何定理的正确性. 假若存在这种算法，用计算机实现这种算法，就可以用机器证明谓词演算中的定理. 1965 年美国数理逻辑学家罗宾逊(Robinson)创造了消解原理(resolution principle)实现了这一想法.

美籍华人数学家王浩(1958)在机器证明方面创造了王浩算法，他在一台速度不高的计算机上(IBM704)证明了罗素的《数学原理》中一阶逻辑部分的全部 350 条定理. 1976 年,中国数学家吴文俊开辟了一条定理机器证明的代数化途径,已经实现了初等几何主要定理的机器证明,并且微分几何中一些主要定理的证明也已机械化. 吴文俊的方法称为吴氏方法,使中国在数学机械化领域处于领先地位. 下面介绍 4 种方法.

1. 试探法

(1) 正向试探法. 由前提、公理、定义、已证明的定理和待证定理的假设出发,推出若干命题作为中间结果,并不断地把中间结果加到前提中去,若推出了所要的结论,定理便得到证明;否则,考虑另外的命题作为前提,继续上述过程.

(2) 逆向试探法. 由结论出发,考虑要证明的结论的前面一步必定有某种命题;而要证明某种命题,又归约为证明另一命题. 这样步步逆向归约,若发现前提中有归约到的命题,那么定理得证;否则,就考虑另外的命题,继续上述过程.

当机器存储空间用完,或前提中的公式用完,或归约的子问题表中公式用完,试探法即结束. 由此看来,试探法只是有可能获得问题的解,并不保证一定获得解,因为试探结束时,定理并不一定得到证明.

2. 判定法

对于一个数学理论,若存在算法,使用它可对该理论中的任何命题,判定是否是其中的定理,此时称该理论是可判定的,否则是不可判定的. 对可判定的,我们寻找判定的算法;对不可判定的,要证明算法的不存在.

我们知道,证明公式的永真性,就等于证明公式是定理. 一般先用判定法确定某公式是定理,然后用优化的算法通过机器具体证明某公式是永真的;对不可判定的问题,一方面证明算法不存在;另一方面寻找可判定的子问题,也是很有意义的. 一般这种情况是多见的.

3. 计算机辅助证明

在定理的证明中,遇到大量计算和推理,人工往往无法完成,交给计算机去做,从而帮助人们完成任务,这就是计算机辅助证明. 四色定理是计算机辅助证明的一个成功的典型例子. 四色定理也叫四色猜想,1852 年首先由英国大学生 F. Guthrie 提出:任何地图至多用四种颜色即可区分相邻区域. 经过一个多世纪的努力,1976 年在计算机的帮助下,获得证明. 计算机的计算进行了 1200 多小时,计算程序先后修改 500 余次. 可见计算机在证明中的强大作用.

4. 证明算法

证明算法不同于判定算法,是对一类半可判定问题而言的算法. 所谓半可判定问题,是指对某个不可判定问题的子问题来说,若该子问题可判定,便有算法可证明;若不可判定,则没有算法可证明.

第5章 图论

图论起源于18世纪. 1736年,瑞士数学家欧拉(Euler)发表了图论的首篇论文,解决了哥尼斯堡七桥问题,奠定了图论的基础. 图论最初主要研究一些游戏问题. 从19世纪中期到20世纪前半期是图论发展的第二阶段,许多图论问题涌现,如四色猜想问题、环游世界问题,等等. 与此同时,人们在发展完善图论理论的基础上,还将图论应用于其他学科领域问题的研究上,如1845年,德国物理学家基尔霍夫(Kirchhoff)应用图论的方法分析电网络,奠定了现代网络理论的基础,这就是电工原理中的基尔霍夫定律,是第一次将图论应用于工程技术领域;1857年,英国数学家凯莱(Cayley)在试算饱和碳化氢的同分异性体时,提出了“树”的概念. 此后,约有半世纪的时间图论的研究处于缓慢发展时期,研究人员很少,直到1936年匈牙利数学家柯尼希(Konig)发表了第一本图论专著,从此图论成为一门独立的学科,广泛地应用于自然科学和社会科学. 图论作为一个数学分支,已拥有一套完整的体系和丰富的内容,在许多科学领域已具有越来越重要的地位. 其应用已广泛渗透到矩阵理论、计算机科学、运筹学、网络分析等学科领域.

5.1 图的基本概念

现实世界中许多现象都能用某种图形表示,这些图形是由一些点和连接两点间的连线所组成.

例 5.1.1 用 A,B,C,D 分别表示四家工厂,其中 A,B,C 三家工厂有业务往来,D 工厂只与 A 厂有往来,那么这四家工厂以及它们之间的业务往来关系就可以用图5.1.1描述.

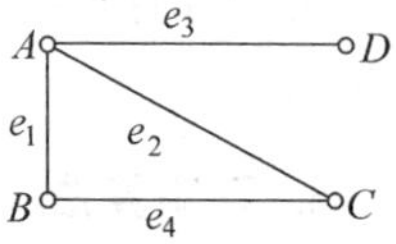

图 5.1.1

该图中的4个小圆圈分别表示4个工厂,称之为顶点,如果两个工厂之间有业务往来,则在两个顶点之间用一条线连接起来,称之为边. 这样,利用图形使得各个工厂之间的关系一目了然.

对于这种图形,我们感兴趣的只是有多少个顶点和哪些顶点之间有线连接,至于连线的长短曲直和顶点的位置却无关紧要,只要求每一条直线或曲线都起始于某个顶点,而终止于某个顶点. 对这类事例进行数学抽象就得到了图的概念.

5.1.1 图及其图形表示

在上面的例子中，业务往来关系是一种对称关系，即 A 与 C 有往来，那么 C 与 A 也有往来，因而在上面的图形中每条连线都不需要标明方向.

但是在处理交通流问题时，必须知道网络中什么道路是单行道，什么方向上通行是允许的. 显然，在这种情形下需要图形中每条连线都有指定的方向，即有方向的图.

根据图中连线的特点将图分为两种类别：一种是无向图，即每条连线都没有方向；另一种是有向图，即每条连线都有方向.

为了给出图论中图的抽象而严格的数学定义，先给出无序积的概念.

设 A,B 为任意两个集合，称

$$\{(a,b)\mid a\in A\wedge b\in B\}$$

为 A 和 B 的无序积，记作 $A\&B$.

为方便起见，将无序积中的无序对 $\{a,b\}$ 记为 (a,b)，与序偶不同，无论 a,b 是否相等，均有 $(a,b)=(b,a)$.

定义 5.1.1 一个**无向图**(undirected graph)G 是一个有序的二元组 $G=\langle V,E\rangle$，其中 V 是有限的非空顶点集合，E 是有限的边集合，E 称为**边集**(edge set). E 中的每个元素都有 V 中顶点的无序对与之对应，即对任意 $e\in E$，都有 e 与 $(u,v)\in V\&V$ 相对应，其元素称为无向边，简称为**边**(edge).

定义 5.1.2 一个**有向图**(directed graph)D 是一个有序二元组 $D=\langle V,E\rangle$，其中 V 是一个非空的顶点集合，E 为边集，即对任意 $e\in E$，都有 e 与 $\langle u,v\rangle\in V\times V$ 相对应，其元素称为有向边，简称为边.

本书用符号 $\varepsilon(G)$，$\nu(G)$ 表示图 G 的边数和顶点数，在不致发生混淆时，通常略去符号中的字母 G，记为 ε，ν.

例如，对于无向图 5.1.1，其中 $V=\{A,B,C,D\}$，$E=\{e_1,e_2,e_3,e_4\}$.

例 5.1.2 (1) 对于给定无向图 $G=\langle V,E\rangle$，其中 $V=\{v_1,v_2,v_3,v_4,v_5\}$，$E=\{(v_1,v_1),(v_1,v_2),(v_1,v_3),(v_2,v_3),(v_2,v_4),(v_3,v_5),(v_3,v_5)\}$，画出 G 的图形；

(2) 对于给定有向图 $D=\langle V,E\rangle$，其中 $V=\{v_1,v_2,v_3,v_4,v_5\}$，$E=\{\langle v_1,v_2\rangle,\langle v_1,v_3\rangle,\langle v_1,v_4\rangle,\langle v_2,v_3\rangle,\langle v_3,v_2\rangle,\langle v_3,v_3\rangle\}$，画出 D 的图形.

解 图 5.1.2 中(a)，(b)分别给出了无向图 G 和有向图 D 的图形.

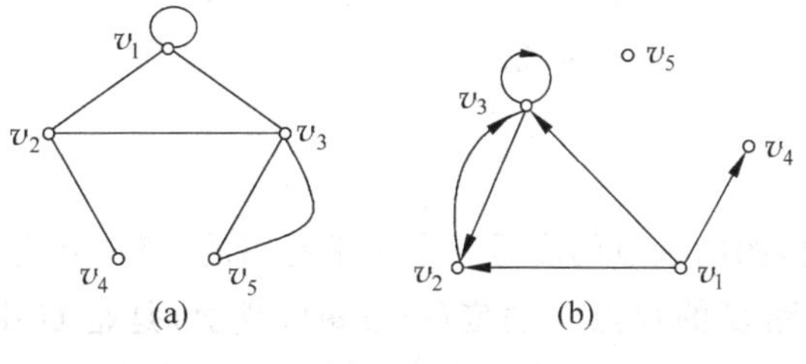

图 5.1.2

注 一个无向图的图形表示不是唯一的,表示顶点的点和表示边的连线位置以及连线的长度是无关紧要的. 例如,图 5.1.3 与图 5.1.4 表示同一个图.

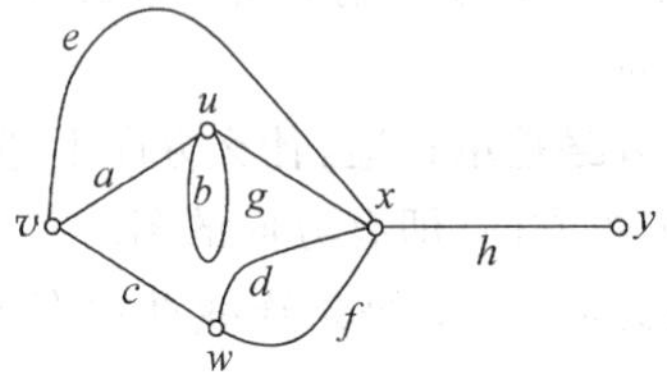

图 5.1.3

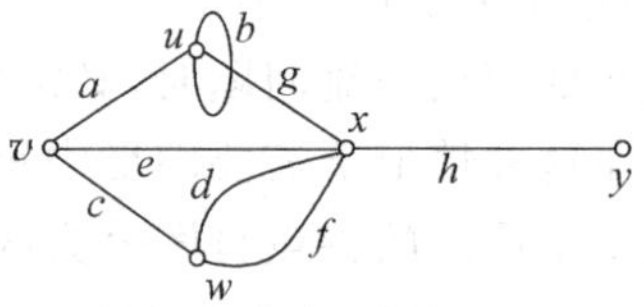

图 5.1.4

注 为了区别起见,在下面的章节中提到术语"图"时,如无明确指明,均泛指有向图和无向图.

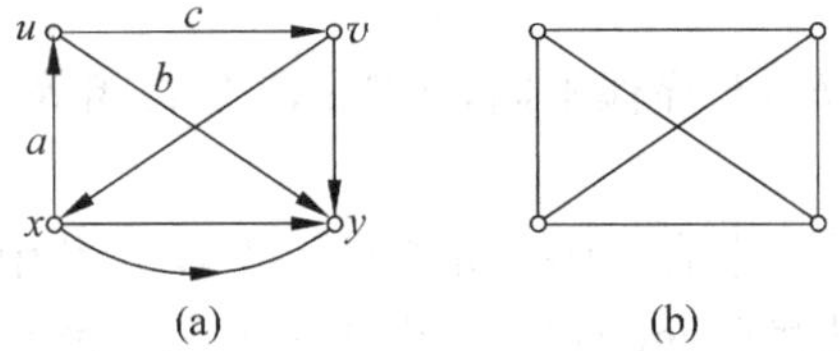

图 5.1.5

对于每一个有向图 D,如图 5.1.5 中(a)所示,可以在相同顶点集上作一个图 H,使得对于 D 的每条弧,H 有一条有相同端点的边与之对应. 这个图称为 D 的基础图. 如图 5.1.5 中(b)所示.

与定义 5.1.1 和定义 5.1.2 有关的还有下面一些概念和规定.

(1) 一条边的端点称为与这条边相关联,一条边也称与这条边的两个端点相关联. 与同一条边相关联的两个顶点称为相邻的,与同一个顶点相关联的两条边也称为相邻的,与任何边均不相关联的点称为孤立点.

(2) 两个端点重合为一点的边称为环,端点不同的边称为连杆. 在无向图中,如果关联一对顶点的无向边多于 1 条,则称这些边为平行边,平行边的条数称为边重数. 在有向图中,如果关联一对顶点的有向边多于 1 条,并且这些边的始点与终点相同(也就是它们的方向相同),则称这些边为平行边.

(3) 仅由孤立点组成的图称为零图,仅由一个孤立点构成的图称为平凡图,顶点集为空集的图为空图.

(4) 称一个图为简单图,如果它既无环也无两条连杆连接相同的一对顶点. 含平行边的图称为多重图. 图 5.1.1 是简单图,而图 5.1.2 是多重图.

(5) 把有 n 个顶点的图称为 n 阶图.

5.1.2 顶点的度

在研究图的性质时,图的顶点的度是一个非常有用的参数,其定义如下.

定义 5.1.3 无向图 G 的顶点 v 的**度**(degree)(或**次**)是指 G 中与 v 相关联的边的条数,记为 $d_G(v)$,简记为 $d(v)$. 并称度为奇数的点为**奇度顶点**(odd vertex),否则称为**偶度顶**

点(even vertex).

注 计算度时每个环按两度计算.

通常习惯用 $\delta(G)$ 和 $\Delta(G)$ 分别表示 G 的顶点的最小度和最大度,即

$$\delta(G)=\min\{d_G(v)\mid v\in V(G)\},\quad \Delta(G)=\max\{d_G(v)\mid v\in V(G)\}.$$

例如,在图 5.1.2(a)中,顶点 v_1 的度数为 4,顶点 v_2 的度数为 3,顶点 v_3 的度数为 4,顶点 v_4 的度数为 1,$\delta(G)=1$,$\Delta(G)=4$.

定理 5.1.1 在任何无向图中,所有顶点的度的总和等于边数和的两倍,即

$$\sum_{v\in V} d_G(v) = 2\varepsilon(G).$$

证明 因为每条边必关联两个顶点,所以在计算各顶点度数之和时,每条边均提供 2 度,因此在一个图中,顶点度数的总和等于边数的两倍.

这个结果是图论的第一个定理,它是由欧拉于 1736 年最先给出的.欧拉曾对此定理给出了这样一个形象论断:如果许多人在见面时握了手,两只手握在一起,被握过手的总次数为偶数,故此定理称为图论的基本定理或握手定理.

定义 5.1.4 有向图 D 中顶点 v 的**入度**(indegree) $d_D^-(v)$ 定义为以顶点 v 为头的弧的数目,顶点 v 的**出度**(outdegree) $d_D^+(v)$ 定义为以顶点 v 为尾的弧的数目,而 v 的度 $d_D(v)$ 定义为 $d_D^-(v)+d_D^+(v)$,即顶点 v 所关联的弧的数目.称一个有向图是**严格的**(strictly),如果它没有环,并且任何两条弧都不具有相同的头和尾.

我们用 $v(D)$,$\varepsilon(D)$,$\delta^-(D)$,$\Delta^-(D)$,$\delta^+(D)$ 和 $\Delta^+(D)$ 分别表示 D 中顶点的数目、弧的数目以及各顶点的最小和最大的入度和出度.和无向图一样,在不致混淆的情况下,字母 D 可以从有关记号中省去,例如,可以把 $d_D^-(v)$ 写成 $d^-(v)$,把 $\delta^+(D)$ 写成 δ^+,等等.

关于有向图的度、入度以及出度等有下述结论.

定理 5.1.2 在任何有向图 D 中,下述结论成立.

(1) 顶点的度的总和等于边数和的两倍,即

$$\sum_{v\in V} d_D(v) = 2\varepsilon(D);$$

(2) 所有顶点的入度之和等于所有顶点的出度之和,即

$$\sum_{v\in V} d_D^-(v) = \sum_{v\in V} d_D^+(v).$$

证明 (1) 证明同定理 5.1.1 的证明.

(2) 因为每条弧必对应于一个入度和一个出度,若一顶点具有一个入度或出度,则必关联一条弧,所以有向图中各顶点入度之和等于其弧的数目,同时各顶点出度之和也等于其弧的数目,因此所有顶点的入度之和等于所有顶点的出度之和.

推论 在任何图中,奇度顶点的个数必为偶数.

证明 设 V_1 和 V_2 分别是 G 中奇度顶点集和偶度顶点集,则由定理 5.1.1 有

$$\sum_{v\in V_1} d_G(v)+\sum_{v\in V_2} d_G(v) = \sum_{v\in V} d_G(v) = 2\varepsilon(G),$$

由于 $\sum_{v\in V_2} d_G(v)$ 是偶数之和,必为偶数,而 $2\varepsilon(G)$ 是偶数,故得 $\sum_{v\in V_1} d_G(v)$ 是偶数,即 $|V_1|$ 是偶数.

例 5.1.3 (1) (3,3,2,3),(5,2,3,1,4)能成为图的度数列吗?为什么?

(2) 已知图 G 中有 10 条边,4 个度数为 3 的顶点,其余顶点的度数均小于等于 2,问 G 中至少有多少个顶点?为什么?

解 (1) 由于这两个序列中,奇数的个数均为奇数,由推论可知,它们都不能成为图的度数列.

(2) 图中边数为 10,由握手定理可知,G 中所有顶点的度数之和为 20,4 个度数为 3 的顶点占去 12 度,还剩下 8 度.若其余全是度数为 2 的顶点,还需要 4 个顶点占用这 8 度,所以 G 中至少有 8 个顶点.

5.1.3 完全图和补图

定义 5.1.5 在无向简单图 G 中,若每一对顶点间都有边相连,则称该图为**无向完全图**(undirected complete graph).习惯上将有 n 个顶点的无向完全图记作 K_n.在有向简单图 D 中,若 D 中任意一个顶点与其余 $n-1$ 个顶点间都存在两条方向相反的有向边,则称 D 是 n 阶**有向完全图**(directed complete graph).习惯上将有 n 个顶点的有向完全图记作 D_n.设 D 为 n 阶有向简单图,若 D 的基图为 n 阶无向完全图 K_n,则称 D 是 n 阶竞赛图(tournament).

如图 5.1.6 中,(a)为 D_2,(b)为四阶竞赛图,(c)为 K_5.

定理 5.1.3 $\varepsilon(K_n)=\frac{1}{2}n(n-1)$.

证明 在 K_n 中,任意两点间都有边相连,n 个顶点中任取两点的组合数为 $C_n^2=\frac{1}{2}n\cdot(n-1)$,故 K_n 的边数为 $\varepsilon=\frac{1}{2}n(n-1)$.

给定任意一个含有 n 个顶点的图 G,总可以把它补成一个具有同样顶点的完全图,方法是把那些没有连上的边添加上去.

易知,n 阶无向完全图、n 阶有向完全图、n 阶竞赛图的边数分别为 $\frac{n(n-1)}{2}$,$n(n-1)$,$\frac{n(n-1)}{2}$.

定义 5.1.6 给定一个无向图 G,由 G 中所有顶点和所有能使 G 成为无向完全图的添加边组成的图,称为 G 的相对无向完全图的补图,或简称为 G 的补图,记作 $\overline{G}$.

例 5.1.4 图 5.1.7 的两个图互为补图.

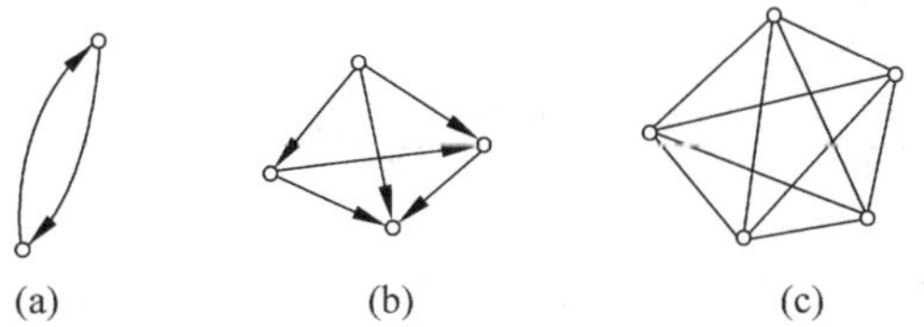

图 5.1.6

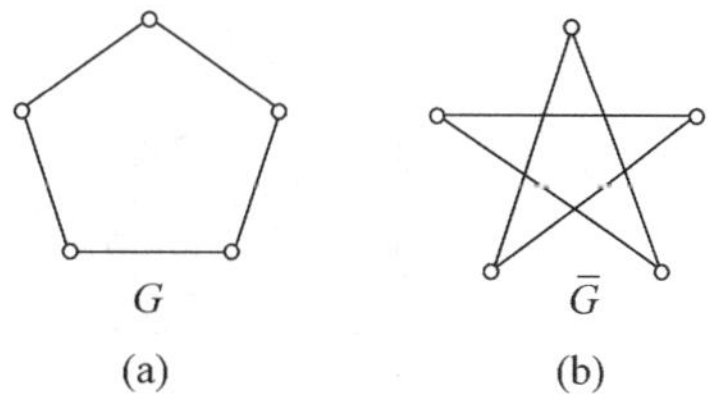

图 5.1.7 图及其补图

5.1.4 子图

定义 5.1.7 设图 $G=\langle V,E\rangle$，图 $G'=\langle V',E'\rangle$.

(1) 若 $V'\subseteq V,E'\subseteq E$，则称 G' 是 G 的**子图**(subgraph)，G 是 G' 的**母图**(supergraph)，记为 $G'\subseteq G$.

(2) 若 $G'\subseteq G$，且 $G'\neq G$(即 $V'\subset V$ 或 $E'\subset E$)，则称 G' 是 G 的**真子图**(proper subgraph)，记为 $G'\subset G$.

(3) 若 $V'=V,E'\subseteq E$，则称 G' 是 G 的**生成子图**(spanning subgraph).

(4) 设 $V''\subseteq V$ 且 $V''\neq\varnothing$，以 V'' 为顶点集，以两个端点均在 V'' 中的边的全体为边集的 G 的子图称为 V'' 导出的 G 的子图，简称 V'' 的**导出子图**(induced subgraph).

定义 5.1.8 设 $G=\langle V,E\rangle$ 为无向图.

(1) 设 $e\in E$，用 $G-e$ 表示从 G 中去掉边 e，称为删除边 e，又设 $E'\subset E$，用 $G-E'$ 表示从 G 中删除 E' 中的所有边，称为删除 E'.

(2) 设 $v\in V$，用 $G-v$ 表示从 G 中去掉顶点 v 及所关联的一切边，称为删除顶点 v. 又设 $V'\subset V$，用 $G-V'$ 表示从 G 中删除 V' 中所有顶点，称为删除 V'.

(3) 设边 $e=(u,v)\in E$，用 $G\backslash e$ 表示从 G 中删除 e 后，将 e 的两个端点 u,v 用一个新的顶点 w(或用 u 或 v 充当 w)代替，使 w 关联 e 以外 u,v 关联的所有边，称为边 e 的收缩.

(4) 设 $u,v\in V$(u,v 可能相邻，也可能不相邻)，用 $G\cup(u,v)$ 表示在 u,v 之间加一条边 (u,v)，称为加新边.

在收缩边和加新边的过程中可能产生环和平行边.

图 5.1.8 中，设(a)中图为 G，则(b)为 G 的一个生成子图，(c)为 $G-\{u,w\}$，(d)为 $G-\{a,b,f\}$，(e)为 $\{u,v,x\}$ 导出子图，(f)为 $G\backslash d$. 显然，每个图都是它自身的子图.

5.1.5 图的同构

在上面一些图的基本概念中，一个图由一个图形表示，由于图形的顶点位置和连线长度都可任意选择，故一个图的图形表示并不是唯一的. 下面讨论图的同构的概念.

定义 5.1.9 设 $G_1=\langle V_1,E_1\rangle$，$G_2=\langle V_2,E_2\rangle$ 为两个无向图(或两个有向图)，若存在双射函数 $f:V_1\to V_2$，$\forall v_i,v_j\in V_1$，$(v_i,v_j)\in E_1$($\langle v_i,v_j\rangle\in E_1$)当且仅当$(f(v_i),f(v_j))\in E_2$

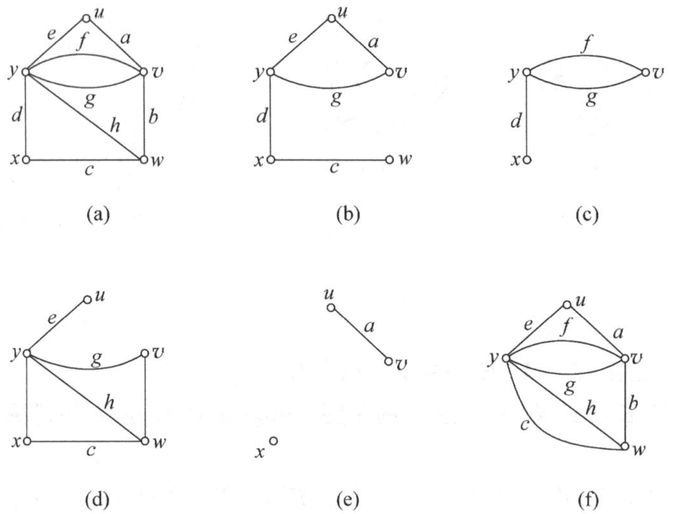

图 5.1.8

($\langle f(v_i), f(v_j)\rangle \in E_2$),并且$(v_i, v_j)$($\langle v_i, v_j\rangle$)与$(f(v_i), f(v_j))$($\langle f(v_i), f(v_j)\rangle$)的重数相同,则称$G_1$与$G_2$是同构的(isomorphic),记作$G_1 \cong G_2$.

注 直观地看,两个图G_1与G_2同构,就是要求$V(G_1)$和$V(G_2)$之间能建立一一对应关系,并且G_1中的两顶点之间有边的充要条件是G_2的对应的两点之间也有边且边重数也相同.

图之间的同构关系"$\cong$"可看成全体图集合上的二元关系,这个二元关系$\cong$具有自反性、对称性和传递性,因而它是等价关系.这个等价关系的每个等价类中均取一个非标定图作为一个代表,凡与它同构的图,在同构的意义之下都可以看成一个图.

例 5.1.5 在图 5.1.9 中,(a),(b)可以看成是一个图,它们都被称为彼得森(Peterson)图,(b)与(a)同构.(c),(d)两图彼此间不同构.

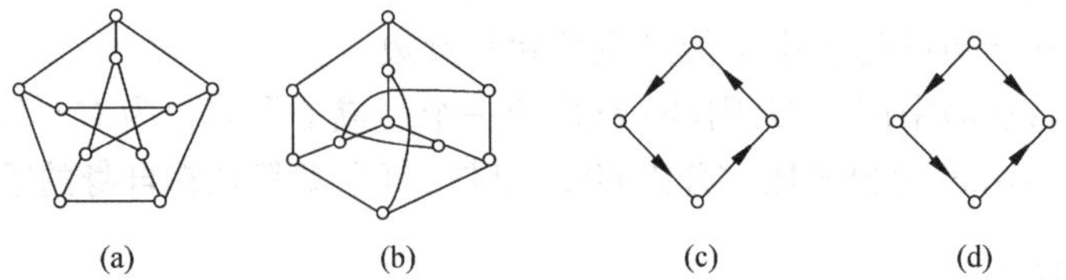

图 5.1.9

对于同构,形象地说,若图的顶点可以任意挪动位置,而边是完全弹性的,只要在不拉断的条件下,一个图可以变形为另一个图,那么这两个图是同构的.

判断任意两个图是否同构是一个非常困难的问题,寻找一种简单而有效的方法来判断图的同构,是图论中一个重要而未解决的问题.到目前为止,还只能从定义出发判断,判断过程中不要将两个图同构的必要条件当成充分条件.

综上所述,可以得到两图同构的一些必要条件:

(1) 顶点数目相同;(2)边数相等;(3)度数相同的顶点数目相等.

定义 5.1.10 设 G 为 n 阶无向简单图,若 $\forall v\in V(G)$,均有 $d(v)=k$,则称 G 为 k **正则图**(regular graph).

由定义可知,n 阶零图是 0 正则图,n 阶无向图是 $n-1$ 正则图,彼得森图是 3 正则图.由握手定理可知,n 阶 k 正则图中,边数 $m=kn/2$,因而当 k 是奇数时,n 必为偶数.

5.2 通路、回路与连通性

5.2.1 通路和回路

定义 5.2.1 (1) 无向图 G 的一个有限非空序列 $\Gamma=v_0e_1v_1e_2v_2\cdots e_kv_k$ 称为图 G 的一条从顶点 v_0 到 v_k 的**通路**(walk)(或**途径**),如果它的项交替地为 G 的顶点和边,并且 $e_i(1\leqslant i\leqslant k)$ 的端点是 v_{i-1} 和 v_i,并称 v_0 和 v_k 分别为通路 Γ 的**起点**和**终点**,而 $v_1,v_2,\cdots,v_{k-1}$ 称为它的内部顶点,整数 k 称为 Γ 的长度.特别当 $v_0=v_k$ 时,称 Γ 为**回路**(circuit).

(2) 若通路 Γ 的边 $e_1,e_2,\cdots,e_k$ 互不相同,则 Γ 称为**简单通路**(或**迹**),同样对于回路 Γ 而言,若其边互不相同,则称 Γ 为**简单回路**(或**闭迹**).

(3) 又若通路 Γ 的顶点 $v_0,v_1,\cdots,v_k$ 互不相同(从而所有边互不相同),则此通路 Γ 称为**初级通路**(或**路径**).又若回路 Γ 除起点和终点外,其余顶点互不相同(从而所有边也互不相同),则称回路 Γ 为**初级回路**(或**圈**).长为 k 的圈称为 k **圈**(cycle),按 k 的奇偶性,可将 k 圈分为**奇圈**(odd cycle)或**偶圈**(even cycle),3 圈常称为**三角形**(triangle).

图 5.2.1 指出了一个图的一条通路、一条简单通路、初级通路、简单回路和一个圈.

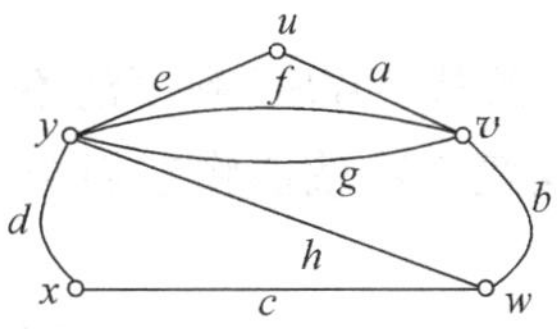

通路:*uavfyfvgyhwbv*
简单通路:*wcxdyhwbvgy*
初级通路:*xcwhyeuav*
简单回路:*uavbwhyfvgyeu*
圈:*uavbwhyeu*

图 5.2.1

注 在初级通路与初级回路的定义中,仍将初级回路看成初级通路的特殊情况,只是在应用中初级通路都是始点与终点不相同的,长为 1 的圈只能由环生成,长为 2 的圈只能由平行边生成,因而在无向简单图中,圈的长度至少为 3.

定义 5.2.2 有向图 D 的一个有限非空序列 $\Gamma=v_0e_1v_1e_2v_2\cdots e_kv_k$ 称为 D 的一条从顶点 v_0 到 v_k 的**有向通路**(directed walk)(或**途径**),如果它的各项交替地为 D 的顶点和弧,并

且弧 $e_i(1\leqslant i\leqslant k)$ 有头 v_i 和尾 v_{i-1}. 和无向图一样，有向通路 $v_0e_1v_1e_2v_2\cdots e_kv_k$ 常常可以简单地用它的顶点序列 $v_0v_1v_2\cdots v_k$ 来表示.

在有向图中，可以类似地定义**有向路**、**有向回路**、**有向圈**和**有向环游**等.

还需指出的是，有通路与回路的定义中，我们将回路定义为通路的特殊情况. 因而，我们说某条通路，它可能是回路. 但当我们说初级通路时，一般是指它不是初级回路的情况.

利用通路的概念容易解决一个古老的著名问题.

例 5.2.1 渡河问题：一个摆渡人要把一只狼、一只羊和一捆菜运过河去. 由于船很小，每次摆渡人至多只能带一样东西. 另外，如果人不在旁边时，狼就要吃羊，羊就要吃菜. 问这人怎样才能将它们运过河去？

解 用 F 表示摆渡人，W 表示狼，S 表示羊，C 表示菜. 若用 $FWSC$ 表示人和其他三样东西在河的原岸的状态，这样原岸全部可能出现的状态为以下 16 种：

$$\begin{array}{cccccccc} FWSC & FWS & FWC & FSC & WSC & FW & FS & FC \\ WS & WC & SC & F & W & S & C & \varnothing \end{array}$$

这里 $\varnothing$ 表示原岸什么也没有，即人、狼、羊、菜都已运到对岸去了.

根据题意我们知道，这 16 种情况中有 6 种是不允许的，它们是：WSC，FW，FC，WS，SC，F. 如 FC 表示人和菜在原岸，而狼和羊在对岸，这当然是不行的. 因此，允许出现的情况只有 10 种.

以这 10 种状态为顶点，以摆渡前原岸的一种状态与摆渡一次后仍在原岸的状态所对应的顶点之间的连线为边做有向图 G，如图 5.2.2 所示.

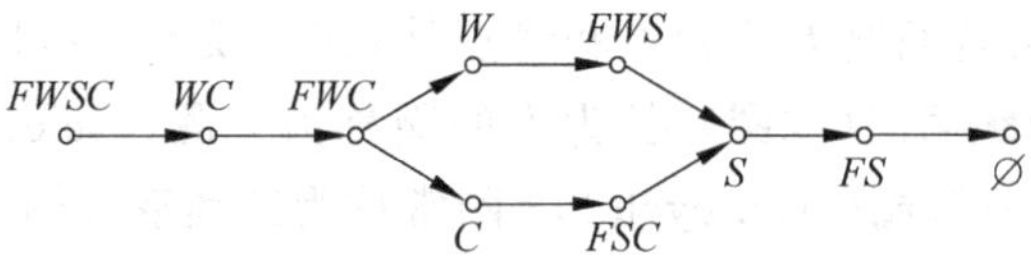

图 5.2.2

图中给出了两种方案，方案为图 5.2.2 中的从 $FWSC$ 到 $\varnothing$ 的不同的初级通路，它们的长度均为 7，按图中所指的方案，摆渡人只要摆渡 7 次就能将它们全部运到对岸，并且羊和菜完好无损.

定理 5.2.1 在 n 阶图 G 中，若从顶点 v_i 到 $v_j(v_i\neq v_j)$ 存在通路，则从 v_i 到 v_j 存在长度小于或等于 $n-1$ 的通路.

证明 设 $\Gamma=v_0e_1v_1e_2\cdots e_lv_l(v_0=v_i, v_l=v_j)$ 为 G 中一条长度为 l 的通路，若 $l\leqslant n-1$，则 Γ 满足要求，否则必有 $l+1>n$，即 Γ 上的顶点数大于 G 中顶点数，于是必存在 k,s，$0\leqslant k\leqslant s\leqslant l$，使得 $v_s=v_k$，即在 Γ 上存在 v_s 到自身的回路 C_{sk}. 在 Γ 上删除 C_{sk} 上的一切边及除 v_s 外的一切顶点，得 $\Gamma'=v_0e_1v_1e_2\cdots v_ke_{s+1}\cdots e_lv_l$，$\Gamma'$ 仍为 v_i 到 v_j 的通路，且长度至少比 Γ 减少 1. 若 Γ' 还不满足要求，则重复上述过程，由于 G 是有限图，经过有限步后，必得到 v_i 到

v_j 长度小于或等于 $n-1$ 的通路.

推论 在 n 阶图 G 中,若从顶点 v_i 到 $v_j(v_i \neq v_j)$ 存在通路,则 v_i 到 v_j 一定存在长度小于或等于 $n-1$ 的初级通路.

类似可证明下面的定理和推论.

定理 5.2.2 在一个 n 阶图 G 中,若存在 v_i 到自身的回路,则一定存在 v_i 到自身长度小于或等于 n 的回路.

推论 在一个 n 阶图 G 中,若存在 v_i 到自身的简单回路,则一定存在长度小于或等于 n 的初级回路.

例 5.2.2 无向完全图 K_3 的顶点依次为 a,b,c,在定义意义下 K_3 有多少个不同的圈?

解 在同构意义下,K_3 中只有一个长为 3 的圈.但在定义意义下,不同起点(终点)的圈是不同的,顶点间排列顺序不同的圈也看成是不同的,因而 K_3 中有 6 个长为 3 的不同圈,分别为:$abca$,$acba$,$baca$,$bcab$,$cabc$,$cbac$.如果只考虑起点(终点)的差异,而不考虑顺时针、逆时针的差异,应该有 3 种不同的圈,当然它们的长度都是 3.

5.2.2 无向图的连通性

定义 5.2.3 在无向图 G 中,对于它的两个顶点 u 和 v,如果 u 和 v 之间存在通路,则称顶点 u 和 v 是**连通的**(connected),记为 $u \sim v$.对任意顶点 u,规定 $u \sim u$.

定理 5.2.3 无向图中顶点之间的连通关系是等价关系.

证明 (1) 由于规定任何顶点和自身总是连通的,因此顶点之间的连通关系具有自反性.

(2) 若两个顶点 u 和 v 之间存在通路,则 v 和 u 之间也存在通路,因而顶点之间的连通关系具有对称性.

(3) 若顶点 u 和顶点 v 是连通的,顶点 v 和顶点 w 是连通的,则从 u 到 v 存在通路,从 v 到 w 存在通路,于是从 u 经过 v 到 w 存在通路,即 u 和 w 是连通的,所以顶点之间的连通关系具有传递性.

由(1),(2),(3)知,顶点之间的连通关系是等价关系.

定义 5.2.4 如果对 G 的任意两个顶点 u 和 v,都有 $u \sim v$,则称 G 是**连通图**(connected graph),否则称 G 是**非连通图**(disconnected graph)(或**分离图**).

显然,无向完全图 $K_n(n \geqslant 1)$ 都是连通图,而多于一个顶点的零图都是非连通图.

定义 5.2.5 设 u,v 为无向图 G 中任意两个顶点,若 $u \sim v$,称 u,v 之间长度最短的通路为 u,v 之间的短程线,短程线的长度称为 u,v 之间的**距离**(distance),记作 $d(u,v)$.当 u,v 之间不连通时,规定 $d(u,v)=\infty$.

距离有以下性质:

(1) $d(u,v) \geqslant 0$,$u=v$ 时,等号成立;

(2) 具有对称性:$d(u,v)=d(v,u)$;

(3) 满足三角不等式：$\forall u,v,w\in V(G)$，则

$$d(u,v)+d(v,w)\geqslant d(u,w).$$

在完全图 $K_n(n\geqslant 2)$ 中，任何两个顶点之间的距离都是1；而在 n 阶零图 $N_n(n\geqslant 2)$ 中，任何两个顶点之间的距离都为 ∞.

下面讨论无向图的连通程度.

由于无向图中顶点之间的连通关系是等价关系，而等价关系可以导致集合的划分，因此对于任何无向图中顶点集都存在一种划分，使得每个划分块中的顶点都彼此连通，而两个不同划分块中的顶点都不连通.

定义 5.2.6 在一个无向图 G 中，存在 V 的一个分类，把 V 分成非空子集 $V_1,V_2,\cdots,V_\omega$，使得两个顶点 u 和 v 是连通的当且仅当它们属于同一子集 V_i. 子图 $G[V_1],G[V_2],\cdots,G[V_\omega]$ 称为 G 的**连通分支**(connected component). 用 $\omega(G)$ 表示 G 中的连通分支个数.

易见 G 是连通的当且仅当 G 只有一个分支. 图 5.2.3 画出了连通的和不连通的图.

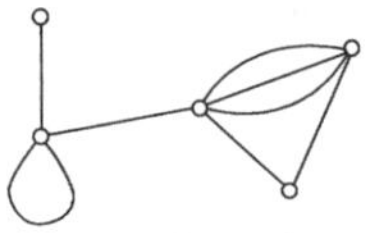

(a) 一个连通图

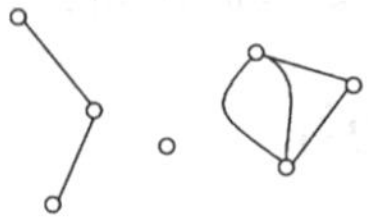

(b) 有3个分支的不连通图

图 5.2.3

为了刻画连通图的"连通程度"，下面给出点割集和边割集的概念.

定义 5.2.7 设无向图 $G=\langle V,E\rangle$.

(1) 若存在顶点子集 $V'\subset V$，使得删除 V'(将 V' 中的顶点及其关联的边都删除)后，所得子图 $G-V'$ 的连通分支数与 G 的连通分支数满足 $\omega(G-V')>\omega(G)$，而删除 V' 的任何真子集 V'' 后，$\omega(G-V'')=\omega(G)$，则称 V' 为 G 的一个**点割集**(vertex cut). 特别地，只有一个顶点的点割集，称该点割集的顶点为**割点**(cut vertex).

(2) 若存在顶点集 $E'\subset E$，使得删除 E'(将 E' 中的边都删除)后，所得子图 $G-E'$ 的连通分支数与 G 的连通分支数满足 $\omega(G-E')>\omega(G)$，而删除 E' 的任何真子集 E'' 后，都有 $\omega(G-E'')=\omega(G)$，则称 E' 为 G 的一个**边割集**(edge cut). 如边割集中只有一条边，则称该边为**割边**(cut edge)或**桥**.

例 5.2.3 如在图 5.2.4 中，$\{v_3,v_5\}$，$\{v_2\}$，$\{v_6\}$ 为点割集，v_2，v_6 为割点. $\{v_2,v_4\}$ 不是点割集，因为它的真子集 $\{v_2\}$ 已经是点割集了. 类似地，$\{v_1,v_6\}$ 也不是点割集. $\{e_3,e_4\}$，$\{e_4,e_5\}$，$\{e_1,e_2,e_3\}$，$\{e_1,e_2,e_4\}$，$\{e_9\}$ 等都是边割集，其中 e_9 是桥. $\{e_6,e_7,e_9\}$ 不是边割集，因为它的真子集 $\{e_9\}$ 已经是边割集了. 类似地，$\{e_1,e_2,e_5,e_6,e_8\}$ 也不是边割集.

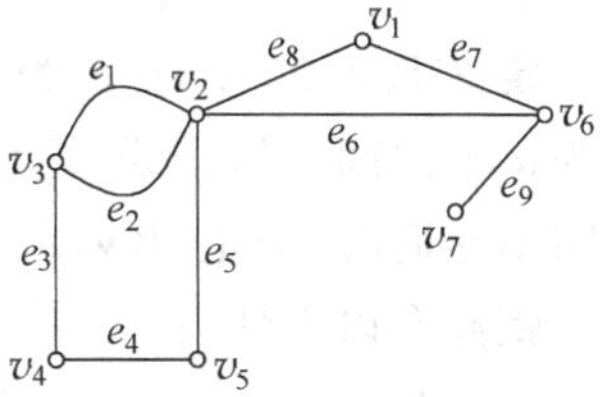

图 5.2.4

定理 5.2.4 无向图 G 的一条边 e 是割边当且仅当 e 不

包含在G的任意圈中.

证明 设e是G的割边,由于$\omega(G-e)>\omega(G)$,所以存在G的顶点u和v,它们在G中连通但在$G-e$中不连通.因此在G中必有某条(u,v)路p经过e.设x和y是e的端点,并且在p上x前于y,在$G-e$中,u被p的一段连到x,y被p的一段连到v.若e在某圈C中,则在$G-e$中x和y将被路$C-e$所连.于是,u和v在$G-e$中就连通了,导致矛盾.

反之,假设$e=xy$不是G的割边,则$\omega(G-e)=\omega(G)$.由于在G中存在一条(x,y)路(即xy),所以x和y都在G的同一个分支中.由此推知:x和y在$G-e$的同一个分支中,从而在$G-e$中存在一条(x,y)路p,于是e就位于G的圈$p+e$中了.

定义 5.2.8 设无向图G为连通图,定义

$$\kappa(G)=\min\left\{|V_1| \,\middle|\, V_1 \text{ 是 } G \text{ 的点割集,或使 } G-V_1 \text{ 为平凡图}\right\},$$

称$\kappa(G)$是G的**连通度**(connectivity)(或**点连通度**).若G为非连通图,则规定$\kappa(G)=0$.对于任意图G,若有$\kappa(G)\geqslant k$,则称G为k **连通图**.

定义 5.2.9 设无向图G是非平凡的连通图,令

$$\lambda(G)=\min\left\{|E_1| \,\middle|\, E_1 \text{ 是 } G \text{ 的边割集}\right\},$$

则称$\lambda(G)$为G的**边连通度**.若G为平凡图或非连通图,则规定$\lambda(G)=0$.对于任意图G,若有$\lambda(G)\geqslant r$,则称G为r **边连通图**.

例 5.2.4 (1)在图5.2.4中,它的点连通度为1,它是1连通图,但不是2连通图;它的边连通度为1,它是1边连通图,但不是2边连通图.

(2) 彼得森图的点连通度为3,它是1连通图、2连通图、3连通图,但不是4连通图;它的边连通度为3,它是1边连通图、2边连通图、3边连通图,但不是4边连通图.

定理 5.2.5 对任何无向图G,均有$\kappa(G)\leqslant\lambda(G)\leqslant\delta(G)$.

证明 若G是平凡的,则$\lambda(G)=0\leqslant\delta(G)$;否则,与$\delta(G)$度顶点相关联的连杆集构成了$G$的一个$\delta(G)$边割集,由此推知:$\lambda(G)\leqslant\delta(G)$.

对$\lambda(G)$用归纳法来证明$\kappa(G)\leqslant\lambda(G)$.当$\lambda(G)=0$时命题是正确的,因此,$G$是平凡或不连通的.现在假定命题对一切边连通度小于$k$的图均成立,并设$G$是$\lambda(G)=k>0$的图,而$e$是$G$的一个$k$边割集中的边,置$H=G-e$,则$\lambda(G)=k-1$.因此,由归纳法假设知$\kappa(H)\leqslant k-1$.

若H包含完全图作为其生成子图,则G也同样如此,而且

$$\kappa(G)=\kappa(H)\leqslant k-1.$$

否则,设S是H的具有$\kappa(H)$个元素的点割集,由于$H-S$是不连通的,因此,或者$G-S$是不连通的,并且

$$\kappa(G)\leqslant\kappa(H)\leqslant k-1,$$

或者$G-S$是连通的,并且e是它的割边.在后一情形,或者$\nu(G-S)=2$,并且

$$\kappa(G)\leqslant\nu(G)-1=\kappa(H)+1\leqslant k,$$

或者 $G-S$ 有割点 $\{v\}$，从而 $S\cup\{v\}$ 是 G 的点割集，并且

$$\kappa(G)\leqslant\kappa(H)+1\leqslant k.$$

于是，在任一种情形下，均有 $\kappa(G)\leqslant k=\lambda(G)$. 根据归纳法原理，结论成立.

定理 5.2.5 中的不等式通常是严格成立的. 例如，图 5.2.5 中的图 G 有 $\kappa(G)=2$，$\lambda(G)=3$，$\delta(G)=4$.

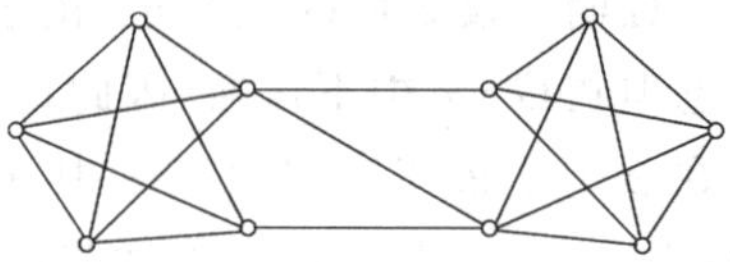

图 5.2.5

5.2.3 有向图的连通性

定义 5.2.10 若有向图 D 中存在有向通路 (u,v)，则顶点 v 称为在 D 中从顶点 u 出发**可达的**(reachable). 称两个顶点在 D 中是**双向连通的**(biconnected)，如果它们是互相可达的. 和在无向图中连通的情形一样，双向连通在 D 的顶点集上也是一个等价关系. 根据双向连通关系确定的 $V(D)$ 的一个分类 $(V_1,V_2,\cdots,V_m)$ 所导出的有向子图 $D[V_1],D[V_2],\cdots,D[V_m]$，称为 D 的**强连通分支**(strongly connected component)(或**双向分支**). 有向图 D 称为**强连通的**(strongly connected)(或**双向连通的**)，如果它恰有一个双向分支，即 D 中任意两个顶点都是双向可达的；如果对 D 中任何一对顶点，至少有一个顶点是从另一个顶点可达的，则称该图为**单向连通的**(simply connected)(或**单侧连通的**)；如果 D 的基础图是连通的，则称该 D 是**弱连通的**(weakly connected). 如图 5.2.6(a)不是强连通的，因为它有如图 5.2.6(b)所示的 3 个连通分支. 图 5.2.7 给出了三种连通图的实例.

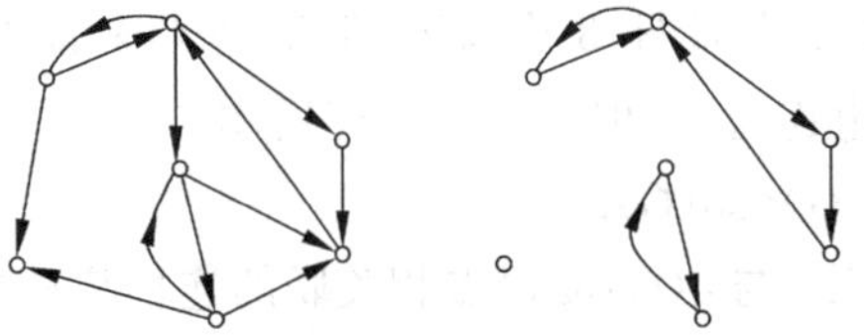

(a) 有向图D　　(b) D的3个强连通分支

图 5.2.6

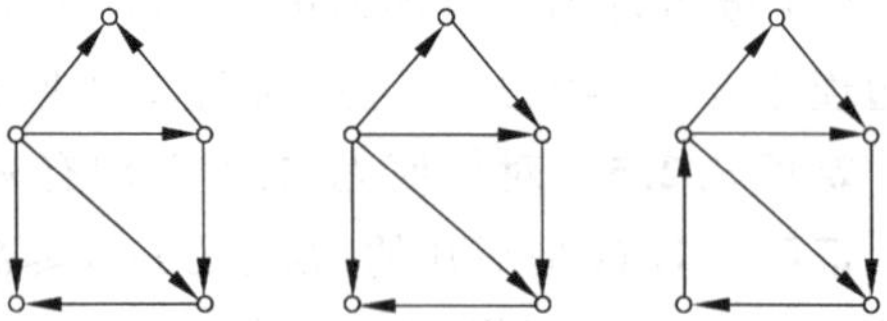

(a) 弱连通　　(b) 单向连通　　(c) 强连通

图 5.2.7

关于有向图的三种连通性，显然有下面的结论：

强连通有向图必是单向连通的，而单向连通有向图也一定是弱连通的. 但此结论的逆命题不成立.

定理 5.2.6 一个有向图 D 是强连通的充分必要条件是 D 有一条有向回路，它经过每一顶点至少一次.

证明 充分性. 如 G 中有一条有向回路，经过每一点至少一次，则 G 中任意两点 $u,v\in V$，u 可以沿着该有向回路的一部分而到达 v，则 G 是强连通图.

必要性. 设图 G 是强连通图，任取 u，$v\in V$，则 $u\to v$ 有有向路，$v\to u$ 也有有向路，则 $u\to v\to u$ 构成了一个有向回路，如果该有向回路没有包含 w，而 $u\to w$，$w\to u$ 均有有向路，

则$u\to v\to u\to w\to u$又是一个有向回路,如此一直下去可以将图中所有的点均包含进去,进而得到一条遍历所有顶点的有向回路.

5.2.4 门格定理

对于图G中的一族路,如果G中没有这样的顶点,使得它是这族路中一条以上的路的内部顶点,则称这族路为内部不相交的.下述定理是由惠特尼(Whitney)(1932)提出的.

定理 5.2.7 一个$v\geqslant 3$的无向图G是2连通图,当且仅当G的任意两个顶点至少被两条内部不相交的路所连.

证明 若G的任意两个顶点至少被两条内部不相交的路所连,则显然G是连通的,并且没有割点.因此G是2连通图.

反之,设G是2连通图.对u和v之间的距离$d(u,v)$用归纳法来证明:任意两个顶点u和v至少被两条内部不相交的路所连.

首先假设$d(u,v)=1$.由于G是2连通图,因此边uv不是割边,由定理5.2.4,它包括在某个圈中.由此推出:u和v被G中两条内部不相交的路所连.

现在假设对于距离小于k的任意两个顶点,定理均成立,并且设$d(u,v)=k\geqslant 2$.考察长为k的一条(u,v)路,并且设w是该路上v前面的那个顶点.因为$d(u,w)=k-1$,由归纳法假设可知:在G中有两条内部不相交的(u,w)路P和Q.又因为G是2连通图,所以$G-w$是连通图,并且包含一条u,w路p'.设x是在p'中又在$P\cup Q$中的最后一个顶点(见图5.2.8).由于u在$P\cup Q$中,这样的顶点x是存在的,我们不排除$x=u$的可能性.

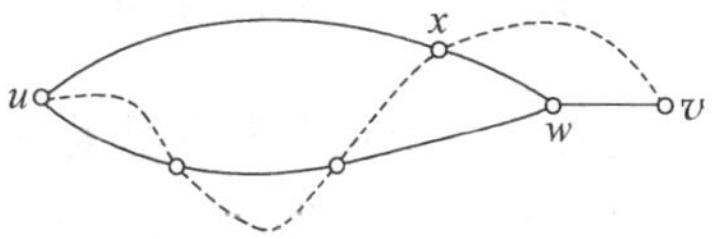

图 5.2.8

不失一般性,可假定x在P中,于是G有两条内部不相交的(u,v)路,一条由P的一段(从u到x)和p'的一段(由x到v)联合组成,另一条由Q和路wv组成.

定理5.2.7可推广到k连通图,即为著名的门格(Menger)定理:一个$v\geqslant k+1$的图G是k连通图当且仅当G的任意两个相异顶点至少被k条内部不相交的路所连.对于边连通性也有类似的定理:图G是k边连通图当且仅当G的任意两个相异顶点至少由k条边不重的路所连.这两个定理的证明就不在这里给出了.

在本节最后,给出二部图的概念.

定义 5.2.11 设$G=\langle V,E\rangle$为一个无向图,若能将V分成V_1和V_2($V_1\cup V_2=V$,$V_1\cap V_2=\varnothing$),使得G中的每条边的两个端点都是一个属于V_1,另一个属于V_2,则称G为**二部图**(bipartite graph)(或称二分偶图或偶图等),称V_1和V_2为互补顶点子集.常将二部图G记为$\langle V_1,V_2,E\rangle$.

若G是简单二部图,V_1中每个顶点均与V_2中所有顶点相邻,则称G为**完全二部图**(complete bipartite graph),记为$K_{r,s}$,其中$r=|V_1|$,$s=|V_2|$.

注 $n(n\geqslant 2)$阶零图为二部图.

图 5.2.9 中所示各图都是二部图，其中(a)，(b)，(c)为 K_6 的子图，(c)为完全二部图 $K_{3,3}$ 画成与其同构的形式(e)，(d)是 K_5 的子图，它是完全二部图 $K_{2,3}$，$K_{2,3}$ 常画成(f)的形式.

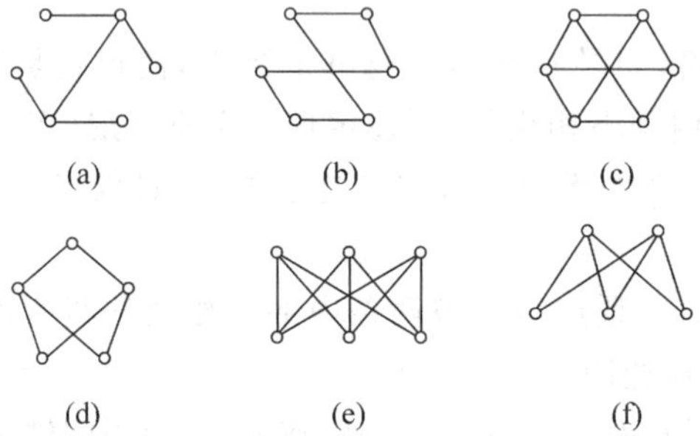

图 5.2.9

定理 5.2.8 $n(n\geqslant 2)$阶无向图 G 是二部图当且仅当 G 中无奇圈.

证明留作练习，读者自证.

5.3 欧拉图与中国邮递员问题

能否从一个顶点出发沿着图的边前进，恰好经过图的每条边一次并且回到这个顶点？同样，能否从一个顶点出发沿着图的边前进，恰好经过图的每个顶点一次并且回到这个顶点？虽然这两个问题有相似之处，但是对于所有图来说，可以轻而易举地回答第一个关于是否具有欧拉回路的问题，却非常难以解决第二个关于是否具有哈密顿回路的问题. 本节将研究这些问题并且讨论这些问题的难点. 虽然这两个问题在许多领域都有实际应用，但是都来源于古老的智力题. 下面将介绍这些古老的智力题以及现代的实际应用.

5.3.1 哥尼斯堡七桥问题

18 世纪中叶在欧洲普鲁士的哥尼斯堡城内有一条贯穿全市的普雷格尔河，河中有 2 个小岛，由 7 座桥相连接，如图 5.3.1(a)所示，A,B,C,D 表示陆地. 当时该城市中的人们热衷于一个难题：一个人怎样不重复地走完 7 座桥，最后回到出发地点？

瑞士数学家欧拉在 1736 年解决了这个问题，他将上述 4 块地与 7 座桥间的关系用一个抽象的图形来描述，其中的 4 块地分别用 4 个顶点表示，而陆地之间有桥相联者则用连接两个点的边表示，如图 5.3.1(b)所示. 这样，上述哥尼斯堡七桥问题就变成了在图 5.3.1(b)中是否存在经过每条边一次且仅一次的回路问题了，从而使得问题简洁，同时也更广泛、深刻多了. 在此基础上，欧拉得出了哥尼斯堡七桥问题是无解的.

欧拉在解决哥尼斯堡七桥问题的论文中，提出并解决了一个更具有一般性的问题：在什

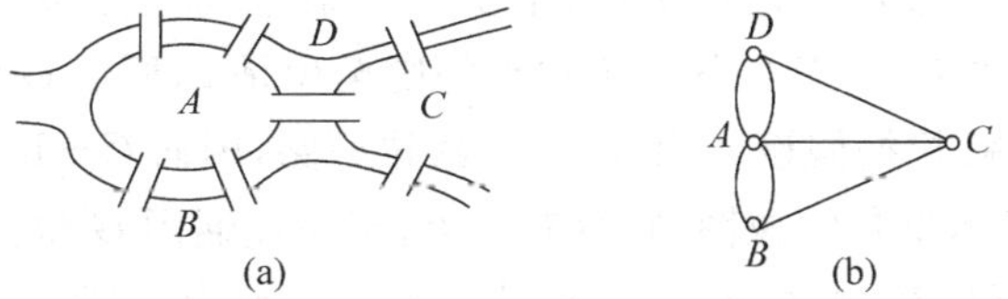

图 5.3.1

么形式的图 G 中可以找到一条通过 G 中每条边一次且仅一次的回路呢？具有这种特点的图被称为欧拉图.

5.3.2 欧拉图

定义 5.3.1 经过图 G 的每条边的简单通路称为 G 的**欧拉通路**(或**欧拉迹**). 经过图 G 的每条边的回路称为 G 的**环游**,特别如果该回路为简单回路,则称其为 G 的**欧拉回路**(或**欧拉环游**). 存在欧拉回路的图称为**欧拉图**. 具有欧拉通路但不具有欧拉回路的图称为半欧拉图.

以上定义既适合无向图,又适合有向图.

由定义可知:图 G 的欧拉通路或欧拉回路恰好经过 G 的每条边各一次. 欧拉通路或欧拉回路与一笔画游戏有着十分密切的联系. 所谓一笔画问题就是：笔不离开纸,每边只能画一次,不允许重复,将图画出,称该图能一笔画出. 一笔画与欧拉回路或欧拉通路之间有下述关系：

(1) 一个图如果能够一笔画出,并且终点回到起点,则等价于该图存在欧拉回路；

(2) 一个图如果能够一笔画出,但终点与起点不同,则等价于该图仅存在欧拉通路；

(3) 如该图不能一笔画出,则等价于该图不存在欧拉通路和欧拉回路.

图 5.3.2 给出了上述三类型的图.

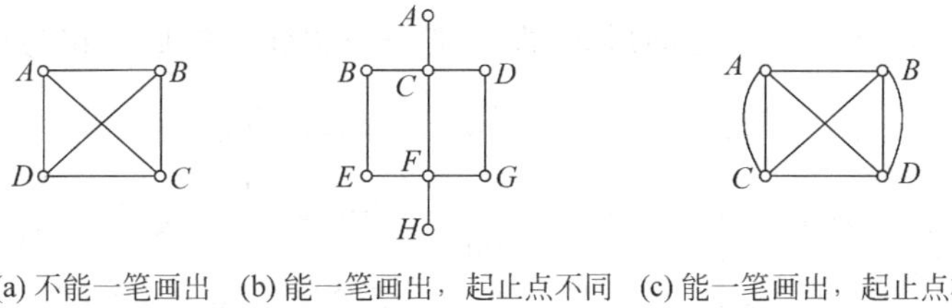

(a) 不能一笔画出 (b) 能一笔画出，起止点不同 (c) 能一笔画出，起止点相同

图 5.3.2

定理 5.3.1 无向图 G 是欧拉图当且仅当 G 是连通的且没有奇度顶点.

证明 设 G 是欧拉图,则必存在一条包含每条边的回路,而且每边恰一次. 经过某点时,必沿一条边进,另一条边出,故每个顶点相关联的边是偶数,每个顶点均为偶数度,且该欧拉回路经过每个点,故 G 是连通的.

反之，假设 G 是一个非欧拉连通图：它至少有一条边，而且没有奇点. 选择这样一个图 G，使其具有尽可能少的边，由于 G 的每个顶点的度至少是 2，所以 G 包含一条闭迹. 设 C 是 G 中其长为最大的闭迹. 根据假设，C 不是 G 的欧拉回路，因而 $G-E(C)$ 具有满足 $\varepsilon(G')>0$ 的某一分支 G'. 由于 C 本身是欧拉图，它没有奇点，于是连通图 G' 也没有奇点. 由于 $\varepsilon(G')<\varepsilon(G)$，根据 G 的选择可以推知：G' 有一条欧拉回路 C'. 因为 G 是连通的，所以在 $V(C)\cap V(C')$ 中存在一个顶点 v. 不失一般性，可以假定 v 是 C 和 C' 的起点和终点. 于是，CC' 就是 G 的适合 $\varepsilon(CC')>\varepsilon(C)$ 的一条闭迹，和 C 的选择矛盾.

推论 一个连通图 G 有欧拉通路当且仅当 G 最多有两个奇点.

证明 若 G 有欧拉通路，则如定理 5.3.1 所证明的，这条通路除起点和终点外的每个顶点都是偶点.

反之，假设 G 是顶多有两个奇点的非平凡连通图. 若 G 没有奇点，则由定理 5.3.1，G 有闭欧拉通路. 否则，G 恰有两个奇点 u 和 v. 此时，设 $G+e$ 表示 G 中添加连接 u 和 v 的新边 e 所得到的图. 显然，$G+e$ 的每个顶点都是偶点，由定理 5.3.1，$G+e$ 有欧拉回路 $C=v_0e_1v_1\cdots e_{\varepsilon+1}v_{\varepsilon+1}$，这里 $e_1=e$. 迹 $C=v_1e_2v_2\cdots e_{\varepsilon+1}v_{\varepsilon+1}$ 是 G 的一条欧拉通路.

例 5.3.1 计算机鼓轮设计. 设旋转鼓轮表面等分成 2^4 个部分，如图 5.3.3 所示. 其中每一部分分别用绝缘体或导体组成. 绝缘体部分给出信号为 0，导体给出的信号为 1，在图 5.3.3 中所示的阴影部分为导体，空白部分表示绝缘体，根据图中鼓轮的位置，触点将得到信号为 1101，如果将鼓轮顺时针方向转一个部分，触点将有信号 1010. 问鼓轮上的 16 个绝缘体和导体怎样安排，才能使鼓轮每旋转一个部分，4 个触点能得到一组不同的四位二进制码.

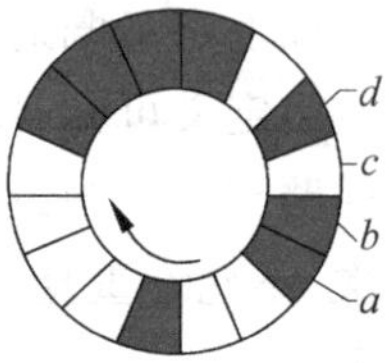

图 5.3.3

解 设有 8 个顶点的有向图如图 5.3.4 所示，其顶点分别记 3 位二进制码{000，001，010，011，100，101，110，111}，设 $\alpha_i\in\{0,1\}$，从顶点 $\alpha_1\alpha_2\alpha_3$ 可引出两条有向边 $\alpha_1\alpha_2\alpha_3 0$ 和 $\alpha_1\alpha_2\alpha_3 1$. 按照上述的方法，对于 8 个顶点的有向图共有 16 条边. 在这种图的任一条路中，其邻接的边必是 $\alpha_1\alpha_2\alpha_3\alpha_4$ 和 $\alpha_2\alpha_3\alpha_4\alpha_5$ 的形式，即是第一条边标号的后 3 位与第二条边标号的

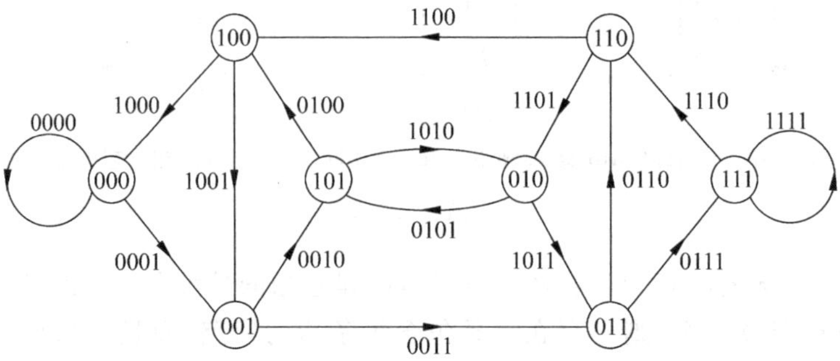

图 5.3.4

头3位相同.因为图中的16条边被记成不同的二进制数,可见前述鼓轮转动所得的16个不同的位置触点的二进制码,即对应着图中的一条欧拉回路.图5.3.4每个顶点的入度为2,出度也为2,图中的欧拉回路是{0000,0001,0010,0100,1001,0011,0110,1101,1010,0101,1011,0111,1111,1110,1100,1000}.根据相邻边的记法,16个二进制数可写成对应的0-1码0000100110101111.将它安排成环状,即是所求的鼓轮.

上述的例子可以推广到有n个触点的鼓轮.

欧拉图在现实生活中有着广泛的应用,例如,为邮递车、垃圾回收车、扫雪车等设计合适的路线.与欧拉图相关的一个很出名的问题就是中国邮递员问题,我们将在下面一部分进行讨论.下面来看其中一个应用:设计扫雪车的路线图.

例5.3.2 设某城市的街道布置如图5.3.5所示.每条边代表一个特定街道的一段街区,每个顶点代表街区间的交点,扫雪车车库位于顶点d.证明存在一条路线使得扫雪车清扫每个街区恰好一次,且清扫完最后一个街区正好返回车库.为这个扫雪车找出完成此任务的路线.

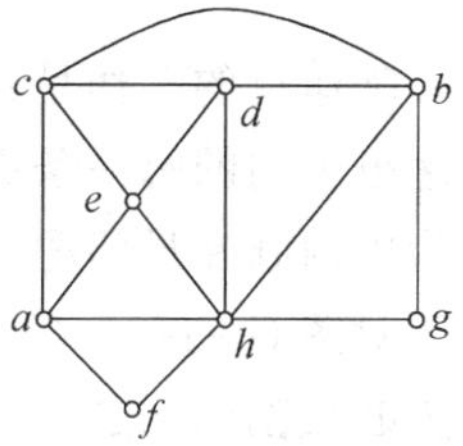

图 5.3.5

解 首先,图5.3.5所示的城市街道布局图是连通的,且每个顶点的度都是偶数,由定理5.3.1可以推出图中存在欧拉回路.而图5.3.5是城市街道布局的模型图,所以,可以推出存在一条使得扫雪车经过每个街区恰好一次最后回到车库的路线.为了找到这条合适的路线,先来组合回路.从扫雪车所在的顶点d开始,构造第一条回路$dbcdhed$,然后构造出第二条回路$ceahfac$,最后构造第三条回路$bghb$.再将它们按照如下方式进行组合:用第二条回路替代第一条回路中的顶点c得到$dbceahfacdhed$,然后用第三条回路替代顶点b得到回路$dbghbceahfacdhed$,这是扫雪车驾驶员能完成任务的一种可能的路线.

算法1给出了求欧拉回路的构造过程.

算法1 构造欧拉回路

```
procedure Euler(G:所有顶点有偶数度的连通多重图)
circuit:=在G里任选的顶点开始,连续地加入边所形成的回到该顶点的回路
H:=删除这条回路的边之后的G
while H还有边
begin
    subcircuit:=在既是H里的顶点也是circuit的边的端点处开始的H里的一条回路
    H:=删除subcircuit的边和所有孤立点之后的H
    circuit:=在适当顶点上插入subcircuit之后的circuit
end{ circuit是欧拉回路}
```

例5.3.3 能否用欧拉回路和欧拉通路的方法画出如图5.3.6所示的穆罕默德短弯刀?其中图形是在同一个顶点上开始和结束.

解 可以解决这个问题,因为图5.3.6所示的图 G 具有欧拉回路.它具有这样的回路是因为它的所有顶点都有偶数度.用算法1来构造欧拉回路.首先形成回路 a,b,d,c,b,e,i,g,e,a.通过删除这条回路的边并且删除因此产生的孤立点,就得到子图 H.然后形成 H 里的回路 d,g,f,h,j,i,h,k,f,g,d.形成这条回路之后就用完了 G 里所有的边.在适当的地方拼接这条回路和第一条回路,就产生出欧拉回路 $a,b,d,g,f,h,j,i,h,k,f,g,d,c,b,e,i,g,e,a$.

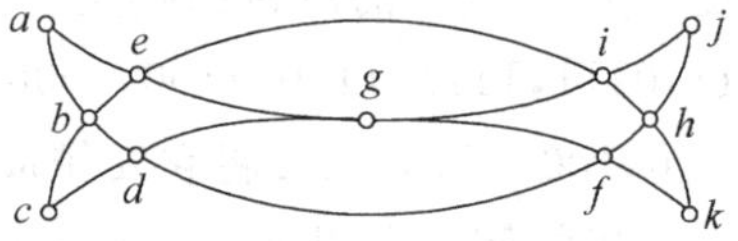

图 5.3.6

5.3.3 中国邮递员问题

邮递员的工作是:在邮局里选出邮件,递送邮件,然后再返回邮局.显然,他必须走过他投递范围内的每一条街道至少一次.在这个前提下,希望选择一条尽可能短的路线.这个问题为中国邮递员问题,因为它首先是中国数学家管梅谷(1962)研究的.

对图 G 的每一条边 e 可赋予一个实数 $w(e)$,称为 e 的**权**(weight).G 连同它边上的权称为**赋权图**(weighted graph).

在一个赋权图中,回路 $v_0e_1v_1\cdots e_nv_0$ 的权定义为 $\sum_{i=1}^{n} w(e_i)$.显然,中国邮递员问题就是在具有非负权的赋权连通图中找出一条最小权的回路.这种回路就称为最优回路.

若 G 是欧拉图,则 G 的任何欧拉回路都是最优回路,因为欧拉回路是一条通过 G 的每条边恰好一次的回路.在这种情形下,中国邮递员问题是容易解决的,因为在欧拉图中,存在着确定欧拉回路的好算法.由弗洛伊德(Floyed)提出的算法,用依次描画一条迹的方法来构造欧拉回路,而这种描画服从一个条件:在每一步中,未描画的子图的割边当且仅当没有别的边可选择时才被描画.

下面给出另外一种构造欧拉回路的算法.

算法2 弗洛伊德算法

```
procedure Floyed(G:带权简单图)
    {G有顶点 v1,v2,…,vn 和权 w(vi,vj),其中若(vi,vj)不是边,则 w(vi,vj)=∞}
    for i:=1 to n
        for j:=1 to n
            d(vi,vj):=w(vi,vj)
    for i:=1 to n
        for j:=1 to n
            for k:=1 to n
                if d(vj,vi)+d(vi,vk)<d(vj,vk)
                then d(vj,vk):=d(vj,vi)+d(vi,vk)
{d(vi,vj)是在 vi 与 vj 之间的最短通路的长度}
```

根据这个算法可知，弗洛伊德算法作出 G 中的一条迹. 下面的定理保证了弗洛伊德算法的正确性.

定理 5.3.2 若 G 是欧拉图，则 G 中任一用弗洛伊德算法作出的通路都是 G 的欧拉回路.

证明 设 G 是欧拉图，$w_n=v_0e_1v_1\cdots e_nv_n$ 是 G 中用弗洛伊德算法作出的迹. 显然，终点 v_n 在 G_n 中的度必然为零. 由此推知，$v_n=v_0$，换言之，w_n 是闭迹.

现在假设 w_n 不是 G 的欧拉回路，并且设 S 是 G_n 中度为正的顶点集. 那么，S 是非空的，且 $v_n\in\overline{S}$，这里 $\overline{S}=V\backslash S$. 设 m 是使得 $v_m\in S$ 以及 $v_{m+1}\in\overline{S}$ 的最大整数. 由于 w_n 终止于 $\overline{S}$，所以 e_{m+1} 是 G_m 中 $[S,\overline{S}]$ 的仅有的一条边，因此也就是 G_m 的一条割边(见图 5.3.7).

设 e 是 G_m 中和 v_m 关联的另外任意一条边. 可以推得(第 2 步)：e 必然也是 G_m 的一条割边，因而是 $G_m[S]$ 的割边. 但是由于 $G_m[S]=G_n[S]$，所以 $G_m[S]$ 中的每个顶点都是偶点. 可是由此推出 $G_m[S]$ 没有割边，导致矛盾.

若 G 不是欧拉图，则 G 的任何回路，特别是 G 的最优回路，将通过某些边仅一次. 例如，在图 5.3.8(a)中，$xuywvzwyxuwvxzyx$ 是最优回路，注意边 ux，xy，yw 和 wv 都被这条回路通过两次.

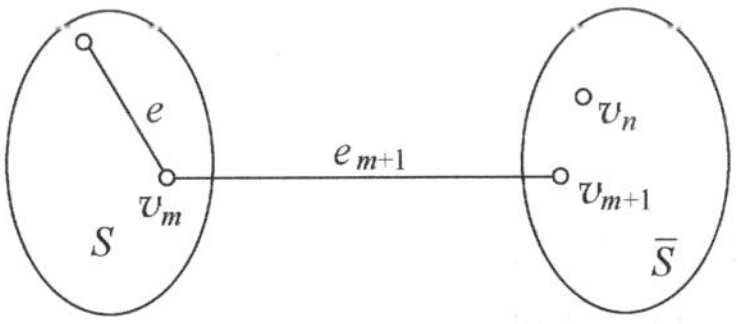

图 5.3.7

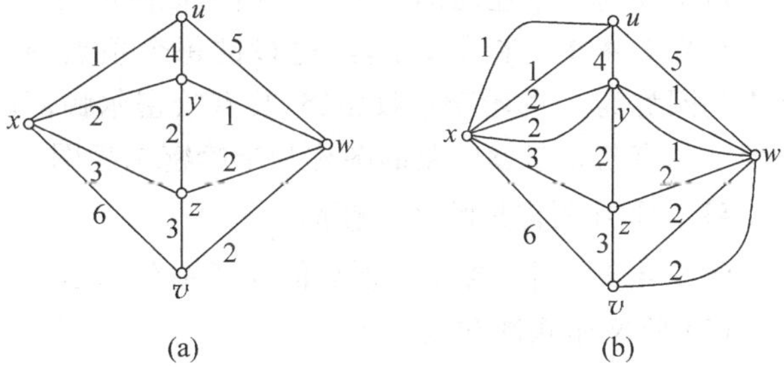

图 5.3.8

现在引进有关一条边的重复运算是方便的. 将边 e 的两个端点再用一条权为 $w(e)$ 的新边连接时，称边 e 为重复的. 在图 5.3.8(a)中，把边 ux，xy，yw 和 wv 重复，得到图 5.3.8(b)所示的图.

现在可以把中国邮递员问题重新叙述如下：给定一个具有非负权的赋权图 G.

(1) 用添加重复边的方法求 G 的一个欧拉赋权母图 G^*，使得

$$\sum_{e\in E(G^*)\backslash E(G)} w(e)\ \text{尽可能小；}$$

(2) 求 G^* 的欧拉回路.

这个问题和中国邮递员问题的等价性，可以从下述对应关系得到，即图 G 的一条经过边 e 为 $m(e)$ 次的回路，对应于由 G 对 e 重复 $m(e)-1$ 次而得到图中的一条欧拉回路，反之亦然.

我们已经给出求解问题(1)的好算法，即弗洛伊德算法. 求解问题(2)的好算法已经由 Edmonds 和 Johnson 在 1973 年给出，限于篇幅就不在这里介绍了.

5.4 哈密尔顿图与旅行售货商问题

5.4.1 哈密尔顿图

与欧拉回路非常类似的问题是哈密尔顿回路问题. 这个问题是哈密尔顿(Hamilton)爵士在 1857 年发明的智力题. 他在给朋友的一封信中描述了一个关于木质十二面体(见图 5.4.1)的数学游戏：一个人在十二面体的任意 5 个相继的顶点上插上 5 根大头针，形成一条路，要求另一个人扩展这条路以形成一个经过所有顶点的圈(称这样的圈为**生成圈**). 十二面体的 20 个顶点用世界上的不同城市作标记. 智力题要求从一个城市开始，沿十二面体的边旅行，访问其他 19 个城市每个恰恰只有一次，回到第一个城市结束. 他把这个问题称为周游世界问题.

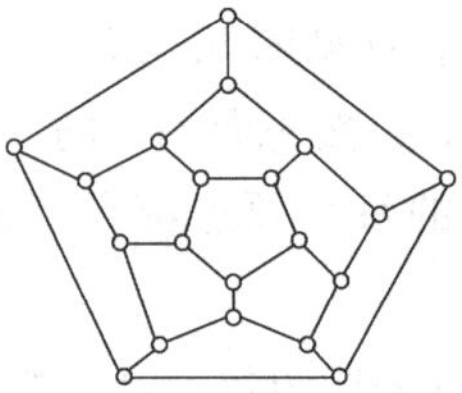

图 5.4.1

对于任何一个连通图都可以提出类似的问题.

定义 5.4.1 在图 G 中，经过 G 的每个顶点的路称为 G 的**哈密尔顿路**，经过 G 的每个顶点的圈称为 G 的**哈密尔顿回路**，具有哈密尔顿回路的图称为**哈密尔顿图**. 具有哈密尔顿路但不具有哈密尔顿回路的图称为半哈密尔顿图.

注 平凡图都是哈密尔顿图.

例 5.4.1 画出含 4 个顶点的连通图分别是：

(1) 哈密尔顿图和欧拉图； (2) 哈密尔顿图和半欧拉图；

(3) 哈密尔顿图但不是半欧拉图； (4) 欧拉图和半哈密尔顿图；

(5) 欧拉图但不是半哈密尔顿图； (6) 半欧拉图和半哈密尔顿图.

解 如图 5.4.2 所示，(1)对应(a)，(2)对应(b)，(3)对应(c)，(6)对应(d)，注意(4)和(5)是不可能的，因为不存在满足条件的 4 顶点连通图.

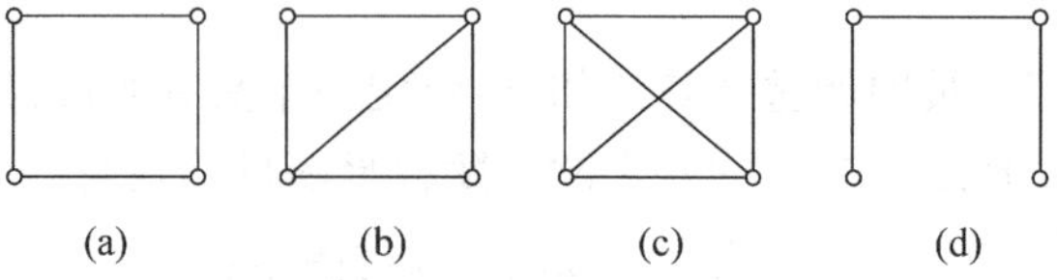

图 5.4.2

与欧拉图的情形相反，到目前为止非平凡的哈密尔顿图的充分必要条件尚不知道. 事实上，这是图论中尚未解决的主要问题之一. 我们首先给出一个判定哈密尔顿图的一个简单而有用的必要条件.

定理 5.4.1 若 G 是哈密尔顿图,则对于 V 的每个非空真子集 S,均有

$$\omega(G-S) \leqslant |S|. \tag{5.4.1}$$

证明 设 C 是 G 的哈密尔顿圈,则对于 V 的每个非空真子集 S,均有

$$\omega(C-S) \leqslant |S|.$$

同时,$C-S$ 是 $G-S$ 的生成子图,因而

$$\omega(G-S) \leqslant \omega(C-S),$$

定理得证.

作为上述定理的一个直观说明,考察图 5.4.3.这个图有 9 个顶点,删去黑点所示的 3 个顶点,剩下 4 个分支,所以不满足式(5.4.1).从而由定理 5.4.1 推知,这个图是非哈密尔顿图.

由此可见,定理 5.4.1 有时可以用来证明某一特定图是非哈密尔顿图.可是这个方法并不总是有效的.例如,图 5.4.4 中的彼得森图是非哈密尔顿图,但是不能利用定理 5.4.1 来推出这一结果.

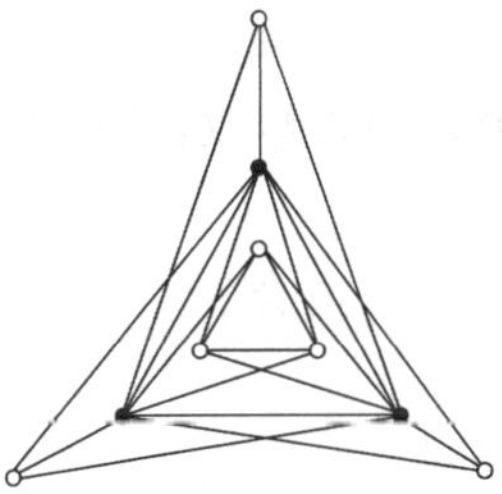

图 5.4.3

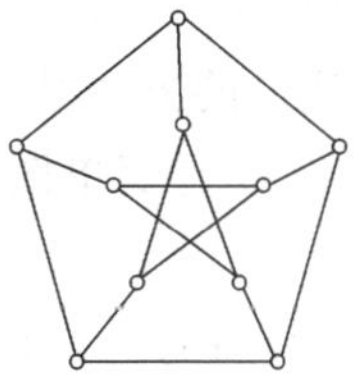

图 5.4.4

现在讨论图 G 是哈密尔顿图的充分条件.由于一个图是哈密尔顿图当且仅当它的基础简单图是哈密尔顿图,所以只要讨论简单图就够了.我们从狄拉克(1952)给出的一个结果开始讨论.

定理 5.4.2 若 G 是简单图,且 $\nu \geqslant 3, \delta \geqslant \nu/2$,则 G 是哈密尔顿图.

证明 用反证法.假设定理不成立,设 G 是 $\nu \geqslant 3$ 和 $\delta \geqslant \nu/2$ 的极大(即边数达到最大)非哈密尔顿简单图.由于 $\nu \geqslant 3$,所以 G 不能是完全图.设 u 和 v 是 G 的不相邻顶点,根据 G 的选择,$G+uv$ 是哈密尔顿图.并且由于 G 是非哈密尔顿图,$G+uv$ 的每个哈密尔顿圈必然包含边 uv,于是在 G 中存在起点为 $u=v_1$,终点为 $u=v_\nu$ 的哈密尔顿路 $v_1 v_2 \cdots v_\nu$.置

$$S=\{v_i \mid uv_i \in E\} \quad \text{和} \quad T=\{v_i \mid v_i v \in E\},$$

由于 $v_\nu \notin S \cup T$,故有

$$|S \cup T| < \nu \tag{5.4.2}$$

而且

$$|S \cap T| = 0. \tag{5.4.3}$$

因为若 $S\cap T$ 包含某个顶点 v_i，则 G 将包含哈密尔顿圈，与假设矛盾(见图 5.4.5).

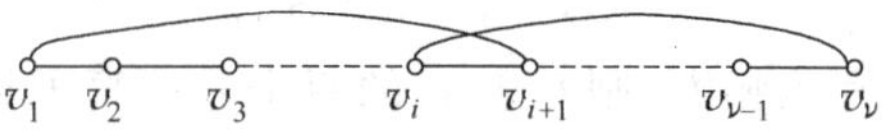

图 5.4.5

利用式(5.4.2)和式(5.4.3)得到

$$d(u)+d(v)=|S|+|T|=|S\cup T|+|S\cap T|<\nu, \tag{5.4.4}$$

但是这与 $\delta\geqslant\nu/2$ 的假设矛盾.

例 5.4.2 考虑在7天内安排7门功课的考试，使得同一位教师所任的两门课程考试不安排在接连的两天里，试证如果没有教师担任多于4门课程，则符合上述要求的考试安排总是可能的.

证明 设 G 为7个顶点的图，每一个顶点对应一门功课的考试，如果这两个顶点对应的课程的考试是由不同教师担任的，那么这两个顶点之间有一条边，因为每个教师所任的课程不超过4，故每个顶点的度数至少是3，任两个顶点度数的和至少是6，故 G 总包含一条哈密尔顿路，它对应于一个7门考试科目的一个适当安排.

Bondy 和 Chvatal(1974)注意到定理5.4.2的证明可以加以修改，获得比狄拉克更有力的充分条件.他们的方法基于下述引理.

引理1 设 G 是简单图，u 和 v 是 G 中不相邻的顶点，且适合

$$d(u)+d(v)\geqslant\nu, \tag{5.4.5}$$

则 G 是哈密尔顿图的充分必要条件为 $G+uv$ 是哈密尔顿图.

证明 若 G 是哈密尔顿图，则显然 $G+uv$ 也是哈密尔顿图. 反之，假设 $G+uv$ 是哈密尔顿图，而 G 不是，那么和定理5.4.2的证明一样，可得式(5.4.4). 这与假设式(5.4.5)矛盾.

引理1启发出下述定义：G 的**闭包**是指用下述方法从 G 中得到的一个图. 反复连接 G 中度之和不小于 ν 的不相邻的顶点对，直到没有这样的顶点对存在为止. 用 $c(G)$ 表示 G 的闭包.

引理2 $c(G)$ 是唯一确定的.

证明 设 G_1 和 G_2 是用下述方法从 G 中得到的两个图：反复连接 G 中度之和不小于 ν 的不相邻顶点对，直到没有这样的顶点对存在为止. 用 $e_1e_2\cdots e_m$ 和 $f_1f_2\cdots f_n$ 分别表示在构造 G_1 和 G_2 过程中的那些添加给 G 的边的序列，我们将证明每条 e_i 是 G_2 的边，而每条 f_j 是 G_1 的边.

如有可能，设 $e_{k+1}=uv$ 是序列 $e_1e_2\cdots e_m$ 中第一条不属于 G_2 的边. 置 $H=G+\{e_1e_2\cdots e_k\}$. 从 G_1 的定义推知：

$$d_H(u)+d_H(v)\geqslant\nu,$$

根据 e_{k+1} 的选择，H 是 G_2 的子图，因此

$$d_{G_2}(u)+d_{G_2}(v)\geqslant \nu.$$

这就导致矛盾,因为在 G_2 中 u 和 v 是不相邻的,所以每条 e_i 都是 G_2 的边,并且类似地,每条 f_j 也都是 G_1 的边,因此 $G_1=G_2$,即 $c(G)$是唯一确定的.

图 5.4.6 表明了有 5 个顶点的一个图 G 的闭包的构造过程.在这个例子中 $c(G)$是完全图,但要注意,这并不意味着闭包一定是完全图.

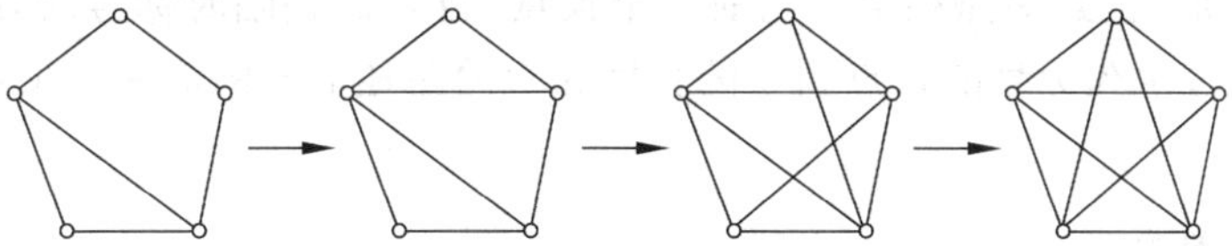

图 5.4.6　一个图的闭包生成过程

定理 5.4.3　一个简单图是哈密尔顿图当且仅当它的闭包是哈密尔顿图.

证明　在构造闭包的过程中,每添加一条边就应用引理 2 一次,即可证明本定理.

易见所有至少有 3 个顶点的完全图都是哈密尔顿图,因而由定理 5.4.3 可得下述结果.

推论　设 G 是 $\nu\geqslant 3$ 的简单图,若 $c(G)$是完全图,则 G 是哈密尔顿图.

例 5.4.3　某地有 5 个风景点,若每个风景点均有两条道路与其他点相通,问游人可否经过每个风景点恰好一次而游完这 5 处?

解　将 5 个风景点看成是有 5 个顶点的无向图,两风景点间的道路看成是无向图的边,因为每处有两条道路与其他顶点相通,故每个顶点的度数均为 2,从而任意两个不相邻的顶点的度数之和等于 4,正好为总顶点数减 1,故此图中存在一条哈密尔顿通路,因此本题有解.

5.4.2　旅行售货商问题

哈密尔顿图与旅行售货商问题密切相关.问题是这样的:某售货商计划到许多城市去宣传其产品,他想经过每个城市一次最后返回他的办公室,要求所用的时间最少.首先应对此问题进行建模,利用加权图,其中每个顶点代表一个城市,两个顶点相邻代表对应的城市存在直达公路,边上的正数,即权代表从边的一个端点到另一个端点的旅行时间.为了解决旅行售货商问题,需要在图中寻找具有最小权重之和的哈密尔顿图,此图称为最小加权哈密尔顿图.

旅行售货商问题与线性规划的指派问题相关但不等价,因此,当问题很大时,应使用整数规划技术.在此,仅讨论与图有关方面的问题.

迪杰斯特拉(Dijkstra)算法是典型的单源最短路径算法,用于计算一个节点到其他所有节点的最短路径.主要特点是以起始点为中心向外层层扩展,直到扩展到终点为止.迪杰斯特拉算法是很有代表性的最短路径算法,在很多专业课程中都作为基本内容有详细的介绍,如数据结构、运筹学等. 迪杰斯特拉一般的表述通常有两种方式，一种用永久和临时标号方式，一种是用 OPEN，CLOSE 表的方式. 这里均采用永久和临时标号的方式. 注意该算法要求图中不存在负权边.

本算法采用标号表述方式，求给定起始点 s 到每一点的最短路径. 在计算过程中，赋予每一个顶点 v 一个标号 $l(v)=(l_1(v),l_2(v))$，在 v 的永久标号 $l(v)$ 中，$l_2(v)$是从 s 到 v 的距离，$l_1(v)$是 s 到 v 的最短路径上 v 的前一个顶点；当 $l(v)$是临时标号时，$l_1(v)$和 $l_2(v)$分别是当前从 s 经过永久标号的顶点到 v 的长度最短的路径上 v 的前一个顶点和这条路径的长度.

迪杰斯特拉算法

1. 设置 $l(s)=(s,0)$，$l(v)=(s,+\infty)$，$i=1$，$u=s$($v\in V-\{s\}$，$l(s)$是永久标号，其余标号均为临时标号).
2. 循环所有与 u 关联的临时标号的顶点 v.
   (1) 如果 $l_2(u)+w(u,v)<l_2(v)$($w(u,v)$是 u 与 v 两顶点间边的权值)，那么设置$l(v)=(u,l_2(u)+w(u,v))$；
   (2) 计算 $l_2(t)=\min\{l_2(v)\mid v\in V$，且有临时标号$\}$，置 $l(t)$为永久标号；
   (3) 如果 $i<n$，那么设置 $u=t$，$i=i+1$.
3. 对每一个顶点 u，$d(s,u)=l_2(u)$，利用 $l_1(v)$从 u 开始回溯找到 s 到 u 的最短路径.
4. 算法结束.

如果用本算法求一个图中全部的最短路径，则要以每个点为源点调用一次迪杰斯特拉算法. 至今还没有找到解决货郎担问题的更有效算法，它是众多 NP 难解问题中的一个.

例 5.4.4 在带权图 5.4.7 中，求从 a 到其余各点的最短路径和距离.

解 $aecb$，$d(a,b)=7$；aec，$d(a,c)=5$；ad，$d(a,d)=6$；ae，$d(a,e)=2$.

例 5.4.5 现有一电脑代理商要从她所在城市出发，乘飞机去 5 个城市，然后回到出发点. 如图 5.4.8 所示，顶点代表城市，h 是她所在的城市，边代表城市间的直达航线. 她怎么才能访问每个城市恰巧一次，最后回到出发点呢？

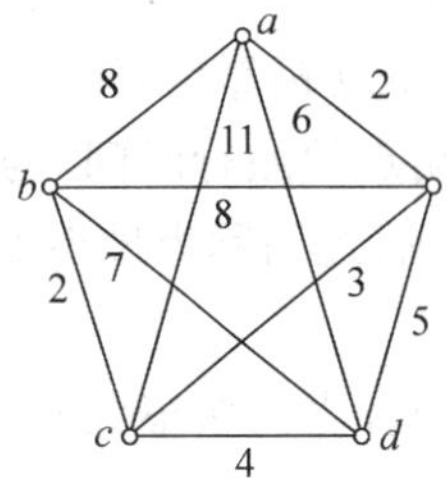

图 5.4.7

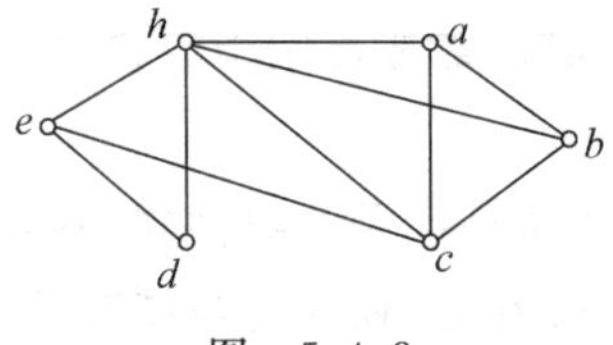

图 5.4.8

解 从图中可以看出，销售代表要到达城市 d，只能经由 h 或 e，因此她的飞行路线必须包括 ed 和 dh. 这就使得她必须走路线 ce，否则她就得走路线 eh，但这样一来就提早形成了

一个圈 $hdeh$. 同理,她也不能走路线 ch. 再通过简单的分析,找到两条可行的路线: cb,ba,ah 和 ca, ab,bh. 从而得到她的这个行程应为: $hdecbah$ 或者 $hdecabh$. 当然,她还可以将顺序颠倒,得到 4 条不同的巡回路线.

5.5 树

树是图论中一个十分重要的概念,"树"这一术语是英国数学家凯莱在 1857 年研究同分异构体的计数问题时引入的. 之后"树"就被应用到了许多领域中,在计算机科学技术,特别是在数据结构中有广泛的应用.

5.5.1 树的定义及其基本性质

定义 5.5.1 连通且无回路的无向图称为**树**(tree),通常用 T 表示一棵树. 树中度数为 1 的点称为**叶子**(leaf)(或**树叶**),度数大于 1 的顶点称为**分支**(branch)(或**内点**). 每个连通分支都是树的无向图,称为**森林**(forest).

由定义易知,森林的每一个连通分支都是树. 平凡图也是树,称为平凡树.

下面给出树的一些重要性质,其中定理 5.5.1 给出树的几个充分必要条件.

定理 5.5.1 设 $G=\langle V,E\rangle$ 是 n 阶 m 条边的无向图,下述命题是等价的.

(1) G 是树; (2) G 无圈且 $m=n-1$;

(3) G 连通且 $m=n-1$; (4) G 无圈,但增加一边后得到且仅得一个圈;

(5) G 连通,但删去任一边后就不连通; (6) 任意两个顶点间有且仅有一条通路.

证明 (1)⇒(2) 对 n 用数学归纳法. 当 $n=1$ 时,$G\cong K_1$ 且 $m=0=n-1$,即当 $n=1$ 时命题为真.

设 $n=k$ 时结论成立. 当 $n=k+1$ 时,因 G 连通无圈,所以至少有一点的度数为 1,在 G 中删去该点及相关联的边得到 k 个顶点的连通且无圈的图,由归纳法假设它有 $k-1$ 条边,故原来有 $(k-1)+1=k$ 条边,从而结论在 $n=k+1$ 时也成立.

(2)⇒(3) 只要证连通. 反证法. 如 G 不连通,设 G 的连通分支数为 k, $k>1$. 因为 G 无圈,故每个连通分支是树,设每个连通分支的点数分别为 $n_1,n_2,\cdots,n_k$,则相应连通分支的边数由(2)可知为 $n_1-1,n_2-1,\cdots,n_k-1$. 所以 G 的边数 $m=n_1+n_2+\cdots+n_k-k=n-k<n-1$ 矛盾,故 G 是连通的.

(3)⇒(4) 由归纳法可以证明 G 是无圈的(略),下面证命题的后半部分.

任取两点 $u,v\in V$,因 G 连通,故 uv 间有一条路 $P=ux\cdots yv$. 将 uv 两点间加一条边则构成一个圈 $C=ux\cdots yvu$(见图 5.5.1(a)). 如果在 u,v 两点间添加一条边构成两个圈,则 uv 必在这两个圈上,因此可设这两个圈分别为 $uv_1\cdots v_nu$ 和 $uu_1\cdots u_mu$,于是原来的图中就有圈 $uv_1\cdots v_nvu_m\cdots u_1u$(见图 5.5.1(b)),矛盾.

(4)⇒(5) 任取两顶点 $u,v\in V$,加上边 uv 就构成圈 $ux\cdots yvu$(见图 5.5.1(a)),则原

来 u 到 v 之间就有一条通路 $ux\cdots yvu$，故 G 连通. 再由 G 无圈可知，删去 G 的任意一条边都会使 G 不连通.

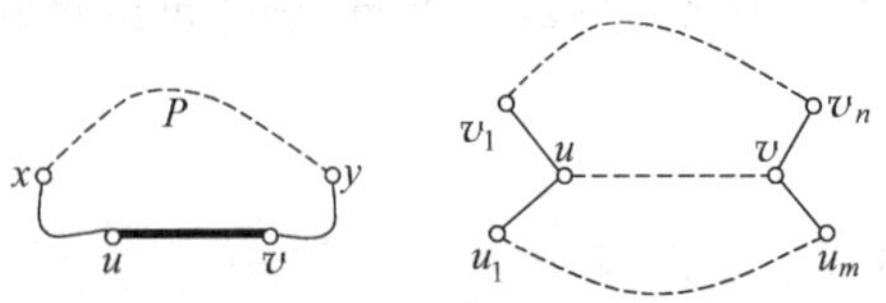

(a) (b)

图 5.5.1

(5)⇒(6) 由 G 是连通的可知，G 中任意两点间均有路. 往证任意两点间仅有一条路. 如若不然，如果两顶点间有两条通路，则该图必有圈，进而删去此圈上的一条边后，G 仍是连通的，这与(5)矛盾.

(6)⇒(1) 因为 G 中任意两点间均有路，故 G 连通. 若其中有圈，则该圈上的任意两点之间至少有两条不同的路，这与(6)矛盾.

推论 设 T 是 n 阶非平凡的无向树，则 T 中至少有两片树叶.

证明 设 T 有 x 片树叶，由握手定理及定理 5.5.1 可知

$$2(n-1)=\sum d(v_i)\geqslant x+2(n-x),$$

由上式解得 $x\geqslant 2$.

例 5.5.1 下面给出的 2 组数都可充当无向简单图的度数列，其中哪些可以成为无向树的度数列？并对每个这样的度数列至少画出 3 棵非同构的无向树.

(1) 1,1,2,2,3,3,4,4；(2) 1,1,1,1,2,2,3,3.

解 求解本题的依据是无向树的性质，主要是阶数 n 与边数 m 的关系，即 $m=n-1$. 另外，还要使用握手定理.

所给 2 个数列的长度都是 8，因而所对应的无向图的阶数 $n=8$. 如果数列能充当无向树的度数列，必有边数 $m=n-1=7$. 设数列中元素为 $d_1,d_2,\cdots,d_8$，由握手定理必有 $\sum_{i=1}^{8}d_i=2m=14$.

(1) $\sum_{i=1}^{8}d_i=20\neq 14$，故数列 1,1,2,2,3,3,4,4 不能充当无向树度数列.

(2) $\sum_{i=1}^{8}d_i=14$，以这个数列 1,1,1,1,2,2,3,3 为度数列能画出 5 棵非同构的无向树，如图 5.5.2 所示.

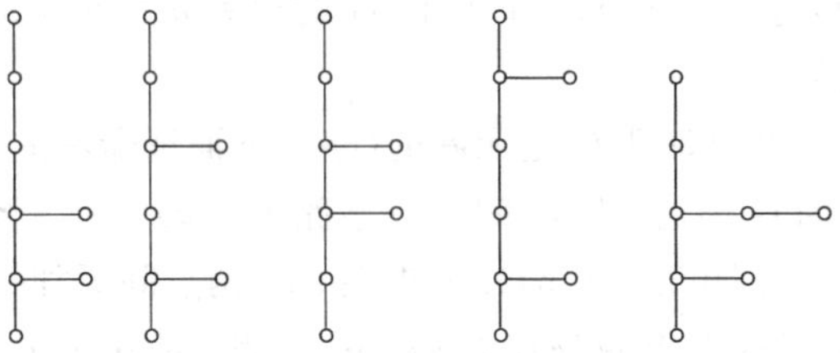

(a) (b) (c) (d) (e)

图 5.5.2

5.5.2 生成树

有些连通图,本身不是树,但它的某些子图是树,一个图可能有许多子图是树,其中重要的是生成树.

定义 5.5.2 如果无向图 G 的生成子图 T 是一棵树,则称这棵树 T 为 G 的**生成树**(spanning tree).称 T 中的边为**树枝**,在 G 中而不在 T 中的边称为**弦**,T 在 G 中的补图(即 $G-E(T)$)称为生成树 T 的**余树**(cotree).

注 T 的余树不一定连通,也不一定不含回路.如图 5.5.3 所示,实边图为该图的一棵生成树 T,余树为虚边所示,它不连通,同时含有回路.

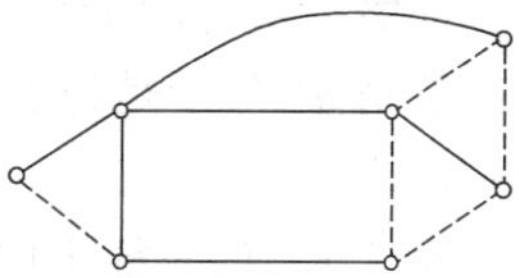

图 5.5.3

对于一个无向连通图 G,如果 G 是树,则它的生成树是唯一的,就是 G 本身;如果 G 不是树,那么它的生成树就不唯一了.

定理 5.5.2 任何连通图 G 至少存在一棵生成树.

证明 如果 G 中无回路,G 本身就是生成树;如果 G 中存在回路 C,去掉 C 中一条边,不影响 G 中连通性.若 G 连通,并设 T 是 G 的最小的连通生成子图,由 T 的定义知 T 连通但删去任一边后就不连通.从而由定理 5.5.1 知 T 是树,进而是 G 的生成树.

定理 5.5.3 设 T 是无向连通图 G 的生成树,则:

(1) G 的任何边割集与 T 至少有一条公共边;

(2) G 的任何回路与 T 的余树至少有一条公共边.

证明 (1) 因为 G 的任何边割集的边都被去掉后,图 G 就不连通了,而 G 的生成树 T 是 G 的连通生成子图,故 G 的任何边割集至少有一条边要留在树 T 中.

(2) 因为 T 是树,即不含回路,从而 G 的任何回路中至少有一条边不在 T 中,再由余树的定义可知该边在 T 的余树中.

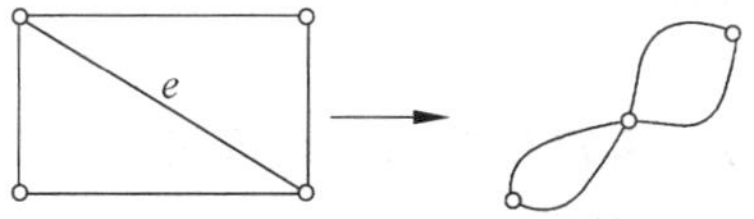

图 5.5.4 边 e 的收缩

对于一个图的生成树的棵数,存在一个简单的递推公式.首先引入几个与图有关的运算.

G 的边 e 称为被收缩,是指把它删去并使它的两个端点重合,这样得到的图记为 $G\cdot e$.图 5.5.4 表明了收缩一条边的效果.

显然,若 e 是 G 的连杆(即两个端点不相同的边),则

$$\nu(G\cdot e)=\nu(G)-1,$$

$$\varepsilon(G\cdot e)=\varepsilon(G)-1,\quad \omega(G\cdot e)=\omega(G).$$

所以若 T 是树,则 $T\cdot e$ 也是树.

记 G 的生成树的棵数为 $\tau(G)$,有下面的公式.

定理 5.5.4 若 e 是 G 的连杆,则 $\tau(G)=\tau(G-e)+\tau(G\cdot e)$.

证明 由于 G 的每一棵不包含 e 的生成树也是 $G-e$ 的生成树;反之,$G-e$ 的每一棵生

成树也一定是 G 不包含 e 的生成树，即 $\tau(G-e)$ 就是 G 的不包含 e 的生成树的棵数.

对于 G 的每棵包含 e 的生成树 T，相应有一棵 $G\cdot e$ 的生成树 $T\cdot e$，并且这是一个一一对应. 所以 $\tau(G\cdot e)$ 恰好是 G 的包含 e 的生成树的棵数. 由此推知

$$\tau(G)=\tau(G-e)+\tau(G\cdot e).$$

定理 5.5.4 虽然提供了一个计算图的生成树棵数的方法，但这个方法对于大的图来说其计算量很大. 当 G 是完全图时，凯莱(1889)发现了计算 $\tau(G)$ 的一个简单公式.

定理 5.5.5(凯莱公式) $\tau(K_n)=n^{n-2}$.

证明 设 K_n 的顶点集是 $V=\{1,2,\cdots,n\}$. 注意，取自 V 可能组成的长为 $n-2$ 的序列的个数是 n^{n-2}. 于是为了证明本定理，只需在 K_n 的生成树的集和这种序列的集合之间建立一一对应.

对于 K_n 的每棵生成树 T，可以通过下面的方法使它与唯一的序列 $(t_1,t_2,\cdots,t_{n-2})$ 之间建立联系：把 V 看作一个有序集，设 s_1 是 T 中第一个 1 度顶点；把与 s_1 相邻的那个顶点取作 t_1. 现在从 T 中删去 s_1，用 s_2 记 $T-s_1$ 中第一个 1 度顶点，并把与 s_2 相邻的那个顶点作为 t_2. 重复这个过程，直至 t_{n-2} 被确定，留下来的恰好是有两个顶点的一棵树. 例如图 5.5.5 中的树产生序列(4,3,5,3,4,5). 可见 K_n 的不同的生成树确定不同的序列.

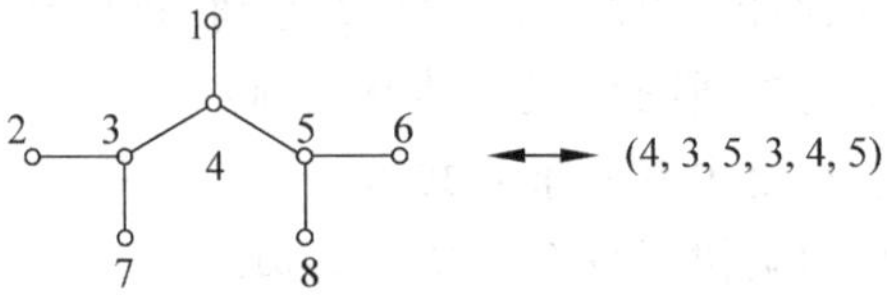

图 5.5.5

逆过程略.

注 n^{n-2} 不是 K_n 的非同构生成树的棵数，而是 K_n 的不同生成树的棵数. 如 K_6 恰好有 6 棵非同构的生成树，而 K_6 的不同生成树却有 $6^4=1296$ 棵.

生成树有其一定的实际意义.

例 5.5.2 某地要建 5 个工厂，拟修筑道路连接这 5 处. 经勘测其道路可依图 5.5.6 所示的无向边铺设. 为使这 5 处都有道路相通，问至少要铺设几条路？怎样铺设？

解 此问题就是找图 5.5.6 的生成树问题，由图可知，共有 5 个顶点，所以至少要铺设 4 条路才行. 可按图 5.5.7 所示的线路铺设，即图 5.5.7 是图 5.5.6 的两个生成树.

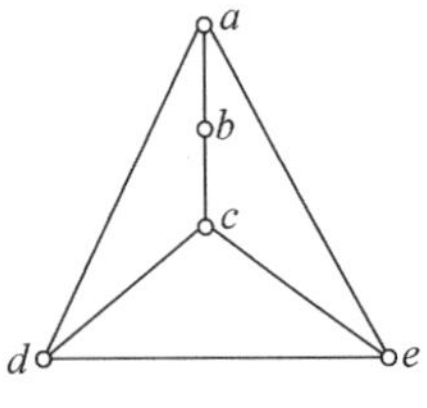

图 5.5.6

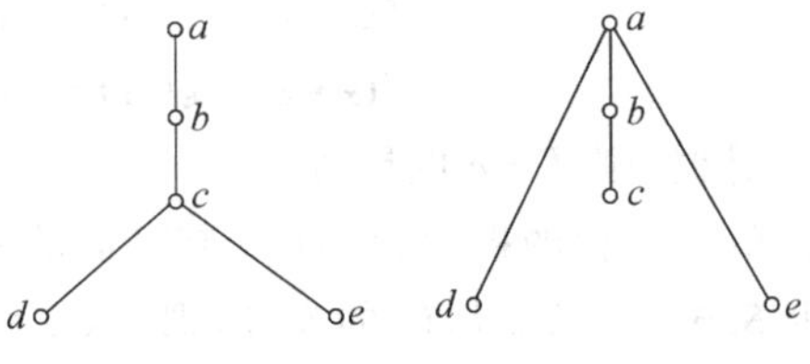

图 5.5.7

5.5.3 最小生成树问题

在例 5.5.2 中，如果要求铺设的道路总长度最短，这样既能节省费用，又能缩短工期，这个问题就是最小生成树问题. 下面考查赋权图的生成树问题.

假设要建造一个连接若干城镇的铁路网络. 已知城镇 v_i 和 v_j 之间直通线路的造价为 c_{ij}，试设计一个总造价最小的铁路网络. 把这个城镇看作是具有权 $W(v_iv_j)=c_{ij}$ 的赋权图 G 的顶点，显然问题就转化为：在赋权图 G 中，找出具有最小权的连通生成子图. 由于权表示造价，当然是非负的，所以可以假定最小权生成子图是 G 的一棵生成树 T. 赋权图的最小权生成树称为**最小生成树**(minimum spanning tree).

一个无向图的最小生成树不是唯一的，同样地，一个赋权图的最小生成树也不一定是唯一的. 求赋权图的最小生成树的方法很多，这里主要介绍克鲁斯卡尔(Kruskal)算法.

该算法是克鲁斯卡尔在 1965 年将构造生成树的避圈法推广到求最小生成树的结果，其要点是，在与已选取的边不构成回路的边中选取最小者.

克鲁斯卡尔算法

(1) 在 G 中选取最小权边 e_1，置 $i=1$.

(2) 当 $i=n-1$ 时，算法结束，否则转步骤(3).

(3) 设已选取的边为 $e_1e_2\cdots e_i$，在 G 中选取不同于 $e_1e_2\cdots e_i$ 的边 e_{i+1}，使 $\{e_1e_2\cdots e_ie_{i+1}\}$ 中无回路，且 e_{i+1} 是满足此条件的最小权边.

(4) 置 $i=i+1$，转步骤(2).

这个算法的正确性是可以证明的，其证明过程略. 在算法的步骤(1)和(3)中，若满足条件的最小权边不止一条，则可以从中任选一条，这样就会产生不同的最小生成树.

定理 5.5.6 由克鲁斯卡尔算法构造成的树 $T^*=G[\{e_1,e_2,\cdots,e_{\nu-1}\}]$都是最小生成树.

证明 反证法. 对 G 的任何异于 T^* 的生成树 T，用 $f(T)$记使 e_i 不在 T 中的最小 i 值. 现在假设 T^* 不是最优树，T 是一棵使 $f(T)$尽可能大的最优树.

假设 $f(T)=k$，也就是说，同时在 T 和 T^* 中，但 e_k 不在 T 中. 由定理 5.5.1，$T+e_k$ 包含唯一的圈 C. 设 e_k'是 C 的一条边，它在 T 中而不在 T^* 中. 由定理 5.2.3，e_k'不是 $T+e_k$ 的割边，因此，$T'=(T+e_k)-e_k'$是具有 $\nu-1$ 条边的连通图，所以它是 G 的另一棵生成树. 显然，

$$w(T') = w(T) + w(e_k) - w(e_k'). \tag{5.5.1}$$

在克鲁斯卡尔算法中选出的边 e_k 是使 $G[\{e_1,e_2,\cdots,e_k\}]$为无圈图的权最小的边. 由于 $G[\{e_1,e_2,\cdots,e_{k-1},e_k'\}]$是 T 的子图，它也是无圈的，于是有

$$w(e'_k) \geqslant w(e_k). \tag{5.5.2}$$

由式(5.5.1)和式(5.5.2)，有

$$w(T') \leqslant w(T),$$

所以 T' 也是一棵最优树. 然而

$$f(T') > k = f(T),$$

与 T 的选法矛盾,因此 $T=T^*$,从而 T^* 确实是一棵最小生成树.

例 5.5.3 用克鲁斯卡尔算法求图 5.5.8(a)中的赋权图的最小生成树.

解 因为图中 $n=8$,所以按算法要执行 $n-1=7$ 次,其过程见图 5.5.8(b)～(h)所示.

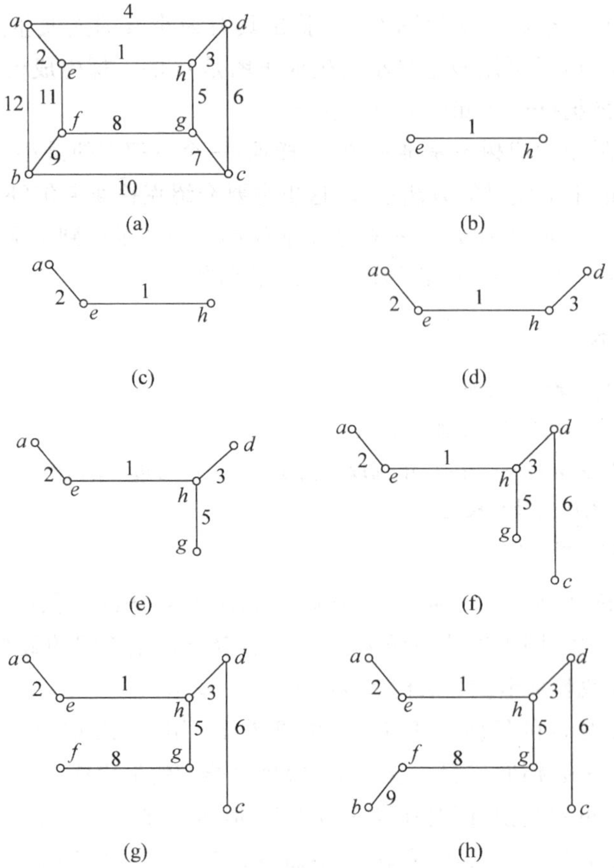

图 5.5.8

5.5.4 根树及其应用

定义 5.5.3 设 D 是有向图,若 D 的基图是无向树,则称 D 为**有向树**(directed tree). 在所有的有向树中,根树最重要,所以我们只讨论根树.

定义 5.5.4 如果恰有一个顶点的入度为 0、其余所有顶点的入度均为 1 的有向树,称为**根树**(rooted tree). 入度为 0 的顶点称为**树根**(root),入度为 1、出度为 0 的顶点称为**树叶**(leaf),入度为 1、出度不为 0 的顶点称为内点,内点和树根统称为**分支点**(branching point).

从树根到任意顶点的路径长度称为顶点的层数，所有顶点的最大层数称为**树高**(height).

习惯上常用"倒置法"来画根树，即把树根画在最上方，树叶画在下方，如图 5.5.9 所示为一棵根树.

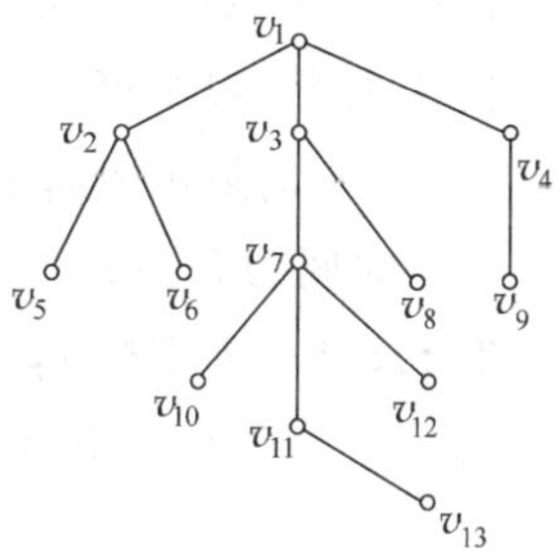

图 5.5.9

v_1 处在第 0 层，层数为 0；v_2, v_3, v_4 同处在第 1 层，层数为 1；v_5, v_6, v_7, v_8, v_9 同处在第 2 层；v_{10}, v_{11}, v_{12}的层数为 3；v_{13}的层数为 4；这棵树的高为 4.

我们用家族关系表示树根中各顶点间的关系.

定义 5.5.5 设 T 为一棵非平凡的根树，$\forall v_i, v_j \in V(T)$，若 v_i 可达 v_j，则称 v_i 为 v_j 的**祖先**(ancestor)，v_j 为 v_i 的**后代**(descendant)；若 v_i 邻接到 v_j，则称 v_i 为 v_j 的**父亲**(parent)，而 v_j 为 v_i 的**儿子**(child). 若 v_j 与 v_k 的父亲相同，则称 v_j 与 v_k 是**兄弟**(sibling).

设 T 为根树，若将 T 中层数相同的顶点都标定次序，则称 T 为有序树.

根据根树 T 中每个分支点儿子数以及是否有序，可以将根树分成下列各类：

(1) 若 T 的每个分支点至多有 r 个儿子，则称 T 为 r 叉树；又若 r 叉树是有序的，则称它为 r 叉有序树；

(2) 若 T 的每个分支点恰好有 r 个儿子，则称 T 为 r 叉正则树；又若 T 是有序的，则称它为 r 叉正则有序树；

(3) 若 T 是 r 叉正则树，且每个树叶的层数均为树高，则称 T 为 r 叉完全正则树；又若 T 是有序的，则称它为 r 叉完全正则有序树.

在所有的 r 叉树中，最常用的是二叉树，下面介绍二叉树的应用.

定义 5.5.6 设二叉树 T 有 t 片树叶 $v_1, v_2, \cdots, v_t$，权分别为 $w_1, w_2, \cdots, w_t$，称 $W(T)=\sum_{i=1}^{t} w_i l(v_i)$ 为 T 的权，其中 $l(v_i)$是 v_i 的层数. 在所有有 t 片树叶、带权 $w_1, w_2, \cdots, w_t$ 的二叉树中，权最小的二叉树称为最优二叉树.

最优树问题源于计算机科学、生产管理等领域. 举一个简单的例子，用机器分辨一些面值为 1 分、2 分、5 分的硬币，假设各种硬币出现的概率分别为 0.5、0.4、0.1. 问如何设计一个分辨硬币的算法，使所需的时间最少？

1952 年哈夫曼(Huffman)给出了求最优树的方法.

哈夫曼算法：

给定实数 $w_1, w_2, \cdots, w_t$，且 $w \leqslant w_2 \leqslant \cdots \leqslant w_t$.

(1) 连接权为 w_1, w_2 的两片树叶，得一个分支点，其权为 w_1+w_2.

(2) 在 $w_1+w_2, w_3, \cdots, w_t$ 中选出两个最小的权，连接它们对应的顶点(不一定是树叶)，得新分支点及所带的权.

(3) 重复步骤(2)，直到形成 $t-1$ 个分支点、t 片树叶为止.

该算法的正确性是可以证明的,其证明过程从略.

例 5.5.4 现在可以解决设计一个分辨硬币的问题,实际上该问题归结为求带权为0.5,0.4,0.1的最优树问题:利用哈夫曼算法,答案如图5.5.10所示.

所需时间为 $2\times0.1+2\times0.4+1\times0.5=1.5$(时间单位).

例 5.5.5 求带权7,8,9,12,16的最优二叉树.

解 图5.5.11给出了用哈夫曼算法计算最优树的全过程.

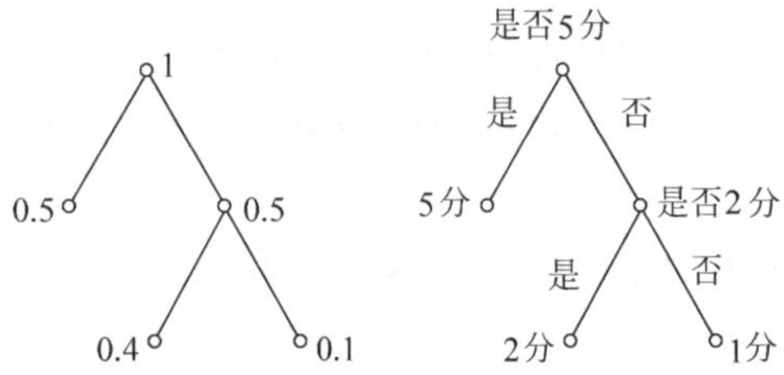

图 5.5.10

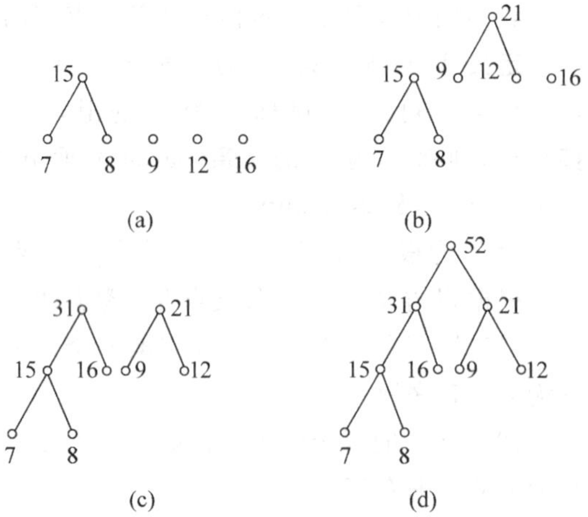

图 5.5.11

在计算机及通信中,常用二进制编码来表示字符.例如,可用00,01,10,11分别表示字母 A,B,C,D.如果字母 A,B,C,D 出现的频率是一样的,传输100个字母用200个二进制位.但实际上字母出现的频率相差很大,如 A 出现的频率为50%,B 出现的频率为25%,C 出现的频率为20%,D 出现的频率为5%.能否用等长的二进制序列表示字母 A,B,C,D,使传输的信息的二进制位尽可能少呢?

事实上,可用000表示字母 D,用001表示字母 C,01表示 B,1表示 A.这样传输100个字母所用的二进制位为

$$3\times5+3\times20+2\times25+1\times50=175.$$

但当我们用1表示 A,用00表示 B,用001表示 C,用000表示 D 时,如果接收到的信息为001000,则无法识别它是 CD 还是 BAD,所以要寻找另外的表示法.

定义 5.5.7 设 $\alpha_1\alpha_2\cdots\alpha_{n-1}\alpha_n$ 是长度为 n 的符号串,称其子串 $\alpha_1,\alpha_1\alpha_2,\cdots,\alpha_1\alpha_2\cdots\alpha_{n-1}$ 分别为该字符串的长度为 $1,2,\cdots,n-1$ 的前缀.设 $A=\{\beta_1,\beta_2,\cdots,\beta_m\}$ 为一个符号串集合,若对于任意的 $\beta_i,\beta_j\in A,i\neq j,\beta_i,\beta_j$ 互不为前缀,则称 A 为前缀码.若 $\beta_i(i=1,2,\cdots,m)$ 中只出现0与1两个符号,则称 A 为二元前缀码.

例如，{1,01,001,000}是前缀码，而{1,11,001,0011}不是前缀码. 那么如何产生二元前缀码？

方法 可用一棵二叉树 T 来产生一个二元前缀码. 假设二叉树有 t 片树叶. 设 v 是 T 任意一个分支点，则 v 至少有一个儿子至多有两个儿子. 若 v 有两个儿子，左边标上 0，右边标上 1；若 v 只有一个儿子，在 v 引出的边上可标 0 也可标 1. 设 v_i 为 T 的任意一片树叶，从树根到 v_i 的通路上各边的标号组成的符号串放在 v_i 处，t 片树叶处的 t 个符号串组成的集合为一个二元前缀码. 由此法可知，若 T 存在带一个儿子的分支点，则由 T 产生的前缀码不唯一.

定理 5.5.7 由一棵给定的二叉正则树，可以产生唯一的一个二元前缀码.

图 5.5.12 所示的二叉树产生的前缀码为：{1,00,010,011}.

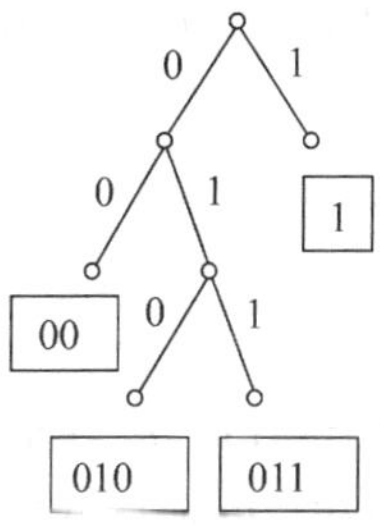

图 5.5.12

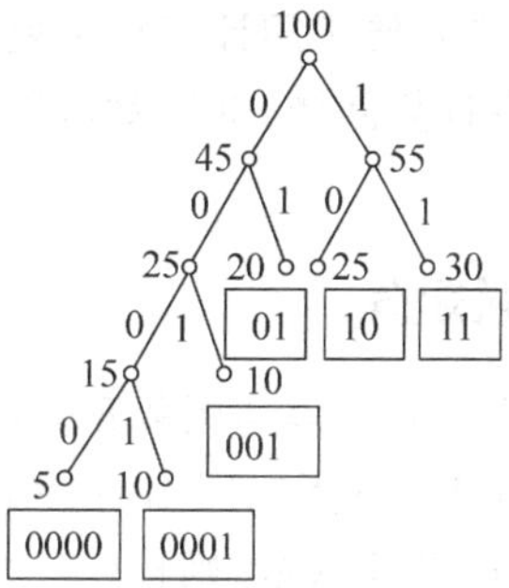

图 5.5.13

例 5.5.6 在通信中，字母出现的频率如下：

A：30%　　B：25%　　C：20%　　D：10%　　E：10%　　F：5%

(1) 求带权 30,25,20,10,10,5 的最优二叉树 T；

(2) 在 T 上求一个前缀码；

(3) 设树叶 v_i 带权为 $w\%\times100=w$，则 v_i 处的符号串表示出现频率为 $w\%$的字母，传输 100 个这样的字母所用的二进制位为多少？

解 (1) 最优二叉树如图 5.5.13 所示.

(2) {01,10,11,001,0001,0000}为 T 上的一个前缀码，其中 0000 表示 F，0001 表示 E，001 表示 D，01 表示 C，10 表示 B，11 表示 A.

(3) 传输 100 个这样的字母所用的二进制位为

$$4\times(5+10)+3\times10+2\times(20+25+30)=240.$$

下面介绍二叉树的周游.

对一棵根树的每个顶点都访问一次且仅一次称为行遍或周游一棵树.

对于二叉有序正则树有以下三种周游方式：

(1) 中序行遍法——次序为:左子树、树根、右子树;

(2) 前序行遍法——次序为:树根、左子树、右子树;

(3) 后序行遍法——次序为:左子树、右子树、树根.

对图 5.5.14 所示二叉有序正则树 T,按中序、前序、后序行遍的周游结果如下:

中序行遍法:$b\underline{a}(f\underline{d}g)\underline{c}e$; 前序行遍法:$\underline{a}b(\underline{c}(\underline{d}fg)e)$; 后序行遍法:$\underline{b}((fg\underline{d})e\underline{c})a$.

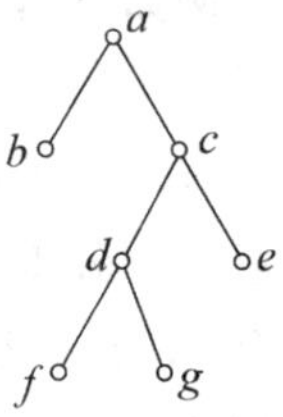

图 5.5.14

5.6 图的矩阵表示

在本节中,介绍另一种表示图的方法——用矩阵表示图,这样表示便于用代数知识研究图的性质,特别是便于用计算机来处理.因为矩阵的存储和处理是容易的,所以矩阵把图的问题变为数字计算问题,这样就可以在计算机中利用矩阵代数的运算来计算图的通路、回路和其他特征.

5.6.1 关联矩阵

图的关联矩阵是表达图的顶点与边的关联性的矩阵.

定义 5.6.1 设无向图 $G=\langle V,E\rangle$,$V=\{v_1,v_2,\cdots,v_n\}$,$E=\{e_1,e_2,\cdots,e_m\}$,令 m_{ij} 为顶点 v_i 与边 e_j 的关联次数,则称 $(m_{ij})_{n\times m}$ 为 G 的**关联矩阵**(incidence matrix),记作 $\boldsymbol{M}(G)$.即

$$\boldsymbol{M}(G)=(m_{ij})_{n\times m},$$

其中

$$m_{ij}=\begin{cases}1, & 若\ e_j\ 与\ v_i\ 关联,\\ 0, & 若\ e_j\ 与\ v_i\ 不关联.\end{cases}$$

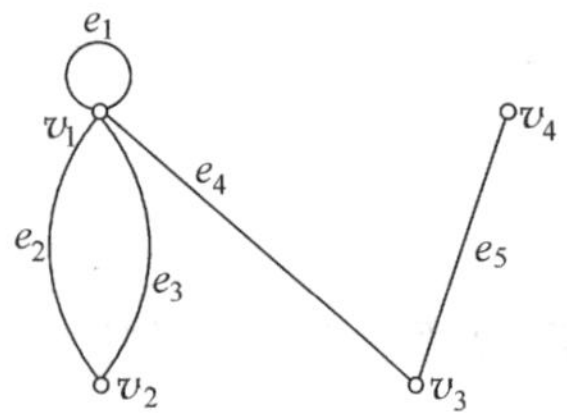

图 5.6.1

图 5.6.1 所示的无向图的关联矩阵为

$$\boldsymbol{M}(G)=\begin{pmatrix}2&1&1&1&0\\0&1&1&0&0\\0&0&0&1&1\\0&0&0&0&1\end{pmatrix}.$$

不难看出,关联矩阵 $\boldsymbol{M}(G)$ 有以下性质:

(1) $\sum\limits_{i=1}^{n} m_{ij}=2(j=1,2,\cdots,m)$,即 $\boldsymbol{M}(G)$ 每列元素之和为 2,这正说明每条边关联两个顶点(环所关联的两个顶点重合);

(2) $\sum\limits_{j=1}^{m} m_{ij}=d(v_i)$,即 $\boldsymbol{M}(G)$ 第 i 行元素之和为 v_i 的度数,$i=1,2,\cdots,n$;

(3) $\sum\limits_{i=1}^{n} d(v_i)=\sum\limits_{i=1}^{n}\sum\limits_{j=1}^{m} m_{ij}=\sum\limits_{j=1}^{m}\sum\limits_{i=1}^{n} m_{ij}=\sum\limits_{j=1}^{m}2=2m$,这个结果正是握手定理的

内容，即各顶点的度数之和等于边数的 2 倍；

(4) 第 j 列与第 k 列相同当且仅当边 e_j 与 e_k 是平行边；

(5) $\sum_{j=1}^{m} m_{ij}=0$ 当且仅当 v_i 是孤立点.

这是对无向图而言，而对于有向图(我们只考虑简单有向图)，则有以下定义.

定义 5.6.2 设有向图 $D=\langle V,E\rangle$ 中无环，$V=\{v_1,v_2,\cdots,v_n\}$，$E=\{e_1,e_2,\cdots,e_m\}$，令

$$m_{ij}=\begin{cases}1, & v_i \text{ 为 } e_j \text{ 的始点；}\\ 0, & v_i \text{ 与 } e_j \text{ 不关联；}\\ -1, & v_i \text{ 为 } e_j \text{ 的终点.}\end{cases}$$

则称 $(m_{ij})_{n\times m}$ 为 D 的关联矩阵，记作 $\boldsymbol{M}(D)$.

以图 5.6.2 中的有向图为例，可写出其关联矩阵为

$$\boldsymbol{M}(D)=\begin{pmatrix}1 & 1 & 0 & 0 & 0 & 0 & 0\\ -1 & 0 & -1 & 1 & 0 & 0 & 0\\ 0 & -1 & 1 & 0 & 1 & 1 & 0\\ 0 & 0 & 0 & -1 & -1 & 0 & -1\\ 0 & 0 & 0 & 0 & 0 & -1 & 1\end{pmatrix}.$$

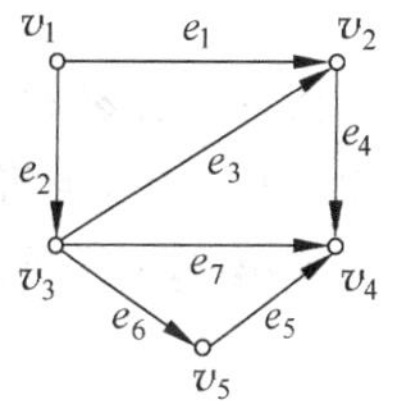

图 5.6.2

$\boldsymbol{M}(D)$有如下各条性质：

(1) $\sum_{i=1}^{n} m_{ij}=0, j=1,2,\cdots,m$，从而 $\sum_{j=1}^{m}\sum_{i-1}^{n} m_{ij}=0$，这说明 $\boldsymbol{M}(D)$中所有元素之和为 0；

(2) $\boldsymbol{M}(D)$中负 1 的个数等于正 1 的个数，都等于边数 m，这正是有向图握手定理的内容；

(3) 第 i 行中正 1 的个数等于 $d^+(v_i)$，负 1 的个数等于 $d^-(v_i)$；

(4) 平行边所对应的列相同.

5.6.2 邻接矩阵

图的邻接矩阵是描述图的顶点与顶点之间的邻接关系的矩阵.

定义 5.6.3 设 $G=\langle V,E\rangle$为无向简单图(或有向图)，$V=\{v_1,v_2,\cdots,v_n\}$，称 n 阶方阵 $\boldsymbol{A}(G)=(a_{ij})_{n\times n}$为图 G 的**邻接矩阵**(adjacency matrix)，其中 a_{ij} 是无向图 G 中连接顶点 v_i 和 v_j 边的数目；当 G 是有向图时，a_{ij} 是图 G 中以 v_i 为尾且以 v_j 为头的弧的数目，其中

$$a_{ij}=\begin{cases}1, & \text{若}(v_i,v_j)\in E \text{ 或者}\langle v_i,v_j\rangle\in E\\ 0, & \text{其他}\end{cases},\quad i,j=1,2,\cdots,n.$$

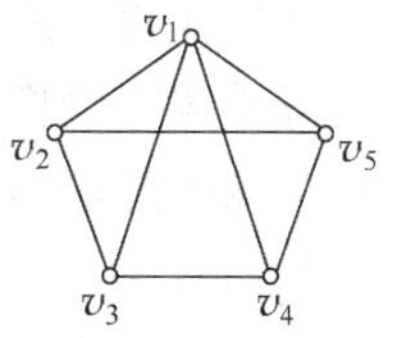

图 5.6.3

例如，对于图 5.6.3，它的邻接矩阵为

$$\boldsymbol{A}(G)=\begin{pmatrix}0&1&1&1&1\\1&0&1&0&1\\1&1&0&1&0\\1&0&1&0&1\\1&1&0&1&0\end{pmatrix},$$

而图 5.6.2 的邻接矩阵则为

$$\boldsymbol{A}(D)=\begin{pmatrix}0&1&1&0&0\\0&0&0&1&0\\0&1&0&1&1\\0&0&0&0&0\\0&0&0&1&0\end{pmatrix}.$$

从定义容易看出，图 G 的邻接矩阵显然与 n 个顶点的标定次序 $\{v_1,v_2,\cdots,v_n\}$ 有关. 例如图 5.6.3 中，若将 G 的顶点 v_5 和 v_2 的次序调换一下得到 G'，那么新的邻接矩阵将是原邻接矩阵第 2,5 行对调，第 2,5 列对调而得到，即

$$\boldsymbol{A}(G')=\begin{pmatrix}0&1&1&1&1\\1&0&0&1&1\\1&0&0&1&1\\1&1&1&0&0\\1&1&1&0&0\end{pmatrix}.$$

邻接矩阵可反映出图的一些性质：

(1) 若邻接矩阵的元素全部为零，即邻接矩阵是零矩阵，则其对应的图为零图；

(2) 若邻接矩阵的元素除主对角线外全部为 1，则其对应的图为完全图；

(3) 无向图的邻接矩阵为对称矩阵，有向图的邻接矩阵不具有此性质；

(4) 无向图的邻接矩阵的第 i 行(列)元素为 1 的个数等于顶点的度；

(5) 有向图的邻接矩阵的第 i 行元素为 1 的个数等于顶点 v_i 的出度；同理，第 j 列元素为 1 的个数等于顶点 v_j 的入度，即

$$d^+(v_i)=\sum_{k=1}^{n}a_{ik},\quad d^-(v_j)=\sum_{k=1}^{n}a_{kj}.$$

一般地说，我们把一个 n 阶方阵 $\boldsymbol{A}$ 的某些列作一置换，再把相应的行作同样置换，得到一个新的 n 阶方阵 $\boldsymbol{A}'$，称 $\boldsymbol{A}'$ 与 $\boldsymbol{A}$ 置换等价. 对一个图而言，顶点按不同次序排序所写出的邻接矩阵是彼此置换等价的，今后我们略去这种元素次序的任意性，可取图的任意一个邻接矩阵作为该图的矩阵表示.

从图 G 的邻接矩阵中，还可以得到图的很多重要性质.

设有向图 D 的顶点集合 $V=\{v_1,v_2,\cdots,v_n\}$，它的邻接矩阵为：$\boldsymbol{A}(D)=(a_{ij})_{n\times n}$，现在想计算从顶点 v_i 到顶点 v_j 长度为 2 的通路(或途径)的数目. 注意到每条从 v_i 到 v_j 的长度为

2 的通路中间必须经过一个顶点 v_k，即 $v_i \to v_k \to v_j (1 \leqslant k \leqslant n)$，如果图 D 中有通路 $v_iv_kv_j$ 存在，那么 $a_{ik}=a_{kj}=1$，即 $a_{ik}\cdot a_{kj}=1$；反之，如果图 D 中没有通路 $v_iv_kv_j$ 存在，那么 $a_{ik}=0$ 或 $a_{kj}=0$，即 $a_{ik}\cdot a_{kj}=0$，于是从顶点 v_i 到顶点 v_j 的长度为 2 的通路的数目等于：

$$a_{i1}\cdot a_{1j}+a_{i2}\cdot a_{2j}+\cdots+a_{in}\cdot a_{nj}=\sum_{k=1}^{n} a_{ik}\cdot a_{kj}.$$

按照矩阵的乘法规则，这恰好等于矩阵 $(\boldsymbol{A}(G))^2$ 中第 i 行、第 j 列的元素，

$$(a_{ij}^{(2)})_{n\times n}=(\boldsymbol{A}(G))^2=\begin{pmatrix} a_{11} & a_{12} & \cdots & a_{1n} \\ a_{21} & a_{22} & \cdots & a_{2n} \\ \vdots & \vdots & & \vdots \\ a_{n1} & a_{n2} & \cdots & a_{nn} \end{pmatrix}\begin{pmatrix} a_{11} & a_{12} & \cdots & a_{1n} \\ a_{21} & a_{22} & \cdots & a_{2n} \\ \vdots & \vdots & & \vdots \\ a_{n1} & a_{n2} & \cdots & a_{nn} \end{pmatrix}.$$

$a_{ij}^{(2)}$ 表示从 v_i 到 v_j 的长度为 2 的通路的数目；$a_{ii}^{(2)}$ 表示从 v_i 到 v_i 的长度为 2 的回路的数目.

从 v_i 到 v_j 的长度为 3 的通路，可以看作是由 v_i 到 v_k 的一条长度为 1 的通路，再连接 v_k 到 v_j 的一条长度为 2 的通路，故 v_i 到 v_j 的长度为 3 的通路的数目：

$$a_{ij}^{(3)}=\sum_{k=1}^{n} a_{ik}\cdot a_{kj}^{(2)},$$

即 $(a_{ij}^{(3)})_{n\times n}=(\boldsymbol{A}(G))^3=(\boldsymbol{A}(G))\cdot(\boldsymbol{A}(G))^2$.

一般地，有

$$(a_{ij}^{(l)})_{n\times n}=(A(G))^l=\overbrace{\begin{pmatrix} a_{11} & a_{12} & \cdots & a_{1n} \\ a_{21} & a_{22} & \cdots & a_{2n} \\ \vdots & \vdots & & \vdots \\ a_{n1} & a_{n2} & \cdots & a_{nn} \end{pmatrix}\cdots\begin{pmatrix} a_{11} & a_{12} & \cdots & a_{1n} \\ a_{21} & a_{22} & \cdots & a_{2n} \\ \vdots & \vdots & & \vdots \\ a_{n1} & a_{n2} & \cdots & a_{nn} \end{pmatrix}}^{l}.$$

这一结论对无向图也成立.

定理 5.6.1 设 $\boldsymbol{A}$ 为图 G 的邻接矩阵，G 的顶点集 $V=\{v_1,v_2,\cdots,v_n\}$，则 $\boldsymbol{A}$ 的 l 次幂 $\boldsymbol{A}^l$ $(l\geqslant 1)$ 中元素 $a_{ij}^{(l)}$ 为 G 中 v_i 到 v_j 长度为 l 的通路数，其中 $a_{ii}^{(l)}$ 为 v_i 到自身长度为 l 的回路数，而 $\sum\limits_{i=1}^{n}\sum\limits_{j=1}^{n}a_{ij}^{(l)}$ 为 G 中长度为 l 的通路总数，其中 $\sum\limits_{i=1}^{n}a_{ii}^{(l)}$ 为 G 中长度为 l 的回路总数.

推论 设 $\boldsymbol{B}_l=\boldsymbol{A}+\boldsymbol{A}^2+\cdots+\boldsymbol{A}^l(l\geqslant 1)$，则 $\boldsymbol{B}_l$ 中元素 $\sum\limits_{i=1}^{n}\sum\limits_{j=1}^{n}b_{ij}^{(l)}$ 为 G 中长度小于或等于 l 的通路数，其中 $\sum\limits_{i=1}^{n}b_{ii}^{(l)}$ 为 G 中长度小于或等于 l 的回路数.

例 5.6.1 在图 5.6.4 中，G_1 是无向图，G_2 是有向图，则它们的邻接矩阵分别为

$$A(G_1)=\begin{pmatrix}0&1&0&1\\1&0&1&1\\0&1&1&0\\1&1&0&0\end{pmatrix},\quad A(G_2)=\begin{pmatrix}0&1&1&0\\1&0&1&1\\1&0&0&0\\0&0&0&1\end{pmatrix}.$$

$$(A(G_1))^2=\begin{pmatrix}0&1&0&1\\1&0&1&1\\0&1&1&0\\1&1&0&0\end{pmatrix}\begin{pmatrix}0&1&0&1\\1&0&1&1\\0&1&1&0\\1&1&0&0\end{pmatrix}=\begin{pmatrix}2&1&1&1\\1&3&1&1\\1&1&2&1\\1&1&1&2\end{pmatrix},$$

$$\sum_{i=1}^{4}\sum_{j=1}^{4}a_{ij}^{(2)}=21,\quad \sum_{i=1}^{4}a_{ii}^{(2)}=9;$$

$$(A(G_2))^2=\begin{pmatrix}0&1&1&0\\1&0&1&1\\1&0&0&0\\0&0&0&1\end{pmatrix}\begin{pmatrix}0&1&1&0\\1&0&1&1\\1&0&0&0\\0&0&0&1\end{pmatrix}=\begin{pmatrix}2&0&1&1\\1&1&1&1\\0&1&1&0\\0&0&0&1\end{pmatrix},$$

$$\sum_{i=1}^{4}\sum_{j=1}^{4}a_{ij}^{(2)}=11,\quad \sum_{i=1}^{4}a_{ii}^{(2)}=5.$$

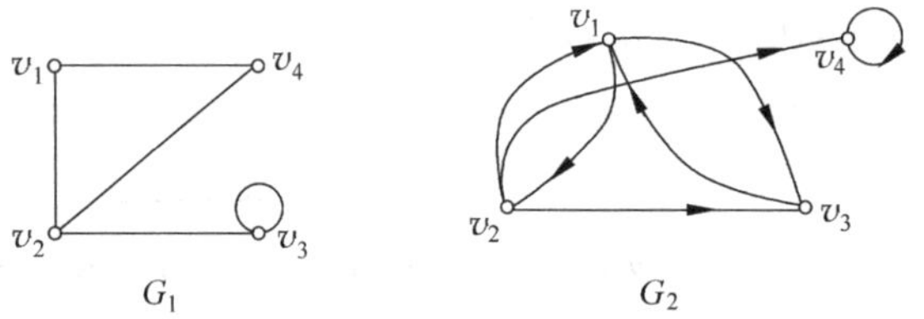

图 5.6.4

因而 G_1 中长度为 2 的通路(含回路)总数为 21,其中 9 条为回路;G_2 中长度为 2 的通路(含回路)总数为 11,其中 5 条为回路.

$$(A(G_1))^3=A(G_1)(A(G_1))^2=\begin{pmatrix}2&4&2&3\\4&3&4&4\\2&4&3&2\\3&4&2&2\end{pmatrix},$$

$$\sum_{i=1}^{4}\sum_{j=1}^{4}a_{ij}^{(3)}=48,\quad \sum_{i=1}^{4}a_{ii}^{(3)}=10;$$

$$(A(G_2))^3=A(G_2)(A(G_2))^2=\begin{pmatrix}1&2&2&1\\2&0&1&2\\2&0&1&1\\0&0&0&1\end{pmatrix},$$

$$\sum_{i=1}^{4}\sum_{j=1}^{4}a_{ij}^{(3)}=16,\quad \sum_{i=1}^{4}a_{ii}^{(3)}=3;$$

$$(\boldsymbol{A}(G_2))^4=\boldsymbol{A}(G_2)(\boldsymbol{A}(G_2))^3=\begin{pmatrix}4&0&2&3\\3&2&3&3\\1&2&2&1\\0&0&0&1\end{pmatrix}.$$

因而 G_1 中长度为 3 的通路(含回路)总数为 48,其中 10 条为回路;G_2 中长度为 3 的通路(含回路)总数为 16,其中 3 条为回路.

$$\boldsymbol{B}_1(G_2)=\boldsymbol{A}(G_2)=\begin{pmatrix}0&1&1&0\\1&0&1&1\\1&0&0&0\\0&0&0&1\end{pmatrix},$$

$$\boldsymbol{B}_2(G_2)=\boldsymbol{A}(G_2)+(\boldsymbol{A}(G_2))^2=\begin{pmatrix}2&1&2&1\\2&1&2&2\\1&1&1&0\\0&0&0&2\end{pmatrix},$$

$$\boldsymbol{B}_3(G_2)=\boldsymbol{A}(G_2)+(\boldsymbol{A}(G_2))^2+(\boldsymbol{A}(G_2))^3=\begin{pmatrix}3&3&4&2\\4&1&3&4\\3&1&2&1\\0&0&0&3\end{pmatrix},$$

$$\boldsymbol{B}_4(G_2)=\boldsymbol{A}(G_2)+(\boldsymbol{A}(G_2))^2+(\boldsymbol{A}(G_2))^3+(\boldsymbol{A}(G_2))^4=\begin{pmatrix}7&3&6&5\\7&3&6&7\\3&3&4&2\\0&0&0&4\end{pmatrix},$$

$$\sum_{i=1}^{4}\sum_{j=1}^{4}b_{ij}^{(2)}=18,\quad \sum_{i=1}^{4}b_{ii}^{(2)}=6.$$

因而 G_2 中长度小于等于 2 的通路有 18 条,其中回路有 6 条.

$$\sum_{i=1}^{4}\sum_{j=1}^{4}b_{ij}^{(3)}=34,\quad \sum_{i=1}^{4}b_{ii}^{(3)}=9,$$

因而 G_2 中长度小于等于 3 的通路有 34 条,其中回路有 9 条.

$$\sum_{i=1}^{4}\sum_{j=1}^{4}b_{ij}^{(4)}=60,\quad \sum_{i=1}^{4}b_{ii}^{(4)}=18,$$

因而 G_2 中长度小于等于 4 的通路有 60 条,其中回路有 18 条.

在许多实际问题中,常常要判断有向图的一个顶点 v_i 到另一个顶点 v_j 是否存在通路,如果利用图 G 的邻接矩阵 $\boldsymbol{A}$,则可计算 $\boldsymbol{A},\boldsymbol{A}^2,\cdots,\boldsymbol{A}^n,\cdots$,当发现其中某个 $\boldsymbol{A}^l$ 的 $a_{ij}^{(l)}\geqslant 1$,就

表明顶点 v_i 到 v_j 可达.但这种计算比较繁琐,并且预先无法判断 $\boldsymbol{A}^l$ 计算到何时为止.为了解决这个问题,首先给出下面一个结论.

定理 5.6.2 在一个具有 n 个顶点的图中,如果从顶点 u 到顶点 v 存在一条通路,则它们之间必存在一条长度不超过 $n-1$ 的通路.

证明 设 $W=ue_1v_1\cdots v_{k-1}e_kv$ 是从顶点 u 到顶点 v 的一条长度为 k 的通路,则这条 W 上必有 $k+1$ 个顶点.若 $k>n-1$,则必有一个顶点 v_s,它在 W 中出现至少两次,从而 W 的顶点序列必有如下形式:

$$u\cdots v_s\cdots v_s\cdots v,$$

于是在 W 中去掉从 v_s 到 v_s 之间的边,得到的仍是一条从顶点 u 到顶点 v 的通路,但此通路上的边比原来的边数少.如此重复进行下去,必可得到一条从顶点 u 到顶点 v 的长度不超过 $n-1$ 的通路.

推论 在一个具有 n 个顶点的图中,如果从顶点 u 到顶点 v 存在一条通路,则它们之间必存在一条长度不超过 $n-1$ 的路.

由推论可知,如果有向图 G 有 n 个顶点 $V=\{v_1,v_2,\cdots,v_n\}$,且 v_i 到 v_j 有一条通路,则必然有一条长度不超过 $n-1$ 的通路,因此只要考察 $a_{ij}^{(l)}$ 就可以了,其中 $1\leqslant l\leqslant n-1$.

对于有向图 G 中任意两个顶点之间的连通性,也可用矩阵表达.

5.6.3 可达矩阵

定义 5.6.4 设 $D=\langle V,E\rangle$ 为有向图,$V=\{v_1,v_2,\cdots,v_n\}$,令

$$p_{ij}=\begin{cases}1, & \text{从 } v_i \text{ 到 } v_j \text{ 至少有一条路},\\ 0, & \text{从 } v_i \text{ 到 } v_j \text{ 没有路},\end{cases}$$

称 $(p_{ij})_{n\times n}$ 为 D 的**可达矩阵**(reachability matrix),记为 $\boldsymbol{P}(D)$,简记为 $\boldsymbol{P}$.

可达矩阵表明了图中任意两个顶点间是否至少存在一条路以及在任何顶点上是否存在回路.

一般地讲,可由图 D 的邻接矩阵 $\boldsymbol{A}$ 得到可达矩阵 $\boldsymbol{P}$,即令 $\boldsymbol{B}=\boldsymbol{A}+\boldsymbol{A}^2+\cdots+\boldsymbol{A}^n$,再从 $\boldsymbol{B}$ 中将不为零的元素均改为 1,而为零的元素不变,这样得到的矩阵即为可达矩阵 $\boldsymbol{P}$.

由于 $\forall v_i\in V, v_i\to v_i$,所以 $\boldsymbol{P}(D)$ 主对角线上的元素全为 1.

例 5.6.2 求图 5.6.4 中 G_2 的可达矩阵.

解 由例 5.6.1 得 G_2 的邻接矩阵为

$$\boldsymbol{A}(G_2)=\begin{pmatrix}0&1&1&0\\1&0&1&1\\1&0&0&0\\0&0&0&1\end{pmatrix},$$

且

$$\boldsymbol{B}_4(G_2)=\boldsymbol{A}(G_2)+(\boldsymbol{A}(G_2))^2+(\boldsymbol{A}(G_2))^3+(\boldsymbol{A}(G_2))^4=\begin{pmatrix}7&3&6&5\\7&3&6&7\\3&3&4&2\\0&0&0&4\end{pmatrix},$$

所以

$$\boldsymbol{P}(G_2)=\begin{pmatrix}1&1&1&1\\1&1&1&1\\1&1&1&1\\0&0&0&1\end{pmatrix}.$$

利用邻接矩阵 $\boldsymbol{A}$ 和可达性矩阵 $\boldsymbol{P}$，可以判断图的连通性，下面结果是显然的.

(1) 无向图 G 是连通图当且仅当它的可达矩阵 $\boldsymbol{P}$ 的所有元素均为 1；

(2) 有向图 D 是强连通图当且仅当它的可达矩阵 $\boldsymbol{P}$ 的所有元素均为 1.

5.6.4 图的运算

下面给出图的几种运算.

定义 5.6.5 设 $G_1=\langle V_1,E_1\rangle$，$G_2=\langle V_2,E_2\rangle$ 为两个图，若 $V_1\cap V_2=\varnothing$，则称 G_1 与 G_2 是不交的；若 $E_1\cap E_2=\varnothing$，则称 G_1 与 G_2 是边不交的或边不重的.

注 不交的图，必然是边不交的，但反之不真.

定义 5.6.6 设 $G_1=\langle V_1,E_1\rangle$，$G_2=\langle V_2,E_2\rangle$ 为不含孤立点的两个图(它们同为无向图或同为有向图).

(1) 称以 $E_1\cup E_2$ 为边集、以 $E_1\cup E_2$ 中边关联的顶点组成的集合为顶点集的图为 G_1 与 G_2 的并图，记作 $G_1\cup G_2$；

(2) 称以 E_1-E_2 为边集、以 E_1-E_2 中边关联的顶点组成的集合为顶点集的图为 G_1 与 G_2 的差图，记作 G_1-G_2；

(3) 称以 $E_1\cap E_2$ 为边集、以 $E_1\cap E_2$ 中边关联的顶点组成的集合为顶点集的图为 G_1 与 G_2 的交图，记作 $G_1\cap G_2$；

(4) 称以 $E_1\oplus E_2$ 为边集($\oplus$为集合之间的对称差运算)、以 $E_1\oplus E_2$ 中边关联的顶点组成的集合为顶点集的图为 G_1 与 G_2 的环和，记作 $G_1\oplus G_2$.

在定义 5.6.6 中，应注意以下几点：

(1) 若 $G_1=G_2$，则 $G_1\cup G_2=G_1\cap G_2=G_1(G_2)$，而 $G_1-G_2=G_2-G_1=G_1\oplus G_2=\varnothing$，这就是在图的定义中给出空图概念的原因；

(2) 当 G_1 与 G_2 边不重时，$G_1\cap G_2=\varnothing$，$G_1-G_2=G_1$，而 $G_2-G_1=G_2$，$G_1\oplus G_2=G_1\cup G_2$；

(3) 图之间环和的定义也可以用并、交、差给出，即 $G_1\oplus G_2=(G_1\cup G_2)-(G_1\cap G_2)$.

5.7 平面图与图的着色

5.7.1 平面图

在一张纸上画几何模型时常常会发现，不仅需要允许各边在顶点处相交，而且还应该允许各边在某些非顶点处相交，这样的点称为交叉点；而相交的边，称为相互交叉的边. 但是，有些图形是不允许边交叉的，例如，大家熟悉的印刷电路，除了顶点外，它的导线是不允许交叉的，这就是所谓的平面图.

不仅在图的理论研究方面，而且在实际应用中，平面图都具有重要意义. 它在印刷电路板、集成电路的布线问题中，在通信、交通、城市建筑等方面都有广泛的应用.

先来考查下面一个问题。如图 5.7.1 要在 3 个住户和 3 个公司之间建立起相应的连接线路，试问在一个平面上能否找出使各连线不相交叉的连接方法？

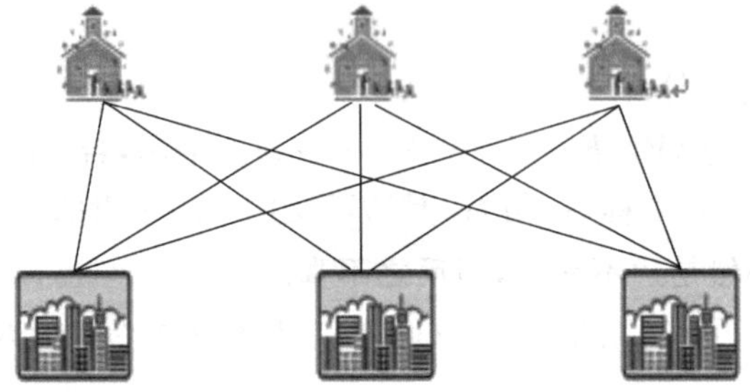

图 5.7.1

用图论的语言来描述这个问题就是：是否能在一个平面上将完全二部图 $K_{3,3}$ 画出来，使得它的边仅在端点处相交？

定义 5.7.1 如果能将无向图 G 画在平面上使得除顶点外无边相交，则称 G 是**可平面图**(planar graph)，简称**平面图**(plane graph).

需要指出的是有些图形从表面上看有几条边是相交的，但不能就此肯定它不是平面图，例如，图 5.7.2(a)，表面上看有几条边相交，但如把它画成图 5.7.2(b)，则可看出它是一个平面图.

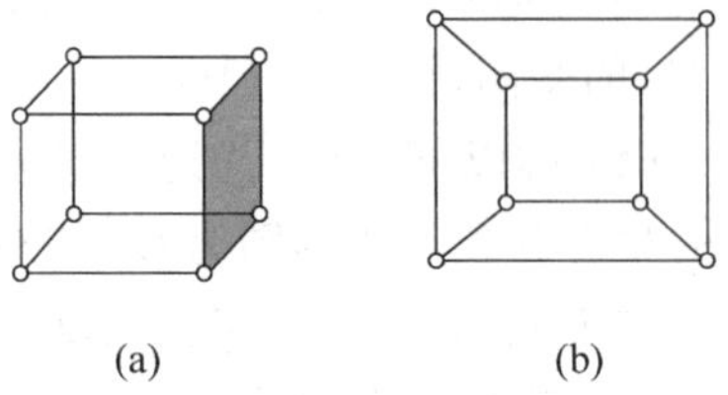

图 5.7.2

例 5.7.1 $K_{3,3}$ 是否为平面图.

证明 设 $K_{3,3}$ 如图 5.7.3 所示，我们不妨假设 $K_{3,3}$ 是平面图.

若 $K_{3,3}$ 是平面图，则 $v_1v_4v_2v_5$ 必然将整个平面分成 f_1，f_2 两个区域(见图 5.7.4(a)). 于是 v_3 或者在 f_1 中，或者在 f_2 中，不妨设它在 f_2 中. 由于 v_3 与 v_4，v_5 都相邻，于是 f_2 又

被分成 f_{21} 和 f_{22} 两个区域(见图 5.7.4(b)). 因为 v_6 与 v_1,v_2,v_3 都相邻,故不论它在 f_1, f_{21}, f_{22} 哪一个区域,都会出现边在非端点处相交而导致矛盾. 当 v_3 在 f_1 中时,同样会得出矛盾. 故 $K_{3,3}$ 不是平面图.

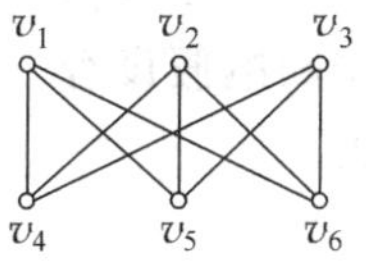

图 5.7.3

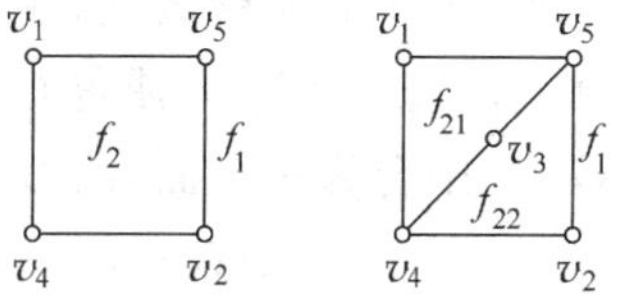

(a) (b)

图 5.7.4

类似的讨论可以证明具有 5 个顶点的完全图 K_5 不是平面图.

通过上述讨论可以发现一个连通平面图 G 可以将整个平面划分成若干个区域,在每一个区域内既不包含图的顶点,也不包含图的边,我们把这样的区域称为 G 的一个**面**,包围该面的所有的边(包括有一个端点在面的内部的边——这样的边称为此面的**悬挂边**)形成的回路称为这个面的**边界**. 如图 5.7.4(a)有两个面 f_1 和 f_2, $v_1v_4v_2v_5v_1$ 既是面 f_1 的边界也是 f_2 的边界;再如在图 5.7.5 中, v_4v_5 是面 f_3 的悬挂边, $v_3v_4v_5v_4v_6v_3$ 是面 f_3 的边界. 平面图 G 的所有的面构成的集合记为 $F(G)$. 我们称平面图 G 的面 f 与它边界上的顶点和边是相关联的,并称与 f 相关联的边(悬挂边算两次)的数目为面 f 的**度**,记为 $d_G(f)$. 通常在不致混淆的情况下,可将下标 G 略去. 如在图 5.7.4(a)中,面 f_{21} 与顶点 v_1 相关联,也与边 v_3v_4 相关联, $d(f_1)=d(f_{21})=d(f_{22})=4$;再如在图 5.7.5 中, $d(f_1)=4, d(f_2)=3, d(f_3)=5, d(f_4)=4$.

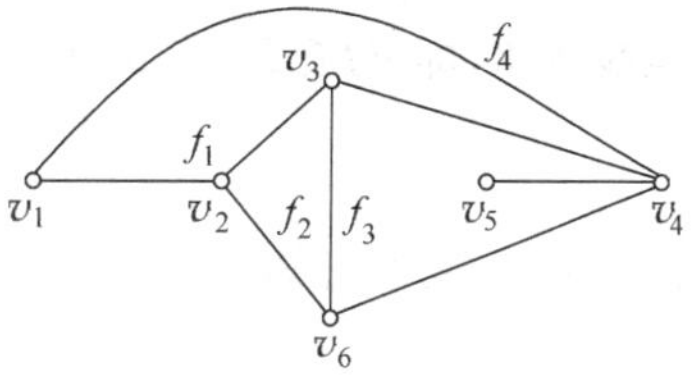

图 5.7.5

关于平面图的面的度数有下面的定理.

定理 5.7.1 在一个平面图中,所有面的度数之和等于图中边数的二倍.

证明 因为 G 的任何一条边,或者是两个面的公共边而对这两个面的度数贡献分别是 1,或者是一个面的悬挂边而对此面的度数贡献是 2,故 G 的所有面的度数之和为其边数的 2 倍.

如在图 5.7.5 中, $\sum_{i=1}^{4} d(f_i) = 16$,恰好是其边数 8 的两倍.

下面给出一个连通的平面图的顶点数、面数及其边数之间的关系式,这个关系式就是著名的欧拉公式,因为欧拉是最早对多面体的顶点和边所确定的平面图建立了这个公式.

定理 5.7.2(欧拉公式) 若 G 是连通平面图,则其顶点数 $\nu(G)$、面数 $\Phi(G)$ 及其边数 $\varepsilon(G)$ 之间有下述关系式

$$\nu(G) - \varepsilon(G) + \Phi(G) = 2.$$

证明 对面数 Φ 用数学归纳法. 当 $\Phi=1$ 时, G 的每条边都是这个面的悬挂边, 即 G 不包含圈, 故 G 是一棵树. 已知树的边数与顶点数的关系: $\nu-\varepsilon=1$, 从而进一步有 $\nu-\varepsilon+\Phi=2$, 即 $\Phi=1$ 时命题为真.

设对 $1\leqslant\Phi\leqslant r-1$ 时命题成立, 往证 $\Phi=r$ 时命题也成立. 因 $r\geqslant 2$ 时, 图 G 必有圈, 因此可以在这个圈上任选一条边 e, 使得 $G-e$ 仍是一个连通的平面图. 由于 G 中以 e 为公共边的两个面在 $G-e$ 中合为一个面, 故 $G-e$ 有 $r-1$ 个面. 于是根据归纳假设有

$$\nu(G-e)-\varepsilon(G-e)+\Phi(G-e)=2.$$

再由

$$\nu(G-e)=\nu(G),\quad \varepsilon(G-e)=\varepsilon(G)-1,\quad \Phi(G-e)=\Phi(G)-1,$$

即得

$$\nu(G)-\varepsilon(G)+\Phi(G)=2.$$

定理 5.7.3 设 G 是顶点数 $\nu\geqslant 3$ 的连通简单平面图, 则下述关系式成立:

$$\varepsilon\leqslant 3\nu-6. \tag{5.7.1}$$

证明 由于 G 是顶点数 $\nu\geqslant 3$ 的连通简单平面图, 故对 G 的任意一个面 f, 其边界的长度至少为 3, 即 $\forall f\in F$, 有 $d(f)\geqslant 3$, 从而有

$$\sum_{f\in F}d(f)\geqslant 3\Phi.$$

再由定理 5.7.1 可知

$$2\varepsilon=\sum_{f\in F}d(f)\geqslant 3\Phi,$$

于是再由定理 5.7.2 可得

$$\nu-\varepsilon+2\varepsilon/3\geqslant 2,$$

即

$$\varepsilon\leqslant 3\nu-6.$$

推论 若 G 是简单平面图, 则 $\delta\leqslant 5$.

证明 显然只需对连通图的情形进行证明.

对 $\nu=1,2$ 结论是显然的. 若 $\nu\geqslant 3$, 则由定理 5.1.1 和定理 5.7.3 有

$$\delta\nu\leqslant\sum_{v\in V}d(v)=2\varepsilon\leqslant 6\nu-12,$$

由此可得 $\delta\leqslant 5$.

例 5.7.2 K_5 不是平面图.

证明 若不然, 由定理 5.7.3 有

$$10=\varepsilon(K_5)\leqslant 3\nu(K_5)-6=9,$$

矛盾, 于是必有 K_5 不是平面图.

式(5.7.1)是平面图的必要条件, 但不是充分条件, 因为形成一个面也可能用了 4 条边或更多. 以完全二部图 $K_{3,3}$ 为例, 它有 9 条边, 6 个顶点, 满足式(5.7.1), 但我们已经看到

$K_{3,3}$不是平面图. 实际上,要验证一个图的平面性,并不很容易. 容易看出,在给定的图 G 的边上插入一个度数为 2 的顶点,使一条边变成两条边,或者对于关联于一个度为 2 的顶点的两条边,去掉这个顶点,使两条边连接成一条边(即收缩 2 度点关联的两条边中的一条),这些操作都不会影响图 G 的平面性,如图 5.7.6(a)和(b).

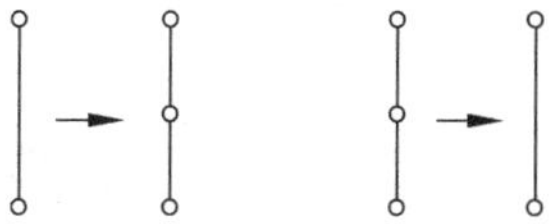

(a) (b)

图 5.7.6

定义 5.7.2 设 G 为简单平面图,若在 G 的任意两个不相邻的顶点之间加一条边,所得图为非平面图,则称 G 为**极大平面图**(maximal planar graph).

从定义不难看出,K_1,K_2,K_3,K_4,K_5-e(K_5 删除任意一条边)都是极大平面图.

定义 5.7.3 若在非平面图 G 中任意删除一条边,所得图为平面图,则称 G 为**极小平面图**(minimal planar graph).

K_5 和 $K_{3,3}$都是极小平面图.

定义 5.7.4 给定两个图 G_1 和 G_2,如果它们是同构的,或者通过反复插入或除去度数为 2 的顶点后,使 G_1 和 G_2 同构,则称这两个图是在 2 度顶点内同构的.

在判定一个图是否为平面图时,K_5 和 $K_{3,3}$起着非常重要的作用. 一般可在已给图中去找是否有与 K_5 或 $K_{3,3}$在 2 度顶点内同构的子图,如果有,那么根据上面的讨论这个图就一定不是平面图;如果没有,则根据下面的库拉托夫斯基(Kuratowski)定理,它是平面图.

图的可平面性在某些应用中显得很重要,如在集成电路技术中就是如此. 因此给出平面图的一个有效的判定方法是十分有意义的,库拉托夫斯基在 1930 年给出了一个非常简单的平面图判定定理,由于篇幅有限,这里只给出定理的内容.

定理 5.7.4(库拉托夫斯基定理) 一个图是平面图,当且仅当它不包含与 K_5 或 $K_{3,3}$在 2 度顶点内同构的子图.

5.7.2 对偶图与图着色

图的着色问题起源于"四色猜想". 所谓"四色猜想"是要求证明这样的问题,至多用 4 种不同颜色给平面或球面上的地图着色,就可以使互相接壤的国家用不同颜色来区分. 这个问题的提法简单易懂,但时至今日还没有得到很好的解决.

为了叙述图着色理论,先介绍对偶图的概念.

定义 5.7.5 给定平面图 G,可以用下面的方法构造另一个图 G^*:

(1) 对于 G 的每一个面 f,都有 G^* 的顶点 f^* 与之对应, 对于 G 的每一条边 e,都有 G^* 的边 e^* 与之对应;

(2) G^* 中两个不同的顶点 f^* 和 g^* 由 e^* 边连接,当且仅当 G 中与顶点 f^* 和 g^* 对应的面 f 和 g 均与 e^* 对应的边 e 相关联;

(3) G^* 中的边 e^* 是以顶点 f^* 为端点的环,当且仅当 G 中与 e^* 对应的边 e 是 G 中与顶点 f^* 对应的面 f 的悬挂边.

称图 G^* 为平面图 G 的**对偶图**(dual graph).

例如,图 5.7.7(a)和(b)给出了一个平面和它的对偶图.

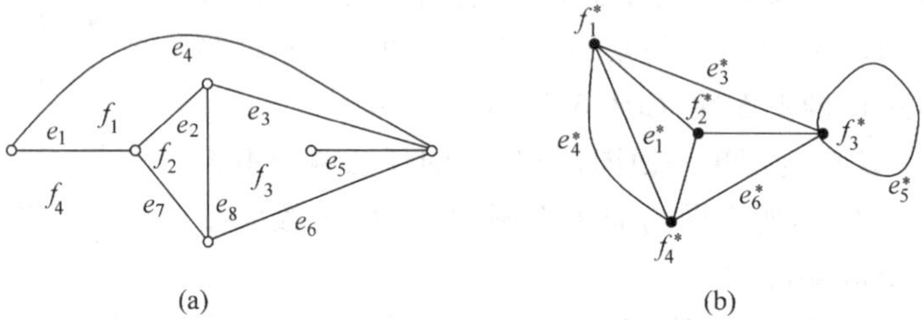

图 5.7.7

容易看出,平面图 G 的对偶图仍是平面图.

图的着色有两种类型,一种是讨论给某图的边着色,另一种是给图的顶点着色. 利用对偶图的概念,对于地图的着色问题,可以归纳为对于平面图的顶点着色问题,因此,四色问题可以归结为要证明对于任何一个平面图,一定可以用 4 种颜色对它的顶点进行着色,使得相邻的顶点都有不同的颜色.

定义 5.7.6 设无向图 G 无环,对 G 的每个顶点涂一种颜色,使相邻的顶点涂不同的颜色,称为图 G 的一种点着色,简称**着色**(coloring). 若能用 k 种颜色给 G 的顶点着色,则称 G 是 k 可着色的. 若 G 是 k 可着色的,但不是 $k-1$ 可着色的,则称 G 的色数为 k. G 的色数记为 $\chi(G)$.

例如,图 5.7.8 中的图是 2 色的,对于 $n=2,3,4$ 的 k 着色都已经画出,其中顶点旁的正整数用来表示颜色.

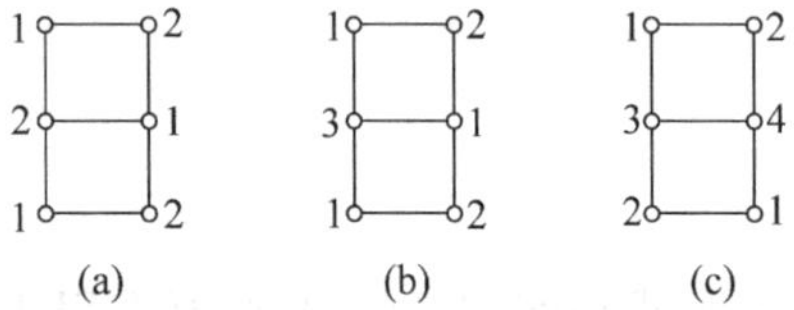

图 5.7.8

图着色有着广泛的应用,当我们试图在有冲突的情况下分配资源时,就会自然地产生这个问题. 例如,有 n 项工作,每项工作需要一天的时间完成,有些工作由于需要相同的人员或设备不能同时进行,问至少需要几天才能完成所有的工作? 用图描述如下:用顶点表示工作,如果两项工作需要相同的人员或设备就用一条边连接对应的顶点,工作的时间安排对应于这个图的点着色:着同一种颜色的顶点对应的工作可以安排在同一天,所需的最少天数正好是这个图的色数.

又如,计算机有 k 个寄存器,现正在编译一个程序,要给每一个变量分配一个寄存器. 如果两个变量要在同一时刻使用,则不能把它们分配给同一个寄存器. 我们构造一个图,每一个变量是一个顶点,如果两个变量要在同一时刻使用,则用一条边连接这两个变量. 于是,这个图的 k 着色对应给变量分配寄存器的一种安全方式:给着同一种颜色的变量分配同一个寄存器.

还有一个应用是无线交换设备的波长分配. 有 n 台设备和 k 个发射波长,要给每一台设备分配一个波长. 如果两台设备靠得太近,则不能给它们分配相同的波长,以防止干扰. 以设备为顶点构造一个图,如果两台设备靠得太近,则用一条边连接它们. 于是,这个图的 k 着色给出一个波长分配方案,给着同一种颜色的设备分配同一个波长.

关于色数,我们不加证明地给出下面的布鲁克斯(Brooks)定理.

定理 5.7.5(布鲁克斯定理) (1) $\chi(G)=1$ 当且仅当 G 为零图;

(2) $\chi(K_n)=n$;

(3) 图 G 是 2 可着色的当且仅当 G 为偶图;

(4) 对任意无环图 G,均有 $\chi(G)\leqslant\Delta(G)+1$;

(5) 设 G 是连通的简单图,且 G 不是长度为奇数的基本回路,也不是完全图,则 $\chi(G)\leqslant\Delta(G)$.

尽管"四色问题"直到 1976 年才被美国的两位数学家利用计算机解决,但是平面地图可以用五种颜色着色却是早在 1890 年就被希伍德(Heawood)证明了.

定理 5.7.6(希伍德五色定理) 任何一个平面图都是 5 可着色的.

定理 5.7.7(四色定理) 任何平面图都是 4 可着色的.

定义 5.7.7 对图 G 的每条边着一种颜色,使相邻的边着不同的颜色,称为对图 G 的边着色. 若能用 k 种颜色给 G 的边着色,则称 G 是 k 可边着色的. 若 G 是 k 可边着色的,但不是 $k-1$ 可边着色的,则称 G 的边色数为 k,G 的色数记为 $\chi'(G)$.

关于边色数,有下面的定理.

定理 5.7.8 (1) 设 $G=\langle V,E\rangle$ 是简单图,则 $\Delta(G)\leqslant\chi'(G)\leqslant\Delta(G)+1$;

(2) 设 $G=\langle V,E\rangle$ 是偶图,则 $\chi'(G)=\Delta(G)$;

(3) 当 $n(n\neq1)$ 为奇数时,$\chi'(K_n)=n$;而当 $n(n\neq1)$ 为偶数时,$\chi'(K_n)=n-1$.

边着色的问题可用来解决排课表的问题.

例 5.7.3 设某大学在星期一有 m 位教师给 n 个班上课,每位教师在同课时只能给一个班上课. 问:(1)这一天至少要安排多少节课?(2)在节数不增加的条件下至少需要几个教室?

解 设教师集合为 $V_1=\{t_1,t_2,\cdots,t_m\}$,班级集合为 $V_2=\{c_1,c_2,\cdots,c_n\}$,$E=\{(t_i,c_i)\mid t_i$ 给 c_j 上一节课$\}$,得偶图$G=\langle V_1,E,V_2\rangle$. 对 G 的边进行一种 $k(k\geqslant\chi'(G))$着色,就得到一种节数为 k 的安排方案.

(1) $k=\chi'(G)=\Delta(G)$时,安排的节数最少.

(2) 设 $l_1,l_2,\cdots,l_\Delta$ 分别为同色的边数,在节数为 $\Delta(G)$的条件下,使$\max\{l_1,l_2,\cdots,l_\Delta\}$达到最小.

习 题 5

1. 试用一个混合图来刻画 4 个球队 A,B,C,D 之间的一次足球比赛,要求每两队之间赛一场，结果A胜3场，B一胜一负一平，C一胜两负，并给这次比赛排一下名次.

2. 在一次联欢会上，要得出跳了奇数次舞的人数规律，应该如何建立图论模型？特别地，一个人单独跳一曲舞该如何处理呢？

3. 举出两个已经遇到的应用图的例子.

4. 设图 G 的各点度数都是3，且点数 n 与边数 m 之间有如下关系：

$$2n-3=m,$$

则 G 中点数 n 与边数 m 各为多少？

5. 给完全图的每条边标上方向，构成有向完全图. 试证：在任何有向完全图中，所有点入度的平方和等于所有点出度的平方的关系.

6. 画出图1中相对于完全图的补图.

7. 对于 n 阶简单图 G，若其边数为 m，试计算 G 的补图 $\overline{G}$ 的边数.

8. 设无向图 G 有10条边，3度和4度顶点各2个，其余顶点度数均小于3，则 G 至少有多少个顶点？在最少顶点的情况下，求出 G 的度数列、最大度数 $\Delta(G)$ 和最小度数 $\delta(G)$.

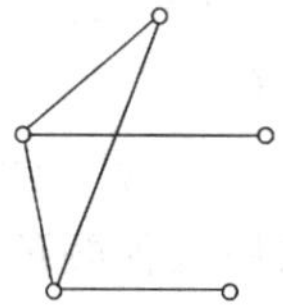

图 1

9. 是否存在无向图，其度数列分别为

(1) 5,4,4,3,3,2,2；(2) 4,4,3,3,2,2,2,2.

10. 画出度数列为3,2,2,1的简单图和非简单图各一个.

11. 证明在任何由两个或两个以上人组成的组内，存在两个人在组内有相同个数的朋友.

12. 试证明图2中两个图不同构.

(a)　　(b)

图 2

13. (1) 若 n 阶无向简单图 G 是自补图，则 $n=0,1(\bmod 4)$，即 $n=4k$ 或 $n=4k+1$.

(2) 给出所有非同构的有向3阶自补图.

(3) 若 n 阶有向简单图 G 是自补图，对 n 有什么限制？

14. 已知 n 阶无向简单图 G 有 m 条边，各顶点的度数均为3. (1)若 $m=3n-6$，证明 G 在同构意义下唯一，并求 m,n；(2)若 $n=6$，证明 G 在同构意义下不唯一.

15. 当且仅当 G 的一条边 e 不包含在 G 的闭迹中时，e 才是 G 的割边.

16. 指出图3中的割点和桥.

17. 给出图4的强连通分支.

18. 构造一个欧拉图，其顶点数 n 和边数 m 满足下述条件：(1) n 和 m 的奇偶性一样；(2) n 和 m 的奇偶性相反. 如果不可能，说明原因.

19. (1) 画一个有一条欧拉回路和一条哈密尔顿回路的图；

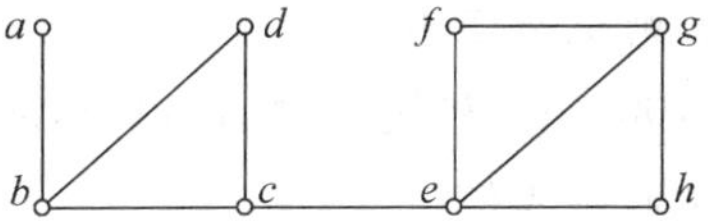

图 3

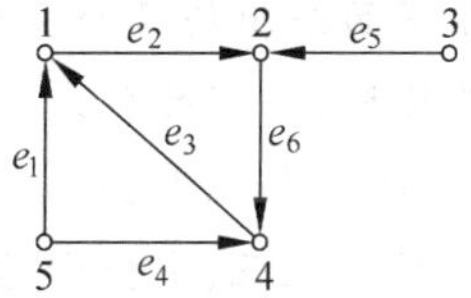

图 4

(2) 画一个有一条欧拉回路,但没有一条哈密尔顿回路的图;

(3) 画一个没有一条欧拉回路,但有一条哈密尔顿回路的图.

20. 设 G 为含 n 个顶点的无向简单图.

(1) 若 G 的边数 $m=\frac{1}{2}(n-1)(n-2)+2$,证明 G 为哈密尔顿图;

(2) 若 G 的边数 $m=\frac{1}{2}(n-1)(n-2)+1$,证明 G 是否一定为哈密尔顿图.

21. 指出图 5 中没有哈密尔顿路.

22. 证明:若(1)G 不是 2 连通的,或(2)G 是二部图,且它的二部划分(X,Y)有$|X|\neq|Y|$,则 G 是非哈密尔顿图.

23. 设无向树 T 中,有 2 个 2 度顶点,2 个 3 度顶点,1 个 4 度顶点,其余的顶点均为树叶.试求 T 的阶数 n、边数 m 和树叶数 t.

24. 一个树有 2 个 4 度顶点,3 个 3 度顶点,其余顶点都是叶子,则叶子数是多少?

25. 说明具有 6 个顶点的非同构的无向树的数目是多少?

26. 设 T 是 6 阶无向简单图 G 的一棵生成树.讨论下面问题:

(1) 当 G 的边数 $m=9$ 时,T 的余树 $\overline{T}$ 还有可能是 G 的生成树吗?

(2) 当 G 的边数 $m=12$ 时,T 的余树 $\overline{T}$ 还有可能是 G 的生成树吗?

(3) 当 G 的边数 $m=10$ 时,T 的余树 $\overline{T}$ 可能有哪几种情况?

27. 在图 6 所示的带权图 G 中共有多少棵生成树,它们的权各为多少?其中哪些树是图中的最小生成树?

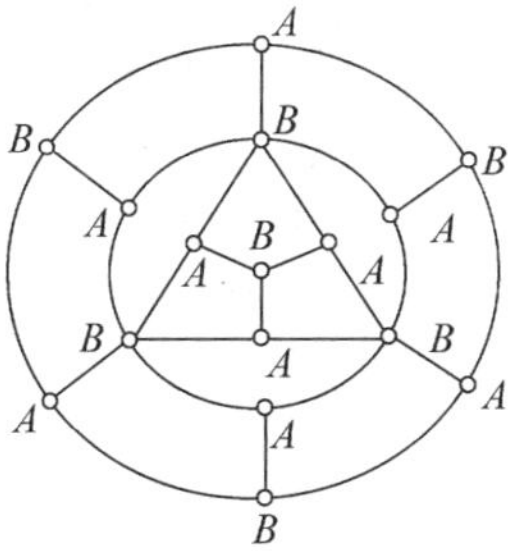

图 5

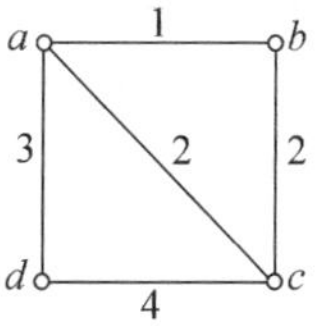

图 6

28. 给定权 1,2,4,6,9,12,15,18,24,46,构造一棵最优二叉树.

29. 在下面给出的3个符号串集合中,哪些是前缀码?哪些不是前缀码?若是前缀码,构造二叉树,其树叶代表二进制编码.若不是前缀码,则说明理由.

(1)$B_1=\{0,10,110,1111\}$;(2)$B_2=\{1,01,001,000\}$;(3)$B_3=\{1,11,101,001,0011\}$.

30. 分别用先根、中根和后根的次序遍历如图7所示的二叉树.

31. 有向图D图如图8所示.

(1) 求D的邻接矩阵$\mathbf{A}$;

(2) 求D中顶点1到顶点4的通路数为多少?

(3) D中顶点1到自身长度为3的回路数有多少?

(4) D中长度为4的通路总数为多少?其中有几条回路?

(5) D中长度小于等于4的通路总数为多少?其中有几条回路?

(6) D是哪类连通图?

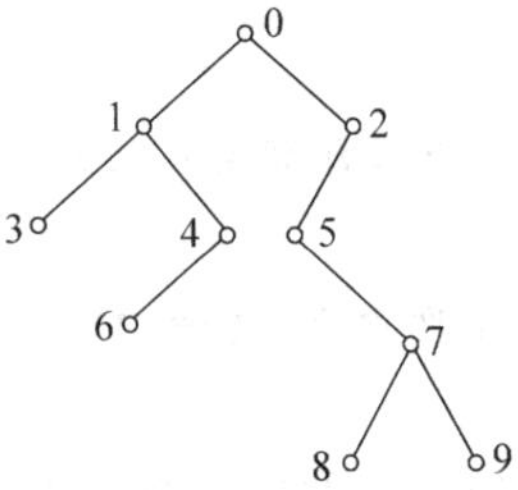

图 7

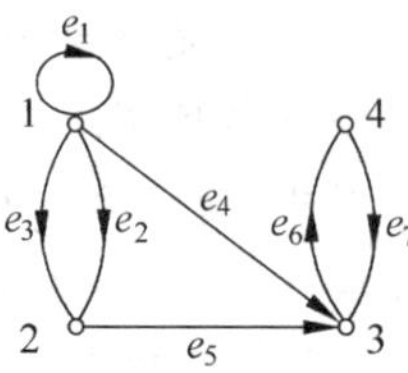

图 8

32. 图9是中国象棋棋盘中的一部分,问要使红马和黑马互换位置最少需要几步?

33. 证明在有6个顶点12条边的连通简单平面图中,每个面由3条边组成.

34. 证明对于K_5的任意边e,K_5-e是平面图.

35. 证明:图10中的彼得森图不是平面图.

红马		红马
黑马		黑马

图 9

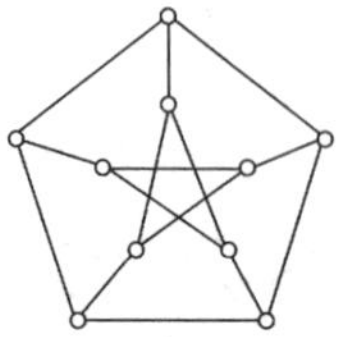

图 10

第6章 代数系统

代数学历史悠久，其发展可分成两个阶段. 19世纪之前的代数称为古典代数，19世纪至今的代数被称为近世代数（抽象代数）. 抽象代数是用代数的方法从不同的研究对象中概括出一般的数学模型并研究其规律、性质和结构，其主要内容是研究各种各样的代数结构，抽象代数也称代数系统.

代数系统主要研究各种代数结构，诸如群、环、域、模等，是代数学的一个分支. 代数学起初被作为纯粹数学而进行研究，至今它已经在计算科学、物理学、化学、力学、生物学等科学领域有着广泛的运用.

6.1 二元运算与代数系统

6.1.1 二元运算

定义 6.1.1 设 S 为集合，映射 $f:S\to S$ 称为 S 上的一元运算，简称**一元运算**（1-ary operation）.

例 6.1.1 （1）求一个数的相反数是实数集合、整数集合和有理数集合上的一元运算.

（2）求一个数的倒数是非零实数集 $\mathbb{R}^*$ 上的一元运算.

（3）在幂集 $P(X)$ 上，若规定 X 为全集，则求集合的补运算是 $P(X)$ 上的一元运算.

（4）在 $n(n\geqslant 2)$ 阶实矩阵构成的集合 $M_n(\mathbb{R})$ 上，求一个矩阵的转置矩阵是 $M_n(\mathbb{R})$ 上的一元运算.

一元运算可用运算符表示. 如果 $f:S\to S$ 为 S 上的一元运算，则 $f(x)=y$ 可用算符 $\circ$ 记为 $\circ(x)=y$ 或 $\circ x=y$，其中 x 是参加运算的元素，y 为运算结果.

例如，x 的相反数 $-x$，集合 A 的补集 A^c，都是一元运算的表示形式，其中 $-$ 和 ^{c} 是算符.

定义 6.1.2 设 S 为非空集合，映射 $f:S\times S\to S$ 称为集合 S 上的二元运算，简称为**二元运算**（2-ary operation）. 若对任意的 $x,y\in S$，存在 $z\in S$，有 $f(x,y)=z$.

例 6.1.2 (1) 自然数集$\mathbb{N}$上的加法和乘法是$\mathbb{N}$上的二元运算,但减法和除法不是.

(2) 整数集$\mathbb{Z}$上的加法、减法和乘法是$\mathbb{Z}$上的二元运算,而除法不是.

(3) 非零实数集$\mathbb{R}^*$上的乘法和除法是$\mathbb{R}^*$上的二元运算,而加法和减法不是.

(4) 令$M_n(\mathbb{R})$表示所有$n(n\geqslant 2)$阶实矩阵的集合,则矩阵的加法和乘法是$M_n(\mathbb{R})$上的二元运算.

(5) S为集合,S^S表示S上所有函数的集合,则复合运算$\circ$为S^S上的二元运算.

注 通常用$\circ$,$*$,$\bullet$等符号表示二元运算,称为**算符**.设$f:S\times S\to S$是S上的二元运算,若任意的$x,y\in S$,x与y的运算结果是z,则有$f(x,y)=z$,利用运算符$\circ$,简记为$x\circ y=z$.

例 6.1.3 设$\mathbb{R}$为实数集,定义$\mathbb{R}$上二元运算$*$如下:$\forall x,y\in\mathbb{R}$,若$x*y=x$,则有$3*4=3$,$6*(-2)=6$,$0*1/3=0$.

对有限集非空S上的一元或二元运算,可以用**运算表**给出.

例 6.1.4 设$S=\{1,2\}$,给出$P(S)$的对称差运算$\oplus$的运算表.

解 所求的运算表为表 6.1.1.

表 6.1.1

$\oplus$	$\varnothing$	$\{1\}$	$\{2\}$	$\{1,2\}$
$\varnothing$	$\varnothing$	$\{1\}$	$\{2\}$	$\{1,2\}$
$\{1\}$	$\{1\}$	$\varnothing$	$\{1,2\}$	$\{2\}$
$\{2\}$	$\{2\}$	$\{1,2\}$	$\varnothing$	$\{1\}$
$\{1,2\}$	$\{1,2\}$	$\{2\}$	$\{1\}$	$\varnothing$

定义 6.1.3 设$\circ$为S上的二元运算.

(1) 如果对任意的$x,y\in S$,有

$$x\circ y=y\circ x,$$

则称运算$\circ$在S上是**可交换的**(communicative),也可以说运算$\circ$在S上适合交换律.

(2) 如果对任意的$x,y,z\in S$,有

$$(x\circ y)\circ z=x\circ(y\circ z),$$

则称运算$\circ$在S上是**可结合的**(associative),也可以说运算$\circ$在S上适合结合律.

(3) 如果对任意的$x\in S$,有

$$x\circ x=x,$$

则称运算$\circ$适合**幂等律**(idempotent law).

注 如果S中的某些元素x满足$x\circ x=x$,则称x为运算$\circ$的**幂等元**.

定义 6.1.4 (1) 设$\circ$和$*$是S上的两个二元运算,如果对任意的$x,y,z\in S$,有

$$x*(y\circ z)=(x*y)\circ(x*z),\quad(\text{左分配律})$$

$$(y\circ z)*x=(y*x)\circ(y*z),\quad(\text{右分配律})$$

则称运算$*$对$\circ$是**可分配的**(distributive),或称$*$对$\circ$**适合分配律**.

(2) 设$\circ$和$*$是 S 上两个可交换的二元运算,如果对任意的 $x,y\in S$,有

$$x*(x\circ y)=x,\quad x\circ(x*y)=x,$$

则称$\circ$和$*$满足**吸收律**.

例 6.1.5 (1) 实数集合上的加法和乘法是可交换的、可结合的,但减法不可交换、不可结合.实数的加法和乘法不适合幂等律,但 0 是加法的幂等元,0 和 1 是乘法的幂等元.

(2) 集合的并、交运算适合幂等律.在幂集 $P(S)$上,$\cup$和$\cap$是互相可分配的,且满足吸收律.

(3) $n(n\geqslant 2)$阶实矩阵集合 $M_n(\mathbb{R})$上的矩阵加法是可交换的,但矩阵乘法是不可交换的.

(4) S^S 上函数的复合运算是不可交换的.

定义 6.1.5 设$\circ$为 S 上的二元运算,若存在 e_l(或 e_r)$\in S$,使对任何 $x\in S$,有

$$e_l\circ x=x\quad(\text{或 } x\circ e_r=x),$$

则称 e_l(或 e_r)是 S 中关于$\circ$运算的一个**左单位元**(或**右单位元**).若 $e\in S$ 关于运算$\circ$既是左单位元,又是右单位元,则称 $e\in S$ 为 S 上关于运算$\circ$的**单位元**(unit element).

例 6.1.6 (1) 0 是实数集$\mathbb{R}$上加法的单位元,1 是乘法的单位元.

(2) n 阶零矩阵(元素全为零)是矩阵加法的单位元,n 阶单位阵是矩阵乘法的单位元.

(3) 在 $P(S)$上,$\varnothing$是$\cup$运算的单位元,S 是$\cap$运算的单位元,$\varnothing$是对称差运算$\oplus$的单位元.

例 6.1.7 在非零实数集合$\mathbb{R}^*$上,定义二元运算$\circ$如下:

$$\forall a,b\in\mathbb{R}^*,\quad a\circ b=a,$$

则不存在 $e\in\mathbb{R}^*$,使 $\forall b\in\mathbb{R}^*$,有 $e\circ b=b$,所以运算$\circ$没有左单位元,但对每一个 $a\in\mathbb{R}^*$,对任意 $b\in\mathbb{R}^*$,都有 $b\circ a=b$,所以$\mathbb{R}^*$中的每个元素 a 都是$\circ$运算的右单位元. $\mathbb{R}^*$中有无数多个右单位元,但任何右单位元都不是左单位元,$\mathbb{R}^*$中没有关于运算$\circ$的单位元.

定理 6.1.1 设$\circ$为 S 上的二元运算,e_l,e_r 分别为运算$\circ$的左单位元和右单位元,则 $e_l=e_r=e$,且 e 为 S 上关于运算$\circ$的唯一的单位元.

证明 $e_l=e_l\circ e_r$(e_r 为右单位元),$e_r=e_l\circ e_r$(e_l 为左单位元),因此 $e_l=e_r$.令 $e_l=e_r=e$,则 e 是 S 中单位元,设 e'也是 S 中的单位元,则有 $e'=e\circ e'=e$.

定义 6.1.6 设$\circ$为 S 上的二元运算,若存在元素 θ_l(或 θ_r)$\in S$,使对任意 $x\in S$,有

$$\theta_l\circ x=\theta_l\quad(\text{或 } x\circ\theta_r=\theta_r),$$

则称 θ_l(或 θ_r)是 S 上关于运算$\circ$的左零元(或右零元),若 $\theta\in S$ 既是左零元又是右零元,则称 θ 为 S 上关于运算$\circ$的**零元**(zero element).

例 6.1.8 (1) 0 是实数集上普通乘法的零元,而加法没有零元.

(2) $M_n(\mathbb{R})(n\geqslant 2)$上矩阵乘法的零元是零矩阵,矩阵加法没有零元.

(3) 在幂集 $P(S)$上,并运算的零元是 S,交运算的零元是空集.

(4) 在$\mathbb{R}^*$上定义运算$\circ$,对任意 $a,b\in\mathbb{R}^*$,$a\circ b=a$,则$\mathbb{R}^*$中的任何元素都是运算$\circ$的左

零元，但没有右零元，因而没有零元.

定理 6.1.2 设$\circ$为S上的二元运算，θ_l和θ_r分别为运算$\circ$的左零元和右零元，则有$\theta_l=\theta_r=\theta$，且θ是S上运算$\circ$的唯一零元.

证明留作练习，读者自证.

定理 6.1.3 设$\circ$是S上的二元运算，e和θ分别为运算$\circ$的单位元和零元，如果S中至少有两个元素，则$e\neq\theta$.

证明 反证法. 假设$e=\theta$，则$\forall x\in S$，有$x=x\circ e=x\circ\theta=\theta$，与$S$中至少含有两个元素矛盾.

定义 6.1.7 设$\circ$为S上的二元运算，$e\in S$为单位元，对于$x\in S$，若存在$y_l\in S$(或$y_r\in S$)使得$y_l\circ x=e$(或$x\circ y_r=e$)，则称y_l(或y_r)是x的左逆元(或右逆元). 若$y\in S$既是x的左逆元，又是x的右逆元，则称y是x的**逆元**(inverse element). 若x的逆元存在，则称x是**可逆的**.

例 6.1.9 (1) 整数集$\mathbb{Z}$上加法的单位元是0. 任何整数关于加法都存在逆元且逆元为它的相反数.

(2) 在$M_n(\mathbb{R})$上，零矩阵是矩阵加法的单位元，实矩阵$\boldsymbol{M}$关于加法的逆元为$-\boldsymbol{M}$，而单位阵是关于矩阵乘法的单位元，只有可逆矩阵$\boldsymbol{M}$存在乘法的逆元$\boldsymbol{M}^{-1}$.

(3) 在$P(S)$上，对并运算$\varnothing$为单位元，只有$\varnothing$有逆元，就是它自己，其他元素没有逆元.

定理 6.1.4 设$\circ$为S上可结合的二元运算，e为该运算的单位元，对于$x\in S$，如果存在左逆元y_l和右逆元y_r，则$y_l=y_r=y$，y为逆元且逆元是唯一的.

证明 由$y_l\circ x=e$与$x\circ y_r=e$得

$$y_l=y_l\circ e=y_l\circ(x\circ y_r)=(y_l\circ x)\circ y_r=e\circ y_r=y_r.$$

令$y_l=y_r=y$，则y是x的逆元，若$y'\in S$也是x的逆元，则

$$y'=y'\circ e=y'\circ(x\circ y)=(y'\circ x)\circ y=e\circ y=y.$$

由定理6.1.4知，对于可结合的二元运算，可逆元素的逆元只有一个，通常记为x^{-1}.

定义 6.1.8 设$\circ$为S上的二元运算，若对任意的$x,y,z\in S$，满足：

(1) 若$x\circ y=x\circ z$，且$x\neq\theta$，则$y=z$； (2) 若$y\circ x=z\circ x$，且$x\neq\theta$，则$y=z$；

则称运算$\circ$满足**消去律**(cancellation law)，其中(1)称为**左消去律**，(2)称为**右消去律**.

例 6.1.10 (1) 整数集合$\mathbb{Z}$上的加法和非零整数的乘法都满足消去律.

(2) $P(S)$上的对称差运算$\oplus$满足消去律，$\oplus$不存在零元. $\forall A,B,C\in P(S)$，有

$$A\oplus B=A\oplus C\Rightarrow B=C,\quad B\oplus A=C\oplus A\Rightarrow B=C.$$

(3) 幂集$P(S)$上的交并运算一般不满足消去律. 例如，对于$A,B,C\in P(S)$，$A\cup B=A\cup C$，不一定能得到$B=C$.

(4) $n(n\geqslant 2)$阶实矩阵集合$M_n(\mathbb{R})$上的矩阵加法满足消去律，但乘法不满足消去律，例如$\begin{pmatrix}1&0\\0&0\end{pmatrix}\begin{pmatrix}1&1\\0&0\end{pmatrix}=\begin{pmatrix}1&0\\0&0\end{pmatrix}\begin{pmatrix}1&1\\1&1\end{pmatrix}$，但$\begin{pmatrix}1&1\\0&0\end{pmatrix}\neq\begin{pmatrix}1&1\\1&1\end{pmatrix}$.

例 6.1.11 设 $A=\{a,b,c\}$，$*$ 是集合 A 上的二元运算，运算规则如表 6.1.2 所示，请说明 $*$ 运算是否满足交换律、结合律、消去律和幂等律，并求出 $*$ 运算的单位元、零元和所有可逆元素的逆元.

表 6.1.2

$*$	a	b	c
a	a	b	c
b	b	c	a
c	c	a	b

解 $*$ 运算满足交换律、结合律和消去律，但不适合幂等律. 单位元是 a，没有零元，且 $a^{-1}=a, b^{-1}=c, c^{-1}=b$.

例 6.1.12 对于实数集 $\mathbb{R}$，二元运算 $+$，$-$，$*$，max，min，$|x-y|$ 是否满足结合律和交换律，是否存在单位元、零元. 其中，$+$，$-$，$*$ 表示普通的加法、减法和乘法运算；max 和 min 是取大和取小运算.

解 结果如表 6.1.3 所示.

表 6.1.3

	$+$	$-$	$*$	max	min	$\|x-y\|$
可交换性	是	否	是	是	是	是
可结合性	是	否	是	是	是	否
存在单位元	是	否	是	否	否	是
存在零元	否	否	是	否	是	否

6.1.2 代数系统

定义 6.1.9 非空集合 S 和 S 上 k 个一元或二元运算 $f_1, f_2, \cdots, f_k$ 组成的系统称为**代数系统**(algebraic system)，简称**代数**，记作 $\langle S, f_1, f_2, \cdots, f_k\rangle$. 若 S 为有限集，则称 $\langle S, f_1, f_2, \cdots, f_k\rangle$ 为**有限代数系统**.

例 6.1.13 (1) $\langle\mathbb{N},+\rangle$，$\langle\mathbb{Z},+,\cdot\rangle\langle\mathbb{R},+,\cdot\rangle$ 都是代数系统，其中 $+$ 和 $\cdot$ 分别表示普通数的加法与乘法.

(2) $\langle M_n(\mathbb{R}),+,\cdot\rangle$ 是代数系统，其中 $+$ 和 $\cdot$ 分别为矩阵的加法与乘法.

(3) $\langle P(S),\cup,\cap,{}^c\rangle$ 是代数系统，其中 $\cup,\cap,{}^c$ 为集合的并、交、补运算.

某些代数系统中存在一些特定元素，它在运算中起着重要作用. 例如，二元运算的**单位元和零元**. 在定义代数系统时，常要求系统含有这样的特定元，称为系统的**特异元素或代数常数**. 在代数系统的表示中，也将特异元素列出，如 $\langle\mathbb{Z},+,\cdot,0\rangle$，$\langle P(S),\cup,\cap,{}^c,\varnothing,S\rangle$. 为了叙述简洁，在不发生混淆时，只用集合来记代数系统.

定义 6.1.10 若两个代数系统中，运算的个数相同，对应运算的元数相同，且代数常数的个数相同，则称这两个代数系统具有**相同的构成成分**，也称它们为**同类型**的代数系统.

例 6.1.14 $V_1=\langle\mathbb{R},+,\cdot,-,0,1\rangle$，$V_2=\langle P(B),\cup,\cap,{}^c,\varnothing,B\rangle$ 是同类型的代数系统，它们都含有两个二元运算、一个一元运算和两个代数常数.

同类型的代数系统仅仅是构成成分相同，不一定具有相同的运算性质. 在规定了代数系统的构成成分后，再对运算律加以限制，那么，满足这些条件的代数系统就具有相同的性质，从而构成一类特殊的代数系统. 对代数系统进行分类，研究各类代数系统的性质，是抽象代数的基本方法.

定义 6.1.11 设 $V=\langle S,f_1,f_2,\cdots,f_k\rangle$ 是代数系统，$B\subseteq S$，若 B 对 $f_1,f_2,\cdots,f_k$ 都是封闭的，且 B 和 S 含有相同的代数常数，则称 $\langle B,f_1,f_2,\cdots,f_k\rangle$ 是 V 的**子代数系统**(sub-algebra)，简称**子代数**，简记为 B.

例 6.1.15 设 $S=\{0,1,2,3\}$，定义 S 上的二元运算$\circ$如下：$\forall x,y\in S$，

$$x\circ y=(xy)\bmod 4,$$

求$\circ$的运算表.

解 $(xy)\bmod 4$ 表示 xy 除以 4 的余数，其运算表如表 6.1.4 所示.

表 6.1.4

$\circ$	0	1	2	3
0	0	0	0	0
1	0	1	2	3
2	0	2	0	2
3	0	3	2	1

例 6.1.16 $\langle Z_n,\oplus,\otimes\rangle$ 是代数系统，其中 $Z_n=\{[0],[1],\cdots,[n-1]\}$ 或记为 $Z_n=\{\overline{0},\overline{1},\cdots,\overline{n-1}\}$. 在不至混淆的情况下，也可记 $Z_n=\{0,1,\cdots,n-1\}$.

$\oplus$和$\otimes$分别表示模 n 的加法和乘法，$\forall x,y\in Z_n$，

$$x\oplus y=(x+y)\bmod n,\quad x\otimes y=(xy)\bmod n.$$

例 6.1.17 (1) $\langle\mathbb{N},+\rangle$ 是 $\langle\mathbb{Z},+\rangle$ 的子代数，$\mathbb{N}$ 对加法运算封闭.

(2) $\langle\mathbb{Z},+\rangle$ 是 $\langle\mathbb{R},+\rangle$ 的子代数.

(3) 设 $V=\langle\mathbb{Z},+,0\rangle$，令 $n\mathbb{Z}=\{nz\mid z\in\mathbb{Z}\}$，$n$ 为自然数，则 $n\mathbb{Z}$ 是 V 的子代数.

定义 6.1.12 设 $V_1=\langle A,\circ\rangle$，$V_2=\langle B,*\rangle$ 是同类型的代数系统，f 是 A 到 B 的映射，且 $\forall x,y\in A$，有 $f(x\circ y)=f(x)*f(y)$，则称 f 是代数系统 V_1 到 V_2 的同态映射.

6.2 群和半群

6.2.1 群和半群的定义

定义 6.2.1 设 G 是一个非空集合，若在 G 上定义一个二元运算$\circ$满足：

(1) 结合律：对任何 $a,b,c\in G$，有 $(a\circ b)\circ c=a\circ(b\circ c)$，则称 G 是一个**半群**，记作 $\langle G,\circ\rangle$. 若 $\langle G,\circ\rangle$ 还满足以下两个条件：

(2) 存在单位元 e，使对任何 $a\in G$，有 $e\circ a=a\circ e=a$.

(3) 对任何 $a\in G$，有逆元 $a^{-1}\in G$，使 $a^{-1}\circ a=a\circ a^{-1}=e$.

则称 $\langle G,\circ\rangle$ 是一个**群**(group).

如果半群中也有单位元，则称为**独异点**或**幺半群**(monoid). 如果群 $\langle G,\circ\rangle$ 适合交换律，即对任何 $a,b\in G$，有 $a\circ b=b\circ a$，则称 G 为**交换群**或**阿贝尔**(Abel)**群**. 如果一个群 G 是有限

集，则称 G 是**有限群**(finite group)，否则称为**无限群**. G 的元素个数 $|G|$ 称为群 G 的阶. 只含单位元的群称为**平凡群**.

通常把群的定义概括为四点：满足封闭性、结合性，有单位元和逆元. 这里封闭性是指：任何 $a,b\in G, a\circ b\in G$. 不难看出{群}⊆{独异点}⊆{半群}.

例 6.2.1 (1) $\langle \mathbb{Z}^+,+\rangle$，$\langle \mathbb{N},+\rangle$ 是半群，不是群，$\langle \mathbb{N},+\rangle$ 是独异点.

(2) $\langle \mathbb{Z},+\rangle$，$\langle \mathbb{Q},+\rangle$，$\langle \mathbb{R},+\rangle$，$\langle 2\mathbb{Z},+\rangle$ 是群.

(3) $\langle M_n(\mathbb{R}),+\rangle$ 是群，而 $\langle M_n(\mathbb{R}),\cdot\rangle$ 不是群，因为并不是所有 n 阶实矩阵都有逆矩阵.

(4) $\langle Z_n,\oplus\rangle$ 是群，0 是 Z_n 中的单位元. $\forall x\in Z_n$，若 $x=0$，其逆元就是自己；若 $x\neq 0$，则 $n-x$ 是 x 的逆元.

(5) $\langle P(B),\oplus\rangle$ 是群，$A\in P(B)$，A 的逆元就是 A 本身.

(6) $\langle X^X,\circ\rangle$ 是一个幺半群，单位元是恒等映射.

例 6.2.2 设 $K=\{a,b,c,e\}$，在 K 上定义二元运算∘如表 6.2.1 所示.

不难证明，K 是群，由表 6.2.1 可以看出，e 为 K 的单位元，运算∘是可结合的，K 中任何元素的逆元都是它自己，在 a,b,c 中任何两个元素运算等于第三个元素. 称这个群为**克莱因**(Klein)**四元群**，简称**四元群**.

例 6.2.3 $\langle \mathbb{Z},+\rangle$ 是无限群，$\langle Z_n,\oplus\rangle$ 是 n 阶有限群，克莱因四元群是 4 阶群，$\langle \{0\},+\rangle$ 是平凡群. 以上群均为阿贝尔群.

表 6.2.1

∘	e	a	b	c
e	e	a	b	c
a	a	e	c	b
b	b	c	e	a
c	c	b	a	e

表 6.2.2

∘	ε	α	β	γ
ε	ε	α	β	γ
α	α	α	α	α
β	β	γ	ε	α
γ	γ	γ	γ	γ

例 6.2.4 $\langle X^X,\circ\rangle$ 是一个半群，但不满足交换律. 例如：$X=\{0,1\}$，则 X^X 含有以下 4 个变换：

$$\varepsilon: 0\mapsto 0, 1\mapsto 1;$$
$$\alpha: 0\mapsto 0, 1\mapsto 0;$$
$$\beta: 0\mapsto 1, 1\mapsto 0;$$
$$\gamma: 0\mapsto 1, 1\mapsto 1.$$

$\langle X^X,\circ\rangle$ 的运算表如表 6.2.2 所示，由表易见 $\langle X^X,\circ\rangle$ 不满足交换律.

全体 $n(n\geqslant 2)$ 阶实可逆矩阵的集合关于矩阵乘法构成的群为非交换群.

一个群的乘法表称为群表，群表有以下性质：

(1) 每行(列)包含每一个元素.

(2) 若 G 是交换群，则它的乘法表对称于主对角线.

元素 a 的幂定义为

$$a^n = \underbrace{a\cdots a}_{n\text{个}},$$

其中 n 为正整数，并规定 $a^0=e$. 当 $ab=ba$ 时，有 $(ab)^n=a^nb^n$.

在不致混淆的情况下，单位元 e 简记为 1. 乘法运算 $e_1\circ e_2$ 可以简记为 e_1e_2.

下面研究群的一些基本性质.

6.2.2 关于逆元的性质

(1) $(a^{-1})^{-1}=a$.

(2) 若 a,b 可逆，则 ab 也可逆，且有 $(ab)^{-1}=b^{-1}a^{-1}$.

(3) 若 a 可逆，则 a^n 也可逆，且有 $(a^n)^{-1}=(a^{-1})^n=a^{-n}$.

6.2.3 群的几个等价性质

下面几个定理叙述了与群的定义等价的条件.

定理 6.2.1 半群 $\langle G,\circ\rangle$ 是群的充要条件是：对任何 $a,b\in G$，方程 $ax=b$ 和 $ya=b$ 在 G 中均有解.

证明 必要性. 因为 G 是群，对任意 $a\in G$，a 有逆元 a^{-1}，故可得 $ax=b$ 的解为 $x=a^{-1}b$，$ya=b$ 的解是 $y=ba^{-1}$.

充分性. 先证 G 有左单位元：任取 $a\in G$，方程 $ya=a$ 有解，设其解为 e，任取 $g\in G$，方程 $ax=g$ 有解，设其解为 b，即 $ab=g$，于是有 $eg=eab=ab=g$，因而 e 是左单位元. 同理可证 G 有右单位元.

再证 $\forall a\in G$ 有左逆元：因方程 $ya=e$ 有解，则其解就是 a 的左逆元. 同理可证 a 在 G 中有右逆元.

所以 $\langle G,\circ\rangle$ 是群.

对有限半群有以下定理.

定理 6.2.2 有限半群 $\langle G,\circ\rangle$ 是群的充要条件是左、右消去律都成立：

$$ax = ay \Rightarrow x = y, \quad xa = ya \Rightarrow x = y.$$

证明 必要性. 由于群中每个元素都有逆，所以任何群消去律都成立.

充分性. 设 $G=\{a_1,a_2,\cdots,a_n\}$，任取 $a\in G$，集合 $G'=\{aa_i\mid i=1,2,\cdots,n\}\subseteq G$，又因 $aa_i=aa_j\Leftrightarrow a_i=a_j$，所以 $|G'|=|G|$，因而 $G'=G$. 于是对 $b\in G$ 必有 $a_k\in G$，使 $aa_k=b$，即方程 $ax=b$ 有解. 同理可证方程 $ya=b$ 也有解，所以由定理 6.2.1 知，$\langle G,\circ\rangle$ 是群.

例 6.2.5 设 $GL_n(F)$ 是数域 F 上的全体 n 阶可逆矩阵的集合，则 $GL_n(F)$ 对矩阵乘法构成群，这个群称为 F 上的 **n 次全线性群**. 因为每一个 n 阶可逆矩阵对应于 n 维线性空间中一个可逆线性变换，因而 $GL_n(F)$ 可以看作是 F 上的 n 维线性空间上的全体可逆线性变换的集合.

6.3 子群和元素的阶

这一节主要讨论一个群内的元素和子集的一些性质.

6.3.1 子群

设 G 是一个群，A,B 是 G 的非空子集，g 是 G 的一个元素，我们规定群中子集的运算如下：

(1) $AB=\{ab|a\in A,b\in B\}$；

(2) $A^{-1}=\{a^{-1}|a\in A\}$；

(3) $gA=\{ga|a\in A\}$.

子集的乘积(1)满足结合律，元素与子集的乘积(3)是(1)的特殊形式，要注意的是 AA^{-1} 并不等于 $\{e\}$，根据(2)，AA^{-1} 应为 $AA^{-1}=\{a_1a_2^{-1}|a_1,a_2\in A\}$.

定义 6.3.1 设 S 是群 G 的一个非空子集，若 S 对 G 的运算也构成群，则称 S 是 G 的一个**子群**(subgroup)，并记作：$S\leqslant G$. 当 $S\leqslant G$ 且 $S\neq G$ 时，称 S 是 G 的真子群，记作 $S<G$.

一般来说，对任何取定的一个正整数 m，子集 $H_m=\{mk|k\in\mathbb{Z}\}$ 对加法都构成群，所以 $H_m\leqslant\mathbb{Z}\ (m=0,1,2,\cdots)$. 反之，可以证明 $\mathbb{Z}$ 的任何一个子群只能是某个 H_m.

除平凡群外，任意一个群 G 至少存在两个子群，平凡群和 G 本身. 称这两个子群为群 G 的平凡子群.

定理 6.3.1(子群判定定理) 设 S 是群 G 的一个非空子集，则以下 3 个命题互相等价：

(1) S 是 G 的子群.

(2) 对任何 $a,b\in S$，有 $ab\in S$ 和 $a^{-1}\in S$.

(3) 对任何 $a,b\in S$，有 $ab^{-1}\in S$.

证明 (1)⇒(2) 由子群定义是显然的.

(2)⇒(3) $\forall a,b\in S$，由(2)得 $b^{-1}\in S$ 和 $ab^{-1}\in S$.

(3)⇒(1) $\forall a,b\in S$，若 $a=b$，有 $aa^{-1}=1\in S$，而 $1\cdot a^{-1}=a^{-1}\in S$，由 $b^{-1}\in S$ 可得 $ab=a(b^{-1})^{-1}\in S$，即运算对 S 封闭. 结合律显然成立. 所以 $S\leqslant G$.

条件(2)和(3)都是常用的检验一个子集是否是子群的准则. 对于有限子集 H 来说，H 是子群的条件还可简化为：对任何 $a,b\in H$，有 $ab\in H$.

例 6.3.1 设 $G=\{e,a,b,c\}$ 是克莱因四元群，试写出 G 的所有子群.

解 $H_1=\{e\}$，$H_2=\{e,a\}$，$H_3=\{e,b\}$，$H_4=\{e,c\}$，$H_5=G$.

子群有以下性质：

(1) 设 $H\leqslant G$，则 H 的单位元就是 G 的单位元.

(2) $H_1,H_2\leqslant G\Rightarrow H_1\cap H_2\leqslant G$.

(3) $H_1H_2\leqslant G$,则 $H_1\cup H_2\leqslant G\Leftrightarrow H_1\subseteq H_2$ 或 $H_2\subseteq H_1$.

(4) $H_1,H_2\leqslant G$,则 $H_1H_2\leqslant G\Leftrightarrow H_1H_2=H_2H_1$.

只给出(4)的证明,其余的留给读者自己去做.

证明 必要性. $\forall ab\in H_1H_2$,由 H_1H_2 是子群,有$(ab)^{-1}\in H_1H_2$,可设$(ab)^{-1}=a_1b_1$,由此得 $ab=(a_1b_1)^{-1}=b_1^{-1}a_1^{-1}\in H_2H_1$,所以 $H_1H_2\subseteq H_2H_1$. 反之,$\forall ba\in H_2H_1$,$(ba)^{-1}=a^{-1}b^{-1}\in H_1H_2$,由于 H_1H_2 是子群,故 $ba\in H_1H_2$,于是 $H_2H_1\subseteq H_1H_2$. 所以 $H_1H_2=H_2H_1$.

充分性. $\forall a_1b_1,a_2b_2\in H_1H_2$,$(a_1b_1)(a_2b_2)^{-1}=a_1b_1b_2^{-1}a_2^{-1}=a_1b'a_2^{-1}=a_1a'b''=a''b''\in H_1H_2$,由定理6.3.1中的命题(3)知 $H_1H_2\leqslant G$.

例 6.3.2 设 G 为群,$a\in G$,令 $H=\{a^k\mid k\in\mathbb{Z}\}$,即 a 的所有幂构成的集合,则 H 是 G 的子群,称为由 a 生成的子群,记作$\langle a\rangle$.

证明 由于 $a\in\langle a\rangle$,$\langle a\rangle\neq\varnothing$,,任取 $a^m,a^h\in\langle a\rangle$,则

$$a^m(a^h)^{-1}=a^ma^{-h}=a^{m-h}\in\langle a\rangle,$$

由定理6.3.1知$\langle a\rangle\leqslant G$.

例 6.3.3 设$\langle A,*\rangle$是群,且$|A|=2n$,$n\in\mathbb{Z}^+$,其中$\mathbb{Z}^+$表示非负整数. 证明在 A 中至少存在 $a\neq e$,使得 $a*a=e$,其中 e 是幺元.

证明 对于任意的 $x\in A$,均有它的逆元 $x^{-1}\in A$,使得

$$x*x^{-1}=x^{-1}*x=e.$$

由于互为逆元的两个不相等的元素是成对出现的,而且群中有唯一的幺元 e,因此至少有一个元素以自身为逆元. 即存在 $a\neq e$,使得 $a*a=e$.

6.3.2 元素的阶

定义 6.3.2 设 G 是群,$a\in G$,使

$$a^n=e$$

成立的最小正整数 n 称为 a 的**阶**(order)或**周期**(period),记作 $o(a)$或$|a|$. 若没有这样的正整数存在,则称 a 的阶是无限的.

由定义,单位元的阶是1.

在加群中,式 $a^n=e$ 变为

$$na=0.$$

例如,在$\langle\mathbb{Z},+\rangle$中除0以外的元素都是无限阶的. 但是在$\langle Z_n,\oplus\rangle$中元素的阶都是有限的,例如,$Z_6=\{0,1,2,\cdots,5\}$中 $o(1)=o(5)=6$,$o(2)=o(4)=3$,$o(3)=2$,$o(0)=1$.

定理 6.3.2 设 G 是群,$a\in G$,则

$$a^m=1\Leftrightarrow o(a)\mid m.$$

证明 一方面,设 $o(a)=n$,由带余除法可得 $m=pn+r$,$0\leqslant r<n$,于是有

$$a^m=a^{pn+r}=a^r=1.$$

但因 n 是使得 $a^m=1$ 的最小正整数，故 $r=0$，即 $m=pn$，所以 $n|m$.

另一方面，设 $n=o(a)$，由 $o(a)|m$ 知 $m=kn$，故 $a^m=(a^n)^k=1$.

关于元素的阶还有以下重要结果：

(1) 有限群中每一个元素的阶是有限的.

(2) 设 G 是群，$a\in G$，$o(a)=m$，$o(b)=n$，若 $(m,n)=1$ 和 $ab=ba$，则 $o(ab)=mn$.

(3) 设 G 是群，若除单位元外其他元素都是 2 阶元，则 G 是阿贝尔群.

(4) $|a|=|a^{-1}|$.

证明 命题(1)，(3)的证明略. 下面证明命题(2)，(4).

(2) 设 $o(ab)=k$，因 $(ab)^{mn}=a^{mn}b^{mn}=1$，故 $k|mn$. 又 $e=(ab)^{km}=(a^m)^k(b^m)^k=b^{mk}$，所以 $n|mk$，又由于 $(m,n)=1$，所以 $n|k$. 同理亦可得 $m|k$，因而 $nm|k$.

综上，得 $o(ab)=k=mn$.

(4) 设 $|a|=r$，由于 $(a^{-1})^r=(a^r)^{-1}=e^{-1}=e$，知 a^{-1} 的阶是存在的，令 $|a^{-1}|=h$，根据命题(1)有 $h|r$，这说明 a 的逆元的阶是 a 的阶的因子，而 a 又是 a^{-1} 的逆元，所以 a 的阶也是 a^{-1} 的阶的因子，故有 $r|h$. 因此 $r=h$. 即 $|a|=|a^{-1}|$.

例 6.3.4 设 G 是群，$a,b\in G$ 是有限阶元，证明：(1) $|b^{-1}ab|=|a|$；(2) $|ab|=|ba|$.

证明 (1) 设 $|a|=r$，$|b^{-1}ab|=h$，则

$$(b^{-1}ab)^r=\underbrace{(b^{-1}ab)(b^{-1}ab)\cdots(b^{-1}ab)}_{r}=b^{-1}a^rb=b^{-1}eb=e,$$

由定理 6.3.2 得 $h|r$.

另一方面，由 $a=b(b^{-1}ab)b^{-1}=(b^{-1})^{-1}(b^{-1}ab)b^{-1}$ 可知，$(b^{-1})^{-1}(b^{-1}ab)b^{-1}$ 的阶是 $b^{-1}ab$ 的阶的因子，即 $r|h$，从而有 $|b^{-1}ab|=|a|$.

(2) 设 $|ab|=r$，$|ba|=h$，则

$$\begin{aligned}(ab)^{h+1}&=\underbrace{(ab)(ab)\cdots(ab)}_{h+1\text{个}}=a\underbrace{(ba)(ba)\cdots(ba)}_{h\text{个}}b\\&=a(ba)^hb=aeb=ab,\end{aligned}$$

由消去律得 $(ab)^h=e$，因此 $r|h$. 同理可证 $h|r$，所以 $|ab|=|ba|$.

6.4 循环群和生成群、群的同构

本节介绍一类常用的最简单的群和群的同构的概念.

6.4.1 循环群和生成群

定义 6.4.1 设 G 是群，$a\in G$，令

$$H=\{a^k \mid k\in\mathbb{Z}\},$$

则称 H 为由元素 a 生成的**循环子群**(cyclic subgroup)，记作 $\langle a\rangle$，a 称为它的生成元. 若 $G=$

$\langle a\rangle$,则称 G 是**循环群**.

循环子群是由一个元素生成的,由几个元素或一个子集也可生成一个子群.

定义 6.4.2 设 S 是群 G 的一个非空子集,包含 S 的最小子群称为由 S **生成的子群**,记作 $\langle S\rangle$,S 称为它的**生成元集**. $\langle S\rangle$ 可表示为

$$\langle S\rangle = \{a_1^{\alpha_1}a_2^{\alpha_2}\cdots a_k^{\alpha_k} \mid a_i \in S,\quad \alpha_i \in \mathbb{Z}, i = 1,2,\cdots,k\}.$$

例 6.4.1 写出克莱因四元群 $G=\{e,a,b,c\}$ 的每个元素生成的子群.

解 $\langle a\rangle=\{a,e\}$,$\langle b\rangle=\{b,e\}$,$\langle c\rangle=\{c,e\}$,$\langle e\rangle=\{e\}$.

例 6.4.2 写出 $\langle Z_4,\oplus\rangle$ 中由 2 和 3 分别生成的子群.

解 $\langle 2\rangle=\{2,0\}$,$\langle 3\rangle=\{3,2,1,0\}$.

例 6.4.3 写出克莱因四元群 $G=\{e,a,b,c\}$ 的子群 $\{a,e\}$ 的生成子群.

解 $\langle\{a,e\}\rangle=\{a,e\}$.

6.4.2 群的同构

有些群虽然形式不一样,但从群的代数结构与性质上看,它们是完全相同的,这就是同构的概念.

定义 6.4.3 设 $\langle G_1,\cdot\rangle$,$\langle G_2,\circ\rangle$ 是群,φ 是 G_1 到 G_2 的双射,若 $\forall a,b\in G_1$,都有

$$\varphi(a\cdot b) = \varphi(a)\circ\varphi(b),$$

则称 φ 是 G_1 到 G_2 的**同构映射**(isomorphic mapping),记作 $G_1\overset{\varphi}{\cong}G_2$.

在 G 到 G' 的同构映射 f 下, G 中的单位元 e 映成 G' 中的单位元 e',即 $e'=f(e)$;把 G 中的任一元素 a 的逆元映成 G' 中的对应元素的逆元: $f(a^{-1})=[f(a)]^{-1}$;把 G 中的子群 H 映成 G' 中的子群: $H\leqslant G\Leftrightarrow f(H)\leqslant G'$;保持元素的阶不变: $o(f(a))=o(a)$;保持元素的可交换性: $a\cdot b=b\cdot a\Leftrightarrow f(a)\circ f(b)=f(b)\circ f(a)$. 总之,两个同构的群,如果不管它们的实际背景而只考虑它们的代数性质,我们就把它们等同起来看作一个群.

例 6.4.4 证明 $\langle\mathbb{R}^*,\cdot\rangle$ 与 $\langle\mathbb{R},+\rangle$ 不可能同构,$\mathbb{R}^*$ 是非零实数集合.

证明 反证法. 假设 $\langle\mathbb{R}^*,\cdot\rangle$ 与 $\langle\mathbb{R},+\rangle$ 同构,设 f 为 $\mathbb{R}^*$ 到 $\mathbb{R}$ 上的一个同构映射,将单位元映成单位元,有 f: $1\rightarrow 0$, $-1\rightarrow a$, $a\neq 0$,从而 $f(1)=f((-1)\cdot(-1))=f(-1)+f(-1)=a+a=2a$,因此 $2a=0$,$a=0$,与 $a\neq 0$ 矛盾.

6.4.3 循环群的性质

循环群是一类最简单的群,在同构的意义下,它的结构是完全确定的.

定理 6.4.1 设 $G=\langle a\rangle$ 是由 a 生成的循环群,则:

(1) 当 $o(a)=\infty$ 时,$G\cong\langle\mathbb{Z},+\rangle$,称 G 为无限循环群.

(2) 当 $o(a)=n$ 时,$G\cong\langle Z_n,\oplus\rangle$,这时称 G 为 n 阶循环群,记作 G_n.

证明 (1) 当 $o(a)=\infty$ 时,$G=\{a^k\mid k\in\mathbb{Z}\}$,有 $a^h=a^k$ 当且仅当 $h=k$. 因为,若 $h=k$,可

得 $a^h=a^k$. 假若 $a^h=a^k$，而 $h\neq k$，不妨设 $h>k$，而得到 $a^{h-k}=e$，与 a 的阶是无限的矛盾. 所以有，$a^h=a^k\Leftrightarrow h=k$.

再构造映射 $\phi: G\to\mathbb{Z}$，定义如下

$$\phi: a^k\mapsto k.$$

ϕ 是 G 与 $\langle\mathbb{Z},+\rangle$ 之间的一一映射. 又

$$a^h a^k = a^{h+k}\mapsto h+k,$$

所以 $G\cong\langle\mathbb{Z},+\rangle$.

(2) $o(a)=n$ 时，$G=\{e,a,a^2,\cdots,a^{n-1}\}$，有 $a^h=a^k$，当且仅当 $n\mid h-k$.

假如 $n\mid h-k$，那么 $h-k=nq$，$h=k+nq$，

$$a^h = a^{k+nq} = a^k a^{nq} = a^k(a^n)^q = a^k e^q = a^k.$$

假如 $a^h=a^k$，而 $h-k=nq+r$，$0\leqslant r\leqslant n-1$，那么

$$e = a^{h-k} = a^{nq+r} = a^{nq}a^r = ea^r = a^r.$$

由阶的定义 $r=0$，即 $n\mid h-k$.

构造映射 $\phi: G\to Z_n=\{0,1,\cdots,n-1\}$，

$$\phi: a^k\mapsto k$$

则 ϕ 是 G 与 $\langle Z_n,\oplus\rangle$ 之间的一一映射. 但

$$a^h a^k = a^{h+k}\mapsto h+k,$$

所以 $G\cong\langle Z_n,\oplus\rangle$.

下面进一步研究循环群的生成元问题.

由于所有循环群都同构于 $\langle\mathbb{Z},+\rangle$ 或 $\langle Z_n,\oplus\rangle$，循环群都可以用 $\mathbb{Z}$ 或 Z_n 来代替，因此下面就用 $\langle\mathbb{Z},+\rangle$ 和 $\langle Z_n,\oplus\rangle$ 来讨论循环群的性质.

定理 6.4.2 关于循环群的生成元，有：

(1) $\langle\mathbb{Z},+\rangle$ 的生成元只能是 1 或者 -1.

(2) $\langle Z_n,\oplus\rangle$ 的生成元只能是 a，其中 $(a,n)=1$，即 a 与 n 互素.

证明 (1) 设 $\mathbb{Z}=\langle a\rangle$，因 $1\in\mathbb{Z}$，故必有 k 使 $ka=1$，所以 $a=1$ 或 -1，显然有 $\mathbb{Z}=\langle 1\rangle=\langle -1\rangle$.

(2) 设 $Z_n=\langle a\rangle$，因 $1\in Z_n$，必有 k 使 $ka=1\Leftrightarrow\exists p\in\mathbb{Z}$，使 $ka+pn=1\Leftrightarrow(a,n)=1$.

下面研究循环群的子群性质.

定理 6.4.3 循环群的子群仍是循环群.

证明留作练习，读者自证.

6.5 变换群和置换群、凯莱定理

设 A 是一个非空集合，A 上的所有可逆变换构成的群称为 A 上的对称群. 此群的任何子群都叫做 A 上的变换群. 当 $|A|=n$ 时，A 上的对称群称为 **n 次对称群**，记作 S_n，S_n 的任

何一个子群称为置换群.

定理 6.5.1 n 次对称群 S_n 的阶为 $n!$.

6.5.1 置换群

1. 置换的轮换分解

定义 6.5.1 设 r 是一个 n 次置换,满足

(1) $r(a_1)=a_2, r(a_2)=a_3, \cdots, r(a_l)=a_1$;

(2) $r(a)=a$,当 $a\neq a_i(i=1,2,\cdots,l)$;

则称 r 是一个长度为 l 的**轮换**(cycle),并记作:$r=(a_1,a_2,\cdots,a_l)$. 长度为 2 的轮换称为**对换**(transposition).

表示置换的符号还有一种. 看一个置换 π: $a_i\to a_{k_i}(i=1,2,\cdots,n)$,这样一个置换所发生的作用完全可以由下标$(1,k_1),(2,k_2),\cdots,(n,k_n)$这 n 对整数来决定. 表示置换的第一个方法就是把以上这个置换写成

$$\begin{pmatrix} 1 & 2 & \cdots & n \\ k_1 & k_2 & \cdots & k_n \end{pmatrix},$$

在这种表示方法里,第一行的 n 个数字的次序显然没有什么关系,比方说以上的 π 我们也可以用$\begin{pmatrix} 2 & 1 & 3 & \cdots & n \\ k_2 & k_1 & k_3 & \cdots & k_n \end{pmatrix}$来表示. 不过我们用到最多的还是 $1,2,\cdots,n$ 这个次序,其他次序只有在有必要时才用.

例 6.5.1 $f=\begin{pmatrix} 1 & 2 & 3 & 4 & 5 \\ 2 & 3 & 4 & 1 & 5 \end{pmatrix}=(1234)$是一个长度为 4 的轮换.

$g=\begin{pmatrix} 1 & 2 & 3 & 4 & 5 \\ 3 & 2 & 1 & 4 & 5 \end{pmatrix}=(13)$是一个对换.

显然长度为 l 的轮换 r 的阶数 $o(r)=l$,长度为 1 的轮换就是单位元,记作(1).

两个轮换的乘积的计算方法也是由右往左按复合函数的概念进行计算. 例如,$f=(1345)$,$g=(25)$,$fg=(21345)$.

定理 6.5.2 设 σ 是任一个 n 次置换,则:

(1) σ 可分解为不相交的轮换之积:

$$\sigma = r_1r_2\cdots r_k. \tag{6.5.1}$$

若不计因子的次序,则分解式是唯一的. 此处的"不相交"指的是任何两个轮换中无相同元素.

(2) $o(\sigma)=[l_1,l_2,\cdots,l_k]$($l_1,l_2,\cdots,l_k$ 的最小公倍数),其中 l_i 是 r_i 的长度.

证明 首先证分解式的存在性. 从$\{1,2,\cdots,n\}$中任选一个数作为 i_1,依次求出 $\sigma(i_1)=i_2$,$\sigma(i_2)=i_3$,$\cdots$,直至这个序列中第一次出现重复,这个第一次重复的数必然是 i_1,即存在 i_{l_1} 使 $\sigma(i_{l_1})=i_1$;否则,如果第一次重复出现在 $\sigma(i_{l_1})=i_k(1<k<l_1)$,则同时有 $\sigma(i_{k-1})=i_k$

且 $i_{k-1}\neq i_{l_1}$，与 σ 是双射矛盾. 于是得到轮换 $r_1=(i_1,i_2,\cdots,i_{l_1})$. 然后再取 $j_1\notin\{i_1,i_2,\cdots,i_{l_1}\}$，重复以上过程可得 $r_2=(j_1,j_2,\cdots,j_{l_2})$，且由映射定义知 r_2 与 r_1 无公共元素. 如此下去，直至每一个元素都在某一个轮换中，因而得到分解式(6.5.1).

再证分解式(6.5.1)的唯一性. 首先可把分解式(6.5.1)中 1 轮换（长度为 k 的轮换称为 k 轮换）去掉，它们对应 σ 的不动点是由 σ 唯一确定，因而在分解式(6.5.1)中的元素都是动点. 假如 σ 有两个分解式使某个 i 在不同的轮换中，则存在 k 使 $\sigma(k)$ 有两个不同的像，与 σ 是映射矛盾.

最后求 σ 的阶. 设 $o(\sigma)=d$，由于 r_i 之间不相交，$\sigma^d=r_1^d\cdots r_k^d=1$，必有 $r_i^d=1(i=1,2,\cdots,k)$. 所以 $l_i|d(i=1,2,\cdots,k)$，因而 d 是 $l_1,l_2,\cdots,l_k$ 的最小公倍数.

式(6.5.1)称为置换的标准轮换分解式.

2. 置换的对换分解

一个置换还可分解为对换之积，这些对换一般来说不再是不相交了，并且分解形式不唯一.

定理 6.5.3 任何一个置换 σ 可分解为对换之积：

$$\sigma=\pi_1\pi_2\cdots\pi_s, \tag{6.5.2}$$

其中 $\pi_i(i=1,2,\cdots,s)$ 是对换. 其对换个数的奇偶性不变.

证明 先证对换分解(6.5.2)的存在性. 我们可把任意一个轮换用如下方法表示为对换之积：

$$(i_1,i_2,\cdots,i_l)=(i_1,i_l)(i_1,i_{l-1})\cdots(i_1,i_2),$$

而每一个置换可表示为轮换之积，因而也可表示为对换之积. 显然分解式(6.5.2)不是唯一的.

设置换 σ 可表示成 s 个对换 $\pi_1,\pi_2,\cdots,\pi_s$ 之积：

$$\sigma=\pi_1\pi_2\cdots\pi_s,$$

因为 σ 将排列 $12\cdots n$ 变成排列

$$\sigma(1)\sigma(2)\cdots\sigma(n),$$

又由于 $\sigma=\pi_1\pi_2\cdots\pi_s$，故连续施用对换 $\pi_s,\cdots,\pi_2,\pi_1$ 于 $12\cdots n$ 也得排列 $\sigma(1)\sigma(2)\cdots\sigma(n)$. 但由高等代数或线性代数知，每施行一次对换都改变排列的奇偶性，而 $12\cdots n$ 是偶排列，故 s 与排列$\sigma(1)\sigma(2)\cdots\sigma(n)$的奇偶性一致. 但不论 σ 表示成多少个对换之积，排列 $\sigma(1)\sigma(2)\cdots\sigma(n)$的奇偶性是完全确定的，因此对换个数 s 的奇偶性不变.

3. 置换的奇偶性

定义 6.5.2 一个置换若分解成奇数个对换的乘积，则称为奇置换；否则称为偶置换.

特别地，恒等置换是偶置换.

两个置换相乘时，乘积的奇偶性可用表 6.5.1 表示.

表 6.5.1

$\circ$	偶	奇
偶	偶	奇
奇	奇	偶

n 次对称群 S_n 中所有的偶置换构成一个子群，此子群称为 **n 次交错群**(alternating group)，记作 A_n. 集合 $(a,b)A_n$ 中每个置换都是奇置换，由此可证 $|A_n|=n!\ /2$. 利用置换乘积的奇偶性规律还可进一步证明任何一个置换群的元素或是偶置换，或是奇偶置换各半.

4. 置换的类型

一个 n 次置换 σ，如果 σ 的标准轮换分解式是由 λ_1 个 1 轮换、λ_2 个 2 轮换、…、λ_n 个 n 轮换组成，则称 σ 是一个 $1^{\lambda_1}2^{\lambda_2}\cdots n^{\lambda_n}$ 型置换，其中 $1\cdot\lambda_1+2\cdot\lambda_2+3\cdot\lambda_3+\cdots+n\cdot\lambda_n=n$.

例 6.5.2 用循环置换的方法写出 S_3，S_4 中的全体元，写出 S_3 的运算表.

解 S_3 中的全体元为 $\pi_0=(1)$，$\pi_1=(12)$，$\pi_2=(13)$，$\pi_3=(23)$，$\pi_4=(123)$，$\pi_5=(132)$.

S_4 中的全体元为

(1)；

(12)，(34)，(13)，(24)，(14)，(23)；

(123)，(132)，(134)，(143)，(124)，(142)，(234)，(243)；

(1234)，(1243)，(1324)，(1342)，(1423)，(1432)；

(12)(34)，(13)(24)，(14)(23).

S_3 的运算表如表 6.5.2 所示.

表 6.5.2

$\circ$	π_0	π_1	π_2	π_3	π_4	π_5
π_0	π_0	π_1	π_2	π_3	π_4	π_5
π_1	π_1	π_0	π_5	π_4	π_3	π_2
π_2	π_2	π_4	π_0	π_5	π_1	π_3
π_3	π_3	π_5	π_4	π_0	π_2	π_1
π_4	π_4	π_2	π_3	π_1	π_5	π_0
π_5	π_5	π_3	π_1	π_2	π_0	π_4

例 6.5.3 写出 S_3 的所有子群.

解 S_3 的所有子群有 $\{\pi_0\}=\{(1)\}$，$\{\pi_0,\pi_1\}=\{(1),(2)\}$，$\{\pi_0,\pi_2\}=\{(1),(3)\}$，$\{\pi_0,\pi_3\}=\{(1),(23)\}$，$\{\pi_0,\pi_4,\pi_5\}=\{(1),(123),(132)\}$，$\{\pi_0,\pi_1,\pi_2,\pi_3,\pi_4,\pi_5\}=\{(1),(12),(23),(13),(123),(132)\}$.

例 6.5.4 设 $S=\{1,2,3,4\}$，$\sigma=(132)$，$\tau=(14)$，求 $\sigma\tau$，$\tau\sigma$.

解 $\sigma(1)=3$，$\sigma(2)=1$，$\sigma(3)=2$，$\sigma(4)=4$，$\tau(1)=4$，$\tau(4)=1$，$\tau(2)=2$，$\tau(3)=3$，所以 $\tau\sigma=(1324)$，同理 $\sigma\tau=(1432)$，因此一般 $\sigma\tau\neq\tau\sigma$.

例 6.5.5 写出 4 元置换 $\sigma=(132)$的两种不同对换表示.

解 $\sigma=(12)(13)$，$\sigma=(14)(24)(34)(14)$.

6.5.2 凯莱定理

定理 6.5.4(凯莱定理) 任何一个群同构于一个变换群，任何一个有限群同构于一个置换群.

证明 先证明定理的前半部分:任何一个群同构于一个变换群.

设 G 是任意一个群.首先要构造一个变换群 G',然后证明 $G\cong G'$.

(1) 构造一个变换群 G'.

任取 $a\in G$,定义 G 上的一个变换 f_a 如下:

$$f_a(x)=ax,\quad \forall x\in G.$$

可证 f_a 是一个可逆变换:因 $f_a(x_1)=f_a(x_2)\Rightarrow ax_1=ax_2\Rightarrow x_1=x_2$,所以 f_a 是单射. $\forall b\in G$,取 $x_0=a^{-1}b$,则 $f_a(x_0)=ax_0=b$,所以 f_a 也是满射. 故 f_a 是可逆变换.

令 $G'=\{f_a\mid a\in G; f_a(x)=ax,\forall x\in G\}$,可直接证明 G' 对映射复合构成群:$\forall f_a$, $f_b\in G'$,$f_af_b(x)=abx=f_{ab}(x)$,所以 $f_af_b=f_{ab}\in G'$,封闭性成立. 单位元为 $f_e\circ f_a^{-1}=f_a^{-1}$. 所以 G'是一个变换群.

(2) 证明 $G\cong G'$.

作映射

$$\varphi: G\to G',\quad a\mapsto f_a.$$

由于 $\varphi(a)=\varphi(b)\Rightarrow f_a=f_b\Rightarrow ax=bx\Rightarrow a=b$,所以 φ 是单射,显然也是满射. 故 φ 是双射.

$$\forall a,b\in G,\varphi(ab)=f_{ab}=\varphi(a)\varphi(b).$$

所以 φ 是 G 到 G'的同构,$G\cong G'$.

当 G 有限时,G'是一个置换群,从而可得定理的后半部分.

例 6.5.6 设 $G=\{a,b,c\}$,$\langle G,*\rangle$是一个群,运算由表 6.5.3 表示,构造 3 个置换 $f_a=\begin{pmatrix}a & b & c\\ a & b & c\end{pmatrix}$,$f_b=\begin{pmatrix}a & b & c\\ b & c & a\end{pmatrix}$,$f_c=\begin{pmatrix}a & b & c\\ c & a & b\end{pmatrix}$,这 3 个置换的复合运算可用表 6.5.4 表示,则 $\langle\{f_a,f_b,f_c\},\circ\rangle$是与$\langle G,*\rangle$同构的置换群.

表 6.5.3

$*$	a	b	c
a	a	b	c
b	b	c	a
c	c	a	b

表 6.5.4

$\circ$	f_a	f_b	f_c
f_a	f_a	f_b	f_c
f_b	f_b	f_c	f_a
f_c	f_c	f_a	f_b

比较这两个运算表不难发现,除符号不同外,运算规律完全一样.

置换群经常出现在具有对称结构的实际问题中,考虑下面一个着色问题的例子.

使用黑白两色对一个田字格进行着色,每一个方格一种颜色,如果允许方格图形围绕中心点旋转.问不同的着色方案有多少种?如果不考虑方格的运动,每个方格有两种可能颜色进行选择,总计有 16 种着色方案,围绕中心逆时针旋转有 4 种可能:0°、90°、180°、270°,这些旋转作用在方格上,由于方格上的文字被置换,从而导致了着色方案的置换.令 $N=\{1,2,3,4\}$代表 4 个方格的集合,4 种旋转的集合 $G=\{\sigma_1,\sigma_2,\sigma_3,\sigma_4\}$恰好构成 N 的一个置换群.如

果一种方案在 G 中置换作用下变成另一种方案，就说明这两个方案属于同一情形．那么，我们的问题是：在 G 作用下对 N 上方格的着色方案被分解成多少种不同的情形？

解决这个计数问题的定理叫做波利亚(Polya)定理，是组合数学的基本定理之一，该定理与拉格朗日(Lagrange)定理有着密切的关系．

定理 6.5.5(波利亚定理) 设 $N=\{1,2,\cdots,n\}$ 是被着色的物体的集合，$G=\{\sigma_1,\sigma_2,\cdots,\sigma_g\}$ 是 N 上的置换群．用 m 种颜色对 N 中的元素进行着色，则在 G 的作用下不同的着色方案数是

$$M=\frac{1}{|G|}\sum_{k=1}^{g}m^{c(\sigma_k)}.$$

其中，$c(\sigma_k)$ 是置换 σ_k 的轮换表示中包含 1 轮换在内的轮换个数．

考虑上面方格的着色问题．群 G 中的所有置换是：

$$\sigma_1=(1),\quad \sigma_2=(1234),\quad \sigma_3=(13)(24),\quad \sigma_4=(1432).$$

因此 $c(\sigma_1)=4,c(\sigma_2)=1,c(\sigma_3)=2,c(\sigma_4)=1$．应用波利亚定理得

$$M=\frac{1}{4}(2^4+2^1+2^2+2^1)=6,$$

所以有 6 种不同的着色方案．

6.6 子群的陪集和拉格朗日定理

6.6.1 子群的陪集

定义 6.6.1 设 $\langle G,\circ\rangle$ 是一个群，$H\leqslant G,a\in G$，则 $a\circ H$ 称为 H 的一个**左陪集**(left coset)，$H\circ a$ 称为 H 的一个**右陪集**(right coset)．

例 6.6.1 设 $G=\{a,b,c,e\}$ 是克莱因四元群，$H=\{e,a\}$ 是 G 的子群，求 H 的所有右陪集．

解 H 的所有右陪集是

$$He=\{e,a\}=H;\quad Ha=\{a,e\}=H;\quad Hb=\{b,c\};\quad Hc=\{b,c\}.$$

这里不同的陪集只有两个，即 H 和 $Hb=\{b,c\}$．

例 6.6.2 设 $G=S_3=\{(1),(12),(13),(23),(123),(132)\}$，$H=\{(1),(12)\}$ 是 G 的子群，求 H 的所有右陪集和左陪集．

解 H 的所有右陪集

$$H(1)=\{(1),(12)\}=H(12);\quad H(13)=\{(13),(132)\}=H(132);$$
$$H(23)=\{(23),(123)\}=H(123).$$

H 的所有左陪集

$(1)H=\{(1),(12)\}=(12)H$；　$(13)H=\{(13),(123)\}=(123)H$；

$(23)H=\{(23),(132)\}=(132)H$．

和 H 的右陪集并不相同.

在作陪集时,若取 G 中的单位元 e,则 $He=eH$,所以 H 本身也是一个陪集,既可视为右陪集,也可视为左陪集,当 $a\neq e$ 时,一般 $Ha\neq aH$.

当 G 是交换群时,子群 H 的左、右陪集是相等的.

不难证明,有关陪集有以下性质:

(1) $aH=H\Leftrightarrow a\in H$.

(2) $b\in aH\Leftrightarrow aH=bH$. 这说明陪集中任何一个元素都可作为代表元.

(3) 两个陪集相等的条件:

$$aH=bH\Leftrightarrow a^{-1}b\in H\quad (Ha=Hb\Leftrightarrow ba^{-1}\in H).$$

(4) 对任何 $a,b\in G$,有 $aH=bH$ 或 $aH\cap bH=\varnothing$,因而 H 的所有左陪集的集合 $\{aH|a\in G\}$ 构成 G 的一个划分.

这是因为如果 $aH\cap bH\neq\varnothing$,则存在 $x\in aH\cap bH$,于是 $x=ah_1=bh_2$,得 $a^{-1}b=h_1h_2^{-1}\in H$,由性质(3)得 $aH=bH$,又因任何一个元素 a 均可作左陪集 aH,因而 $G=\bigcup\limits_{a\in G}aH$,所以 $\{aH|a\in G\}$ 是 G 的一个划分.

(5) 由划分与等价关系的对应,子群 H 在 G 中可确定两个等价关系:

$$\sim_L: a\sim_L b\Leftrightarrow a^{-1}b\in H,\quad \sim_R: a\sim_R b\Leftrightarrow ba^{-1}\in H,$$

相应的商集为

$$G/\sim_L=\{aH\mid a\in G\},\quad \text{或记作}\quad (G/H)_L,$$

$$G/\sim_R=\{Ha\mid a\in G\},\quad \text{或记作}\quad (G/H)_R.$$

例 6.6.3 设 $G=S_3=\{(1),(12),(13),(23),(123),(132)\}$,$H=\{(1),(12)\}$ 是 G 的子群,求此子群导出的 S_3 上的划分.

解 由例 6.6.2 知关于 H 的所有陪集为 H,$(23)H$,$(13)H$,它们分别是 $H=\{(1),(12)\}$,$(23)H=\{(23),(132)\}$,$(13)H=\{(13),(123)\}$,所以 $\{H,(23)H,(13)H\}$ 就是 S_3 上关于子群 H 的划分.

6.6.2 子群的指数和拉格朗日定理

子群 H 的左、右陪集 aH 和 Ha 在一般情况下并不一定相等. 但在左陪集的集合 $\{aH|a\in G\}$ 与右陪集的集合 $\{Ha|a\in G\}$ 之间可建立一一对应关系.

定理 6.6.1 设 G 是群,$H\leqslant G$,$S_L=\{aH|a\in G\}$,$S_R=\{Ha|a\in G\}$,则存在 S_L 到 S_R 的双射.

证明 作 S_L 到 S_R 的一个对应关系

$$\varphi: aH\mapsto Ha^{-1}(S_L\to S_R),$$

因为 $a_1H=a_2H\Leftrightarrow a_1^{-1}a_2\in H\Leftrightarrow Ha_1^{-1}=Ha_2^{-1}$,所以 φ 是映射且是单射. 又 $\forall Ha\in S_R$,取 $a^{-1}H\in S_L$,则 $\varphi(a^{-1}H)=Ha$,所以 φ 也是满射.

这就是说集合 S_L 与 S_R 是等势的,当它们是有限集合时,左陪集的个数与右陪集的个

数相等，$|S_L|=|S_R|$，称为 H 在 G 中的指数.

定义 6.6.2 设 G 是群，$H\leqslant G$，H 在 G 中的左(右)陪集个数称为 H 在 G 中的指数(index)，记作 $[G:H]$.

当 G 是有限群时，则子群的阶数与指数也都是有限的，它们有以下关系：

定理 6.6.2(拉格朗日定理) 设 G 是限群，$H\leqslant G$，则 $|G|=|H|[G:H]$.

证明 设 $[G:H]=m$，于是存在 $a_1\cdots a_m\in G$，使 $G=\bigcup_{i=1}^{m}a_iH$ 且 $a_iH\cap a_jH=\varnothing(i\neq j)$，而每一个陪集的元素个数均为 $|a_iH|\leqslant|H|$，所以 $|G|=\sum_{i=1}^{m}|a_iH|=m|H|=|H|[G:H]$.

由拉格朗日定理立即可得如下推论：

(1) 设 G 是有限群，$H\leqslant G$，则 $|H|\,|\,|G|$.

(2) 当 $|G|<\infty$ 时，对任何 $a\in G$，有 $o(a)\,\|G|$.

(3) 若 $|G|=p$(素数)，则 $G=C_p$(p 阶循环群)，即素数阶群必为循环群.

(1)与(2)可直接由拉格朗日定理推得. 下面证明(3).

任取 $a\in G$ 且 $a\neq e$，由(2)，$o(a)\,\|G|=p$，又由 $o(a)>1$，故 $o(a)=p$，所以 $G=\langle a\rangle$.

例如在例 6.6.3 中 S_3 的阶是 6，子群 H 的阶为 2，应用拉格朗日定理，H 的陪集个数是 3.

例 6.6.4 任何一个四阶群只可能是四阶循环群或者是克莱因四元群.

证明 设四阶群 $G=\{e,a,b,c\}$，其中 e 为单位元. 当四阶群含有一个周期为 4 的元素时，这个群是循环群. 当四阶群不含有周期为 4 的元素时，由定理 6.6.2 知，除单位元 e 外，a,b,c 的周期一定都是 2，即 $aa=bb=cc=e$. 又有 $ab\neq a$. 否则，由消去律，$b=e$；$ab\neq b$，否则 $a=e$；$ab\neq e$，否则 $a=b$；所以有 $ab=c$.

同理有 $ba=c,ac=ca=b,bc=cb=a$. 因此群 G 是克莱因四元群.

一般我们说，在同构的意义下，四元群只有两个，一个是四阶循环群，一个是克莱因四元群.

关于群中两个有限子群的乘积的元素个数有以下定理.

定理 6.6.3 设 G 是群，A,B 是 G 的两个有限子群，则有 $|AB|=\dfrac{|A||B|}{|A\cap B|}$.

证明 设 $D=A\cap B$，则 $D\leqslant A$，$A=\bigcup_{a\in A}aD$. 又 $AB=\bigcup_{a\in A}aB$，令

$$S_1=\{aB\mid a\in A\},\quad S_2=\{aD\mid a\in A\},$$

作 S_1 到 S_2 的对应关系 $f:aB\mapsto aD$，因为

$$a_1B=a_2B\Leftrightarrow a_1^{-1}a_2\in A\cap B\Leftrightarrow a_1D=a_2D,$$

所以 f 是 S_1 到 S_2 的映射且是单射，显然也是满射，故有

$$|S_1|=|S_2|=[A:D]=\frac{|A|}{|D|},$$

所以

$$|AB|=|S_1||B|=\frac{|A||B|}{|D|}=\frac{|A||B|}{|A\cap B|}.$$

我们可利用拉格朗日定理来确定一个群内可能存在的子群、元素的阶等，从而搞清一个群的结构.

6.7 正规子群和商群

正规子群对刻画群的性质有十分重要的作用，下面给出它的定义和有关性质.

6.7.1 正规子群的概念

定义 6.7.1 设 H 是群 G 的子群. 若 $\forall a\in G$，有 $Ha=aH$，则称 H 是 G 的**正规子群**(normal subgroup)，记作 $H\trianglelefteq G$.

由定义可见，除平凡群外，任何群都有两个平凡的正规子群：$\{e\}$和 G 本身. 如果 G 是交换群，则G 的任何子群都是正规子群.

例 6.7.1 设 N 是群 G 的子群，若$[G:N]=2$，则 N 是 G 的正规子群.

证明 由$[G:N]=2$ 知，N 存在两个右陪集，即

$$G=N\cup Na,\quad a\notin N.$$

任取 $g\in G$，若 $g\in N$，则有 $gN=N=Ng$；若 $g\notin N$，则有 $gN=G\backslash N=Ng$. 所以 N 是 G 的正规子群.

例 6.7.2 写出例 6.5.3 中群 S_3 的所有正规子群.

解 由例 6.5.3 知 S_3 的所有子群有 $S_3=\{\pi_0,\pi_1,\pi_2,\pi_3,\pi_4,\pi_5\}=\{(1),(12),(23),(13),(123),(132)\}$，$\{\pi_0,\pi_4,\pi_5\}=\{(1),(123),(132)\}$，$\{\pi_0\}=\{(1)\}$，$\{\pi_0,\pi_1\}=\{(1),(12)\}$，$\{\pi_0,\pi_2\}=\{(1),(13)\}$，$\{\pi_0,\pi_3\}=\{(1),(23)\}$.

不难验证，$S_3=\{\pi_0,\pi_1,\pi_2,\pi_3,\pi_4,\pi_5\}=\{(1),(12),(23),(13),(123),(132)\}$，$\{\pi_0\}=\{(1)\}$，$\{\pi_0,\pi_4,\pi_5\}=\{(1),(123),(132)\}$，是 S_3 的正规子群. 其余的子群不是正规子群.

6.7.2 正规子群的性质

首先介绍与正规子群定义等价的若干命题.

定理 6.7.1 设 H 是 G 的子群，则以下几个命题是互相等价的：

(1) $\forall a\in G$，有 $aH=Ha$.

(2) $\forall a\in G,\forall h\in H$，有 $aha^{-1}\in H$.

(3) $\forall a\in G$，有 $aHa^{-1}\subseteq H$.

(4) $\forall a\in G$，有 $aHa^{-1}=H$.

证明 (1)⇒(2) $\forall a\in G,\forall h\in H$，有 $ah\in Ha\Rightarrow ah=h_1a\Rightarrow aha^{-1}=h_1\in H$.

(2)⇒(3) $aha^{-1}\in H\Rightarrow aHa^{-1}\subseteq H$.

(3)⇒(4) 由 $\forall a\in G$，有 $aHa^{-1}\subseteq H$，因而也有 $a^{-1}H(a^{-1})^{-1}\subseteq H$，即 $a^{-1}Ha\subseteq H$，故 $\forall h\in H$，有$a^{-1}ha=h_1$，所以 $h=ah_1a^{-1}\in aHa^{-1}$，得 $H\subseteq aHa^{-1}$，故 $aHa^{-1}=H$.

(4)⇒(1) $aHa^{-1}=H\Rightarrow(aHa^{-1})a=Ha\Rightarrow aH=Ha$.

正规子群的性质：

(1) 设 $A\trianglelefteq G$，$B\trianglelefteq G$，则 $A\cap B\trianglelefteq G$，$AB\trianglelefteq G$.

证明 $\forall g\in G$，$c\in A\cap B$，$gcg^{-1}\in A$，$gcg^{-1}\in B$，所以 $gcg^{-1}\in A\cap B$，故 $A\cap B\trianglelefteq G$.

下证 $AB\trianglelefteq G$.

先证 $AB\leqslant G$. 由于 A 为正规子群，故有 $AB=BA$，由子群性质知，$AB\leqslant G$.

再证 $AB\trianglelefteq G$：$\forall g\in G$，$ab\in AB$，有 $gabg^{-1}=(gag^{-1})(gbg^{-1})=a_1b_1\in AB$，所以 $AB\trianglelefteq G$.

(2) 设 $A\trianglelefteq G$，$B\leqslant G$，则 $A\cap B\trianglelefteq G$，$AB\leqslant G$.

(3) 设 $A\trianglelefteq G$，$B\trianglelefteq G$，且 $A\cap B=\{e\}$，则 $\forall a\in A$，$\forall b\in B$，，有 $ab=ba$.

证明 $\forall a\in A$，$b\in B$，考虑元素 $aba^{-1}b^{-1}$，一方面 $aba^{-1}b^{-1}=(aba^{-1})b^{-1}\in B$，另一方面 $aba^{-1}b^{-1}=a(ba^{-1}b^{-1})\in A$，所以 $aba^{-1}b^{-1}\in A\cap B$，得 $aba^{-1}b^{-1}=e$，即 $ab=ba$.

群 G 中形式为 $aba^{-1}b^{-1}$ 的元素称为 a，b 的**换位子**，由 G 中所有的换位子生成的子群称为**换位子群**.

6.7.3 商群

设 $H\trianglelefteq G$，则 G 关于 H 的左陪集全体构成的集合与 G 关于 H 的右陪集全体构成的集合相等，称为 G 关于 H 的陪集集合，记作 G/H，即

$$G/H=\{aH\mid a\in G\}=\{Ha\mid a\in G\}.$$

定义由 H 决定 G 中元素之间的等价关系 $\sim_H$ 为

$$a\sim_H b\Leftrightarrow a^{-1}b\in H.$$

有时用同余记号表示：

$$a^{-1}b\in H\Leftrightarrow a\equiv b(\mathrm{mod}\,H).$$

每一个陪集记作 $\bar{a}=aH$，称为模 H 的一个同余类. 因而 G/H 又可表示为

$$G/H=\{\bar{a}\mid a\in G\}.$$

下面证明 G/H 关于子集乘法构成群.

定理 6.7.2 设 $H\trianglelefteq G$，则 G/H 对子集乘法构成群.

证明 由于 $G/H=\{aH\mid a\in G\}$，首先要证明子集乘法是 G/H 上的一个二元运算，$\forall aH,bH\in G/H$，由于子集乘法满足结合律及 H 是正规子群，可得

$$aH\cdot bH=(\{a\}H)(\{b\}H)=\{a\}(H\{b\})H=(a(Hb))H=(abH)H=abH\in G/H,$$

所以子集乘法在 G/H 上封闭.

再证唯一性.

$$a_1H=a_2H,\quad b_1H=b_2H\Rightarrow a_1Hb_1H=a_2Hb_2H\Rightarrow a_1b_1H=a_2b_2H,$$

所以子集乘法是 G/H 上的一个二元运算.

G/H 中有单位元 H：$\forall aH\in G/H, aH\cdot H=H\cdot aH=aH$，$\forall aH\in G/H$ 有逆元 $a^{-1}H$.

综上，G/H 关于子集乘法构成群.

定义 6.7.2 设 $H\trianglelefteq G$，则 G/H 关于子集乘法构成的群称为 G 关于 H 的**商群**(quotient group).

定理 6.7.3 设 G 是有限可换群，p 为素数，且 $p\,\|\,|G|$，则 G 中有 p 阶元.

证明 对 $|G|$ 使用归纳法. 当 $|G|=p$ 时，显然成立.

下设 $|G|=n>p$，并假设对 $|G|<n$ 及 $p\,\|\,|G|$ 成立，要证对 $|G|=n$ 及 $p\,|\,n$ 亦成立.

任取 $a\in G$，设 $o(a)=k>1$，若 $p\,|\,k$，则 $a^{k/p}$ 就是 p 阶元. 若 p 不整除 k，令 $H=\langle a\rangle$，则 $H\trianglelefteq G$，商群 $G/H=G'$，满足 $|G'|=\dfrac{n}{k}<n$ 和 $p\,\|\,|G'|$. 由归纳假设，G' 中存在 p 阶元 $\bar{c}\in G'$：$o_{G'}(\bar{c})=p$，即 $(cH)^p=H$，于是有 $c^p\in H$ 和 $c^{pk}=e$，即 $(c^k)^p=e$，可证 $c^k\neq e$，否则由 $c^k=e$ 可得 $\bar{c}^k=\bar{e}$，矛盾. 因此 c^k 是 G 中 p 阶元.

例 6.7.3 设 $\langle\mathbb{Z},+\rangle$ 是整数加群，令

$$3\mathbb{Z}=\{3z\mid z\in\mathbb{Z}\},$$

则 $3\mathbb{Z}$ 是 $\mathbb{Z}$ 的正规子群(由于加法是可交换的). $\mathbb{Z}$ 关于 $3\mathbb{Z}$ 的商群

$$\mathbb{Z}/3\mathbb{Z}=\{\bar{0},\bar{1},\bar{2}\},$$

其中，$\bar{i}=[i]=\{3z+i\mid z\in\mathbb{Z}\}$，$i=0,1,2$，且 $\mathbb{Z}/3\mathbb{Z}$ 中的运算如表 6.7.1 所示.

表 6.7.1

$\circ$	$\bar{0}$	$\bar{1}$	$\bar{2}$
$\bar{0}$	$\bar{0}$	$\bar{1}$	$\bar{2}$
$\bar{1}$	$\bar{1}$	$\bar{2}$	$\bar{0}$
$\bar{2}$	$\bar{2}$	$\bar{0}$	$\bar{1}$

表 6.7.2

$\circ$	H	gH	g^2H
H	H	gH	g^2H
gH	gH	g^2H	H
g^2H	g^2H	H	gH

例 6.7.4 设 $G=\{g,g^2,\cdots,g^5,g^6=e\}$，$H=\{e,g^3\}$ 是 G 的正规子群，求商群 G/H.

解 $eH=H=\{e,g^3\}=g^3H$，$gH=\{g,g^4\}=g^4H$，$g^2H=\{g^2,g^5\}=g^5H$，所以 $G/H=\{H,gH,g^2H\}$，且 G/H 中的运算如表 6.7.2 所示.

下面给出单群的概念.

定义 6.7.3 若 $G\neq\{e\}$，G 中除 $\{e\}$ 和 G 本身外，无其他正规子群，则称 G 是**单群**(simple group).

例如，当 p 是素数时，$\langle Z_p,\oplus\rangle$ 就是单群.

从结构角度看，单群是最简单、最基本的群类.

6.8 共轭元和共轭子群

这一节我们继续研究群内一些特殊类型的元素和子群.

6.8.1 中心和中心化子

设 G 是一个群,和 G 中所有元素都可交换的元素构成的集合称为群的中心,记作 $C(G)$ 或 C,即

$$C(G)=\{a \mid a\in G, \forall x\in G, 有\ ax=xa\}.$$

显然 $e\in C(G)$,故 $C(G)$ 是 G 的一个非空子集. 又因 $\forall a,b\in C(G)$,有 $ab^{-1}x=xab^{-1}$,$ab^{-1}\in C(G)$,故 $C(G)$ 是 G 的一个子群. 同时,很易看出 $C(G)$ 是 G 的正规子群.

设 A 是群 G 的一个非空子集,G 中和 A 的所有元素均可交换的元素构成的集合,记作 $C_G(A)$,即

$$C_G(A)=\{g \mid g\in G, \forall a\in A, 有\ ag=ga\},$$

$C_G(A)$ 称为 A 在 G 中的**中心化子**(centerlizer). 易证 $C_G(A)\leqslant G$ 且 $C(G)\leqslant C_G(A)$. 当 $A=\{a\}$ 时,它的中心化子记作 $C_G(a)$ 或 $C(a)$,即 $C_G(a)=\{g\in G, ag=ga\}$,称为元素 a 在 G 中的中心化子. 由定义可以看出:$\langle a\rangle\leqslant C_G(a)$,当 $a\in C$ 时,$C_G(a)=G$.

例 6.8.1 求 S_3 中元素 $a=(12)$ 的中心化子.

解 因为 a 与 S_3 中的元素 a 和 e 可交换,与其他元素都不能交换,故 $C(a)=\{e,a\}$.

6.8.2 共轭元和共轭类

设 G 是群,$a,b\in G$,若存在 $g\in G$ 使 $gag^{-1}=b$,则称 a 与 b **共轭**(conjugate).

很容易验证群中元素之间的共轭关系是一种等价关系,每一个等价类称为一个共轭类,记作 $K_a=\{gag^{-1}|g\in G\}$.

由等价关系的性质,一个群内所有的共轭类构成群的一个划分.

若 $a\in C(G)$,则 $K_a=\{gag^{-1}|g\in G\}=\{a\}$. 因而 $a\in C(G)$ 的充分必要条件是 a 所在的共轭类只含 a 本身一个元素,因而 G 可表示为

$$G=C\cup\Big(\bigcup_{a\notin C}K_a\Big),$$

其中,$\bigcup\limits_{a\notin C}$ 是对非中心的共轭类代表元求并. 当 $|G|<\infty$ 时,则有

$$|G|=|C|+\sum_{a\notin C}|K_a|,$$

其中和式是对非中心内的共轭类代表元求和.

对于中心中的元素,每个元素自成一个共轭类,因而这些共轭类的元素个数为 1,因此主要解决非中心元素所在的共轭类的元素个数问题.

定理 6.8.1 设 G 是群，$a\in G$，$K_a=\{gag^{-1}\mid g\in G\}$ 且 $|K_a|<\infty$，则有

$$|K_a|=[G:C_G(a)].$$

证明 记 $C(a)=C_G(a)$，令

$$S=\{gC(a)\mid g\in G\}$$

是 $C(a)$ 在 G 中的左陪集构成的集合.

作对应关系

$$\sigma: gag^{-1}\mapsto gC(a)\quad (K_a\to S).$$

由于

$$g_1ag_1^{-1}=g_2ag_2^{-1}\Leftrightarrow g_2^{-1}g_1a=ag_2^{-1}g_1\Leftrightarrow g_2^{-1}g_1\in C(a)\Leftrightarrow g_1C(a)=g_2C(a),$$

所以 σ 是一个 K_a 到 S 的映射，且是单射. 显然 σ 也是满射. 所以

$$|K_a|=|S|=[G:C(a)].$$

由定理 6.8.1 可得以下定理.

定理 6.8.2 设 G 是有限群，C 是 G 的中心，则有 $|G|=|C|+\sum\limits_{a\notin C}[G:C(a)]$. 其中和式是对非中心内的共轭类的代表元求和. 此方程称为类方程或群方程.

定理 6.8.2 在分析有限群的结构时经常要用到. 由正规子群的性质，可得它与共轭类的关系：若 $H\trianglelefteq G$ 和 $a\in H$，则 $K_a\subseteq H$，即正规子群中的任何一个元素的共轭类都在此正规子群中；反之，正规子群是由一些共轭类的并组成的. 若求出 G 中的所有共轭类，则由共轭类的并构成的子群都是正规子群.

6.8.3 共轭子群与正规化子

设 G 是群，$H\leqslant G$，$g\in G$，则不难验证 $K=gHg^{-1}$ 也是一个子群，称为 H 的**共轭子群**(conjugate subgroup)，并称 K 与 H 共轭.

如果 H 是正规子群，则 $\forall g\in G$ 有 $gHg^{-1}=H$，即正规子群的共轭子群必是它自己，因此，正规子群又称为自共轭子群，因而对于非正规子群，必存在异于它的共轭子群. 令

$$A=\{H\mid H\leqslant G\}$$

为 G 中所有子群的集合，在 A 中定义二元关系～为

$$H_1\sim H_2\Leftrightarrow \exists\, g\in G\quad 使\quad gH_1g^{-1}=H_2,$$

则～是 A 中的一个等价关系，即子群的共轭关系是 A 中的等价关系. 每一个等价类称为子群的共轭类，设 $H\leqslant G$，H 所在的共轭类记作 K_H，则可表示为

$$K_H=\{gHg^{-1}\mid g\in G\}.$$

当 $H\trianglelefteq G$ 时，$K_H=\{H\}$.

下面讨论一般情况下，K_H 中元素的个数.

若 H 不是 G 的正规子群，总可以找到一个包含 H 的子群 N，使 H 是 N 的正规子群. 例如，H 本身就是. 令

$$N_G(H)=\{g\mid g\in G, gHg^{-1}\in H\},$$

不难验证，$N_G(H)\leqslant G$，且与 H 有以下关系

$$H \trianglelefteq N_G(H).$$

称 $N_G(H)$ 为 H 在 G 中的**正规化子**(normalizer). 当 $H\trianglelefteq G$ 时，$N_G(H)=G$，当 H 不是 G 的正规子群时，必有 $N_G(H)<G$.

利用 $N_G(H)$ 可确定 H 在 G 中的共轭子群的个数.

定理 6.8.3 设 G 是有限群，$H\leqslant G$，$N(H)$ 为 H 在 G 中的正规化子，则与 H 共轭的子群的个数为

$$|K_H|=[G:N(H)].$$

证明 设 $K_H=\{gHg^{-1}\mid g\in G\}$，$T=\{gN(H)\mid g\in G\}$，作对应关系

$$\varphi: gHg^{-1}\mapsto gN(H)\quad (K_H\to T).$$

由于

$$g_1Hg_1^{-1}=g_2Hg_2^{-1}\Leftrightarrow g_2^{-1}g_1Hg_1^{-1}g_2=H\Leftrightarrow g_2^{-1}g_1\in N(H)\Leftrightarrow g_1N(H)=g_2N(H),$$

所以 φ 是映射且是单射，显然也是满射. 因此

$$|K_H|=|T|=[G:N(H)].$$

6.9 群的同态

前面介绍了群同构的概念，下面给出群的同态的概念.

6.9.1 群的同态定义

定义 6.9.1 设 $\langle G,\cdot\rangle$，$\langle G',\circ\rangle$ 是两个群，若存在映射 $f:G\to G'$ 满足

$$\forall a,b\in G,\text{有 } f(a\cdot b)=f(a)\circ f(b),$$

则称 f 是 G 到 G' 的一个同态映射或简称**同态**(homomorphism). 若 f 是单射，则称 f 是单同态；若 f 是满射，则称 f 是满同态，这时称 G 与 G' 同态，记作 $G\overset{f}{\sim}G'$. 若 f 是双射，则称 f 是 G 到 G' 的同构. 称 $\operatorname{Im}f=f(G)$ 是 G 在 f 作用下的同态像.

例 6.9.1 设 G_1，G_2 是群，e_2 是 G_2 的单位元. 令

$$\varphi: G_1\to G_2,\quad \varphi(a)=e_2,\ \forall a\in G_1,$$

则 φ 是 G_1 到 G_2 的同态，称为**零同态**. 事实上，$\forall a,b\in G_1$ 有

$$\varphi(ab)=e_2=e_2e_2=\varphi(a)\varphi(b).$$

例 6.9.2 设 $G_1=\langle\mathbb{Z},+\rangle$ 是整数加群，$G_2=\langle Z_n,\oplus\rangle$ 是模 n 的整数加群. 令

$$\varphi:\mathbb{Z}\to Z_n,\quad \varphi(x)=(x)\bmod n,$$

则 φ 是 G_1 到 G_2 的同态，事实上，$\forall x,y\in\mathbb{Z}$，有

$$\varphi(x+y)=(x+y)\bmod n=(x)\bmod n\oplus(y)\bmod n=\varphi(x)\oplus\varphi(y).$$

定理 6.9.1 设 φ 是群 G_1 到 G_2 的同态映射，e_1 和 e_2 分别为 G_1 和 G_2 的单位元，则：

(1) $\varphi(e_1)=e_2$;

(2) $\varphi(a^{-1})=\varphi(a)^{-1}$, $\forall a\in G_1$.

证明 (1) 由于 $\varphi(e_1)=\varphi(e_1)\varphi(e_1)=\varphi(e_1e_1)=\varphi(e_1)e_2$,由 G_2 中的消去律有

$$\varphi(e_1)=e_2.$$

(2) 任取 $a\in G$,由于

$$\varphi(a^{-1})\varphi(a)=\varphi(a^{-1}a)=\varphi(e_1)=e_2,\quad \varphi(a)\varphi(a^{-1})=\varphi(aa^{-1})=\varphi(e_1)=e_2,$$

因此 $\varphi(a^{-1})$ 为 $\varphi(a)$ 的逆元,由逆元的唯一性得

$$\varphi(a^{-1})=\varphi(a)^{-1}.$$

例 6.9.3 设 $G=\langle Z_n,\oplus\rangle$ 是模 n 整数加群,证明恰含有 n 个 G 的自同态.

证明 先证存在 n 个 G 的自同态,令

$$\varphi:Z_n\to Z_n,\quad \varphi(x)=(px)\bmod n,\quad p=0,1,\cdots,n-1,$$

则 φ 是 G 的自同态.事实上,$\forall x,y\in Z_n$,有

$$\begin{aligned}\varphi(x\oplus y)&=(p(x\oplus y))\bmod n=(px)\bmod n\oplus(py)\bmod n\\&=\varphi(x)\oplus\varphi(y).\end{aligned}$$

由于 p 有 n 种不同的取值,不同的 p 值确定不同的映射 φ,所以存在 n 个 G 的自同态.

以下证任何 G 的自同态都是上述 n 个自同态中的一个,设 φ 是 G 的自同态,且 $\varphi(1)=i$,$i\in Z_n$,我们证明 $\forall x\in Z_n$,有 $\varphi(x)=(ix)\bmod n$.

$$\varphi(1)=i=(i\cdot 1)\bmod n.$$

假设对一切 $x\in\{1,2,\cdots,n-2\}$,有

$$\varphi(x)=(ix)\bmod n$$

成立,则

$$\begin{aligned}\varphi(x+1)&=\varphi(x\oplus 1)=\varphi(x)\oplus\varphi(1)=(ix)\bmod n\oplus i\\&=(ix+i)\bmod n=(i(x+1))\bmod n,\end{aligned}$$

于是有

$$\begin{aligned}\varphi(0)&=\varphi((n-1)\oplus 1)=\varphi(n-1)\oplus\varphi(1)=(i(n-1))\bmod n\oplus i\\&=(in)\bmod n=0=(i\cdot 0)\bmod n.\end{aligned}$$

例 6.9.4 求整数加群 $\langle Z_4,\oplus\rangle$ 的所有自同态.

证明 根据例 6.9.3,$\langle Z_4,\oplus\rangle$ 的所有自同态有 4 个,具体形式如下:

$$\begin{aligned}&p=0,\quad \varphi_0:0\to 0,\quad 1\to 0,\quad 2\to 0,\quad 3\to 0;\\&p=1,\quad \varphi_1:0\to 0,\quad 1\to 1,\quad 2\to 2,\quad 3\to 3;\\&p=2,\quad \varphi_2:0\to 0,\quad 1\to 2,\quad 2\to 0,\quad 3\to 2;\\&p=3,\quad \varphi_3:0\to 0,\quad 1\to 3,\quad 2\to 2,\quad 3\to 1.\end{aligned}$$

例 6.9.5 设 G 为群,$a\in G$,令 $\varphi:G\to G$, $\forall x\in G$, $\varphi(x)=axa^{-1}$,则 φ 是 G 的自同构,称为 G 的内自同构.

证明 $\forall x,y\in G$,有

$$\varphi(xy)=a(xy)a^{-1}=(axa^{-1})(aya^{-1})=\varphi(x)\varphi(y),$$

因此 φ 是 G 的自同态.

任取 $y\in G$,则 $a^{-1}ya\in G$,且满足 $\varphi(a^{-1}ya)=a(a^{-1}ya)a^{-1}=y$,所以 φ 是满射.

假若 $\varphi(x)=\varphi(y)$,即 $axa^{-1}=aya^{-1}$,由 G 中的消去律得 $x=y$,所以 φ 是单射.

综上,φ 是 G 的自同构.

若 G 是阿贝尔群,对内自同构 φ 必有

$$\varphi(x)=axa^{-1}=aa^{-1}x=x.$$

这表明阿贝尔群的内自同构只有一个,即恒等映射.

例 6.9.6 设 $\langle G,*\rangle$,$\langle K,+\rangle$ 是两个群,令 $f:x\to e$,$\forall x\in G$,其中 e 是 $\langle K,+\rangle$ 的单位元,则 f 是 G 到 K 的映射,且 $\forall x,y\in G$,有 $f(x*y)=e=e+e=f(x)+f(y)$,则 f 是 G 到 K 的同态映射.

6.9.2 同态基本定理

定义 6.9.2 设 f 是 G 到 G' 的同态,令

$$K=\{a\mid a\in G,f(a)=e'\}=f^{-1}(e'),$$

则称 K 是同态 f 的**核**(kernel),记作 $\mathrm{Ker}f$.

同态核就是单位元 e' 的全原像,由上面提到的同态的简单性质,它是 G 的一个子群,且有以下性质.

定理 6.9.2 设 f 是 G 到 G' 的同态,$K=\mathrm{Ker}f$,则:

(1) $K\trianglelefteq G$;

(2) $\forall a'\in \mathrm{Im}f$,若 $f(a)=a'$,则 $f^{-1}(a')=aK$;

(3) f 是单同态$\Leftrightarrow K=\{e\}$.

证明 (1)由于 K 是 G 的子群,因为 $\forall g\in G,k\in K$,有

$$f(gkg^{-1})=f(g)f(k)f(g)^{-1}=f(g)f(g)^{-1}=e',$$

所以 $gkg^{-1}\in K$,因而 $K\trianglelefteq G$.

(2) $\forall k\in K$,有 $f(ak)=f(a)f(k)=a'$,所以 $ak\in f^{-1}(a')$,因而 $aK\subseteq f^{-1}(a')$. 反之,$\forall x\in f^{-1}(a')$ 有 $f(x)=a'$,即 $f(x)=f(a)$,$f(a)^{-1}\cdot f(x)=e'$,得 $a^{-1}x\in K$,因而 $x\in aK$,$f^{-1}(a')\subseteq aK$.

综上有 $f^{-1}(a')=aK$.

(3) f 是单射$\Leftrightarrow \forall a'\in f(G)$ 有 $|f^{-1}(a')|=1\Leftrightarrow |aK|=1\Leftrightarrow |K|=1\Leftrightarrow K=\{e\}$.

下面的同态基本定理是群论中最重要的定理之一.

定理 6.9.3(同态基本定理) 设 f 是 G 到 G' 的满同态,$K=\mathrm{Ker}f$.

(1) 则 $G/K\cong G'$;

(2) 设 φ 是 G 到 G/K 的自然同态,则存在 G/K 到 G' 的同构 σ,使 $f=\sigma\varphi$.

证明 (1) 设 $G/K=\{gK\mid g\in G\}$,作对应关系

$$\sigma:gK\mapsto f(g)\quad (G/K\to G').$$

因为

$$g_1K = g_2K \Leftrightarrow g_1^{-1}g_2 \in K \Leftrightarrow f(g_1^{-1}g_2) = e' \Leftrightarrow f(g_1) = f(g_2),$$

所以 σ 是映射且是单射.

又 $\forall b\in G'$,由于 f 是满同态,$\exists\, a\in G$ 使 $f(a)=b$,故有 $aK\in G/K$ 使 $\sigma(aK)=f(a)=b$,所以 σ 是满射.

而 $\sigma(g_1Kg_2K)=\sigma(g_1g_2K)=f(g_1g_2)=f(g_1)f(g_2)=\sigma(g_1K)\sigma(g_2K)$,所以 σ 是同构映射,$G/K\cong G'$.

(2) 取(1)证明中的

$$\sigma: gK \mapsto f(g) \quad (G/K \to G'),$$

则 $\forall x\in G$,有

$$(\sigma\varphi)(x) = \sigma(\varphi(x)) = \sigma(xK) = f(x),$$

所以 $\sigma\varphi=f$.

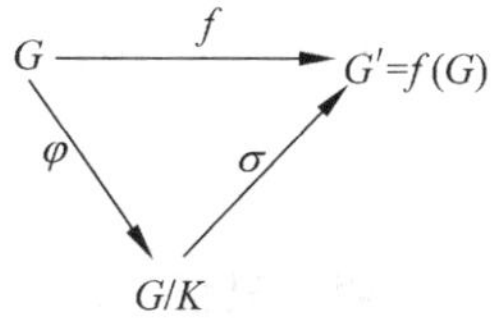

图 6.9.1

同态基本定理中几个群的关系可用图 6.9.1 表示.

6.10 环 与 域

环是具有两个二元运算的代数系统.

定义 6.10.1 设代数系统 $\langle R,+,\square\rangle$,如果对二元运算 $+$ 和 $\square$ 满足:

(1) $\langle R,+\rangle$ 是交换群;

(2) $\langle R,\square\rangle$ 是半群;

(3) R 中的运算 $\square$ 对于 $+$ 是可分配的;

则称 $\langle R,+,\square\rangle$ 是一个**环**(ring).

为了区别环中的两个运算,常称运算 $+$ 为环中的加法,运算 $\square$ 为环中的乘法. 加群 $\langle R,+\rangle$ 中的单位元和逆元改称为零元和负元,零元记为 0,x 的负元记为 $-x$. 对环中乘法,若存在单位元,记作 1;若 x 对乘法存在逆元,记作 x^{-1}. 用 $x-y$ 表示 $x+(-y)$,nx 表示 $x+x+\cdots+x$(n 个 x),并且用 $-xy$ 表示 xy 的负元.

例 6.10.1 (1) 整数集、有理数集、实数集和复数集关于普通加法和乘法运算构成环,分别称为整数环 $\mathbb{Z}$、有理数环 $\mathbb{Q}$、实数环 $\mathbb{R}$ 和复数环 $\mathbb{C}$.

(2) $n(n\geqslant 2)$ 阶实矩阵的集合 $M_n(\mathbb{R})$ 关于矩阵加法和乘法构成环,称为 n 阶实矩阵环,零元是零矩阵,单位元为单位矩阵.

(3) $Z_n=\{0,1,\cdots,n-1\}$,$\oplus$ 和 $\otimes$ 分别表示模 n 的加法和乘法,则 $\langle Z_n,\oplus,\otimes\rangle$ 构成环,称为模 n 的整数环.

定义 6.10.2 设 $\langle R,+,\square\rangle$ 是环.

(1) 若 $\langle R,\square\rangle$ 是可交换的,称 R 为**交换环**;

(2) 设 $\langle R,\square\rangle$ 含单位元 1,称 R 是**含单位元的环**.

例 6.10.2 设$\mathbb{R}[x]$是实系数多项式构成的集合，对多项式的加法$+$和多项式乘法$\times$，$\langle \mathbb{R}[x], +, \times \rangle$是含单位元的可交换环，称为实数$\mathbb{R}$上的多项式环.

关于环的运算性质有以下定理.

定理 6.10.1 设$\langle R, +, \square \rangle$是环，则：

(1) $\forall a \in R, a0 = 0a = 0$；

(2) $\forall a, b \in R, (-a)b = a(-b) = -ab$；

(3) $\forall a, b, c \in R, a(b-c) = ab - ac, (b-c)a = ba - ca$；

(4) $\forall a_1, a_2, \cdots, a_n, b_1, b_2, \cdots, b_m \in R (n, m \geqslant 2)$，

$$\left(\sum_{i=1}^{n} a_i\right)\left(\sum_{j=1}^{m} b_j\right) = \sum_{i=1}^{n}\sum_{j=1}^{m} a_i b_j.$$

证明 只证(1)，(2)，(4).

(1) $\forall a \in R$，有 $a0 = a(0+0) = a0 + a0$，由于环中加法的消去律，有 $a0 = 0$，同理 $0a = 0$.

(2) $\forall a, b \in R$，有

$$(-a)b + ab = (-a + a)b = 0b = 0,$$
$$ab + (-a)b = (a + (-a))b = 0b = 0,$$

所以$(-a)b$是ab的负元，由负元的唯一性知$(-a)b = -ab$.

同理可证 $a(-b) = -ab$.

(4) 先证 $\forall a_1, a_2, \cdots, a_n$，有

$$\left(\sum_{i=1}^{n} a_i\right) b_j = \sum_{i=1}^{n} a_i b_j.$$

对 n 进行归纳. 当 $n = 2$ 时，由环中乘法对加法的分配律，等式显然成立.

假设 $\left(\sum_{i=1}^{n} a_i\right) b_j = \sum_{i=1}^{n} a_i b_j$，则有

$$\begin{aligned}\left(\sum_{i=1}^{n+1} a_i\right) b_j &= \left(\sum_{i=1}^{n} a_i + a_{n+1}\right) b_j \\ &= \left(\sum_{i=1}^{n} a_i\right) b_j + a_{n+1} b_j \qquad \text{(分配律)} \\ &= \sum_{i=1}^{n} a_i b_j + a_{n+1} b_j = \sum_{i=1}^{n+1} a_i b_j.\end{aligned}$$

由归纳法命题得证.

同理可证 $\forall b_1, b_2, \cdots, b_m$，有

$$a_i\left(\sum_{j=1}^{m} b_j\right) = \sum_{j=1}^{m} a_i b_j,$$

于是

$$\left(\sum_{i=1}^{n} a_i\right)\left(\sum_{j=1}^{m} b_j\right) = \sum_{i=1}^{n} a_i\left(\sum_{j=1}^{m} b_j\right) = \sum_{i=1}^{n}\sum_{j=1}^{m} a_i b_j.$$

有了定理 6.10.1,运算起来就比较方便了.

例 6.10.3 在环中计算$(a-b)^2$.

解 $(a-b)^2=(a-b)(a-b)=a^2-ba-ab+b^2$.

定义 6.10.3 设 R 是环,S 是 R 的非空子集.若 S 关于环 R 的加法和乘法也构成一个环,则称 S 为 R 的**子环**(subring),若 S 是 R 的子环且 $S\subset R$,则称 S 是 R 的**真子环**.

有理数环、整数环都是实数环的真子环,$\{0\}$也是实数环的真子环,称为**平凡子环**.

定理 6.10.2(子环判定定理) 设 R 是环,S 是 R 的非空子集.若:

(1) $\forall a,b\in S, a-b\in S$;

(2) $\forall a,b\in S, ab\in S$;

则 S 是 R 的子环.

证明 由条件(1)S 关于 R 的加法构成群,由条件(2)S 关于乘法构成半群,加法的交换律与乘法对加法的分配律在 S 中依然成立,所以 S 是 R 的子环.

定义 6.10.4 设 R_1 和 R_2 是环,$\varphi:R_1\to R_2$,若对于任意的 $x,y\in R_1$,有

$$\varphi(x+y)=\varphi(x)+\varphi(y),\quad \varphi(xy)=\varphi(x)\varphi(y),$$

则称 φ 是环 R_1 到 R_2 的**同态映射**,简称**环同态**.

例 6.10.4 对模 6 的整数环$\langle Z_6,\oplus,\otimes\rangle$容易验证$\{0\}$,$\{0,3\}$,$\{0,2,4\}$,$Z_6$ 是它的子环.其中$\{0\}$和 Z_6 是平凡的.

例 6.10.5 设 $R_1=\langle\mathbb{Z},+,\square\rangle$是整数环,$R_2=\langle Z_n,\oplus,\otimes\rangle$是模 n 的整数环,令

$$\varphi:Z\to Z_n,\quad \varphi(x)=(x)\bmod n,$$

则 $\forall x,y\in\mathbb{Z}$,有

$$\varphi(x+y)=(x+y)\bmod n=(x)\bmod n\oplus(y)\bmod n=\varphi(x)\oplus\varphi(y),$$
$$\varphi(xy)=(xy)\bmod n=(x)\bmod n\otimes(y)\bmod n=\varphi(x)\otimes\varphi(y),$$

因此 φ 是 R_1 到 R_2 的同态,显然 φ 是满同态.

定义 6.10.5 设$\langle R,+,\square\rangle$是环.

(1) 若 a,b 是环中两个非零元素,且 $ab=0$,则称 a 是 R 中的**左零因子**,b 是**右零因子**.如果非零元素 x 既是左零因子又是右零因子,则称 x 为**零因子**(divisor of zero).

(2) 若 $\forall a,b\in R, ab=0\Rightarrow a=0$ 或 $b=0$,则称 R 是**无零因子的环**.

(3) 含单位元且无零因子的交换环称为**整环**(integral ring).

例 6.10.6 (1) 整数环$\mathbb{Z}$、有理数环$\mathbb{Q}$、实数环$\mathbb{R}$ 和复数环$\mathbb{C}$ 都是交换环,含单位元的环,无零因子环和整环.

(2) $2\mathbb{Z}=\{2z\mid z\in\mathbb{Z}\}$,则 $2\mathbb{Z}$ 关于普通的加法和乘法构成交换环和无零因子环.但不是含单位元环和整环,因 $1\notin 2\mathbb{Z}$.

定理 6.10.3 设 R 是环,R 是无零因子环当且仅当 R 中的乘法适合消去律.即 $\forall a,b,c\in R, a\neq 0$,有

$$ab=ac\Rightarrow b=c,\quad ba=ca\Rightarrow b=c.$$

证明 充分性. 任取 $a,b\in R$,$ab=0$ 且 $a\neq 0$,则由 $ab=0=a0$ 和消去律得 $b=0$,因此 R 是无零因子环.

必要性. 任取 $a,b,c\in R$,$a\neq 0$,由于 $ab=ac$ 得 $a(b-c)=0$. 因为 R 无零因子,$a\neq 0$,必有 $b-c=0$,即 $b=c$,左消去律成立. 同理可证右消去律成立.

定义 6.10.6 设 R 是整环,且 R 中至少含有两个元素,若 $\forall a\in R^*=R-\{0\}$,都有 $a^{-1}\in R$,则称R是**域**(field).

例 6.10.7 (1) 有理数集、实数集和复数集关于普通加法和乘法构成域,分别称为有理数域、实数域和复数域.

(2) 整数环不构成域,因为不是对任意的非零整数 $z\in\mathbb{Z}$ 都有 $1/z\in\mathbb{Z}$.

(3) 模 n 的整数环 Z_n,若 n 是素数,可以证明 Z_n 是域.

* **定理 6.10.4(费马小定理)** 如果 p 为素数,则对所有的 $n\neq 0(\bmod p)$,有 $n^{p-1}\equiv 1(\bmod p)$.

证明 对于费马(Fermat)小定理有一个简单的组合证明. 考虑用 n 种颜色对具有 p 颗珠子的手镯进行着色. 这些珠子标记为 $1,2,\cdots,p$,等距离地顺序排列在圆环上. 令 $\theta=2\pi/p$,当手镯旋转的角度分别等于 $\theta,2\theta,\cdots,p\theta$ 时就对应于 p 个置换作用于珠子上. 比如旋转 θ 角的置换可表示为轮换$(12\cdots p)$. 由于 p 是素数,除了 $p\theta=2\pi$ 对应于恒等置换之外,其他 $p-1$ 个置换都由一个 p 阶轮换构成. 根据波利亚定理,不同的着色方案数是

$$M=\frac{1}{p}[n^p+(p-1)n^1]=\frac{1}{p}(n^p-n)+n,$$

因为 M 和 n 是正整数,因此 $n^p-n=n(n^{p-1}-1)$能够被 p 整除,即 $n^{p-1}\equiv 1(\bmod p)$.

*6.11 代数系统在计算机科学中的应用

在计算机系统中各个子系统以及部件之间进行着大量的数据交换和处理. 例如,计算机内的 CPU 和主存储器之间,以及大型计算机与外存储器之间,数据交换率可达每秒几百 Mbit 至几千 Mbit. 因此,即使系统的可靠性非常高,但某些不可避免的因素,如某些元器件(如磁盘、光盘等存储介质)在制造过程中的微小缺陷,以及逻辑设计和程序设计中的某些疏忽和遗漏、部件参数的变化等,都可能引起交换、存储和传输过程中数据的错误,从而引起严重的后果,甚至使整个系统不能正常运行,直至瘫痪. 如何能让计算机系统识别并纠正这些错误,已成为人们广泛关注的热点问题之一.

在处理上述问题时,纠错码技术成为重要而有效的手段之一,它能使产生错误的数据在没有引起严重后果之前,把错误检测出来并自动纠正. 本节主要介绍有关纠错编码的一些初步知识.

6.11.1 通信模型的基本概念

各种数据通信系统都可以用如图 6.11.1 所示的通信系统模型来表示. 其中信源是数据

的发送端，在计算机系统中数据一般是以长为 K bit 一组的二进制序列 $m=(m_0,m_1,\cdots,m_{k-1})$表示，称为信息序列，其中 m_i 是二进制码元（以后如无特别说明，所指的数据均指由二进制的 0、1 码元组成），如在计算机系统中经常以 8bit 为一组组成一个字节（也称为一个 byte）. 信息序列 m 经过纠错编码器后增加若干冗余码元（称为校验元），得到一组长为 $n(n\geqslant k)$ 的序列 $C=(c_0,c_1,\cdots,c_{n-1})$，通常称 C 为码字，然后 C 再通过信道最终传送给接收端.

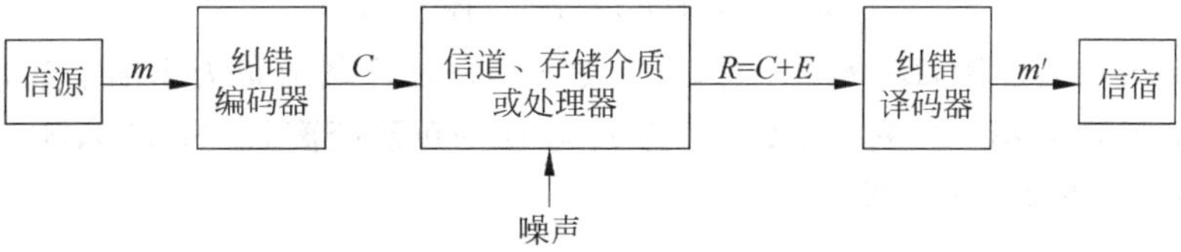

图 6.11.1 通信系统模型

图中的信道（或存储介质、数据处理等）是传输（或保存）数据的物理媒质，包括各种无线信道、有线信道、磁盘和光盘等存储介质和其相应的读写电路，以及逻辑运算电路和数据处理器等. 由编码器送出的码字 C，经由信道输出的序列记为 R，称为接收序列. 由于信道噪声干扰，接收序列 R 与码字 C 可能不一致. 设它们之间的误差为 $E=(e_1,e_2,\cdots,e_{n-1})$，这样，$C$ 通过信道后到达接收端时已成为 $R=C+E$，其中 $R=(r_0,r_1,\cdots,r_{n-1})$，$r_i=c_i+e_i$.

纠错译码器的作用就是利用所加的校验元和所传输的信息序列之间的约束关系，对 R 中的数据进行纠错，试图恢复出原来的 k 个信息元 m'（m' 一般等于 m，但若噪声干扰很大，造成 R 中错误很多，已超过了纠错译码器的纠错能力，则 $m'\neq m$）. 最后将 m' 送至信宿. 信宿就是信源所发出的数据最后要到达的目的地，即接收端，它可以是计算机内部的某一子系统和部件，也可以是计算机或各种终端设备或人.

6.11.2 纠错编码的基本概念

利用纠错码对数据进行纠错的通信系统模型如图 6.11.1 所示. 正如上面谈到的，从信源输出的以 k 个码元为一组的信息序列 m，通过纠错编码器后，变成长为 $n\geqslant k$ 的码字 C，因此给 k 个码元的信息序列按一定规则附加了 $n-k$ 个校验元. 利用这 $n-k$ 个校验元，使 k 个信息元与校验元之间建立了一定关系，如满足一组方程. 而接收端的译码器，正是从收到的 R 中按编码规则来检验这些关系（或方程），从而确定 R 中有否错误，并自动予以纠正.

令 B^n 表示 n 位二进制数的集合. 编码过程 E 是 k 位二进制数到 n 位二进制数的变换：

$$E:B^k\to B^n,$$

即由 B^k 到 B^n 的映射. 而译码过程 D 则为

$$D:B^n\to B^k.$$

$W=w_1w_2\cdots w_n$ 是 n 位二元码，即 $w_i\in\{0,1\}$，接收端收到的若是 $R=r_1r_2\cdots r_n$，设

$$R=W+E,$$

这里使用的加法是“按位加”，即每一位加法满足

$$0+0=1+1=0,\quad 0+1=1+0=1,$$

其中 $E=e_1e_2\cdots e_n$. 显然

$$e_i=\begin{cases}0, & w_i=r_i\\ 1, & w_i\neq r_i\end{cases},$$

且

$$W=R+E,\quad E=W+R.$$

设 $A=a_1a_2\cdots a_n\in B^n$, $B=b_1b_2\cdots b_n\in B^n$. 令 $w(A)$为 A 的分量为 1 的个数,称为 A 的**汉明重量**(Hamming weight). 称 $w(A+B)$为 A 与 B 的**汉明距离**,记为 $d(A,B)$.

引理 若 $A,B,C\in B^n$,则:

(1) $d(A,B)=d(B,A)$;

(2) $d(A,C)\leqslant d(A,B)+d(B,C)$.

证明 (1) $d(A,B)=w(A+B)=w(B+A)=d(B,A)$.

(2) 定义

$$d(a_i,b_i)=\begin{cases}0, & b_i=a_i,\\ 1, & b_i\neq a_i,\end{cases}$$

则

$$d(a_i,c_i)\leqslant d(a_i,b_i)+d(b_i,c_i),$$

从而

$$d(A,C)=\sum_{t=1}^{n}d(a_i,c_i)\leqslant\sum_{t=1}^{n}d(a_i,b_i)+\sum_{t=1}^{n}d(b_i,c_i)\leqslant d(A,B)+d(B,C).$$

定理 6.11.1 一组码可以检出 k 个错的充要条件是这组码的码字间最短汉明距离至少为 $k+1$.

证明 设 E: $B^k\to B^n$, $A\in B^n$ 是码字,接收端收到的是 R,误差 $E=A+R$, $w(E)=d(A,R)$. 误差E 可被检出的充要条件是 R 不是码字. 因此 $w(E)\leqslant k$ 的所有误差可被检出的充要条件是不存在码字 $B\neq A$,满足

$$d(A,B)\leqslant k,$$

而任意两个码字 A,B,它们的距离至少为 $k+1$.

定理 6.11.2 已知一组编码的任意两码字的最短距离为 $2k+1$,则所有权不超过 k 的误差可得到纠正.

证明 设 A 是一码字,在传输过程中发生误差,接收到的为 R, $d(A,R)\leqslant k$,则不存在码字 B,使得 $d(B,R)\leqslant k$. 否则,

$$d(A,B)\leqslant d(A,R)+d(R,B)\leqslant k+k<2k+1,$$

与定理的假设相矛盾.

定理证明提供了一种纠错方法,即与 A 的距离 $d(A,R)\leqslant k$ 的 $R\in B^n$, 可纠为 A, 而 R 作为码字A 的传输出错处理.

6.11.3 线性分组码和汉明码

纠错编码的主要功能就是能自动地纠正或检测出数据传输过程中由于各种噪声干扰而造成的误差. 目前能达到这种目的的纠错码有许多,这里主要介绍线性分组码及其中著名的汉明码.

取满秩矩阵

$$\boldsymbol{G}=\begin{pmatrix} g_{11} & g_{12} & \cdots & g_{1n} \\ g_{21} & g_{22} & \cdots & g_{2n} \\ \vdots & \vdots & & \vdots \\ g_{k1} & g_{k2} & \cdots & g_{kn} \end{pmatrix}=(g_{ij})_{k\times n},$$

若编码过程为

$$E:\boldsymbol{W}=\boldsymbol{AG},$$

其中,$\boldsymbol{A}=(a_1a_2\cdots a_k)\in B^k$,则 $C=\{\boldsymbol{W}|\boldsymbol{W}=\boldsymbol{AG},\boldsymbol{A}\in B^k\}$是 n 维向量空间 B^n 的一个 k 维子空间,通常称 C 为一个(n,k)**线性分组码**,C 中的元素称为**码字**,n 称为**码长**,k 称为**码的信息位数**,并称矩阵 $\boldsymbol{G}$ 为 C 的**生成矩阵**,例如,

$$\boldsymbol{G}=\begin{pmatrix} 1 & 0 & 0 & 1 & 1 & 0 \\ 0 & 1 & 0 & 0 & 1 & 1 \\ 0 & 0 & 1 & 1 & 0 & 1 \end{pmatrix}.$$

$\boldsymbol{A}=(011)$对应有码字

$$\boldsymbol{W}=(011)\begin{pmatrix} 1 & 0 & 0 & 1 & 1 & 0 \\ 0 & 1 & 0 & 0 & 1 & 1 \\ 0 & 0 & 1 & 1 & 0 & 1 \end{pmatrix}=(011110),$$

特别是若取生成矩阵

$$\boldsymbol{G}=\begin{pmatrix} 1 & 0 & 0 & \cdots & 0 & g_{1,k+1} & g_{1,k+2} & \cdots & g_{1n} \\ 0 & 1 & 0 & \cdots & 0 & g_{2,k+1} & g_{2,k+2} & \cdots & g_{2n} \\ 0 & 0 & 1 & \cdots & 0 & g_{3,k+1} & g_{3,k+2} & \cdots & g_{3n} \\ \vdots & \vdots & \vdots & \ddots & \vdots & \vdots & \vdots & & \vdots \\ 0 & 0 & 0 & \cdots & 1 & g_{k,k+1} & g_{k,k+2} & \cdots & g_{kn} \end{pmatrix},$$

对于 $\boldsymbol{A}=(a_1a_2\cdots a_k)\in B^k$,则对应的码字有

$$\boldsymbol{W}=\boldsymbol{AG}=(a_1a_2\cdots a_k)\begin{pmatrix} 1 & 0 & \cdots & 0 & g_{1,k+1} & \cdots & g_{1n} \\ 0 & 1 & \cdots & 0 & g_{2,k+1} & \cdots & g_{2n} \\ 0 & 0 & \cdots & 0 & g_{3,k+1} & \cdots & g_{3n} \\ \vdots & \vdots & & \vdots & \vdots & & \vdots \\ 0 & 0 & \cdots & 1 & g_{k,k+1} & \cdots & g_{kn} \end{pmatrix}=(w_1w_2\cdots w_kw_{k+1}\cdots w_n),$$

显然有 $w_1=a_1, w_2=a_2, \cdots, w_k=a_k$,

$$w_{k+j} = g_{1j}w_1 + g_{2j}w_2 + \cdots + g_{kj}w_k, \quad j=1,2,\cdots,n-k \tag{6.11.1}$$

所以码字由两部分构成，一部分是信息位，一部分是校验位，如下图所示.

信　息		信息位	校验位
← k 位 →		← k 位 →	← $n-k$ 位 →

例如

$$\boldsymbol{G} = \begin{pmatrix} 1 & 0 & 0 & 1 & 1 & 0 \\ 0 & 1 & 0 & 0 & 1 & 1 \\ 0 & 0 & 1 & 1 & 0 & 1 \end{pmatrix},$$

$$(a_1a_2a_3)\begin{pmatrix} 1 & 0 & 0 & 1 & 1 & 0 \\ 0 & 1 & 0 & 0 & 1 & 1 \\ 0 & 0 & 1 & 1 & 0 & 1 \end{pmatrix} = (a_1a_2a_3a_4a_5a_6),$$

则有 $a_1+a_3+a_4=0, a_1+a_2+a_5=0, a_2+a_3+a_6=0$ 或写成

$$\begin{pmatrix} 1 & 0 & 1 & 1 & 0 & 0 \\ 1 & 1 & 0 & 0 & 1 & 0 \\ 0 & 1 & 1 & 0 & 0 & 1 \end{pmatrix}\begin{pmatrix} a_1 \\ a_2 \\ a_3 \\ a_4 \\ a_5 \\ a_6 \end{pmatrix} = \begin{pmatrix} 0 \\ 0 \\ 0 \end{pmatrix}.$$

一般来说,式(6.11.1)可写为

$$\begin{cases} g_{1,k+1}w_1 + g_{2,k+1}w_2 + \cdots + g_{k,k+1}w_k + w_{k+1} = 0, \\ g_{1,k+2}w_1 + g_{2,k+2}w_2 + \cdots + g_{k,k+2}w_k + w_{k+2} = 0, \\ \qquad \vdots \\ g_{1n}w_1 + g_{2n}w_2 + \cdots + g_{kn}w_k + w_n = 0, \end{cases}$$

或写成

$$\boldsymbol{HW}^{\mathrm{T}} = \boldsymbol{0},$$

其中 $\boldsymbol{W}=\boldsymbol{AG}$,

$$\boldsymbol{H} = \begin{pmatrix} g_{1,k+1} & g_{2,k+1} & \cdots & g_{k,k+1} & 1 & 0 & 0 & \cdots & 0 \\ g_{1,k+2} & g_{2,k+2} & \cdots & g_{k,k+2} & 0 & 1 & 0 & \cdots & 0 \\ \vdots & \vdots & & \vdots & \vdots & \vdots & \vdots & & \vdots \\ g_{1n} & g_{2n} & \cdots & g_{kn} & 0 & 0 & 0 & \cdots & 1 \end{pmatrix},$$

矩阵 $\boldsymbol{H}$ 称为对应于生成矩阵 $\boldsymbol{G}$ 的**校验矩阵**. 已知 $\boldsymbol{G}$ 便可求得矩阵 $\boldsymbol{H}$,反之亦然.

校验矩阵 $\boldsymbol{H}$ 可用于纠正一个错误. 例如,对于

$$H=\begin{pmatrix}1&0&1&1&0&0\\1&1&0&0&1&0\\0&1&1&0&0&1\end{pmatrix},\quad R=(100101),$$

有

$$HR^{\mathrm{T}}=\begin{pmatrix}1&0&1&1&0&0\\1&1&0&0&1&0\\0&1&1&0&0&1\end{pmatrix}\begin{pmatrix}1\\0\\0\\1\\0\\1\end{pmatrix}=\begin{pmatrix}0\\1\\1\end{pmatrix},$$

显然 $R=(100101)$不是码字，因为如果是码字，必有 $HR^{\mathrm{T}}=\mathbf{0}$. 若 W 是码字，而且

$$R=W+E,$$

则

$$HR^{\mathrm{T}}=HW^{\mathrm{T}}+HE^{\mathrm{T}}=HE^{\mathrm{T}}.$$

若 $E=(0\cdots\underset{\substack{\uparrow\\ \text{第}i\text{位}}}{1}0\cdots0)^{\mathrm{T}}$，则 HE^{T} 必是矩阵 H 的第 i 列，故根据 $HT^{\mathrm{T}}=\begin{pmatrix}0\\1\\1\end{pmatrix}$ 可知在第 2 位出错，纠正得 $W=(110101)$. 故取其信息位便得信息(110)，即正确的译码为 110.

若出现两个或两个以上的错误，就不能正确译码.

译码的步骤：接收到

$$R=(r_1r_2\cdots r_n),$$

(1) 计算 $S=HR^{\mathrm{T}}$，S 称为**校正子**.

(2) 若 $S=0$，则可认为传输过程是正确的，确认原来的信息为 $r_1r_2\cdots r_k$；若 $S\neq0$，则转(3).

(3) 若 S 是 H 的第 i 列，则认为接收到的 R 在第 i 位出错，并予以纠正得 R_1，取 R_1 的前 k 位作为信息. 若 S 不为 H 的某一列，也不为零，则认为传输过程至少出现两个错误，无法正确译码.

定理 6.11.3 校验矩阵 $H=(h_{ij})_{(n-k)\times n}$ 能纠正一个错误的充要条件是 H 的各列互不相同且非零.

证明 必要性的证明. 若 H 的第 i 列为零向量，对于 $E=(0\cdots1\underset{\substack{\uparrow\\ \text{第}i\text{位}}}{0}\cdots0)^{\mathrm{T}}$，有

$$H(W+E)^{\mathrm{T}}=HW^{\mathrm{T}}+HE^{\mathrm{T}}=HE^{\mathrm{T}}=\mathbf{0},$$

将导致不能正确译码. 而且若 H 矩阵的第 i 列和第 j 列相同，则出现在第 i 位(或第 j 位)的错误将无法判定. 更有甚者，若在第 i 位和第 j 位同时出现错误时，将误认为传输正确.

充分性成立是明显的.

下面介绍一个著名的纠错码——汉明码.

汉明码是1950年由汉明提出的一种能纠正单个错误的线性分组码.它不仅性能好,而且编译码电路非常简单,易于工程实现,因此是一种工程中常用的纠错码.

构造一个$(n-k)\times n$校验矩阵$\boldsymbol{H}=(h_{ij})$如下.令$l=n-k$,可得2^l-1个非零的列向量.将这些列向量重新排列,使得后面l列为一单位矩阵.令这样的矩阵为$\boldsymbol{H}_l$,例如,

$$\boldsymbol{H}_3=\begin{pmatrix}0&1&1&1&1&0&0\\1&0&1&1&0&1&0\\1&1&0&1&0&0&1\end{pmatrix},$$

$$\boldsymbol{H}_4=\begin{pmatrix}1&1&1&0&0&0&1&1&1&0&1&1&0&0&0\\1&0&0&1&1&0&1&1&0&1&1&0&1&0&0\\0&1&0&1&0&1&1&0&1&1&1&0&0&1&0\\0&0&1&0&1&1&0&1&1&1&1&0&0&0&1\end{pmatrix},$$

利用$\boldsymbol{H}_k$作为校验矩阵可以对长为2^n-1的码纠正一个错误,这样的码称为汉明码.上面构造的矩阵$\boldsymbol{H}_p$,每列非零,而且互不相同.矩阵$\boldsymbol{H}_p$的列数可多达2^n-1.不难验证,总存在三列总和等于零.这说明这样构造的汉明码最短距离为3.即能而且只能纠正一个错误.

可以证明若校验矩阵$\boldsymbol{H}=(h_{ij})$任意k列之和非零,$k\leqslant 4$,则可纠正两个错误.

习 题 6

1. 设集合$A=\{1,2,3,\cdots,10\}$,问下面定义的二元运算$*$关于集合A是否封闭?

   (1) $x*y=\max\{x,y\}$;

   (2) $x*y=\min\{x,y\}$;

   (3) $x*y=\gcd(x,y)$;(x与y的最大公约数)

   (4) $x*y=\mathrm{lcm}(x,y)$;(x与y的最小公倍数)

   (5) $x*y=$质数p的个数,使得$x\leqslant p\leqslant y$.

2. 试列举你所熟悉的一些代数系统.

3. 设代数系统$\langle A,*\rangle$,其中$A=\{a,b,c\}$,$*$是A上的代数运算.对于表(1)、(2)、(3)所确定的运算,试分别讨论它们的交换性、等幂性以及在A中关于$*$是否有幺元,如果有幺元,那么A中的每个元素是否有逆元.

(1)

*	a	b	c
a	a	b	c
b	b	a	c
c	c	c	c

(2)

*	a	b	c
a	a	b	c
b	a	b	c
c	a	c	c

(3)

*	a	b	c
a	b	b	c
b	b	b	c
c	c	c	b

4. 设⟨S, $*$⟩是一代数，$*$是可结合的，并且对所有 $x,y\in S$，若 $x*y=y*x$，则 $x=y$. 试证明对一切 $x\in S$，有 $x*x=x$.

5. 考察代数系统 $A=\langle \mathbb{N},\times\rangle$ 和 $B=\langle\{0,1\},\times\rangle$，其中$\mathbb{N}$是自然数集合，$\times$是一般乘法. 给定函数

$$f: \mathbb{N} \to \{0,1\}, \quad f(n)=\begin{cases}1, & \text{如果 } n=2^k, \\ 0, & \text{其他情况,}\end{cases} \quad k\geqslant 0,$$

试证明 f 是从 A 到 B 的同态.

6. 设⟨$\mathbb{R}$, $-$⟩,⟨$\mathbb{R}^+$, $\div$⟩是两个代数系统，其中$\mathbb{R}$, $\mathbb{R}^+$分别为实数集和正实数集，$-$, $\div$是减法和除法，证明⟨$\mathbb{R}$, $-$⟩,⟨$\mathbb{R}^+$, $\div$⟩同构.

7. 子代数系统⟨S, $*$⟩由下表给定，(1) 它是半群吗？(2) 它是独异点吗？

$*$	a	b	c	d
a	c	b	a	d
b	b	b	b	b
c	a	b	c	d
d	d	b	d	b

8. 设⟨G, $\cdot$⟩是一个半群，e 是左幺元，且对每一个 $x\in G$，存在 $x'\in G$，使得 $x\cdot x'=e$. 证明：
(1) 对于任意 $a,b,c\in G$，如果 $a\cdot b=a\cdot c$，则 $b=c$； (2) ⟨G, $\cdot$⟩是一个群.

9. 设⟨R, $*$⟩是一个代数系统，$*$是 R 上的一个二元运算，使得对于 R 的任意元素 a,b，都有 $a*b=a+b+ab$. 证明：0 是幺元且⟨R, $*$⟩是独异点.

10. 下列代数⟨S, $*$⟩中哪些能够形成群？
(1) $S=\{1,3,4,5,9\}$，$*$是模 11 的乘法； (2) $S=\mathbb{Q}$，$*$是一般的加法；
(3) $S=\mathbb{Z}$，$*$是一般的乘法； (4) $S=\mathbb{N}$，$*$是一般的减法；
(5) $S=\{a,b,c,d\}$，$*$如下表定义.

$*$	a	b	c	d
a	b	d	a	c
b	d	c	b	a
c	a	b	c	d
d	c	a	d	b

11. 设⟨G, $*$⟩是一个群，证明：如果 $\forall a,b\in G$，都有

$$a^3*b^3=(a*b)^3, \quad a^4*b^4=(a*b)^4, \quad a^5*b^5=(a*b)^5,$$

则⟨G, $*$⟩是一个阿贝尔群.

12. 设 G 为群，且存在 $a\in G$，使得 $G=\{a^k \mid k\in\mathbb{Z}\}$. 证明 G 是交换群.

13. 证明偶数阶群必含 2 阶元.

14. 求出$\langle N_5, \oplus\rangle$和$\langle N_{12}, \oplus\rangle$的所有子群.

15. 一个有限群的每一个元的阶都有限.

16. 设p是质数,证明:p^m阶群中一定包含p阶子群.

17. 设$G=\langle A, *\rangle$是一个n阶非交换群,$n\geqslant 3$.证明:A中存在非单位元c和d,$c\neq d$,使得$c*d=d*c$.

18. 群G的两个子群的交集也是G的子群.即设H_1,H_2是群G的两个子群,则$H_1\cap H_2$也是群G的子群.

19. 设$G=S_3$,$H=\{(1),(12)\}$,验证H为G的一个子群.

20. 证明:任何循环群的子群一定也是循环群.

21. 设$S=\{a,b,c,d,e\}$的置换如下:

$$\alpha=\begin{pmatrix} a & b & c & d & e \\ b & c & a & d & e \end{pmatrix},\quad \beta=\begin{pmatrix} a & b & c & d & e \\ a & b & c & e & d \end{pmatrix},\quad \gamma=\begin{pmatrix} a & b & c & d & e \\ e & d & c & b & a \end{pmatrix},\quad \delta=\begin{pmatrix} a & b & c & d & e \\ c & b & a & e & d \end{pmatrix},$$

试求:$\alpha\circ\beta$,$\beta\circ\alpha$,$\alpha\circ\alpha$,$\gamma\circ\beta$,δ^{-1},$\alpha\circ\beta\circ\gamma$,并解方程$\alpha\circ x=\beta$,$y\circ\gamma=\delta$.

22. 求证:若G的元素是一个质数,则G是循环群.

23. 设$G=\{\varphi|\varphi:x\to ax+b$,其中$a,b\in\mathbb{R}$,且$a\neq 0,x\in\mathbb{R}\}$,二元运算$\circ$是映射的复合.

(1) 证明$\langle G,\circ\rangle$是一个群;

(2) 若S和T分别是G中$a=1$和$b=0$的所有映射的集合,证明$\langle S,\circ\rangle$和$\langle T,\circ\rangle$是子群;

(3) 写出S和T在G中的左陪集.

24. 求证G的任意多个正规子群的交集是G的正规子群.

25. 若环$\langle R,\times,+\rangle$对$\times$运算满足等幂律,即对$R$中的任意元素$a$,都有$a\times a=a$,证明:(1)对$R$中的任意元素$a$,有$a+a=0$;(2)$R$是交换环.

26. 设$\langle A,+,\circ\rangle$是定义了普通加法和乘法的代数系统,A分别表示以下各集合:

(1) $A=\{x|x\geqslant 0,x\in\mathbb{Z}\}$($\mathbb{Z}$为整数集合);

(2) $A=\{x|a+b\sqrt[3]{5},a,b\in\mathbb{Q}\}$($\mathbb{Q}$为有理数集);

问$<A,+,\circ>$在以上各种情况下是否是整环?是否是域?说明理由.

27. 设$\langle R,+,\cdot\rangle$是环,其乘法单位元记为1,加法单位元记为0,对于任意$a,b\in R$,定义$a\oplus b=a+b+1$,$a\otimes b=a\cdot b+a+b$.求证:$\langle R,\oplus,\otimes\rangle$也是环,并且与环$\langle R,+,\cdot\rangle$同构.

第7章

格与布尔代数

格与布尔代数是具有序结构的代数系统，它们具有更加抽象、应用广泛的特点. 布尔代数是英国数学家布尔(Boole)于 1847—1854 年提出的一种数学模型，后来戴德金把它作为有补分配格(布尔格)确定下来. 最初布尔代数的研究比较缓慢，直到 20 世纪三四十年代才有一些新的进展. 约在 1935 年，斯通(Stone)首先指出布尔代数与环之间有明确的联系，1938 年香农(Shannon)将布尔代数应用到工艺技术中，自此，布尔代数广泛地应用到自动推理、逻辑电路设计、优化等理论中. 1930 年，美国的毕尔霍夫建立了格论. 格是一个具有两个二元运算的代数系统，是一个特殊的偏序集，它是计算机语言的指称语意的基础，在数学及计算机的多个分支领域内都有着广泛的应用.

7.1 格

定义 7.1.1 设$\langle S,\leqslant\rangle$是偏序集，若$\forall x,y\in S$，$\{x,y\}$都有最小上界(又称上确界)和最大下界(又称下确界)，则称 S 关于偏序$\leqslant$构成**格**(lattice).

最小上界和最大下界具有唯一性，x 和 y 的最小上界与最大下界分别用 $x\vee y$ 和 $x\wedge y$ 表示.

注 这里$\vee$和$\wedge$表示的不是析取与合取的意义.

对于偏序集我们可以画出哈斯图.

根据格的定义，显然下面给出的偏序集哈斯图为格，如图 7.1.1 所示.

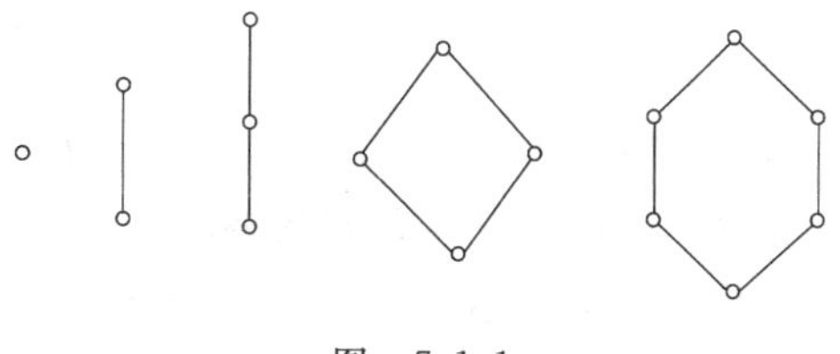

图 7.1.1

注 (1) 对于上界只能说最小上界，而不能说最大上界，正如说两个数的公倍数，只能说这两个数的最小公倍数，而不能说两个数的最大公倍数.

(2) 对于下界只能说最大下界，而不能说最小下界.

(3) 因为偏序关系表达元素层次，所以不能以横向表达层次，而应以纵向表达层次.

(4) 根据格的定义，任意两个元素都有最小上界和最大下界，若存在有两个元素不满足，就不是一个格.

(5) 格的定义不是指任意一个子集，因为子集可以多于两个元素，如$\{a,b,c\}$三个元素的最小上界和最大下界这种说法是有区别的，只能是两个元素进行比较.

例 7.1.1 设n是正整数，S_n是n的正因子的集合. D为整除关系，则偏序集$\langle S_n,D\rangle$构成格. $\forall x,y\in S_n$，$x\vee y$是$\mathrm{lcm}(x,y)$，即x与y的最小公倍数. $x\wedge y$是$\gcd(x,y)$，即x与y的最大公约数. 图7.1.2给出格$\langle S_8,D\rangle$，$\langle S_6,D\rangle$，$\langle S_{30},D\rangle$.

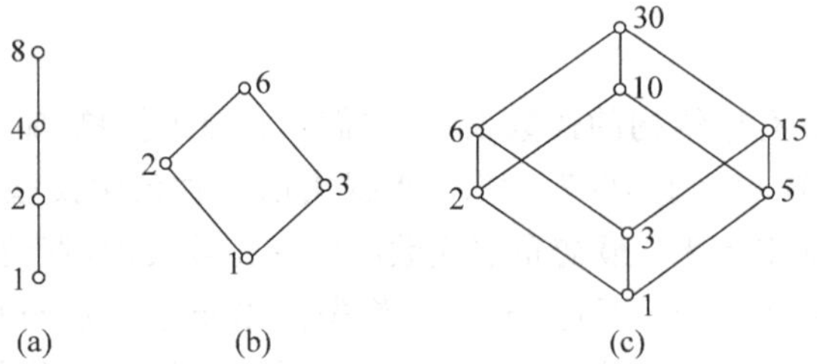

图 7.1.2

例 7.1.2 判断下列偏序集是否构成格，为什么？

(1) $\langle P(X),\subseteq\rangle$，其中$P(X)$是集合$X$的幂集；

(2) $\langle \mathbb{Z},\leqslant\rangle$，其中$\mathbb{Z}$是整数集，$\leqslant$为数的小于等于关系；

(3) 偏序集的哈斯图分别为图7.1.3(a)，(b)，(c).

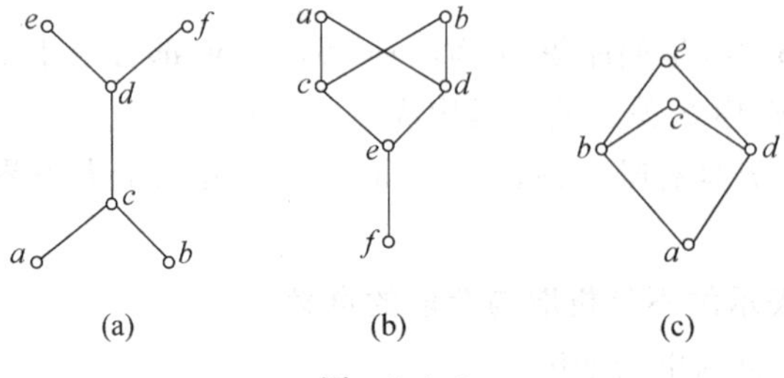

图 7.1.3

解 (1) 是格，$\forall A,B\in P(X)$，$A\vee B=A\cup B$，$A\wedge B=A\cap B$. 运算$\cup$和$\cap$在$P(X)$中封闭. 称$\langle P(X),\subseteq\rangle$为$X$的**幂集格**.

(2) 是格，$\forall x,y\in\mathbb{Z}$，$x\vee y=\max\{x,y\}$，$x\wedge y=\min\{x,y\}$.

(3) 都不是格，(1)中$\{a,b\}$没有最大下界，$\{e,f\}$无最小上界. (2)中$\{c,d\}$有两个上界a，b，但无最小上界. (3) $\{b,d\}$有两个上界，但无最小上界.

定义 7.1.2 设f是含有格中的元素以及符号$=$，$\leqslant$，$\geqslant$，$\vee$和$\wedge$的命题. 令f^*是将f中的$\leqslant$，$\geqslant$，$\vee$，$\wedge$分别替换成$\geqslant$，$\leqslant$，$\wedge$，$\vee$所得的命题，称f^*为f的**对偶命题**.

例 7.1.3 在格中f是$(a\wedge b)\vee c\geqslant c$，则$f^*$是

$$(a \vee b) \wedge c \leqslant c.$$

定理 7.1.1(格的对偶原理 duality principle) 设 f 是含有格中的元素及符号$=,\leqslant,\geqslant,\vee,\wedge$的命题.若 f 对一切格为真,则 f 的对偶命题 f^* 也对一切格为真.

格的许多性质都是互为对偶的,由对偶原理,在证明格的性质时,只需证明其中一个.

定理 7.1.2 设$\langle L,\leqslant\rangle$是格,则运算$\vee$、$\wedge$适合交换律、结合律、幂等律和吸收律,即$\forall a,b,c\in L$,有

(1) $a\vee b=b\vee a, a\wedge b=b\wedge a$;

(2) $(a\vee b)\vee c=a\vee(b\vee c)$, $(a\wedge b)\wedge c=a\wedge(b\wedge c)$;

(3) $a\vee a=a, a\wedge a=a$;

(4) $a\vee(a\wedge b)=a, a\wedge(a\vee b)=a$.

证明 (1) $a\vee b$ 和 $b\vee a$ 分别是$\{a,b\}$和$\{b,a\}$的最小上界,由于$\{a,b\}=\{b,a\}$,因此$a\vee b=b\vee a$,由对偶原理,$a\wedge b=b\wedge a$.

(2) 由最小上界的定义有

$$(a \vee b) \vee c \geqslant a \vee b \geqslant a, \tag{7.1.1}$$

$$(a \vee b) \vee c \geqslant a \vee b \geqslant b, \tag{7.1.2}$$

$$(a \vee b) \vee c \geqslant c. \tag{7.1.3}$$

由式(7.1.2)和式(7.1.3)得

$$(a \vee b) \vee c \geqslant b \vee c, \tag{7.1.4}$$

再由式(7.1.1)和式(7.1.4)得

$$(a \vee b) \vee c \geqslant a \vee (b \vee c),$$

同理可证

$$(a \vee b) \vee c \leqslant a \vee (b \vee c). \tag{7.1.5}$$

由偏序关系的反对称性得

$$(a \vee b) \vee c = a \vee (b \vee c),$$

由对偶原理得

$$(a \wedge b) \wedge c = a \wedge (b \wedge c).$$

(3) 显然有 $a\leqslant a\vee a$,由 $a\leqslant a$ 可得 $a\vee a\leqslant a$,因此 $a\vee a=a$. 由对偶原理得 $a\wedge a=a$.

(4) 显然有

$$a \vee (a \wedge b) \geqslant a, \tag{7.1.6}$$

又由 $a\leqslant a, a\wedge b\leqslant a$ 可得

$$a \vee (a \wedge b) \leqslant a. \tag{7.1.7}$$

由式(7.1.6)与式(7.1.7)得

$$a \vee (a \wedge b) = a.$$

由对偶原理得 $a\wedge(a\vee b)=a$.

定理 7.1.3 设$\langle S,*,\circ\rangle$是具有两个二元运算的代数系统,且对于$*$和$\circ$运算适合交换

律、结合律、吸收律，则可适当定义 S 中的偏序 $\leqslant$，使得 $\langle S,\leqslant\rangle$ 构成一个格，且 $\forall a,b\in S$，有 $a\wedge b=a*b$，$a\vee b=a\circ b$.

证明 (1) 先证在 S 中 $*$ 和 $\circ$ 适合幂等律.

$\forall a\in S$，由吸收律得

$$a*a=a*(a\circ(a*a))=a,$$

同理有 $a\circ a=a$.

(2) 在 S 上定义二元关系 R：$\forall a,b\in S$，使 $(a,b)\in R\Leftrightarrow a\circ b=b$. 这样定义的 R 是 S 上的偏序关系. 下面证之.

由幂等律，$\forall a\in S$，有 $a\circ a=a$，即 $(a,a)\in R$，R 是自反的.

$\forall a,b\in S$ 有

$$aRb \text{ 且 } bRa\Leftrightarrow a\circ b=b \quad \text{且} \quad b\circ a=a\Rightarrow a=b\circ a=a\circ b=b,(\text{由于 } a\circ b=b\circ a)$$

因此，R 在 S 上是反对称的.

$\forall a,b,c\in S$，有

$$\begin{aligned} aRb \quad \text{且} \quad bRc &\Rightarrow a\circ b=b \text{ 且 } b\circ c=c \\ &\Rightarrow a\circ c=a\circ(b\circ c) && (\text{由于 } b\circ c=c) \\ &\Rightarrow a\circ c=(a\circ b)\circ c && (\text{结合律}) \\ &\Rightarrow a\circ c=b\circ c=c && (\text{由于 } a\circ b=b, b\circ c=c) \\ &\Rightarrow aRc, \end{aligned}$$

因此，R 在 S 上是传递的.

综上，R 为 S 上的偏序关系. 以下把关系 R 记作 $\leqslant$.

(3) 下面证明 $\langle S,\leqslant\rangle$ 构成格.

$\forall a,b\in S$，有

$$a\circ(a\circ b)=(a\circ a)\circ b=a\circ b,\quad b\circ(a\circ b)=a\circ(b\circ b)=a\circ b,$$

于是有 $a\leqslant a\circ b$ 和 $b\leqslant a\circ b$，因此 $a\circ b$ 是 $\{a,b\}$ 的上界.

假设 c 是 $\{a,b\}$ 的上界，则有 $a\circ c=c$ 和 $b\circ c=c$，从而有

$$(a\circ b)\circ c=a\circ(b\circ c)=a\circ c=c,$$

因此，$a\circ b\leqslant c$，所以 $a\circ b$ 是 $\{a,b\}$ 的最小上界，即 $a\vee b=a\circ b$.

下面证明 $a*b$ 是 $\{a,b\}$ 的最大下界. 首先证

$$a\circ b=b\Leftrightarrow a*b=a, \tag{7.1.8}$$

由 $a\circ b=b$ 知

$$a*b=a*(a\circ b)=a,$$

而由 $a*b=a$ 知

$$a\circ b=(a*b)\circ b=b\circ(b*a)=b.$$

由式(7.1.8)有 $a\leqslant b\Leftrightarrow a*b=a$. 类似可证 $a*b$ 是 $\{a,b\}$ 的最大下界，即 $a\wedge b=a*b$.

根据定理 7.1.3 可以得到格的另一个等价的定义.

定义 7.1.3 设$\langle S, *, \circ\rangle$是代数系统，$*$ 和$\circ$是二元运算，若 $*$ 和$\circ$满足交换律、结合律和吸收律，则$\langle S, *, \circ\rangle$构成一个格.

格中的运算满足四条运算律，其中有幂等律，而幂等律可以由吸收律推出，因此定义 7.1.3 中只要求满足三条运算律.

定理 7.1.4 设$\langle S, \leqslant\rangle$是一个格，则 $\forall a, b \in S$，有

$$a \leqslant b \Leftrightarrow a \vee b = b \Leftrightarrow a \wedge b = a.$$

证明 首先证 $a \leqslant b \Rightarrow a \wedge b = a$.

由 $a \leqslant a$ 和 $a \leqslant b$ 知 a 是$\{a, b\}$的下界，由下界与下确界的关系得 $a \leqslant a \wedge b$. 显然又有 $a \wedge b \leqslant a$，由偏序关系的反对称性得 $a \wedge b = a$.

再证 $a \wedge b = a \Rightarrow a \vee b = b$. 根据吸收律，有 $b = b \vee (b \wedge a)$，由 $a \wedge b = a$ 得 $b = b \vee a$，即 $a \vee b = b$.

最后证 $a \vee b = b \Rightarrow a \leqslant b$. 由 $a \leqslant a \vee b$ 得 $a \leqslant a \vee b = b$.

定理 7.1.5 设$\langle S, \leqslant\rangle$是一个格，$\forall a, b, c, d \in S$，若 $a \leqslant b, c \leqslant d$，则

$$a \wedge c \leqslant b \wedge d, \quad a \vee c \leqslant b \vee d.$$

证明 $a \wedge c \leqslant a \leqslant b$，$a \wedge c \leqslant c \leqslant d$，因此 $a \wedge c \leqslant b \wedge d$.

同理可证 $a \vee c \leqslant b \vee d$.

定理 7.1.6 设$\langle S, \leqslant\rangle$是一个格，则 $\forall a, b, c \in S$，有

(1) $a \vee (b \wedge c) \leqslant (a \vee b) \wedge (a \vee c)$； (7.1.9)

(2) $(a \wedge b) \vee (a \wedge c) \leqslant a \wedge (b \vee c)$.

证明 (1) 由 $a \leqslant a, b \wedge c \leqslant b$，得

$$a \vee (b \wedge c) \leqslant a \vee b,$$

由 $a \leqslant a, b \wedge c \leqslant c$ 得

$$a \vee (b \wedge c) \leqslant a \vee c,$$

于是有

$$a \vee (b \wedge c) \leqslant (a \vee b) \wedge (a \vee c).$$

(2) 略.

式(7.1.9)说明格中分配不等式成立. 一般情况下，格中的 $\wedge$ 和 $\vee$ 运算并不互相满足分配律.

推论 1 格中任意有限子集均有上确界和下确界.

推论 2 设$\langle S, \leqslant\rangle$是一个格，$b, c \in S$，如果 $b \leqslant c$，则 $\forall a \in S$，有

$$a \wedge b \leqslant a \wedge c, \quad a \vee b \leqslant a \vee c.$$

推论 3 设$\langle S, \leqslant\rangle$是一个格，则 $\forall a, b, c \in S$，有

(1) 如果 $a \leqslant b$ 且 $a \leqslant c$，则 $a \leqslant b \vee c$；

(2) 如果 $a \leqslant b$ 且 $a \leqslant c$，则 $a \leqslant b \wedge c$.

推论 4 设$\langle S,\leqslant\rangle$是一个格,则$\forall a,b,c\in S$,有

$$a\leqslant c\Leftrightarrow a\vee(b\wedge c)\leqslant(a\vee b)\wedge c.$$

定义 7.1.4 设$\langle L,\wedge,\vee\rangle$是格,$S$是$L$的非空子集,若$S$关于$L$中的运算$\wedge$和$\vee$仍构成格,则称$S$是$L$的**子格**(sublattice).

注 (1) 如果$\langle S,\leqslant\rangle$是格,那么$S$的非空子集未必是格.

(2) 如果$\langle S,\leqslant\rangle$是格,即便$S$的非空子集是格,也未必是$S$的子格.

例 7.1.4 设$\langle L,\wedge,\vee\rangle$是一个格,$a,b\in L$,$a\leqslant b$,集合$\{x\mid a\leqslant x\leqslant b,x\in L\}$是$\langle L,\wedge,\vee\rangle$的子格,集合$\{x\mid a\leqslant x,x\in L\}$也是$\langle L,\wedge,\vee\rangle$的子格.

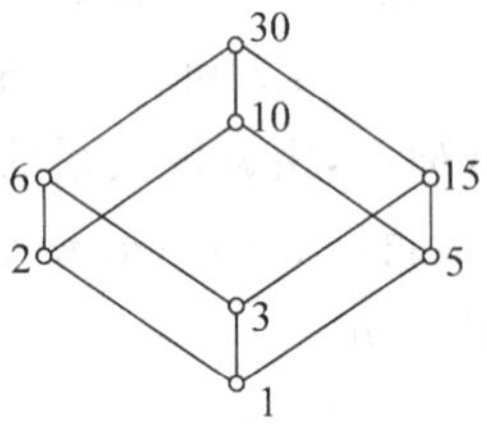

图 7.1.4

例 7.1.5 设$\langle S_{30},D\rangle$如例 7.1.1 中定义,其哈斯图如图 7.1.4 所示,考虑S_{30}的子集$\{30,2,3,1\}$,因为$\{2,3\}$在$\langle S_{30},D\rangle$中的上确界为 6,而不是 30,所以$\langle\{30,2,3,1\},D\rangle$虽是一个格,但不是$\langle S_{30},D\rangle$的子格. 而$S_{30}$的子集$\{1,2,5,10\}$,$\{2,5\}$的上确界与在$\langle S_{30},D\rangle$中的上确界完全相同,故$\langle\{1,2,5,10\},D\rangle$是$\langle S_{30},D\rangle$的子格.

7.2 格同态

同态是代数系统的重要性质,对于格也是如此.

定义 7.2.1 设L_1和L_2是格,$\varphi\colon L_1\to L_2$,$\forall a,b\in L_1$,有

$$\varphi(a\wedge b)=\varphi(a)\wedge\varphi(b),\quad \varphi(a\vee b)=\varphi(a)\vee\varphi(b),$$

则称φ为格L_1到L_2的**同态映射**,简称**格同态**.

若φ为格L_1到L_2的**同态映射**,且φ是双射,称φ是**同构映射**,简称**格同构**.

例 7.2.1 设$L_1=\{2n\mid n\in\mathbb{Z}^+\}$,$L_2=\{2n+1\mid n\in\mathbb{N}\}$,则$L_1$和$L_2$关于数的小于或等于关系构成格,令

$$\varphi\colon L_1\to L_2,\quad \varphi(x)=x-1,$$

容易验证φ是L_1到L_2的同态映射.

事实上,$\forall x,y\in L_1$,有

$$\varphi(x\vee y)=\varphi(\max\{x,y\})=\max\{x,y\}-1,$$

$$\varphi(x)\vee\varphi(y)=(x-1)\vee(y-1)=\max\{x-1,y-1\}=\max\{x,y\}-1,$$

因此有

$$\varphi(x\vee y)=\varphi(x)\vee\varphi(y),\quad \varphi(x\wedge y)=\varphi(\min\{x,y\})=\min\{x,y\}-1,$$

$$\varphi(x)\wedge\varphi(y)=(x-1)\wedge(y-1)=\min\{x-1,y-1\}=\min\{x,y\}-1,$$

因此有

$$\varphi(x\wedge y)=\varphi(x)\wedge\varphi(y).$$

综上，φ 是同态映射.

例 7.2.2 设 $A=\langle\{a,b,c\},\leqslant\rangle$，$B=\langle P(\{a,b,c\}),\leqslant\rangle$，其哈斯图如图 7.2.1 所示.

证明 构造函数

$$f:\{a,b,c\}\rightarrow P(\{a,b,c\}),\quad f(x)=\{y\mid y\leqslant x\},$$

因为

$$\begin{aligned}f(x_1\wedge x_2)&=f(\min\{x_1,x_2\})=\{y\mid y\leqslant\min\{x_1,x_2\}\}\\&=\{y\mid y\leqslant x_1\}\cap\{y\mid y\leqslant x_2\}\\&=f(x_1)\cap f(x_2),\\f(x_1\vee x_2)&=f(\max\{x_1,x_2\})=\{y\mid y\leqslant\max\{x_1,x_2\}\}\\&=\{y\mid y\leqslant x_1\}\cup\{y\mid y\leqslant x_2\}\\&=f(x_1)\cup f(x_2),\end{aligned}$$

所以 f 是 A 到 B 的一个格同态.

例 7.2.3 具有 3 个元的格只能同构于 3 个元素的链，如图 7.2.2 所示.

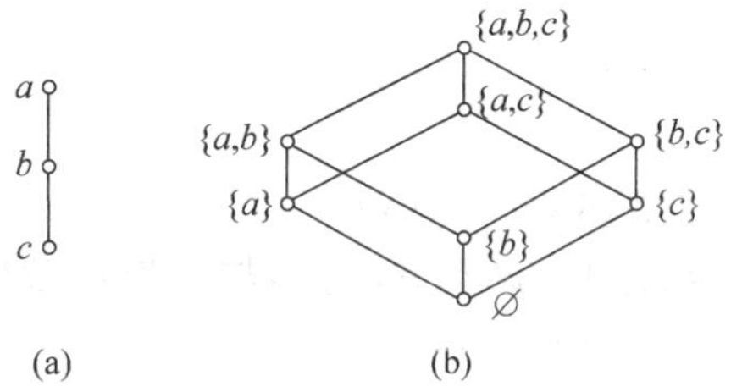

图 7.2.1

图 7.2.2

例 7.2.4 具有 4 个元的格只能同构于图 7.2.3 中两种情形之一的结构.

换句话说，四个元素的格只有这两种哈斯图结构，其他的结构不是格.

例 7.2.5 具有 5 个元的格只能同构于图 7.2.4 中 5 种情形之一的结构.

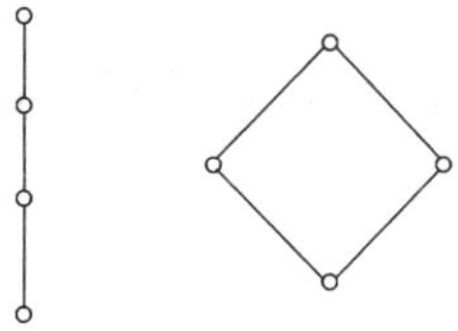

图 7.2.3

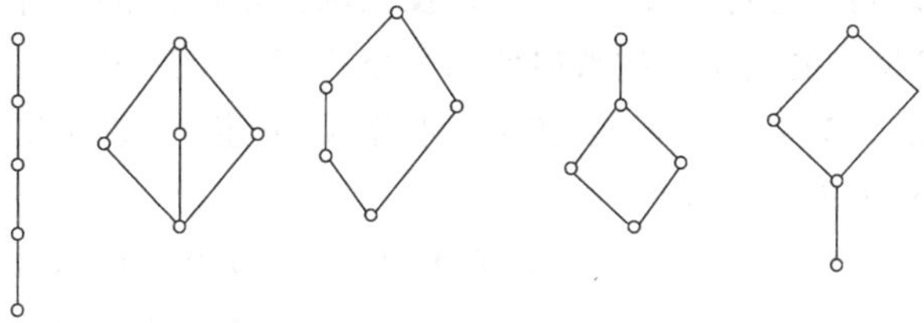

图 7.2.4

关于**格同态**有下列性质.

定理 7.2.1(保序性) 设 φ 是格 L_1 到 L_2 的映射.

(1) 若 φ 是格同态映射，则 φ 是保序映射，即 $\forall x,y\in L_1$，有

$$x\leqslant y\Rightarrow\varphi(x)\leqslant\varphi(y);$$

(2) 若 φ 是双射,则 φ 是格同构映射,当且仅当 $\forall x,y\in L_1$,有

$$x\leqslant y\Leftrightarrow\varphi(x)\leqslant\varphi(y).$$

证明 (1) $\forall x,y\in L_1$,设 $x\leqslant y$,由定理 7.1.4 知 $x\vee y=y$,由于 φ 是格同态映射,有

$$\varphi(y)=\varphi(x\vee y)=\varphi(x)\vee\varphi(y),$$

因此有 $\varphi(x)\leqslant\varphi(y)$.

(2) 充分性. 只需证明 φ 是 L_1 到 L_2 的同态映射即可.

任取 $x,y\in L_1$,令 $x\vee y=z$,由 $x\leqslant z,y\leqslant z$ 知

$$\varphi(x)\leqslant\varphi(z),\quad\varphi(y)\leqslant\varphi(z),$$

从而 $\varphi(x)\vee\varphi(y)\leqslant\varphi(z)=\varphi(x\vee y)$

另一方面,由 $\varphi(x)\vee\varphi(y)\in L_2$ 和 φ 是满射知,必存在 $v\in L_1$,使

$$\varphi(v)=\varphi(x)\vee\varphi(y),$$

因此有

$$\varphi(x)\leqslant\varphi(v),\quad\varphi(y)\leqslant\varphi(v),$$

由条件得 $x\leqslant v$ 和 $y\leqslant v$,从而

$$x\vee y\leqslant v,$$

再应用已知条件,有

$$\varphi(x\vee y)\leqslant\varphi(v)=\varphi(x)\vee\varphi(y).$$

综上有 $\varphi(x\vee y)=\varphi(x)\vee\varphi(y)$,同理可证 $\varphi(x\wedge y)=\varphi(x)\wedge\varphi(y)$,故 φ 是 L_1 到 L_2 的同态映射.

必要性. 由(1)有

$$x\leqslant y\Rightarrow\varphi(x)\leqslant\varphi(y),$$

反之,若 $\varphi(x)\leqslant\varphi(y)$,因为 φ 是同构映射,则

$$\varphi(x\vee y)=\varphi(x)\vee\varphi(y)=\varphi(y),$$

由于 φ 是双射,必有 $x\vee y=y$,于是 $x\leqslant y$.

说明 定理 7.2.1 中的(1)反映的是格同态的保序性,这是格同态的非常良好的性质. 而(2)反映的是格同构映射使两个格相互保持序关系.

定义 7.2.2 设 L_1 和 L_2 是格,如下定义 $L_1\times L_2$ 上的二元运算 $\cap,\cup$,即 $\forall(a_1,b_1)$,$(a_2,b_2)\in L_1\times L_2$,有

$$(a_1,b_1)\cap(a_2,b_2)=(a_1\wedge a_2,b_1\wedge b_2),$$
$$(a_1,b_1)\cup(a_2,b_2)=(a_1\vee a_2,b_1\vee b_2),$$

则称 $\langle L_1\times L_2,\cap,\cup\rangle$ 为格 L_1 和 L_2 的**直积**.

定理 7.2.2 如定义 7.2.2 定义的直积 $\langle L_1\times L_2,\cap,\cup\rangle$ 是格.

证明 $\forall(a_1,b_1),(a_2,b_2),(a_3,b_3)\in L_1\times L_2$,对于 $\cap$ 运算有

$$\begin{aligned}(a_1,b_1)\cap(a_2,b_2)&=(a_1\wedge a_2,b_1\wedge b_2)=(a_2\wedge a_1,b_2\wedge b_1)\\&=(a_2,b_2)\cap(a_1,b_1),\quad\text{满足交换律;}\end{aligned}$$

$$
\begin{aligned}
((a_1,b_1)\cap(a_2,b_2))\cap(a_3,b_3) &= (a_1\wedge a_2,b_1\wedge b_2)\cap(a_3,b_3)\\
&= ((a_1\wedge a_2)\wedge a_3,(b_1\wedge b_2)\wedge b_3)\\
&= (a_1\wedge a_2\wedge a_3,b_1\wedge b_2\wedge b_3)\\
&= (a_1\wedge(a_2\wedge a_3),b_1\wedge(b_2\wedge b_3))\\
&= (a_1,b_1)\cap(a_2\wedge a_3,b_2\wedge b_3)\\
&= (a_1,b_1)\cap((a_2,b_2)\cap(a_3,b_3)),\quad \text{满足结合律;}
\end{aligned}
$$

同理可证$\cup$也满足交换律和结合律.

又

$$
\begin{aligned}
(a_1,b_1)\cap((a_1,b_1)\cup(a_2,b_2)) &= (a_1,b_1)\cap(a_1\vee a_2,b_1\vee b_2)\\
&= (a_1\wedge(a_1\vee a_2),b_1\wedge(b_1\vee b_2))\\
&= (a_1,b_1),
\end{aligned}
$$

同理有

$$(a_1,b_1)\cup((a_1,b_1)\cap(a_2,b_2))=(a_1,b_1),$$

即证明了$\cap$,$\cup$运算满足吸收律. 因此,$\langle L_1\times L_2,\cap,\cup\rangle$是格.

定理 7.2.3 设 L_1 和 L_2 是格,则 L_1 与$\langle L_1\times L_2,\cap,\cup\rangle$的一个子格同构.

证明 设 b 是 L_2 中一个固定元,令 $S_b=\{(a,b)\mid a\in L_1\}$. S_b 显然是子格.

定义 φ: $L_1\to S_b$, $\forall a\in L_1$, $\varphi(a)=(a,b)$. 易见 φ 是 L_1 到 S_b 的一一对应.

又 $\forall a_1,a_2\in L_1$,

$$\varphi(a_1\vee a_2)=(a_1\vee a_2,b)=(a_1,b)\cup(a_2,b)=\varphi(a_1)\cup\varphi(a_2),$$

$$\varphi(a_1\wedge a_2)=(a_1\wedge a_2,b)=(a_1,b)\cap(a_2,b)=\varphi(a_1)\cap\varphi(a_2),$$

所以,$\langle L_1,\wedge,\vee\rangle\cong\langle S_b,\cap,\cup\rangle$.

7.3 分配格和有补格

定义 7.3.1 设$\langle L,\wedge,\vee\rangle$是格,若 $\forall a,b,c\in L$,有

$$a\wedge(b\vee c)=(a\wedge b)\vee(a\wedge c),$$

$$a\vee(b\wedge c)=(a\vee b)\wedge(a\vee c),$$

则称 L 为**分配格**(distributive lattice).

不是所有的格都是分配格. 例如,一元格、二元格、三元格.

例 7.3.1 图 7.3.1 表示的格是否为分配格?

解 图 7.3.1(a)表示的格为分配格.

图 7.3.1(b)表示的格不是分配格,因为其中 3 个元素 a,b,c 不满足分配律,

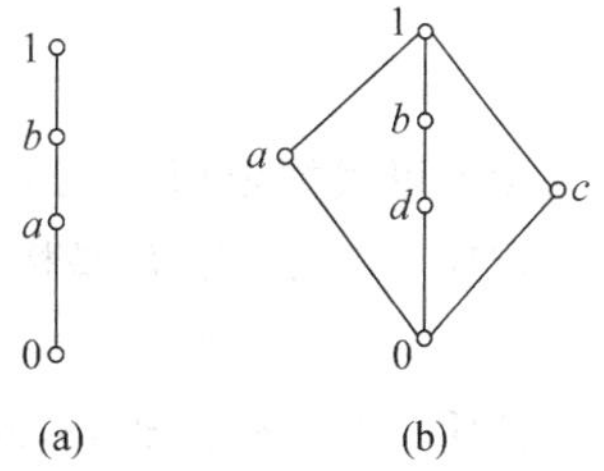

图 7.3.1

$$a \wedge (b \vee c) = a, \quad (a \wedge b) \vee (a \wedge c) = 0 \vee 0.$$

例 7.3.2 设 $L=\langle P(X),\cup,\cap\rangle$，其中 $\cup,\cap$ 分别为集合的并与交运算，L 是分配格，X 与 $\varnothing$ 分别为它的最大元与最小元，称含有最大元与最小元的格为**有界格**.

例 7.3.3 图 7.3.2 表示格，是否为分配格？

解 图 7.3.2(a)，(b)表示的格都不是分配格.

在图(a)中 $b\wedge(c\vee d)=b\wedge e=b,(b\wedge c)\vee(b\wedge d)=a\vee a=a$.

在图(b)中 $c\vee(b\wedge d)=c\vee a=c,(c\vee b)\wedge(c\vee d)=e\wedge d=d$.

称图(a)为**钻石格**，图(b)为**五角格**.

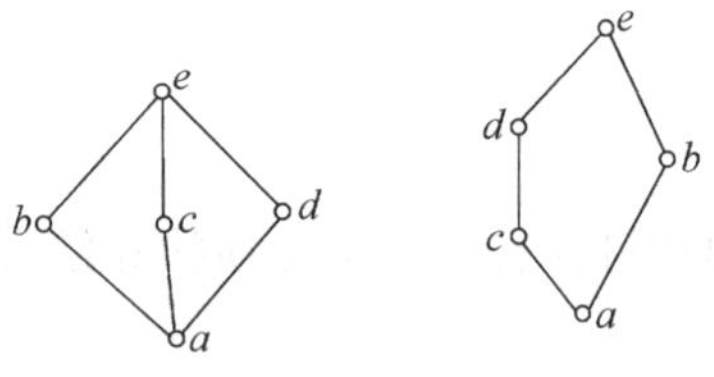

(a) (b)

图 7.3.2

下面给出格成为分配格的充要条件.

定理 7.3.1 设 L 是格，则 L 是分配格当且仅当 L 中不含有与钻石格或五角格同构的子格.

证明留作练习，读者自证.

推论 (1) 小于五元的格都是分配格；

(2) 任何一条链(全序)都是分配格；

(3) 两个分配格的直积是分配格.

例 7.3.4 图 7.3.3(a)，(b)，(c)表示的格是否为分配格？

解 图 7.3.3(a)，(b)，(c)表示的格都不是分配格. 因为 $\{a,b,c,d,e\}$ 是图(a)的子格，同构于钻石格，$\{a,b,c,e,f\}$ 是图(b)的子格，同构于五角格，$\{a,c,b,e,f\}$ 是图(c)的子格，同构于钻石格.

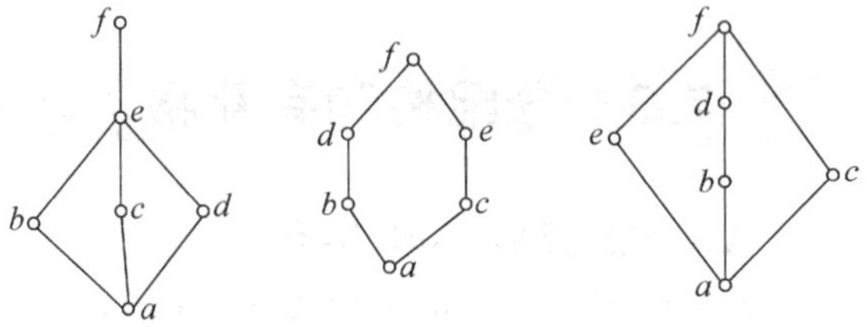

(a) (b) (c)

图 7.3.3

读者可根据定理 7.3.1 构造一些不满足分配律的格.

定理 7.3.2 设 L 是格，L 是分配格当且仅当 $\forall a,b,c\in L,a\wedge b=a\wedge c$ 且 $a\vee b=a\vee c\Rightarrow b=c$.

证明 必要性. $\forall a,b,c\in L$，有

$$b= b \vee (a \wedge b) \qquad \text{(吸收律,交换律)}$$

$$
\begin{aligned}
&= b \vee (a \wedge c) && \text{(已知条件代入)}\\
&= (b \vee a) \wedge (b \vee c) && \text{(分配律)}\\
&= (a \vee c) \wedge (b \vee c) && \text{(已知条件代入、交换律)}\\
&= (a \wedge b) \vee c && \text{(分配律)}\\
&= (a \wedge c) \vee c && \text{(已知条件代入)}\\
&= c. && \text{(交换律,吸收律)}
\end{aligned}
$$

充分性. 若 $\forall a,b,c\in L$,有

$$a \wedge b = a \wedge c \quad 且 \quad a \vee b = a \vee c \Rightarrow b = c,$$

而 L 不是分配格,则根据定理 7.3.1,L 中必含有与钻石格或五角格同构的子格. 假设 L 中含有与钻石格同构的子格,且该子格为 $\{v,u,x,y,z\}$,其中 u 为最小元,v 为最大元,则有

$$x \wedge y = x \wedge z = u, \quad x \vee y = x \vee z = v \Rightarrow y = z,$$

但 $y\neq z$,与已知矛盾. 同理可证五角格的情况.

利用定理 7.3.2 可以判断一个格是否为分配格,读者可以此分析图 7.3.3 中 3 个格.

下面讨论另一种特殊的格—**有补格**.

定义 7.3.2 设 L 是格,若存在 $a\in L$,使 $\forall x\in L$,有 $a\leqslant x$,则称 a 为 L 的**全下界**;若存在 $b\in L$,使 $\forall x\in L$,有 $x\leqslant b$,则称 b 为 L 的**全上界**.

例如,在格 $\langle P(A),\subseteq\rangle$ 中,A 是全上界,$\varnothing$ 是全下界.

易证,一个格 L 若存在全下界和全上界,则一定是唯一的. 一般将 L 的**全上界记为 1,全下界记为 0**.

定义 7.3.3 设 L 是格,若 L 存在全下界和全上界,则称 L 为**有界格**,将 L 记为 $\langle L,\wedge,\vee,0,1\rangle$.

容易看出,**有限格 L(L 为有限集构成的格)**一定是**有界格**. 设 L 是 n 元格,且 $L=\{a_1, a_2,\cdots,a_n\}$,那么 $a_1\wedge a_2\wedge\cdots\wedge a_n$ 是 L 的全下界,$a_1\vee a_2\vee\cdots\vee a_n$ 是 L 的全上界,因此 L 是有界格. 对于**无限格(无限集构成的格)**,有的是有界格,有的不是有界格. 如集合 X 的幂集格 $\langle P(X),\cap,\cup\rangle$ 不论 X 是有穷集还是无穷集,它都是有界格,全下界为 $\varnothing$,全上界为 X. 整数集 $\mathbb{Z}$ 关于数的小于或等于"$\leqslant$"构成的格不是有界格.

定理 7.3.3 设 $\langle L,\wedge,\vee,0,1\rangle$ 是有界格,则 $\forall a\in L$,有

$$a \wedge 0 = 0, \quad a \vee 0 = a, \quad a \wedge 1 = a, \quad a \vee 1 = 1.$$

证明留作练习,读者自证.

对偶原理在有界格的情况下,在求某个命题的对偶命题时,必须将 0 替换为 1,1 替换为 0.

例如,在定理 7.3.3 中,

$$a \wedge 0 = 0 \quad 和 \quad a \vee 1 = 1; \quad a \vee 0 = a \quad 和 \quad a \wedge 1 = a,$$

互为对偶命题.

定义 7.3.4 设 $\langle L,\wedge,\vee,0,1\rangle$ 是有界格,$a\in L$,若存在 $b\in L$,使

$$a \wedge b = 0 \quad 且 \quad a \vee b = 1$$

成立，则称 b 是 a 的**补元**，或称 a 与 b **互为补元**.

例 7.3.5 (1) 例 7.3.1(a)中 0,1 互为补元，0 为全下界，1 为全上界，a,b 没有补元. 例 7.3.1(b)中 0,1 互为补元，且 0 是全下界，1 为全上界，a 的补元是 b,c 和 d，b 的补元是 a 和 c，d 的补元是 a 和 c，c 的补元是 a,b,d.

(2) 请读者找出例 7.3.3 中两个格中元的补元、全下界和全上界.

在任何有界格中，全下界 0 和全上界 1 总是互补的，对其他元素，可能存在补元，也可能不存在补元. 若存在补元，可能是唯一的，也可能有多个补元.

对有界分配格，若它的元素存在补元，则一定是唯一的.

定理 7.3.4 设 $\langle L,\wedge,\vee,0,1\rangle$ 是有界分配格，若 $a\in L$，且 a 存在补元 b，则 b 是 a 的唯一补元.

证明 设 $c\in L$ 也是 a 的补元，则有 $a\vee c=1$，$a\wedge c=0$. 又因 b 是 a 的补元，故 $a\vee b=1$，$a\wedge b=0$. 于是 $a\vee c=a\vee b$，$a\wedge c=a\wedge b$. 由于 L 是分配格，由定理 7.3.2 得 $b=c$.

由定理 7.3.4，有补分配格中的每个元素 a 的补是唯一的，a 的唯一补元记成 a'.

定理 7.3.5 在有补分配格 $\langle L,\wedge,\vee\rangle$ 中，德摩根公式成立，即 $\forall a,b\in L$，

$$(a\wedge b)'=a'\vee b',\quad (a\vee b)'=a'\wedge b'.$$

定理 7.3.6 设 $\langle L,\wedge,\vee\rangle$ 是一个具有两个代数运算的代数系统. 如果 $\forall a,b,c\in L$，

(1) 有 $a\wedge a=a$；

(2) 在 L 中存在一个元素 1，使 $a\vee 1=1\vee a=1$，$a\wedge 1=1\wedge a=1$；

(3) 有 $a\wedge(b\vee c)=(a\wedge b)\vee(a\wedge c)$，$(b\vee c)\wedge a=(b\wedge a)\vee(c\wedge a)$；

则 $\langle L,\wedge,\vee\rangle$ 是一个具有单位元 1 的分配格.

证明留做练习，读者自证.

定义 7.3.5 设 $\langle L,\wedge,\vee,0,1\rangle$ 是有界格，若 $\forall a\in L$，在 L 中都有补元存在，则称 L 为**有补格**(complemented lattice).

一个格既是分配格又是有补格，则此格称为**有补分配格**.

例 7.3.6 图 7.3.4(a)、(b)是否为有补格？

解 图 7.3.4(a)、(b)为有补格，图(a)中 a 的补元是 d，b 的补元是 c. 图(b)中 a 的补元是 e，且 a 与 e 分别为全下界与全上界，b 的补元是 c 和 d，c 的补元是 b 和 d，d 的补元是 b 和 c.

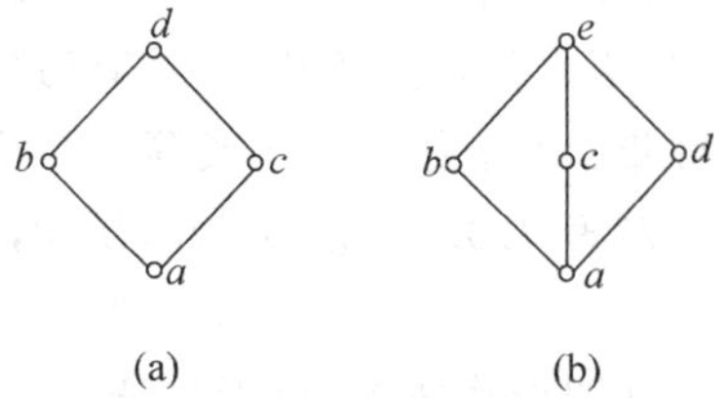

(a) (b)

图 7.3.4

例 7.3.7 考察图 7.3.5(a)，(b)，(c)是否为有补格？若存在，找出补元、全上界和全下界.

由读者完成.

例 7.3.8 设集合 $A=\{a,b,c\}$，说明 $\langle P(A),\subseteq\rangle$ 是一个有补分配格.

解 由集合的交运算与并运算互相满足分配律可知，$\langle P(A),\subseteq\rangle$ 是一个分配格. 另一方

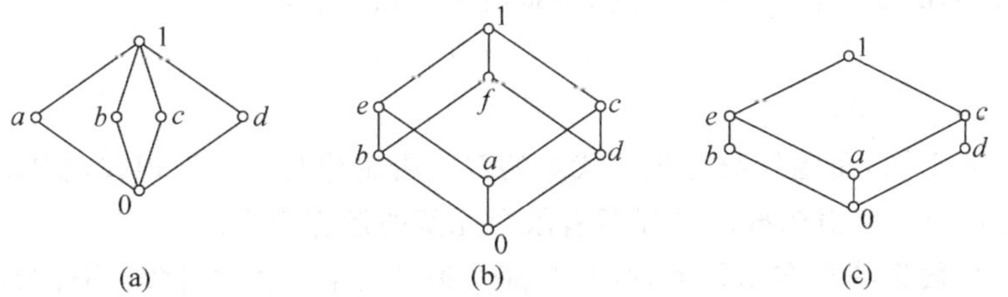

图 7.3.5

面,通过补运算知道$\langle P(A),\subseteq\rangle$上的每个元都有唯一的补元. 故$\langle P(A),\subseteq\rangle$是一个有补分配格.

7.4 布尔代数

定义 7.4.1 若一个格$\langle B,\wedge,\vee,0,1\rangle$是有补的分配格,则称它为**布尔格**,或**布尔代数**(Boole algebra),记作$\langle B,\wedge,\vee,',0,1\rangle$,其中"$'$"为求补运算.

在分配格中,若元素存在补元,则补元是唯一的,因此在布尔代数中每个元都有唯一的补元. 求补运算是布尔代数的一元运算,如 a 的补元为 a'.

例 7.4.1 $\langle\{0,1\},\wedge,\vee,'\rangle$是一个仅有两个元素的布尔代数,它是最简单的布尔代数,也是计算机中常用的电路代数,$\wedge,\vee,'$分别代表并联、串联和反相运算.

例 7.4.2 设 $P(X)$为 X 的幂集,$\langle P(X),\cap,\cup,',\varnothing,X\rangle$是布尔代数,称为**集合代数**.

作为布尔代数的直接应用,命题逻辑可以用布尔代数来描述.

例 7.4.3 设 S 是含有 n 个命题变元的命题公式的集合,$\langle S,\wedge,\vee,\neg\rangle$是布尔代数,称为**命题代数**.

下面讨论布尔代数的性质.

定理 7.4.1 设$\langle B,\wedge,\vee,0,1\rangle$为布尔代数,则

(1) $\forall a\in B,(a')'=a$; (双重否定律)

(2) $\forall a,b\in B,(a\wedge b)'=a'\vee b',(a\vee b)'=a'\wedge b'$. (德·摩根律)

证明 (1) $(a')'$是a'的补元,a 也是a'的补元,由补元的唯一性有$(a')'=a$.

(2) 对任意的 $a,b\in B$,有

$$\begin{aligned}(a\wedge b)\vee(a'\vee b')&=(a\vee a'\vee b')\wedge(b\vee a'\vee b')\\&=(1\vee b')\wedge(a'\vee 1)\\&=1\wedge 1=1,\\(a\wedge b)\wedge(a'\vee b')&=(a\wedge b\wedge a')\vee(a\wedge b\wedge b')\\&=(0\wedge b)\vee(a\wedge 0)\\&=0\vee 0=0.\end{aligned}$$

由补元的定义知，$a' \vee b'$是$a \wedge b$的补元，根据补元的唯一性有

$$(a \wedge b)' = a' \vee b',$$

同理可证$(a \vee b)' = a' \wedge b'$.

由定理7.4.1知，命题代数与集合代数的双重否定律与德·摩根律，实际上是这个定理的特例. 可以将德·摩根律推广到任意有限个元素的运算中去.

验证一个代数系统是布尔代数，必须验证交换律、结合律、吸收律、分配律，每个元素都存在补元. 能否有简单一些的方法，下面的定理回答了这个问题.

定理 7.4.2 设$\langle B, *, \circ \rangle$是代数系统，$*$和$\circ$是二元运算，若$*$和$\circ$满足：

(1) 交换律，即$\forall a, b \in B$，有

$$a * b = b * a, \quad a \circ b = b \circ a;$$

(2) 分配律，即$\forall a, b, c \in B$，有

$$a * (b \circ c) = (a * b) \circ (a * c), \quad a \circ (b * c) = (a \circ b) * (a \circ c);$$

(3) 同一律，即存在$0, 1 \in B$，使$\forall a \in B$，有

$$a * 1 = a, \quad a \circ 0 = a;$$

(4) 互补律(补元律)，即$\forall a \in B$，存在$a' \in B$，使

$$a * a' = 0, \quad a \circ a' = 1;$$

则$\langle B, *, \circ \rangle$是一个布尔代数.

证明 以上定义中的同一律说明，1是$*$运算的单位元，0是$\circ$运算的单位元，可以证明1和0分别也是$\circ$和$*$运算的零元，$\forall a \in B$，有

$$\begin{aligned}
a \circ 1 &= (a \circ 1) * 1 && \text{(同一律)} \\
&= 1 * (a \circ 1) && \text{(交换律)} \\
&= (a \circ a') * (a \circ 1) && \text{(补元律)} \\
&= a \circ (a' * 1) && \text{(分配律)} \\
&= a \circ a' && \text{(同一律)} \\
&= 1. && \text{(补元律)}
\end{aligned}$$

同理可证$a * 0 = 0$.

为证以上定义的$\langle B, *, \circ \rangle$是布尔代数，只需验证它是一个格，即证明$*$和$\circ$运算满足结合律和吸收律.

先证吸收律，$\forall a, b \in B$，有

$$\begin{aligned}
a \circ (a * b) &= (a * 1) \circ (a * b) && \text{(同一律)} \\
&= a * (1 \circ b) && \text{(分配律)} \\
&= a * 1 && \text{(1 是 } \circ \text{ 运算的零元)} \\
&= a, && \text{(同一律)}
\end{aligned}$$

同理有$a * (a \circ b) = a$，吸收律成立.

为证结合律，先证以下命题：

$$\forall a,b,c \in B,\quad a \circ b = a \circ c \quad 且 \quad a' \circ b = a' \circ c \Rightarrow b = c.$$

事实上，由 $a\circ b=a\circ c$ 和 $a'\circ b=a'\circ c$，可得

$$(a \circ b) * (a' \circ b) = (a \circ c) * (a' \circ c);$$

由分配律和交换律得

$$(a * a') \circ b = (a * a') \circ c;$$

由补元律得

$$0 \circ b = 0 \circ c;$$

由同一律和交换律得

$$b = c.$$

应用这个命题，为证 $(a*b)*c=a*(b*c)$，只需证明

$$a \circ ((a*b)*c) = a \circ (a*(b*c)), \tag{7.4.1}$$

$$a' \circ ((a*b)*c) = a' \circ (a*(b*c)). \tag{7.4.2}$$

首先证式(7.4.1)．由吸收律有

$$a = a \circ (a*(b*c)),\ a \circ ((a*b)*c) = (a \circ (a*b)) * (a \circ c) \quad (分配律)$$

$$= a * (a \circ c) = a, \quad (吸收律)$$

因此有

$$a \circ ((a*b)*c) = a \circ (a*(b*c)).$$

再证式(7.4.2)，

$$a' \circ (a*(b*c)) = (a' \circ a) * (a' \circ (b*c)) \quad (分配律)$$

$$= 1 * (a' \circ (b*c)) \quad (交换律,补元律)$$

$$= a' \circ (b*c), \quad (交换律,同一律)$$

$$a' \circ ((a*b)*c) = (a' \circ (a*b)) * (a' \circ c) \quad (分配律)$$

$$= ((a' \circ a) * (a' \circ b)) * (a' \circ c) \quad (分配律)$$

$$= (1 * (a' \circ b)) * (a' \circ c) \quad (交换律,补元律)$$

$$= (a' \circ b) * (a' \circ c) \quad (交换律,同一律)$$

$$= a' \circ (b*c), \quad (分配律)$$

因此

$$a' \circ ((a*b)*c) = a' \circ (a*(b*c)).$$

同理可证关于 $\circ$ 运算结合律成立．

定义 7.4.2 设 $\langle B,\wedge,\vee,',0,1\rangle$ 是布尔代数，S 是 B 的非空子集，若 $0,1\in S$，且 S 对 $\wedge$，$\vee$ 和 $'$ 运算都是封闭的，则 S 是 B 的子布尔代数．

例 7.4.4 考虑 110 的正因子集合 S_{110} 关于 gcd，lcm 运算构成的布尔代数，它有以下子布尔代数：

$$\{1,110\};\quad \{1,2,55,110\};\quad \{1,5,22,110\};$$

$$\{1,10,11,110\};\quad \{1,2,5,10,11,22,55,110\}.$$

定义 7.4.3 设$\langle B_1,\wedge,\vee,',0,1\rangle$和$\langle B_2,\cap,\cup,-,\theta,E\rangle$是两个布尔代数，这里$\cap$，$\cup$，$-$泛指布尔代数$B_2$中的求最大下界、最小上界和补元运算，$\theta$和$E$分别是$B_2$的全下界和全上界，$\varphi$: $B_1\to B_2$，如果$\forall a,b\in B_1$，有

$$\varphi(a\vee b)=\varphi(a)\cup\varphi(b),\quad \varphi(a\wedge b)=\varphi(a)\cap\varphi(b),\quad \varphi(a')=-\varphi(a),$$

则称φ是布尔代数B_1到B_2的**同态映射**，简称**布尔代数同态**.

类似地，可以定义布尔代数的**单同态**、**满同态**和**同构**.

下面讨论**有限**(有限集构成的)**布尔代数**的结构. 有限布尔代数在计算机科学中极为常见.

定义 7.4.4 设L是格，$0\in L$，$a\in L$，如果$\forall b\in L$，有

$$0<b\leqslant a\Rightarrow b=a,$$

则称a是L中的**原子**(atom).

关于原子的定义，还有其他等价的形式.

例 7.4.5 幂集代数$\langle P(\{a,b,c\}),\cap,\cup,',\varnothing,\{a,b,c\}\rangle$中的原子是单元素集$\{a\}$，$\{b\}$，$\{c\}$.

当A是无限集时，幂集代数$\langle P(A),\cap,\cup,',\varnothing,A\rangle$中的原子集合 Atom(A)为

$$\text{Atom}(A)=\{\{x\}\mid x\in A\}.$$

例 7.4.6 L是正整数n的全体正因子关于整除关系构成的格，则L的原子为n的全体质因子.

例 7.4.7 图 7.4.1(a)的原子是a，图(b)中的原子是a,b,c，图(c)的原子是a,b.

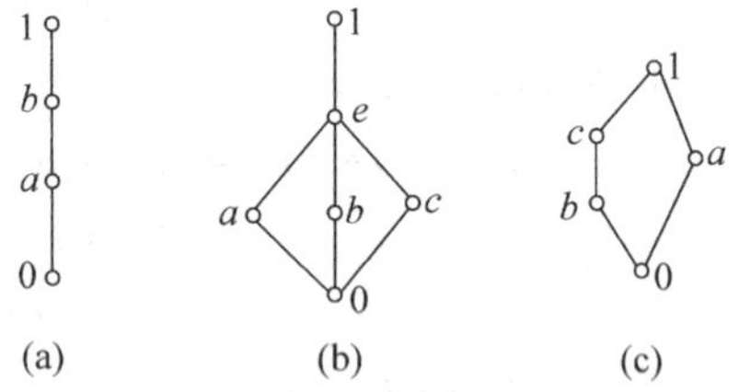

图 7.4.1

并不是所有的布尔代数都存在原子，但有限布尔代数存在原子.

定理 7.4.3 设$\langle B,\wedge,\vee,',0,1\rangle$是有限布尔代数，则对于任意非零元素$x\in B$，存在$B$中的原子$a$，$a\leqslant x$.

证明 (1) 若x是原子，定理得证.

(2) 若x不是原子，由于$x\neq 0$，由定义，必存在$x_1\in B$，满足$0<x_1<x$，若x_1是原子，则定理得证. 否则又存在$x_2\in B$，满足：

$$0<x_2<x_1<x,$$

由于B是有限集，所以必存在元素$x_N\in B$，满足$x_N=a$，x_N是B中的原子.

定理 7.4.4 设L是格，$a,b\in L$是L中的原子，若$a\neq b$，则$a\wedge b=0$.

证明 设$a\wedge b\neq 0$，则有

$$0<a\wedge b\leqslant a\quad 和\quad 0<a\wedge b\leqslant b,$$

由于a,b是原子，则有$a\wedge b=a$和$a\wedge b=b$，从而有$a=b$，与已知矛盾.

定理 7.4.5 设B是有限布尔代数，$\forall x\in B$，$x\neq 0$，令

$$T(x)=\{a_1,a_2,\cdots,a_n\}$$

是 B 中所有小于或等于 x 的原子构成的集合，则

$$x = a_1 \vee a_2 \vee \cdots \vee a_n$$

称表示式为 x 的原子表示，且表示是唯一的. 这里的唯一性指，若

$$x = a_1 \vee a_2 \vee \cdots \vee a_n, \quad x = b_1 \vee b_2 \vee \cdots \vee b_m$$

都是 x 的原子表示，则有

$$\{a_1, a_2, \cdots, a_n\} = \{b_1, b_2, \cdots, b_m\}.$$

证明 令 $y = a_1 \vee a_2 \vee \cdots \vee a_n$，由于 $a_i \leqslant x, i=1,2,\cdots,n$，所以必有 $y \leqslant x$.

若 $x \wedge y' \neq 0$，则存在 B 中的元素 $t_1, t_2, \cdots, t_s$，使 t_1 覆盖 0，t_2 覆盖 t_1，…，t_s 覆盖 t_{s-1}，且 $t_s = x \wedge y'$，由此知 t_1 是原子，且 $t_1 \leqslant x$ 和 $t_1 \leqslant y'$.

由 $t_1 \leqslant x$ 知，$t_1 \in T(x)$，即存在 $a_i \in T(x)$，使 $t_1 = a_i$. 又由 $t_1 \leqslant y'$ 知，$t_1 \wedge y' = t_1$. 于是

$$\begin{aligned} t_1 &= t_1 \wedge y' = a_i \wedge y' \\ &= a_i \wedge (a_1 \vee a_2 \vee \cdots \vee a_n)' \\ &= a_i \wedge (a_1' \wedge a_2' \wedge \cdots \wedge a_n') \\ &= (a_i \wedge a_i') \wedge (a_1' \wedge \cdots \wedge a_{i-1}' \wedge a_{i+1}' \wedge \cdots \wedge a_n') \\ &= 0 \wedge a_1' \wedge \cdots \wedge a_{i-1}' \wedge a_{i+1}' \wedge \cdots \wedge a_n' = 0. \end{aligned}$$

这与 t_1 覆盖 0 矛盾，从而 $x \wedge y' = 0$.

再由

$$y = y \vee 0 = y \vee (x \wedge y') = (y \vee x) \wedge (y \vee y') = (y \vee x) \wedge 1 = y \vee x,$$

知 $x \leqslant y$，综上所述得 $x = y$，即 $x = a_1 \vee a_2 \vee \cdots \vee a_n$.

设 $x = b_1 \vee b_2 \vee \cdots \vee b_m$ 是 x 的另一个原子表示，任取 $a_i \in \{a_1, a_2, \cdots, a_n\}$，若 $a_i \notin \{b_1, b_2, \cdots, b_m\}$，由定理 7.4.4 必有 $a_i \wedge b_j = 0, j=1,2,\cdots,m$. 又由于 $a_i \leqslant x$，于是

$$\begin{aligned} a_i &= a_i \wedge x = a_i \wedge (b_1 \vee b_2 \vee \cdots \vee b_m) \\ &= (a_i \wedge b_1) \vee (a_i \wedge b_2) \vee \cdots \vee (a_i \wedge b_m) \\ &= 0 \vee 0 \vee \cdots \vee 0 \\ &= 0. \end{aligned}$$

这与 a_i 是原子相矛盾，从而证明了 $a_i \in \{b_1, b_2, \cdots, b_m\}$. 同理可证，$\forall b_j \in \{b_1, b_2, \cdots, b_m\}$，必有 $b_j \in \{a_1, a_2, \cdots, a_n\}$，于是

$$\{a_1, a_2, \cdots, a_n\} = \{b_1, b_2, \cdots, b_m\}.$$

定理 7.4.6（有限布尔代数的表示定理） 设 B 是有限布尔代数，A 是 B 的全体原子构成的集合，则 B 同构于 A 的幂集代数 $P(A)$.

证明 任取 $x \in B$，令

$$T(x) = \{a \mid a \in B, a \text{ 是原子且 } a \leqslant x\},$$

则 $T(x) \subseteq A$，定义函数

$$\varphi: B \to P(A), \quad \varphi(x) = T(x), \quad \forall x \in B.$$

下面证明 φ 是 B 到 $P(A)$ 的同构映射.

任取 $x,y\in B$, $\forall b$,有

$$b\in T(x\wedge y)\Leftrightarrow b\in A\text{ 且 }b\leqslant x\wedge y$$
$$\Leftrightarrow(b\in A\text{ 且 }b\leqslant x)\text{ 且}(b\in A\text{ 且 }b\leqslant y)$$
$$\Leftrightarrow b\in T(x)\text{ 且 }b\in T(y)$$
$$\Leftrightarrow b\in T(x)\cap T(y),$$

于是有 $T(x\wedge y)=T(x)\cap T(y)$,即 $\forall x,y\in B$,有

$$\varphi(x\wedge y)=\varphi(x)\cap\varphi(y).$$

任取 $x,y\in B$,设

$$x=a_1\vee a_2\vee\cdots\vee a_n,\quad y=b_1\vee b_2\vee\cdots\vee b_m$$

是 x 和 y 的原子表示,则

$$x\vee y=a_1\vee a_2\vee\cdots\vee a_n\vee b_1\vee b_2\vee\cdots\vee b_m,$$

由定理 7.4.5 知

$$T(x\vee y)=\{a_1,a_2,\cdots,a_n,b_1,b_2,\cdots,b_m\},$$

由于

$$T(x)=\{a_1,a_2,\cdots,a_n\},\quad T(y)=\{b_1,b_2,\cdots,b_m\},$$

因此

$$T(x\vee y)=T(x)\cup T(y),$$

即有

$$\varphi(x\vee y)=\varphi(x)\cup\varphi(y).$$

任取 $x\in B$,存在 $x'\in B$ 使

$$x\vee x'=1,\quad x\wedge x'=0,$$

于是有

$$\varphi(x)\cup\varphi(x')=\varphi(x\vee x')=\varphi(1)=A,$$
$$\varphi(x)\cap\varphi(x')=\varphi(x\wedge x')=\varphi(0)=\varnothing.$$

而 $\varnothing$ 和 A 分别为 $P(A)$ 的全下界和全上界,因此 $\varphi(x')$ 是 $\varphi(x)$ 在 $P(A)$ 中的补元,即

$$\varphi(x')=\varphi(x)'.$$

综上,φ 是 B 到 $P(A)$ 的同态映射. 下面证明 φ 为双射.

设 $\varphi(x)=\varphi(y)$,有

$$T(x)=T(y)=\{a_1,a_2,\cdots,a_n\},$$

由定理 7.4.5 知

$$x=a_1\vee a_2\vee\cdots\vee a_n=y,$$

于是 φ 为单射.

任取 $\{b_1,b_2,\cdots,b_m\}\in P(A)$,令 $x=b_1\vee b_2\vee\cdots\vee b_m$,则

$$\varphi(x)=T(x)=\{b_1,b_2,\cdots,b_m\},$$

于是 φ 是满射.

推论 1 任何有限布尔代数 B 的基数为 2^n，$n\in\mathbb{N}$，$n=|\mathrm{Atom}(B)|$.

证明 设 B 是有限布尔代数，A 是 B 的所有原子构成的集，且 $|A|=n$，$n\in\mathbb{N}$，由定理 7.4.6得 $B\cong P(A)$，而 $|P(A)|=2^n$，所以 $|B|=2^n$.

推论 2 任何等势的有限布尔代数都是同构的.

证明 设 B_1 和 B_2 是有限布尔代数，且 $|B_1|=|B_2|$，由定理 7.4.6 有 $B_1\cong P(A_1)$，$B_2\cong P(A_2)$，其中A_1 和 A_2 分别为 B_1 和 B_2 的原子集合.

显然 $|A_1|=|A_2|$，存在双射 $f: A_1\to A_2$. 令

$$\varphi: P(A_1)\to P(A_2),\quad \varphi(x)=f(x),\quad \forall x\subseteq A_1.$$

下面证明 φ 是 $P(A_1)$到 $P(A_2)$的同构映射.

显然 φ 是 $P(A_1)$到 $P(A_2)$的双射.

任取 $x,y\in P(A_1)$，有

$$f(x\cup y)=f(x)\cup f(y),\quad f(x\cap y)\subseteq f(x)\cap f(y),$$

由于 f 的单射性，必有

$$f(x\cap y)=f(x)\cap f(y),$$

又由于

$$f(x)\cap f(x')=f(x\cap x')=f(\varnothing)=\varnothing,$$

$$f(x)\cup f(x')=f(x\cup x')=f(A_1)=A_2,$$

有 $f(x')=f(x)'$，因此，φ 是 $P(A_1)$到 $P(A_2)$的同态映射.

综上有，$P(A_1)\cong P(A_2)$，因此得 $B_1\cong B_2$.

由定理 7.4.6 知，有限布尔代数的基数都是 2 的幂，因此在同构的意义下对任何 2^n，$n\in\mathbb{N}$，仅存在一个含有 2^n 个元素的布尔代数.

例 7.4.8 图 7.4.2 给出了 1 元，2 元，4 元和 8 元的布尔代数.

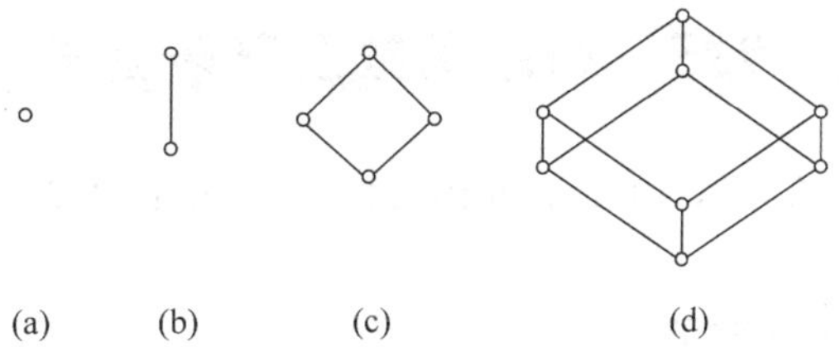

图 7.4.2

对于一般的布尔代数，无论是有原子的布尔代数，还是无原子的布尔代数，还有下述著名的斯通(Stone)定理.

定理 7.4.7(斯通定理) 凡布尔代数必同构于集合代数.

含有两个元素的布尔代数是 $B_2=\{0,1\}$. 在 B_2 的基础上，一种有趣而重要的代数系统是

$$B_2^r = \langle B_2^r, \wedge, \vee, ', 0, 1\rangle,$$

其中，$B_2^r = B_2 \times B_2 \times \cdots \times B_2$.

二元运算分别定义如下：

设$(\beta_1,\beta_2,\cdots,\beta_r),(\alpha_1,\alpha_2,\cdots,\alpha_r)\in B_2^r$，令

$$(\beta_1,\beta_2,\cdots,\beta_r)' = (\beta_1',\beta_2',\cdots,\beta_r'),$$

$$(\alpha_1,\alpha_2,\cdots,\alpha_r) \vee (\beta_1,\beta_2,\cdots,\beta_r) = (\alpha_1 \vee \beta_1,\alpha_2 \vee \beta_2,\cdots,\alpha_r \vee \beta_r),$$

$$(\alpha_1,\alpha_2,\cdots,\alpha_r) \wedge (\beta_1,\beta_2,\cdots,\beta_r) = (\alpha_1 \wedge \beta_1,\alpha_2 \wedge \beta_2,\cdots,\alpha_r \wedge \beta_r),$$

$(1,1,\cdots,1),(0,0,\cdots,0)$分别是 B_2^r 中 $\vee$ 与 $\wedge$ 的单位元与零元.

我们有下述定理.

定理 7.4.8 布尔代数 B_2^r 与 B_{2^r} 同构，任意布尔代数必同构于某一个布尔代数 B_2^r.

本定理并不局限于有限布尔代数.

例 7.4.9 证明 $B_4=\{0,1,\alpha,\beta\}$与 $B_2^2=\{(0,0),(0,1),(1,0),(1,1)\}$同构，其中 B_4 的运算表如下：

$\vee$	0	1	α	β
0	0	1	α	β
1	1	1	1	1
α	α	1	α	1
β	β	1	1	β

$\wedge$	0	1	α	β
0	0	0	0	0
1	0	1	α	β
α	0	α	α	0
β	0	β	0	β

x	x'
0	1
1	0
α	β
β	α

证明 构造映射 σ: $0\mapsto(0,0),\alpha\mapsto(0,1),\beta\mapsto(1,0),1\mapsto(1,1)$，可知 σ 是一个同构映射，故 $B_4 \overset{\sigma}{\cong} B_2^2$.

*7.5 布尔函数及其表达式

定义 7.5.1 设$\langle B,\wedge,\vee,',0,1\rangle$是布尔代数，如下规定的表达式称为 B 上的布尔函数(Boole function)：

(1) 基集 B 中的元是布尔函数；

(2) 变量 $x_1,x_2,\cdots,x_n$ 是布尔函数；

(3) 若 f,g 是布尔函数，则 $f\wedge g, f\vee g, f', g'$也是布尔函数；

(4) 只有用(1)，(2)，(3)构成的表达式才是布尔函数.

例 7.5.1 (1) 在布尔代数 B_4 中，$1, 1\vee(\alpha\wedge\beta), \beta'\vee x_1\vee x_3$ 都是布尔函数.

(2) 在布尔代数 B_4 中，

$f(x,y)=(\beta\wedge x'\wedge y)\vee(\beta\wedge x\wedge(x\vee y')')\vee\alpha\wedge(x\vee(x'\wedge y))$是布尔函数，它在 $x=\alpha$，$y=0$ 时函数值是 $f(\alpha,0)=\alpha$.

(3) 在布尔代数$\langle B,\wedge,\vee,',0,1\rangle$上的两个布尔函数$f(x,y,z)=(x\wedge y)\vee(x'\wedge z)\vee(y\wedge z)$及$g(x,y,z)=(x\wedge y)\vee(x'\wedge z)$是相等的，这可以通过函数值表7.5.1进行对比得到.另外，

$$
\begin{aligned}
f(x,y,z) &= (x\wedge y)\vee(x'\wedge z)\vee(y\wedge z) \\
&= (x\wedge y)\vee(x'\wedge z)\vee((x\vee x')\wedge(y\wedge z)) && \text{(互补律)} \\
&= ((x\wedge y)\vee(x\wedge y\wedge z))\vee((x'\wedge z)\vee(x'\wedge y\wedge z)) \\
& && \text{(交换律,结合律)} \\
&= (x\wedge y\wedge(1\vee z))\vee(x'\wedge z\wedge(1\vee z)) && \text{(分配律)} \\
&= (x\wedge y)\vee(x'\wedge z) && \text{(0-1 律)} \\
&= g(x,y,z).
\end{aligned}
$$

表 7.5.1

x	y	z	$f(x,y,z)$	$g(x,y,z)$	x	y	z	$f(x,y,z)$	$g(x,y,z)$
0	0	0	0	0	1	0	0	0	0
0	0	1	1	1	1	0	1	0	0
0	1	0	0	0	1	1	0	1	1
0	1	1	1	1	1	1	1	1	1

定义 7.5.2 设$\langle B,\wedge,\vee,',0,1\rangle$是布尔代数，$F_n$是它上面的所有$n$元布尔函数的集合，若规定$F_n$中任意两函数$f,g\in F_n$的三种运算如下：

$$(f\wedge g)(x_1,x_2,\cdots,x_n)=f(x_1,x_2,\cdots,x_n)\wedge g(x_1,x_2,\cdots,x_n),$$

$$(f\vee g)(x_1,x_2,\cdots,x_n)=f(x_1,x_2,\cdots,x_n)\vee g(x_1,x_2,\cdots,x_n),$$

$$f'(x_1,x_2,\cdots,x_n)=(f(x_1,x_2,\cdots,x_n))',$$

则F_n关于这些运算构成一个含有2^{2^n}个元的布尔代数，其零元是恒取0值的函数，其单元是恒取1值的函数.

在布尔函数中有两种标准形式，即极小项范式(析取范式)及极大项范式(合取范式).

定义 7.5.3 下列形式的n元布尔表达式

$$m_k=x_1^{\alpha_1}\wedge x_2^{\alpha_2}\wedge\cdots\wedge x_n^{\alpha_n}$$

称为***n*元极小项**(miniterm)或**基本合取式**(fundamental conjunctive form)，其中$\alpha_i\in\{0,1\}$并规定

$$x_i^{\alpha_i}=\begin{cases}x_i', & \alpha_i=0\\ x_i, & \alpha_i=1\end{cases}.$$

n个变元的极小项共有2^n个，将它们记为$m_0,m_1,\cdots,m_{2^n-1}$，通常用以下方法作极小项m_k：先将下标分别用十进制及二进制计数法表示，设

$$(k)_{10}=(\alpha_1\alpha_2\cdots\alpha_n)_2,$$

则 $m_k = x_1^{\alpha_1} \wedge x_2^{\alpha_2} \wedge \cdots \wedge x_n^{\alpha_n}$.

现就 $n=1,2,3$ 写出所有的 n 元极小项见表 7.5.2～表 7.5.4.

表 7.5.2 $n=1, m_k$ 个数=2

$(k)_{10}$	x	m_k	$(k)_{10}$	x	m_k
0	0	$m_0 = x'$	1	1	$m_1 = x$

表 7.5.3 $n=2, m_k$ 个数=4

$(k)_{10}$	x_1	x_2	m_k	$(k)_{10}$	x_1	x_2	m_k
0	0	0	$m_0 = x_1' \wedge x_2'$	2	1	0	$m_2 = x_1 \wedge x_2'$
1	0	1	$m_1 = x_1' \wedge x_2$	3	1	1	$m_3 = x_1 \wedge x_2$

表 7.5.4 $n=3, m_k$ 个数=8

$(k)_{10}$	x_1	x_2	x_3	m_k	$(k)_{10}$	x_1	x_2	x_3	m_k
0	0	0	0	$m_0 = x_1' \wedge x_2' \wedge x_3'$	4	1	0	0	$m_4 = x_1 \wedge x_2' \wedge x_3'$
1	0	0	1	$m_1 = x_1' \wedge x_2' \wedge x_3$	5	1	0	1	$m_5 = x_1 \wedge x_2' \wedge x_3$
2	0	1	0	$m_2 = x_1' \wedge x_2 \wedge x_3'$	6	1	1	0	$m_6 = x_1 \wedge x_2 \wedge x_3'$
3	0	1	1	$m_3 = x_1' \wedge x_2 \wedge x_3$	7	1	1	1	$m_7 = x_1 \wedge x_2 \wedge x_3$

定理 7.5.1 极小项具有下列性质:

(1) 当 $i,j=0,1,\cdots,2^n-1$ 时,

$$m_i \wedge m_j = \begin{cases} 0, & i \neq j, \\ 1, & i = j; \end{cases}$$

(2) $m_0 \vee m_1 \vee \cdots \vee m_{2^n-1} = 1$.

定义 7.5.4 由一个或多个极小项构成的析取式称为**极小项范式或析取范式**(minterm normal form/disjunctive normal form).

定理 7.5.2 设 B_2 是二值布尔代数,则它的每个非零映射(函数) f: $B_2^n \to B_2$ 都能唯一地表示成极小项范式.

注 在本定理中引入映射(函数) f: $B_2^n \to B_2$,并限制 B_2 是二值布尔代数,这是为了使本定理的使用范围不局限于已由布尔表达式表示出的布尔函数,而可以是其他情况(如仅给出其对应规律或函数值表等).但就实际应用来说二值布尔代数已足够了.

例 7.5.2 化 $f(x,y,z)=(x \wedge y') \vee (x \wedge z) \vee (y' \wedge z)$ 为极小项范式.

解
$$\begin{aligned} f(x,y,z) &= (x \wedge y') \vee (x \wedge z) \vee (y' \wedge z) \\ &= (x \wedge y' \wedge (z \vee z')) \vee (x \wedge (y \vee y') \wedge z) \vee ((x \vee x') \wedge y' \wedge z) \\ &= (x \wedge y' \wedge z) \vee (x \wedge y' \wedge z') \vee (x \wedge y \wedge z) \vee (x \wedge y' \wedge z) \vee \\ &\quad (x \wedge y' \wedge z) \vee (x' \wedge y' \wedge z) \end{aligned}$$

$$=(x\wedge y'\wedge z)\vee(x\wedge y'\wedge z')\vee(x\wedge y\wedge z)\vee(x'\vee y'\vee z)$$
$$=m_5\vee m_4\vee m_7\vee m_1.$$

由对偶原理，布尔函数还有另一种标准形式.

定义 7.5.5 下列形式的 n 元布尔表达式

$$M_k = x_1^{\alpha_1}\vee x_2^{\alpha_2}\vee\cdots\vee x_n^{\alpha_n}$$

称为 n 元**极大项**(maxterm)或**基本析取式**(fundamental disjunctive form)，其中 $\alpha_i\in\{0,1\}$，并规定

$$x_i^{\alpha_i}=\begin{cases}x_i, & \alpha_i=0,\\ x_i', & \alpha_i=1.\end{cases}$$

n 个变元的极大项共有 2^n 个，将它们记为 $M_0,M_1,\cdots,M_{2^n-1}$，通常用以下方法作极大项 M_k：先将下标分别用十进制及二进制计数法表示，设

$$(k)_{10}=(\alpha_1\alpha_2\cdots\alpha_n)_2,$$

则 $M_k=x_1^{\alpha_1}\vee x_2^{\alpha_2}\vee\cdots\vee x_n^{\alpha_n}$.

现仍就 $n=1,2,3$ 写出所有的 n 元极大项 M_k 如表 7.5.5～表 7.5.7 所示.

表 7.5.5 $n=1,M_k$ 个数=2

$(k)_{10}$	x	M_k	$(k)_{10}$	x	M_k
0	0	$M_0=x$	1	1	$M_1=x'$

表 7.5.6 $n=2,M_k$ 个数=4

$(k)_{10}$	x_1	x_2	M_k	$(k)_{10}$	x_1	x_2	M_k
0	0	0	$M_0=x_1\vee x_2$	2	1	0	$M_2=x_1'\vee x_2$
1	0	1	$M_1=x_1\vee x_2'$	3	1	1	$M_3=x_1'\vee x_2'$

表 7.5.7 $n=3,M_k$ 个数=8

$(k)_{10}$	x_1	x_2	x_3	M_k	$(k)_{10}$	x_1	x_2	x_3	M_k
0	0	0	0	$M_0=x_1\vee x_2\vee x_3$	4	1	0	0	$M_4=x_1'\vee x_2\vee x_3$
1	0	0	1	$M_1=x_1\vee x_2\vee x_3'$	5	1	0	1	$M_5=x_1'\vee x_2\vee x_3'$
2	0	1	0	$M_2=x_1\vee x_2'\vee x_3$	6	1	1	0	$M_6=x_1'\vee x_2'\vee x_3$
3	0	1	1	$M_3=x_1\vee x_2'\vee x_3'$	7	1	1	1	$M_7=x_1'\vee x_2'\vee x_3'$

定义 7.5.6 由一个或多个极大项构成的合取式称为**极大项范式**(maxterm normal form)或**合取范式**(conjunctive normal form).

定理 7.5.3 设 B_2 是二值布尔代数，则它的每个非零映射(函数) $f: B_2^n\to B_2$ 都能唯一地表示成极大项范式.

例 7.5.3 求例 7.5.2 中 $f(x,y,z)=(x\wedge y')\vee(x\wedge z)\vee(y'\wedge z)$的极大项范式.

解 $f(x,y,z)=(x\wedge y')\vee(x\wedge z)\vee(y'\wedge z)$的极小项为 m_5,m_4,m_7,m_1，由对偶原理，

$f(x,y,z)$的极大项为 M_0, M_2, M_3, M_6，则对应的极大项范式为

$$M_0 \wedge M_2 \wedge M_3 \wedge M_6$$
$$= (x \vee y \vee z) \wedge (x \vee y' \vee z) \wedge (x \vee y' \vee z') \wedge (x' \vee y' \vee z).$$

习 题 7

1. 由下列集合 L 构成的偏序集 $\langle L, \leqslant \rangle$，其中 $\leqslant$ 定义为：对于 $n_1, n_2 \in L$，$n_1 \leqslant n_2$，当且仅当 n_1 是 n_2 的因子，问其中哪几个偏序集是格.

   (1) $L=\{1,2,3,4,6,12\}$；　　(2) $L=\{1,2,3,4,6,8,12,14\}$；

   (3) $L=\{1,2,3,4,5,6,7,8,9,10,11,12\}$.

2. 设 $\langle L, \leqslant \rangle$ 为一格，其哈斯图如图1所示，取 $s_1=\{a,b,c,d\}$，$s_2=\{a,b,d,f\}$，$s_3=\{b,c,d,f\}$，问 $\langle s_1, \leqslant \rangle$，$\langle s_2, \leqslant \rangle$，$\langle s_3, \leqslant \rangle$ 中哪些是格？哪些是 $\langle L, \leqslant \rangle$ 的子格？

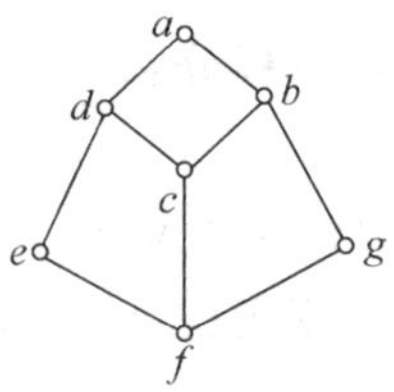

图 1

3. 证明在任何格 $\langle L, \leqslant \rangle$ 中，对任意的 $a,b,c \in L$，有 $[(a \wedge b) \vee (a \wedge c)] \wedge [(a \wedge b) \vee (b \wedge c)] = a \wedge b$ 成立.

4. 设 B 是布尔代数，B 中的表达式 f 是 $(a \wedge b) \vee (a \wedge b \wedge c) \vee (b \wedge c)$.

   (1) 化简 f；　　(2) 求 f 的对偶式 f^*.

5. 设 $\langle B, \wedge, \vee, ', 0, 1 \rangle$ 是布尔代数，在 B 上定义二元运算 $\oplus$，$\forall x, y \in B$，有 $x \oplus y = (x \wedge y') \vee (x' \wedge y)$.

   问 $\langle B, \oplus \rangle$ 能否构成代数系统？如能，是哪一种代数系统？

6. 设 $\langle A, \leqslant \rangle$ 是一个格，证明：$\langle A, \leqslant_R \rangle$ 也是一个格.

7. 设 I 是格 L 上的非空子集，如果：

   (1) $\forall a, b \in I$，有 $a \vee b \in I$；　　(2) $\forall a \in I$，$\forall x \in L$，有 $x \leqslant a \Rightarrow x \cup I$；

   则称 I 是格 L 的理想. 证明：格 L 的理想是一个子格.

8. 图2中给出四个格的哈斯图，试说明它们是否是分配格.

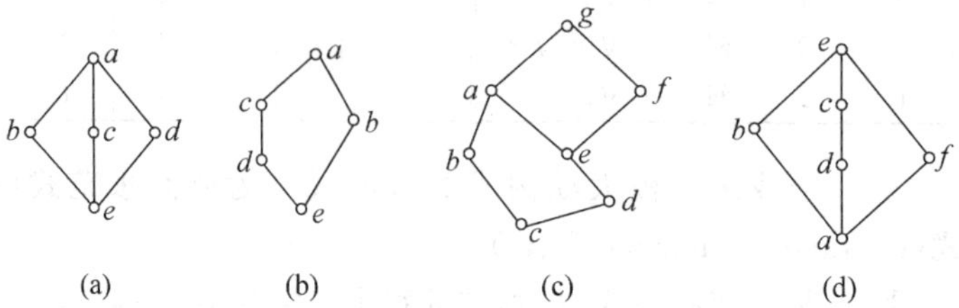

图 2

9. 试证分配格的每个子格必定是分配格.

10. 根据如图 3 所示的有界格,回答下列问题.

(1) a 和 f 的补元素分别是哪些元素?

(2) 该有界格是分配格吗?

(3) 该有界格是有补格吗?

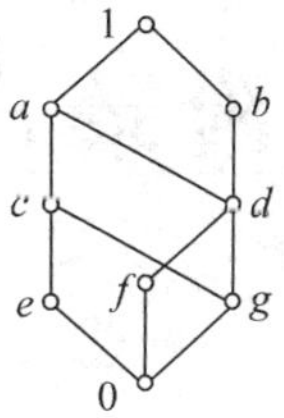

图 3

11. 证明:在布尔代数中,有

$$a \vee (a' \wedge b) = a \vee b, \quad a \wedge (a' \vee b) = a \wedge b.$$

12. 证明:在分配格中,可把分配式写成

$$a \wedge (b_1 \vee b_2 \vee \cdots \vee b_n) = (a \wedge b_1) \vee (a \wedge b_2) \vee \cdots \vee (a \wedge b_n),$$

$$a \vee (b_1 \wedge b_2 \wedge \cdots \wedge b_n) = (a \vee b_1) \wedge (a \vee b_2) \wedge \cdots \wedge (a \vee b_n).$$

13. 设 f 是格 $\langle L,\leqslant_1\rangle$ 到格 $\langle S,\leqslant_2\rangle$ 的满同态映射. 试证:若 $\langle L,\leqslant_1\rangle$ 是有界格,则 $\langle S,\leqslant_2\rangle$ 也是有界格.

14. 证明:在有界格中 0 是 1 的唯一补元,1 是 0 的唯一补元.

15. 证明:在布尔代数 $\langle A,\vee,\wedge,-\rangle$ 中,有 $a\vee(\bar{a}\wedge b)=a\vee b$, $a\wedge(\bar{a}\vee b)=a\wedge b$.

*附录A 离散数学在关系数据库中的应用

A.1 关系数据库简介

数据库是计算机管理数据的一种方式，一般来讲，它由两部分组成，一个是供存放数据用的大量存储空间，它们可以是磁盘、光盘、磁带等外存空间；另一个是管理数据库中数据的一组程序，这组程序叫数据库管理系统，简称 DBMS。用户可以通过数据库管理系统所提供的语言使用数据库中的数据，这种使用包括下列几个方面。

(1) 数据的检索：从数据库中取出一定条件要求的数据.

(2) 数据的插入：将一些数据存储到数据库中供以后使用.

(3) 数据的修改：修改数据库中指定的数据.

(4) 数据的删除：删除数据库内指定的数据.

供用户使用的数据库语言有的从终端装置输入，这种语言一般叫终端查询语言，简称 SQL；有的可附属于某些宿主语言，如可附属于 FORTRAN、COBOL 等语言作为这些语言的扩充成分.

数据库内的数据一般都按一定格式组织与存放，数据库内数据的基本组织格式如下。

(1) 实体：实体是数据库中数据的基本存放单位，如职工的简历、工资单、课程概貌、合同执行情况、物资供销情况等均是实体，数据库内实体是一个整体，它内部的数据相互间是有逻辑联系的.

(2) 属性：实体都有一些性质，这些性质叫此实体的属性，如职工简历这个实体就有姓名、性别、年龄等属性，所有实体的属性就组成了这个实体.

(3) 属性域：实体的每个属性的表现形式都是统一的，如姓名是由 n 个字母所组成的字，性别为$\{M,F\}$中之一(M 代表男性，F 代表女性)；年龄由两个数字所组成。每个属性有一个表示范围，如姓名这个属性的表示范围是 n 个由 26 个字母所组成的集合中的字母，而性别的表示范围是集合$\{M,F\}$，这种属性的表示范围就是属性域。每个属性都有一个属性域.

(4) 实体集：具有相同结构形式(即属性与属性域)的实体集合.

(5) 联系：在数据库中实体是基本的数据单位，但是各实体间是有一定联系的，如实体集学生与课程之间有联系，这个联系是学生修读课程；教师也是实体，而教师与学生、课程也有联系.在数据库中存储数据时不仅要存放实体的数据，而且要存放联系的数据，只有这样数据库中这个数据的信息才是完整的.

数据库目前可以有三种结构模型，它们分别叫层次模型、网络模型和关系模型.用关系模型作为结构模型的数据库叫关系式数据库.这里只讨论关系式数据库，其他两种结构模型就不再作介绍了.

在关系数据库中数据按二维表的形式存放，这种二维表就叫关系，数据库中的实体与联系均按这种二维表的形式存放.

二维表包括行和列.一张二维表可以有 m 行和 n 列，二维表的每一行叫元组，它代表一个完整的数据.一个元组有 n 个分量，因此这个元组又叫 n 元元组.

设有一个实体 A 有 n 个属性，分别为 $A_1, A_2, \cdots, A_n$，它可表示如下：

$$A(A_1, A_2, \cdots, A_n).$$

这个实体可以允许存放 m 个数据，此时，这个实体集可用一个关系表示，即可用一张二维表表示，这张二维表的每一列是一个属性，二维表的每一行可存放实体集中的一个实体，这个表示实体集的二维表如表 A.1 所示.

表 A.1 实体集 A 的关系

A_1	A_2	…	A_n

（表中数据行共 m 行）

现在举几个例子，设有实体集 S 表示学生概貌，它有 4 个属性：学号、姓名、年龄、所属系名，分别可用 $S^{\#}$、SN、SA 及 SD 表示，这个实体集存放 10 个学生的概貌，它们之间关系可用表 A.2 表示.

表 A.2 实体集 S 的关系

$S^{\#}$	SN	SA	SD	$S^{\#}$	SN	SA	SD
01	AB	20	CS	06	AG	20	CS
02	AC	21	MA	07	AH	22	MA
03	AD	22	MA	08	AI	23	MA
04	AE	21	CS	09	AJ	21	CS
05	AF	20	CS	10	AK	19	MA

又设有实体集课程的概况 C，它有 3 个属性：课程号、课程名、先修课号，它们分别用 $C^{\#}$、CN、$PC^{\#}$ 表示(假定每门课的先修课有且只有一门)，这个实体集存放 6 门课的概况，它们之间的关系可用表 A.3 表示.

表 A.3 实体集 C 的关系

$C^{\#}$	CN	$PC^{\#}$	$C^{\#}$	CN	$PC^{\#}$	$C^{\#}$	CN	$PC^{\#}$
01	OS	02	03	DB	06	05	MC	06
02	PL	05	04	ML	05	06	DS	04

实体集与实体集间的联系也可用关系表示，如学生修读课程的情况可用学号与课程号构成一个新关系 SC，它刻画了学生修课情况，这个关系可用表 A.4 表示.

表 A.4 联系 SC 的关系

$S^{\#}$	$C^{\#}$	$S^{\#}$	$C^{\#}$	$S^{\#}$	$C^{\#}$	$S^{\#}$	$C^{\#}$
01	01	04	04	07	01	09	05
01	02	04	05	07	02	10	04
02	01	04	06	08	04	10	06
02	02	05	01	08	06		
02	03	05	05	09	01		
03	05	06	01	09	03		

从上面的表示可以看出，数据实体集与联系均可用二维表表示，在数据库中，用这种二维表构造数据的模型就叫关系式数据库.

用户使用关系式数据库就是对一些二维表进行检索、插入、修改和删除等操作，关系式数据库中的数据库管理系统必须向用户提供使用数据库的语言，一般称为数据子语言，这种语言目前是以关系代数或谓词逻辑中的方法表示的，说的确切一些就是这种语言以关系代数或谓词逻辑作为它的数学基础. 由于用这种数学的方法表示，使得对这些语言的研究成为对关系代数或谓词逻辑的研究，优化语言的表示成为对关系代数与谓词逻辑的化简问题.

A.2 关系代数与数据子语言

关系数据库数据子语言的基本操作对象是二维表，为了用数学的方法表示语言，有必要对其操作对象与基本操作加以研究，并将其抽象成数学符号与运算.

1. 二维表与 n 元有序组的集合

二维表是数据子语言的操作对象，一张二维表可看成是若干元组的集合，而 n 元元组可视为一个 n 元有序组，因此一张二维表可看成是 n 元有序组的集合，所以可以说，数据子语言的操作对象是 n 元有序组的集合.

2. 基本操作与集合运算

数据子语言的操作对象是集合，而对其对象操作可视为对集合的运算，下面对几种基本操作分别加以研究.

1）检索与集合运算

先考虑对一张二维表的检索，对它的检索不外乎选择表中满足某些条件的一些行和列，例如对表 A.2 表示的二维表 S，要求年龄大于 21 岁的学生的学号与姓名，这是一种检索操作，它要求选择满足 $SA>21$ 的那些行，再由这些行选出属性学号与学生，这种检索操作的结果还是一张二维表，这张二维表有两个属性以及一些满足 $SA>21$ 的行，可用表 A.5 表示.

表 A.5 满足 $SA>21$ 的关系

$S^\#$	SN	$S^\#$	SN	$S^\#$	SN
03	AD	07	AH	08	AI

由此可见，检索是由一张表到另一张表的操作，从数学观点看，检索是一种一元运算，即一个集合通过此运算而得到另一个集合，因此定义两种一元检索运算，一种叫选择，另一种叫投影.

定义 A.1 设有关系 R，它由 m 个 n 元元组组成，则 $\prod_{a_{i1},a_{i2},a_{in}}(R)$ 也是一个关系，它由 m 个 i_n 元元组组成，而每个元组由属性 $a_{i1},a_{i2},\cdots,a_{in}$ 组成，这个运算称为 R 在属性 $a_{i1},a_{i2},\cdots,a_{in}$ 上的投影（$a_{i1},a_{i2},\cdots,a_{in}$ 均是 R 的属性）. 所以投影运算是从二维表选择一些指定的列而组成的新表.

下面看两个例题.

例 A.1 打印全体学生的名单.

解 可将该要求写为 $\prod_{SN}(S)$.

例 A.2 打印所有课程号和课程名.

解 可将该要求写为 $\prod_{C^\#,CN}(C)$.

定义 A.2 设有关系 R，则 $\sigma_F(R)$ 也是关系，它由 R 中满足条件 F 的元组所组成，F 为逻辑条件，它是一个命题公式，按下列方法组成：

(1) 它的基本操作数是常量或元组分量(即属性)；

(2) 由基本操作数通过比较运算($<,=,>,\leqslant,\geqslant$)而构成命题；

(3) 由命题通过命题联结词($\neg,\wedge,\vee$)构成命题公式.

这种运算称为 R 的选择运算.

所以选择运算是从二维表中选出那些满足 F 的元组而组成新表，下面看两个例子.

例 A.3 取出年龄大于 21 岁的数学系学生的概况.

解 可以将此要求写为 $\sigma_{SA>21\wedge SD=MA}(S)$.

例 A.4 取出先行课程号为 02 的课程概况.

解 此要求可写为 $\sigma_{PC^\#=02}(C)$.

将运算 $\prod$ 与 σ_F 联合应用于关系就可以从关系中检索出所要求的任意行与列的内容，现举一例.

例 A.5 打印所有计算机系学生的名单.

解 此要求可写为 $\prod_{SN}\sigma_{S^{\#}=CS}(S)$.

这样就可以用两个一元运算 $\prod$ 与 σ_F 检索一张二维表的内容，但是前面已经讲过，各实体间是有联系的，即各表之间是有联系的，因此可以检索与几张表有关的内容. 如要检索学生名为 AI 所修读课程的课程号，这种检索就要涉及两张表，一张是 S，另一张是 SC. 对于这种检索，上述的两个一元运算显然已经不够，因此需要引入另外新的运算，即笛卡儿积.

定义 A.3 设有关系 R,S 分别为 n 元及 m 元，则 $R\times S$ 也是一个关系，它有 $n+m$ 元，它的元组的前 n 个分量取自 R 中的元组，而其后 m 个分量取自 S 中的元组，因此，它共有 $n\times m$ 个元组，这种二元运算 $R\times S$ 称为 R 和 S 的笛卡儿积.

例 A.6 设有关系 R 和 S，见表 A.6(1)和表 A.6(2)，求 R 和 S 的笛卡儿积.

解 两个关系 R 与 S 的笛卡儿积如表 A.7 所示.

表 A.6(1)

A	B	C
a	*b*	*c*
d	*a*	*f*
c	*b*	*d*

表 A.6(2)

D	E	F
b	*g*	*a*
d	*a*	*f*

表 A.7

A	B	C	D	E	F	A	B	C	D	E	F	A	B	C	D	E	F
a	*b*	*c*	*b*	*g*	*a*	*d*	*a*	*f*	*b*	*g*	*a*	*c*	*b*	*d*	*b*	*g*	*a*
a	*b*	*c*	*d*	*a*	*f*	*d*	*a*	*f*	*d*	*a*	*f*	*c*	*b*	*d*	*d*	*a*	*f*

从笛卡儿积的定义可以看出，这种运算是将两张表联成一张表的运算，如果所要检索的内容涉及两张表，此时只要先用这个运算将两张表统一成一张表，然后再用投影和选择就会找出所需检索的内容.

但是在大多数情况下两张相联表之间均有一定关系，即两张表中均有相同的分量，例如表 A.2 与表 A.4 间有相同的分量 $S^{\#}$，表 A.3 与表 A.4 间有相同的分量 $C^{\#}$，而我们所需要相联后的表是由那些在公共分量处有相等内容的元组构成，因此，我们在笛卡儿积基础上再引入一个二元运算叫自然联接.

定义 A.4 设有 n 元关系 R 和 m 元关系 S，R 有属性 $r_1,r_2,\cdots,r_n$，S 有属性 $s_1,s_2,\cdots,s_m$，其中属性 $s_1,s_2,\cdots,s_p$ 分别与属性 $r_{n-p},r_{n-p+1},\cdots,r_n$ 相同，此时可定义 R 与 S 的自然联接 $R\otimes S$ 如下：

$$R\otimes S=\prod_{r_1,r_2,L,r_n,s_{p+1},s_{p+2},L,s_m}\sigma_{s_1=r_{i-p}\wedge L\wedge s_p=r_n}(R\times S).$$

例 A.7 设 R 与 S 均为三元关系，其二维表见表 A.8(1)和表 A.8(2)，求 $R\otimes S$.

解 关系 R 与 S 的自然联接 $R\otimes S$ 为五元关系，其二维表见表 A.8(3).

表 A. 8(1)

A	B	C
1	2	3
2	1	6
3	6	4

表 A. 8(2)

C	D	E
6	5	1
4	1	3
3	5	4

表 A. 8(3)

A	B	C	D	E
1	2	3	5	4
2	1	6	5	1
3	6	4	1	3

例 A. 8 找出学生姓名为 AI 所修读课程的课程号.

解 这个检索与表 S 及 SC 有关,故首先用自然联接将 S 与 SC 联成一张表,然后再在联接后的表中用 $\prod$ 与 σ_F 找出所需内容,故可写成为 $\prod\limits_{C^\#}\sigma_{SN=AI}(S \otimes SC)$.

例 A. 9 找出学生的学号为 03 所修读课程的课程名.

解 这个检索与表 SC 及 C 有关,因此先用自然联接将 SC 与 C 联成一张表,然后再在联接后的表中用 $\prod$ 与 σ_F 找出所需内容,故可写为 $\prod\limits_{CN}\sigma_{S^\#=03}(SC \otimes S)$.

到此为止,我们介绍了有关检索的几个例子,其中 2 个一元运算、2 个二元运算,这 4 个运算实际上只要 3 个就够了,因为自然联接可用其余 3 个运算表示,有了这几个运算之后,对二维表的检索就完成了.

2) 插入、修改和删除操作与集合运算

所谓插入操作就是在关系中增加一些元组,为完成这种操作可以引入另外一个集合运算. 从集合论中我们已经知道这种操作相当于集合中的并运算.

例 A. 10 设有关系 R 如表 A. 9 所示,现在在 R 中增加关系 S 中的所有元组,S 如表 A. 10 所示,试求增加后的关系.

解 关系 R 增加 S 的元组后所得的关系为 $R \cup S$,见表 A. 11.

表 A. 9

A	B	C
4	3	1
2	4	1

表 A. 10

A	B	C
1	2	5
2	1	3
5	4	3

表 A. 11

A	B	C
1	2	5
2	1	3
5	4	3
4	3	1

所谓删除操作是在关系中除去一些元组,为完成此操作也要引入一个集合运算,这种操作相当于集合的差运算.

例 A. 11 设有关系 R 如表 A. 12 所示,关系 S 如表 A. 12 所示,现在在 R 中除去关系 S 中所出现的元组,试求除去后的关系.

解 关系 R 中除去 S 中所出现的元组后得到的关系为 $R-S$.

例 A. 12 设某校学生概貌由关系 S 表示,现有两个学生因病退学,因此需要从 S 中除去,设这两个学生的学号为 03、05,求除名后之学生概貌.

解 先求病退学生概况表,它们是 $\sigma_{S^\#=03 \wedge S^\#=05}(S)$.

表　A.12

关系 R 　　关系 S 　　关系 R-S

A	B	C	A	B	C	A	B	C
1	2	4	1	2	4	2	1	5
2	1	5	3	7	1			
3	7	1						

其次，求除名后学生概貌表，它们是 $S-\sigma_{S^{\#}=03\wedge S^{\#}=05}(S)$.

最后谈所谓修改操作. 它是将 R 中某些元组的内容作适当修改. 例如学生 AD 由数学系转入计算机系，实际上是将表 A.2 中的关系 S 中 AD 的元组中的系名属性 SD 由 MA 修改成 CS.

完成修改操作不需要引入新的集合运算，我们知道修改操作相当于对需修改的元组进行删除操作，然后将修改好的新元组作插入操作，因此，相应的集合运算是先进行差运算再作并运算.

3）数据子语言与关系代数

综上所述可知，在关系数据库中需要向用户提供使用数据库的数据子语言，这个数据子语言可以允许用户对数据库进行检索、插入、修改及删除操作. 这种数据子语言相当于一种代数结构，而这个代数结构的研究对象是 n 元有序组的集合，对它一共有 5 种基本操作，其中 2 个是一元运算，3 个是二元运算，它们是：

投影运算：$\prod(R)$；选择运算：$\sigma_F(R)$；笛卡儿积：$R\times S$；并运算：$R\cup S$；差运算：$R-S$.

这些运算都是封闭的，因此它们构成了一个代数系统，称为关系代数.

由此可见，对关系式数据库中的数据子语言的研究可归结为对关系代数的研究，这样就建立了关系代数与数据子语言间的联系.

要注意的是，在上面的运算中自然联接并不出现，这是因为自然联接并不是基本运算符，它可以由其他运算符生成.

4）数据子语言的优化与关系代数

在关系数据库中，用户通过数据子语言使用数据库，相同的要求有时可以有多种不同的写法，而不同的写法在计算机内执行时可得到完全不同的效率. 我们知道，在计算机内执行一个笛卡儿积是很花时间的，这个时间正比于两个关系的元组数，并且同关系的元数也有关系，因此，对执行笛卡儿积的两个关系，一般尽量让其先做投影与选择运算，这样可使其执行速度大为提高. 上述情况对自然联接也适用.

例如，设一用户希望了解学生 AC 修读课程 PL 的成绩，对它有几种不同的写法：

(1) $\prod_{CG}\sigma_{SN=AC\wedge CN=PL\wedge S\cdot S^{\#}=SC\cdot S^{\#}\wedge SC\cdot C^{\#}=C\cdot C^{\#}}(S\times SC\times C)$；

(2) $\prod_{CG}\sigma_{S\cdot S^{\#}=SC\cdot S^{\#}\wedge SC\cdot C^{\#}=C\cdot C^{\#}}((\sigma_{SN=AC}(S)S\times C\times\sigma_{CN=PL}(C)))$;

(3) $\prod_{CG}\sigma_{SC\cdot C^{\#}=C\cdot C^{\#}}((\prod_{C^{\#},CG}\sigma_{S\cdot S^{\#}=SC\cdot S^{\#}}(\prod_{S^{\#}}\sigma_{SN=AC}(S)\times SC))\times(\prod_{C^{\#}}\sigma_{CN=PL}(C)))$.

这 3 种写法表示了相同的检索要求，但是具有极不相同的效率，其中(1)的效率最低，关键是它所执行的自然联接运算所花时间较长.(3)的效率最高，主要是由于它所执行的自然联接运算所花时间最短，这是因为执行自然联接的关系 $\prod_{S^{\#}}\sigma_{SN=AC}(S)$，$SC$ 与 $\prod_{C^{\#}}\sigma_{CN=PL}(C)$ 的元组数与元数远远少于关系 S,SC 及 C. 我们从表 A.13(1)和(2)中可以看出这 3 个关系中有 2 个很简单，其中(1)是关系 $\prod_{S^{\#}}\sigma_{SN=AC}(S)$，(2)是关系 $\prod_{C^{\#}}\sigma_{CN=PL}(C)$，对它们执行自然联接所需时间远远少于对 S,SC 及 C 所执行自然联接的时间.(2)的效率比(1)高得多，但比(3)低，它介于(1)与(3)之间.

表 A.13 两种关系表

(1)	(2)
$S^{\#}$	$C^{\#}$
02	02

为了优化数据子语言，使它具有最高效率，可用关系代数等价公式的转换来实现，为此列出几组关系代数的等式：

(1) 笛卡儿积的结合律：$(R_1\times R_2)\times R_3=R_1\times(R_2\times R_3)$.

(2)投影的串接：$\prod_{A_1,A_2,\cdots,A_n}(\prod_{B_1,B_2,\cdots,B_m}(R))=\prod_{A_1,A_2,\cdots,A_n}(R)$，其中 $A_i\in\{B_1,B_2,\cdots,B_m\}$.

(3) 选择的串接：$\sigma_{F1\wedge F_2}(R)=\sigma_{F1}(\sigma_{F_2}(R))$.

(4) 选择与投影的交换：

$$\sigma_F(\prod_{A_1,A_2,\cdots,A_n}(R))=\prod_{A_1,A_2,\cdots,A_n}(\sigma_F(R)),$$

$$\prod_{A_1,A_2,\cdots,A_n}(\sigma_F R))=\prod_{A_1,A_2,\cdots,A_n}(\sigma_F(\prod_{A_1,A_2,\cdots,A_n,B_1,B_2,\cdots,B_m}R))).$$

(5) 选择与笛卡儿乘积：

若 F 只涉及 R_1，则 $\sigma_F(R_1\times R_2)=\sigma_F(R_1)\times R_2$;

若 F 只涉及 R_2，则 $\sigma_F(R_1\times R_2)=R_1\times\sigma_F(R_2)$;

若 $F=F_1\wedge F_2$，而 F_1 只涉及 R_1，F_2 只涉及 R_2，则 $\sigma_F(R_1\times R_2)=\sigma_{F_1}(R_1)\times\sigma_{F_2}(R_2)$;

若 $F=F_1\wedge F_2$，而 F_1 只涉及 R_1，则 $\sigma_F(R_1\times R_2)=\sigma_{F_2}(\sigma_{F_1}(R_1)\times R_2)$.

(6) 投影与笛卡儿积：

$\prod_{A_1,\cdots,A_n}(R_1\times R_2)=\prod_{B_1,\cdots,B_m}(R_1)\times\prod_{C_1,\cdots,C_k}(R_2)$，这里 A_i 中的 B_j 仅与 R_1 有关，C_r 仅与 R_2 有关.

我们可以用上述 6 组等式通过等式转换实现数据语言的优化.

例 A.13 $\prod_{S^{\#},CN}\sigma_{SD=MA\wedge C^{\#}=05}(S\times C)=\prod_{S^{\#},CN}((\sigma_{SD=MA}(S))\times(\sigma_{C^{\#}=05}(SC)))=\prod_{S^{\#}}(\sigma_{SD=MA}(S))$

$\times \prod_{CN}(\sigma_{C\#=05}(C))$.

从上例可以看出，在数据子语言中，可以用关系代数的等式转换以简化表示，达到提高效率的目的.

3. 谓词逻辑与数据子语言

关系数据库中数据子语言除了可以用关系代数表示外，还可以用谓词逻辑表示，称为关系演算.

1）集合论与谓词逻辑

关系代数是基于集合论的，而关系演算是基于谓词逻辑的，要建立关系代数与关系演算间的联系，其首要的理论是要建立集合论与谓词逻辑间的联系，下面将讨论此问题.

首先，任一个集合必有一个谓词（或谓词公式）与之对应，如自然数集合$\mathbb{N}$必有一个谓词 $N(x)$与之对应，当 x 为自然数时使 $N(x)$为真，x 为非自然数时 $N(x)$为假.

故可用谓词逻辑公式表示与刻画集合，这个公式称为集合的特性谓词（或特性公式）. 集合 A 与其特性公式 $P(x)$间可有如下关系：

$$A=\{x \mid P(x)\}.$$

这样，就可以建立集合与公式间的一一对应关系如下：

集合	谓词逻辑公式
A	$P(x)$
$x\in A$	$P(x)=1$
$x\notin A$	$P(x)=0$

设有集合 A 与 B，它们的特性谓词分别为 $P(x)$和 $Q(x)$，则此两集合可分别写为：

$$A=\{x \mid P(x)\},\quad B=\{x \mid Q(x)\},$$

并且有：$\overline{A}=\{A \mid \neg P(x)\}$，$A\cup B=\{x \mid P(x)\vee Q(x)\}$，$A\cap B=\{x \mid P(x)\wedge Q(x)\}$，$A-B=\{x \mid P(x)\wedge \neg Q(x)\}$，$A+B=\{x \mid P(x)\oplus Q(x)\}$.

此外，还可以有：

集合论	谓词逻辑公式
全集 E	永真公式 $P(x)\vee \neg P(x)$
空集$\varnothing$	永假公式 $P(x)\wedge \neg P(x)$
$A=B$	$P(x)=Q(x)$
$A\neq B$	$P(x)\neq Q(x)$

2）二维表与谓词逻辑

从关系代数看，关系数据库中的基本数据结构二维表是一个 n 元有序组的集合. 在谓词逻辑中，这个集合可以用一个谓词、逻辑特性公式表示.

例 A.14　表 A.14 所列二维表可用谓词：

$F(x,y)=(x=y+1)\wedge\left(\frac{y}{2}=\left[\frac{y}{2}\right]\right)\wedge N(y)$表示,其中 $N(y)$表示 y 为自然数.

表 A.14 关系表

x	y	x	y	x	y
3	2	7	6	11	10
5	4	9	8	…	…

3) 基本操作与谓词逻辑

数据子语言的操作对象二维表可用谓词公式表示,而对其对象的操作也可用谓词公式表示,但这种谓词公式与传统谓词公式略有不同.

基本符号:

个体变量:如 $x,y,z,\cdots$(相当于二维表中属性变量)

个体常量:如 $a,b,c,\cdots$(相当于二维表中的数据)

谓词符:如 $P,Q,R,\cdots$(相当于二维表名)

函数符:如 $f,g,h,\cdots$(相当于数据库中的公式)

联结符:$\wedge,\vee,\neg,\rightarrow$

量词:$\exists,\forall$

括号:(,)

项:

(1) 个体变量是项;

(2) 个体常量是项;

(3) 设 $t_1,t_2,\cdots,t_n$ 是项,f 是函数符,则 $f(t_1,t_2,\cdots,t_n)$是函数,函数是项;

(4) 项由且仅由上述(1)~(3)经有限步骤生成.

原子公式:

(1) 刻画二维表的谓词 $R(x_1,x_2,\cdots,x_n)$是原子公式,其中 x_i 为二维表中的属性变量;

(2) $x_i\theta x_j$ 是原子公式,x_i,x_j 为个体变量,θ 为比较符($<,>,=,\leqslant,\geqslant$);

(3) $x_i\theta\alpha,\alpha\theta x_i$ 是原子公式,其中 x_i 为个体变量,α 为个体常量;

(4) 原子公式由且仅由上面 3 种形式组成.

下面定义谓词公式:

定义 A.5 一个谓词公式(可简称公式)可定义如下:

(1) 原子公式是公式;

(2) R,S 是公式,则$(\neg R)$,$(R\wedge S)$,$(R\vee S)$及$(R\rightarrow S)$是公式;

(3) R 是公式,则 $\exists xR(x)$,$\forall xR(x)$是公式;

(4) 公式由且仅由上述(1)~(3)经有限步骤构成.

下面用谓词公式刻画基本操作.先讨论插入、删除和修改.在关系代数中我们知道可以用并运算与差运算分别表示插入与删除，而在谓词逻辑中我们知道并运算相当于联结词"或者"，而差运算相当于联结词"并且"，再在第二项中加以否定. 设

$$R=\{(x_1,x_2,\cdots,x_n)\mid P(x_1,x_2,\cdots,x_n)\},$$
$$S=\{(x_1,x_2,\cdots,x_n)\mid Q(x_1,x_2,\cdots,x_n)\},$$

则有

基本操作	关系代数	逻辑公式
插入	$R\cup S$	$\{(x_1,x_2,\cdots,x_n)\mid P(x_1,x_2,\cdots,x_n)\vee Q(x_1,x_2,\cdots,x_n)\}$
删除	$R-S$	$\{(x_1,x_2,\cdots,x_n)\mid P(x_1,x_2,\cdots,x_n)\vee \neg Q(x_1,x_2,\cdots,x_n)\}$

而修改操作是由删除和插入两个操作组合而成的，因此删除、插入既然可由谓词刻画，修改也可由谓词刻画.

用上面类似的办法，投影、选择、笛卡儿积也可用谓词公式来表示，设有 $R=\{(x_1,x_2,\cdots,x_n)\mid P(x_1,x_2,\cdots,x_n)\}$，$S=\{(y_1,y_2,\cdots,y_m)\mid Q(y_1,y_2,\cdots,y_m)\}$，则有

基本操作	关系代数	谓词逻辑
投影	$\prod x_{i1},x_{i2},\cdots,x_{ik}(R)$	$\{(x_{i1},x_{i2},\cdots,x_{ik})\mid\exists x_{i1}\exists x_{i2}\cdots\exists x_{in}P(x_1,x_2,\cdots,x_n)\}$
选择	$\sigma_F(R)$	$\{(x_1,x_2,\cdots,x_n)\mid P(x_1,x_2,\cdots,x_n)\wedge F\}$
笛卡儿积	$R\times S$	$\{(x_1,x_2,\cdots,x_n,y_1,y_2,\cdots,y_m)\mid P(x_1,x_2,\cdots,x_n)\wedge Q(y_1,y_2,\cdots,y_m)\}$

这样，我们把关系数据库中的数据子语言变成谓词逻辑中的谓词公式，因而可以用谓词公式研究数据子语言.

利用上面所定义的谓词公式对关系数据库的研究所形成的理论称为关系演算. 可以证明，关系代数与关系演算在理论上是等价的. 利用关系演算可进一步研究基于关系数据库的演绎数据库、知识库以及智能数据库理论等.

参考文献

1. 傅彦.离散数学基础及应用.成都：电子科技大学出版社,2000
2. 耿素云等.离散数学.北京：高等教育出版社,2004
3. 胡冠章.应用近世代数.第2版.北京：清华大学出版社,1999
4. 胡世华,陆钟万.数理逻辑基础.北京：科学出版社,1983
5. Dossey J A.等,章炯民等译.离散数学.北京：机械工业出版社,2007
6. 卢开澄,卢华明.组合数学.北京：清华大学出版社,1999
7. Rosen K H 著,袁崇义等译.离散数学及其应用(英文版).第6版.北京：机械工业出版社,2010
8. Johnoson baugh R.离散数学(英文版).第7版.北京：电子工业出版社,2009
9. 马振华.现代应用数学手册.离散数学卷.北京：清华大学出版社,2002
10. 古德斯坦因 RL.布尔代数.北京：科学出版社,1975
11. 石纯一等.数理逻辑与集合论.第2版.北京：清华大学出版社,2000
12. Feil T, Krone J 著,张明军,许华译.离散数学(双语版).北京：清华大学出版社,2005
13. 辛普森著,冯速译.离散数学导学.北京：机械工业出版社,2005
14. 王国俊.非经典数理逻辑与近似推理.北京：科学出版社,2001
15. 王捍贫.数理逻辑.北京：北京大学出版社,1997
16. 王宪钧.数理逻辑引论.第2版.北京：北京大学出版社,1998
17. 王义和.离散数学引论.哈尔滨：哈尔滨工业大学出版社,2000
18. 王元元.计算机科学中的逻辑学.北京：科学出版社,1989
19. 张禾瑞.近世代数基础.北京：高等教育出版社,2004
20. 徐洁磐.离散数学导论.北京：高等教育出版社,1997
21. 徐洁磐等.离散数学及其在计算机中的应用.北京：人民邮电出版社,2005
22. 杨炳儒.离散数学.北京：人民邮电出版社,2006
23. 张健.逻辑公式的可满足性判定.北京：科学出版社,2000
24. 张型岱等.离散数学.哈尔滨：哈尔滨工业大学出版社,2002
25. 左孝凌等.离散数学.上海：上海科技文献出版社,1982
26. 朱一清.离散数学.北京：电子工业出版社,2001